U0282912

波动方程波场延拓及成像理论

尤加春 ◆ 著

清华大学出版社

北京

内 容 简 介

本书从波动方程叠前深度偏移方法基本原理出发,在分析此方法局限性的基础上,利用新的数学思路发展了单程波方程的深度偏移方法、逆时偏移方法和双程波方程波场深度延拓的偏移方法,实现了对复杂构造的高精度成像和保幅计算;同时,为适应复杂构造对特殊波场的散射作用,本书实现了海洋地震勘探中一次波和自由表面多次波的分离与成像、面向陡倾角构造的回转波成像。

本书可供勘探地球物理和油气地震资料处理的相关科研人员使用与参考,或供致力于波动方程深度偏移和全波形反演相关技术研究的科技人员参考,也可作为高等院校相关专业教师、研究生和本科生的教科书。

图书在版编目(CIP)数据

波动方程波场延拓及成像理论 / 尤加春著. -- 北京:
清华大学出版社,2024. 9. -- ISBN 978-7-302-67264-7

Ⅰ. O175.27

中国国家版本馆 CIP 数据核字第 2024HM6976 号

责任编辑:陈凯仁
封面设计:刘艳芝
责任校对:赵丽敏
责任印制:杨 艳

出版发行:清华大学出版社
     网　　　址:https://www.tup.com.cn,https://www.wqxuetang.com
     地　　　址:北京清华大学学研大厦 A 座　　邮　　编:100084
     社 总 机:010-83470000　　　　　　　邮　　购:010-62786544
     投稿与读者服务:010-62776969,c-service@tup.tsinghua.edu.cn
     质量反馈:010-62772015,zhiliang@tup.tsinghua.edu.cn
印 装 者:三河市龙大印装有限公司
经　　销:全国新华书店
开　　本:185mm×260mm　　印　张:20.25　　　　字　　数:490 千字
版　　次:2024 年 9 月第 1 版　　　　　　　印　　次:2024 年 9 月第 1 次印刷
定　　价:129.00 元

产品编号:098772-01

很高兴能够为加春的新书《波动方程波场延拓及成像理论》作序。虽然国内外已有不少类似的著作出版,但当我看到这本新作的原稿时还是让我眼前一新,激发了我的兴趣和一些新的想法。这本新作的特点是它既具有逻辑性强的理论框架,又有通俗易懂和引人入胜的叙述方法。它使得学生们或在相关领域的专业人员能尽快掌握整个领域的概况并进一步打下坚实的专业基础。对于想继续深造的专业研究人员,本书也是一本有价值的参考书。

本书从偏移成像方法上大致分为三大类。由于全波波动方程是由时间和空间的二次导数组成的偏微分方程,所以在时空上都有正传-反传的对称性。正传(正向散射,也就是modeling process)是遵守正向波动方程的数学物理过程;而反传(backpropagation)则遵守逆时(time-reverse)或逆向(direction-reverse)传播的数学-物理过程。正传是散焦过程,反传是聚焦过程。偏移成像是把数据波场反传到成像空间再施加成像条件。根据反传方法的不同,可分为逆时偏移成像(time-reverse migration)(把采集的波场数据逆时传播成像)和逆向偏移成像(direction-reverse migration)(把采集的波场数据逆向传播到成像空间再成像)。把波场数据反传到成像空间也叫波场延拓。它可用单程波方程,也可用双程波方程来实现,被分别称为"单程波延拓"和"双程波延拓"。在单程波成像方面,除了常规的内容外,本书还包括单程波使用保幅算子的"真振幅偏移"以及加上采集孔径校正(acquisition aperture correction)的"真反射成像"。相比于传统的偏移成像(只用聚焦算子),真反射成像是一种接近定量的成像方法,因为它对界面成像的强度接近于真实的界面反射率。相对于国内外已出版的多本地震波成像教科书和专著而言,本书对双程波延拓成像有独特的贡献与详细的阐述。这对双程波延拓成像的进一步研究发展都有积极而长远的影响。

借为此书作序的机会,向加春祝贺他多年的努力钻研取得丰硕研究成果并著书立说传播知识,我也很高兴他能把他在加利福尼亚大学圣克鲁兹分校(UC,Santa Cruz)进修交流的成果融入这本新作之中。

吴如山

2024 年 4 月于圣克鲁兹

　　随着我国经济的快速发展,国民经济对于油气资源的需求日益增长。以地震勘探技术为主体的油气地球物理勘探方法,是油气发现和增储上产的最主要技术手段。虽然地震勘探涉及地震数据的采集、处理及解释等多个方面,但地震偏移成像是其中的关键处理环节之一,可为地球物理研究人员提供地下构造的精细结构信息,为研究构造运动、油气资源发现和地质灾害评价等提供数据支撑。目前,基于波动方程的偏移方法可归纳为三种类型:第一种是单程波方程偏移方法;第二种是逆时偏移方法;第三种是双程波方程波场深度延拓的偏移方法。单程波方程偏移方法是将全声波方程分解为上行波方程和下行波方程得到的。很多学者对声波方程的保幅偏移进行了研究,但常规单程波方程偏移方法一般是利用泰勒级数等对单程波传播算子进行近似计算,导致了上述方法对复杂构造和强横向速度变化介质的成像角度及保幅计算精度有限,因而难以得到高质量的高分辨率图像。逆时偏移方法以对全声波方程在时间域求解为基础,理论上具有计算各种波场传播、无传播倾角限制和准确成像复杂构造等特点。逆时偏移方法作为一种基于双程波方程的偏移方法,理论上能描述各种波在任意速度变化介质中的传播,但其本身也存在较多的问题,例如,成像结果中有严重的低频噪声,强横向速度变化介质中多次波的虚假成像(强散射问题),对速度场有更强的敏感性和依赖性以及巨大的计算内存开销等。虽然一些策略被用于解决逆时偏移成像中波场存储和低频噪声等问题,例如,随机边界条件和拉普拉斯滤波算法的应用等,但存在的问题还远未得到完全解决,这也在一定程度上制约了逆时偏移方法在工业界的广泛应用。双程波方程波场深度延拓的偏移方法以波动方程为基础,在深度域求解波动方程,该方法基于双程波方程偏移方法,但是又继承了单程波方程偏移方法的深度延拓特点,与逆时偏移方法存在明显差异。本书对该偏移方法进行了详细的讨论。

　　由于常规波动方程偏移方法对复杂构造高精度成像的局限性,本书作者根据自己对波动方程偏移方法的多年研究和积累,针对波动方程偏移方法进行了创新和发展,实现了对复杂构造更准确、更精细的成像,为从事相关研究工作的学者、技术人员和研究生提供参考。

　　本书共分为6章。第1章为波动方程叠前深度偏移方法概述,主要介绍单程波偏移、逆时偏移、双程波方程深度偏移;第2章为常规波动方程叠前深度偏移方法,主要介绍有限差分波场模拟、常规单程波方程偏移方法、逆时偏移;第3章为复杂介质的单程波偏移方法,主要介绍适应任意速度变化介质的单程波偏移、基于矩阵分解的单程波真振幅偏移、黏声介质的单程波偏移成像、黏声介质的单程波广义屏偏移成像;第4章为复杂介质的逆时偏移方法,主要介绍双检逆时偏移方法、优化时空域交错网格有限差分法的逆时偏移、解耦弹性波方程的弹性波逆时偏移、深度学习的纵横波波场解耦方法；第 5 章为双程波方程波场深度延拓及成像方法，主要介绍双程波方程叠前深度偏移理论、基于单程波传播算子的双程波叠前深度偏移方法、基于矩阵分解理论的双程波方程叠前深度偏移方法、基于矩阵乘法的双程波方程波场深度延拓及成像、双程波方程波场深度延拓隐失波压制研究、黏声介质的双程波方程深度偏移；第 6 章为复杂波场成像，主要介绍回转波成像、多次波成像。

　　本书由尤加春研究员执笔和统稿。本书在编写过程中得到了曹俊兴教授、刘学伟教授、吴如山教授、刘炜博士后和团队研究生的大力支持，在此一并表示感谢。同时，感谢国家自然科学基金（项目编号：42004103、42330813）、四川省自然科学基金（项目编号：2023NSFSC0257）和中国石油科技创新基金研究项目（项目编号：2022DQ02-0306）对本书出版提供资助。鉴于作者知识及水平有限，本书不足之处在所难免，恳请广大读者和专家、同行不吝赐教及批评指正。

作　者

2023 年 11 月

CONTENTS +++

目录

第1章

波动方程叠前深度偏移方法概述

波动方程叠前深度偏移（pre-stack depth migration）是地震勘探中一种重要的成像技术，它通过对地震记录数据进行处理，可以还原出地下结构的深度信息。20世纪70年代开始出现了基于波动方程的成像方法，根据其对波动方程的解的方式大体可以分为两类：一类是基尔霍夫（Kirchhoff）积分法，它是基于波动方程的积分解；另一类是波场延拓法，它是基于波动方程的微分解。这两种方法都是基于波动方程的偏移方法[1]。Maginness[2]给出了波动方程的积分形式，基于此，French[3-4]提出了波动方程积分法偏移；Schneider[5]在衍射偏移的基础上研究了基于波动方程偏移成像的基尔霍夫积分解法，该方法利用射线追踪方法使其对一些复杂的地震波场进行处理，由于其具体的实现方法和衍射叠加区别不大，因此，一般情况下，基尔霍夫积分法偏移在严格意义上不属于波动方程类的偏移方法。

按照波的传播路径的不同，可以将波场延拓法分为两种类型：一类是单程波偏移。在其偏移过程中，上、下行波基于各自的单程波方程分别进行延拓，并通过延拓波场的互相关（零时间条件）来提取成像值；另一类是双程波偏移。双程波偏移基于全声波方程，可以更加准确地描述波场传播，理论上对复杂构造具有更好的成像性能和振幅计算能力。双程波偏移又可以细分为逆时偏移和双程波方程深度偏移。下面分别详细介绍三种波动方程叠前深度偏移方法的发展及研究现状。

1.1 单程波偏移

单程波偏移是目前使用广泛的偏移方法。Claerbout[6-7]首先提出波动方程偏移成像，将波动方程有限差分法应用到波场偏移成像，同时引入15°有限差分方程来求解波动方程，在 t-x 域对偏移成像方法进行研究，提出基于浮动坐标系的有限差分法（finite difference method，FDM），这成为后续有关 f-k 域有限差分偏移方法的理论基础。Stolt[8]将单程波方程变换到 f-k 域，发展了两种实际偏移方案。第一种方案扩展了 Claerbout[9] 的有限差分法，极大地减少了该方法在较大倾角和较高频率下的频散问题。第二种方案在空间和时间上实现傅里叶变换，通过求解 f-k 域中的全标量波动方程，消除频散。第二种方案特别适合三维偏移和叠前偏移。Claerbout[9] 提出了空间时间域和空间频率域的有限差分法。

15°有限差分偏移算法最大的缺陷是倾角限制,要克服这一限制,马在田[10]提出了解决大倾角偏移问题的高阶逼近有限差分算法;张关泉[11]提出了高阶单程波方程的低阶方程组解法。程玖兵[12]提出了基于f-x域的有限差分偏移算法。Gazdag[13]和Sguazzero[14]发展了相移法(phase-modulation method,PS)、相位加插值(phase shift plus interpolation,PSPI)法的波动方程偏移。此后,Stoffa等[15]在相移偏移的基础上提出了分步傅里叶(split step Fourier,SSF)方法,并广泛用于叠前深度偏移、叠后深度偏移以及一次反射波的波场模拟等技术。

在此基础上,Ristow等[16]提出傅里叶有限差分(Fourier finite-difference,FFD)方法,得到在倾角较大时比SSF方法更好的成像效果;Wu[17]提出了广义屏偏移(generalized screen propagator,GSP)方法。FFD方法与GSP方法是典型的单程波偏移。这两种方法均在SSF方法的基础上针对由速度横向变化引起的二阶以上扰动波场进行求解,实现地震波场在复杂介质中的传播模拟,是在f-k域和f-x域混合实现的方法。目前,单平方根波动方程的有限差分偏移理论与方法仍有新的发展,Huang等[18]对FFD方法中的分式展开系数进行了优化,在二维情况下取得了很好的效果。与相移加插值法类似,Biondi[19]提出了一种新的FFD校正方法,即傅里叶有限差分加插值;崔兴福等[20]也研究了在三维非均匀介质中偏移的单程波方程,得到了基于三维非均匀介质下的SSF方法与FFD方法的真振幅偏移算子。刘定进等[21]研究提出FFD法保幅偏移。杨其强等[22]基于反演的思想将FFD偏移方法引入到最小二乘偏移中。朱遂伟等[23-24]提出利用模拟退火法对FFD法的系数进行优化,提高了成像精度。广义屏偏移方法基于波的散射理论并借助局部玻恩(Born)近似导出,是一种在空间域和波数域交替进行波场延拓的双域偏移方法,其基本算法与FFD方法相似,但计算速度较快。吴如山等[25]把广义屏传播算子应用于叠前深度偏移成像和地震波场的数值模拟,均取得了良好的效果。Jin等[26]提出了中点偏移坐标下的伪屏叠前深度偏移方法,为开发高效的三维叠前波动方程屏传播深度偏移提供了方便的框架。陈生昌等[27-29]提出了稳定的玻恩近似叠前深度偏移方法、基于Rytov近似的叠前深度偏移方法和基于拟线性玻恩近似的叠前深度偏移方法,不同程度提高了复杂地质情况下偏移成像的成像精度和计算效率。从此以后,包含拟屏算子、Pade屏算子、复屏算子和高阶广义屏算子在内的广义屏方法得到了很大发展,并在实际中得到了应用。陈生昌等[30]利用单平方根算子的渐近展开,完整推导得出了单程波动方程广义屏算子的高阶表达式。吴国忱等[31]研究了基于对称轴垂直于横向各向同性(vertical transverse isotropic,VTI)介质qP波广义高阶屏单程波算子。刘定进等[32]推导得出了基于波动方程保幅叠前深度偏移的高阶广义屏偏移公式,最终得到了稳定的保幅高阶广义屏叠前深度偏移算子。Kim等[33]改进了弹性广义屏传播算子,提出了一种基于弹性单程波动方程的叠前深度偏移方法。Stanton等[34]发展了各向同性介质中弹性波场的单程波动方程最小二乘偏移。Zhu等[35]提出了一种垂直横向各向同性(VTI)介质的偏最小二乘傅里叶有限差分(partial least squares Fourier finite-difference,PLSFFD)叠前深度偏移方法;Alashloo等[36]基于椭圆VTI波动方程开发了一种叠前深度偏移算法,可在深层结构中生成具有准确细节的高质量图像。Zhao等[37]在傅里叶混合域中实现显式单程波动方程算子,提出一种新的用于二维和三维VTI介质的叠前深度偏移技术。You等[38]提出基于矩阵乘法的单程波动方程偏移方法对复杂介质进行成像。Zhang等[39]推导了倾斜横观各向同性(tilted transversely isotropic,TTI)介质中射线中心坐标系下的双程波方程,然后在射线中心坐标系下使用15°单程波方程模拟倾斜横向各向同性介质中的波传播,提出了一种单程波陡倾深度偏移方法。

1.2 逆时偏移

逆时偏移(reverse time migration,RTM)是典型的双程波偏移,它通过对双程波动方程的二阶导数进行差分离散,以差分代替微分,求解波动方程。逆时偏移是一种全波场成像演技术,可以成像复杂的地下结构,其成像结果更加准确和可靠。该方法通过逆向波场模拟和反演,不受限制性偏移条件等因素的影响,能够更好地处理地下复杂结构和波场信号,但计算量和时间成本比传统方法更高。

逆时偏移自20世纪80年由Whitmore[40]、Baysal等[41]和McMechan[42]提出。Loewenthal等[43]将逆时偏移方法应用在空间-频率域。Levin[44]概括了逆时偏移的基本原理和实现方法。Whitmore等[45]利用垂直地震剖面(vertical seismic profile,VSP)数据进行盐丘侧面的RTM成像;Chang等[46]实现了二维弹性地震数据的逆时偏移。Hildebrand[47]将逆时偏移方法应用于波阻抗成像,取得了很好的效果。Levy等[48]研究了逆时波场外推、成像和反演问题。Teng等[49]通过有限元建模进行RTM;Chang等[50]实现了三维弹性地震数据的偏移。Loewenthal等[51]对比了基于最大振幅和最小时间准则的二维叠前RTM成像;Zhu等[52]比较了逆时偏移与基尔霍夫积分偏移方法成像效果,得出前者对Marmousi模型成像精度更高,但耗时较多的结论。Wu等[53]研究了三维高阶有限差分法逆时偏移技术,Nemeth等[54]提出用最小二乘法进行逆时偏移,通过运用最小二乘法加权得到一系列的优化系数来实现更高精度成像。

Causse等[55]进行了黏弹性波动方程试算,证明逆时偏移方法对黏弹性波一样适用。Alkhalifah[56]将逆时偏移应用到各向同性介质中;为了得到近地表高精度的保幅成像结果,Sun等[57]研究了标量波动方程的逆时深度偏移,对纵波和横波进行了成像,结果表明,弹性波逆时偏移比单纯声波效果更好。张美根等[58]实现了各向异性弹性波叠前、叠后逆时深度偏移,张会星等[59]实现了弹性波动方程叠前逆时偏移,Mulder等[60]比较了单程和双程波动方程偏移效果,Yoon等[61]采用声波波动方程实现了三维逆时成像。Guddati等[62]通过对双程声波方程的合理简化,推导出适用于陡倾角偏移的任意广角单程声波方程。He等[63]利用Guddati推导的方程,研究了高阶有限差分格式的叠前逆时深度偏移算法及其边界、稳定性和成像条件,实现了各向同性介质中任意广角波动方程的叠前逆时深度偏移。Yoon等[64-65]将坡印廷(Poynting)矢量引入到逆时偏移的去噪处理中;Zhang等[66]提出真振幅逆时偏移的计算策略;Symes[67]提出逆时偏移具有最佳检查点,可用最小二乘法提高逆时偏移的效率,其基本思想是以适当的计算量换取存储量提高逆时偏移效率。

薛东川等[68]采用有限元法实现了弹性波动方程叠前逆时偏移,Guan等[69]采用多步法高效实现了逆时偏移,Liu等[70]提出了反假频波动方程正演和逆时偏移方法,Wards等[71]提出了相移时间步逆时偏移方法,Soubaras等[72]提出了两步法显式匹配逆时偏移方法,

Jones[73]提出了逆时偏移的预处理方法。Chattopadhyay 等[74]对逆时偏移成像条件做了比较系统和全面的介绍。Deng 等[75]基于逆时偏移得到了一种新的真振幅叠前弹性深度偏移算法,包括对各向同性介质中透射和滞弹性衰减损失的补偿。Duveneck 等[76]将逆时偏移应用到各向异性介质,Dussaud 等[77]研究了逆时偏移的计算策略问题等。Clapp[78]将随机边界思想引入逆时偏移,很好地解决了波场存储问题。Costa 等[79]提出了时空移相关法叠前逆时成像方法,实现了复杂介质叠前逆时成像。陈可洋[80]提出基于旅行时成像条件的高阶交错网格有限差分叠前逆时偏移方法,Zhang 等[81]采用一步插值法实现逆时深度偏移,这使得对黏声介质进行衰减补偿的 Q-RTM 法也成为可能[55,82-84]。

另外,早期的 RTM 方法仅关注一次反射波的波场信息,忽略了非一次波即多次波的波场信息,而将多次波视为噪声。随着研究的深入,以及实际工作的需要,首先使用转换波对一次波反射成像[49,85-86],Youn 等[87]实现了 RTM 中非一次波在合成数据集和野外数据集上的充分利用。这些 RTM 算法能够使用所有可计算的波场类型。多次波的使用使得成像低频噪声问题得到较好的解决,例如,Mulder 等[88]通过比较单程和双程波动方程的方法,发现通过迭代偏移可以减少 RTM 低频噪声。Yan 等[89]针对纯波模式扩展了互相关成像以避免串扰低频噪声,并制作了用于角度域分析的弹性图像。Fletcher 等[90]尝试了利用沿对称轴的小非零剪切速度对倾斜横观各向同性(TTI)介质进行声波逆时偏移,以消除三重性。Liu 等[91-93]专注于利用层间多次波改善 RTM 成像,提高了成像目标的照明度,降低了低频噪声的影响。

除了成像低频噪声的干扰,RTM 面临的第二个问题是计算效率问题。RTM 以对声波方程在时间域求解为基础,理论上具有计算各种波场传播、无传播倾角限制和准确成像复杂构造等特点[41,66,74,94-95]。这是 RTM 相较于单程波偏移方法的优点,但同时,因为其存在时间域延拓的特点,在计算时需要完整保存某一时刻的波场信息,因此,RTM 对计算机的性能要求,特别是内存要求要远高于单程波偏移方法,且随着多次波 RTM 的发展,对计算机性能的要求进一步增加,已经成为制约 RTM 发展的最大因素。目前,主要有两种思路解决 RTM 的海量存储和计算量问题:一是改进逆时偏移方法,逆时偏移主要依赖于全波动方程的波场外推技术,优化外推网格或改进波场外推方法[96,100]可以有效提高计算效率,降低计算存储量;二是借助高性能计算平台实现逆时偏移加速[101,106],以此增加逆时偏移的经济有效性和在实际生产中的实用性,这是逆时偏移研究的一个重要方向。

1.3 双程波方程深度偏移

目前,国内外基于准确声波方程深度域偏移成像的研究还比较少见。Kosloff 等[107]和 Sandberg 等[108]在常规地震数据采集系统下,首先采用常规的偏移算法估算波场值对深度的偏导数值,再利用地表处记录的波场值和估算的波场值对深度的偏导数值作为在深度域求解声波方程的边界条件,建立了基于声波方程的波场深度延拓算法。Wu 等[109]采用同样的方法提出了一种频率-波数域声波方程深度传播算子,利用局部扰动理论实现了双程波 Beamlet 深度偏移。为了解决边界条件问题,You 等[110]提出陆地上下双检地震数据采集系统,利用两个不同深度检波器记录的地震波估计压力波场深度偏导数,进一步实现全声波方程的保幅偏移成像。在双检波器地震数据采集观测系统的基础上，You 等[111-112]利用单程波传播算法和矩阵分析理论方法实现双程波方程波场深度延拓及成像。You 等[113]推导了一种新的利用垂直波数函数进行偏移的深度延拓方案。Song 等[114]利用双程波动方程深度偏移方法对实际海底地震仪(ocean bottom seismometer,OBS)数据进行多次波成像；You 等[115]引入一个新的压力波场值，通过简单的加减运算实现双程波方程中的快速波场分解。Li 等[116]针对双传感器系统获取两个边界条件的实际数据困难的问题，提出了以常规单层地表数据为基础，利用单程波傅里叶有限差分和广义屏方法来精确估计第二层的波场，实现了实际资料的双程波深度偏移。

第2章

常规波动方程叠前深度偏移方法

常规波动方程叠前深度偏移方法是一种利用波动方程的数值解法来实现地震资料成像和反演的技术。它可以处理复杂速度模型和陡倾角反射，提高地震分辨率和准确性。

波动方程叠前深度偏移的核心问题是波场外推算子，波场外推算子的研究伴随着偏移成像理论发展的全过程。频率空间域有限差分偏移算子、分步傅里叶偏移算子、傅里叶有限差分偏移算子和广义屏偏移算子是常见的单程波方程叠前深度偏移算子。

2.1　有限差分波场模拟

为求解声波波动方程，首先要对声波方程进行离散。声波方程的时间域离散方法主要是有限差分法。有限差分数值模拟，既可在时间-空间域实现，也可在频率-空间域完成。相对于频率-空间域有限差分模拟，时间-空间域有限差分模拟所需计算机内存容量和计算量都相对较小，因而其被广泛用于地震波数值模拟。有限差分法是网格法的一种，在网格法中，每个时刻，每个网格点的波场值代表数值解。

为提高差分算子的精度，有限差分采用的网格从规则网格发展到目前常用的交错网格、变网格和旋转交错网格。有限差分的巨大突破是突破传统规则网格限制，采用基于速度-应力方程的交错网格技术[117-119]模拟地震波传播；相对于传统规则网格，交错网格在同一网格的不同节点上计算应力和速度分量，在不增加计算量和存储量的前提下，具有频散小、精度高、模拟结果更加符合客观规律等优点，因而在其提出之后就成为地球物理数值模拟采用的主流方法。交错网格有限差分法最早由 Yee[120] 在模拟电磁波麦克斯韦方程时提出，随后 Virieux[117] 和 Levander[119] 把交错网格有限差分拓展到解弹性动力学问题中。在地震勘探领域，声波方程交错网格的思想是：把不同波场分量（应力场和质点振动速度场）和地下介质参数配置在不同网格节点上，且时间步进也采用时间交错步进。本章节采用的交错网格波场分量配置如图 2-1、图 2-2 所示。

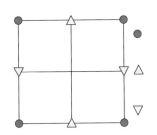

图 2-1　二维声波各物理量和介质参数的网格配置

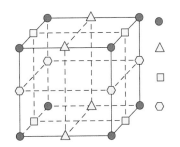

图 2-2　三维声波各物理量和介质参数的网格配置

在早期地震勘探中,主要是采用规则网格对波动方程进行离散,且以低阶空间差分和时间差分为主,低阶差分算子易产生数值频散,其求解精度较低,为提高正演模拟的精度压制数值频散,许多学者做了大量的研究工作。Levander[119]为了提高弹性波正演模拟的精度,采用空间四阶差分精度的交错网格对弹性波方程模拟;董良国[121]把交错网格和高阶差分方程结合求解一阶速度-应力弹性波方程的数值解,并指出提高差分方程的阶数可以有效压制数值频散。

声波方程的离散空间差分算子系数往往采用泰勒级数展开法确定高阶差分近似系数,对于相同差分算子长度,基于泰勒级数展开法求解的差分算子系数能够在一定波数范围内达到很高的精度。为了求解更好的差分算子系数,需要在给定误差范围内增加波数覆盖范围,基于梯度类优化法或全局优化法求解的差分算子系数能够在更宽的波数范围内获得更高的差分精度,从而减少计算量,提高计算效率。Holberg[122]通过对给定频带范围内的有限差分算子等效群速度的最优化确定差分算子系数;Etgen[123]通过对数值有限差分算子的等效相速度的最优化确定差分算子系数。在确定有限差分算子系数时,选择合适的阈值误差提高差分算子的精度是十分必要的。Liu[124]研究了基于最小二乘法使空间域频散关系的绝对误差或相对误差最小化,在最大波数范围内获得给定精度的优化差分系数,在保证一定精度的前提下,计算效率得到较大提高。基于泰勒展开的有限差分近似在地震勘探领域应用最为广泛,这里主要介绍采用泰勒展开法推导地震波场的空间导数在规则网格和交错网格的高阶有限差分近似。

设 $u(x)$ 有 $2N+1$ 阶导数,则 $u(x)$ 在 $x_0+\Delta x$ 与 $x_0-\Delta x$ 处的 $2N+1$ 阶泰勒展开式为

$$\begin{cases} u_{i+1} = u_i + \Delta x \dfrac{\partial u_i}{\partial x} + \dfrac{\Delta x^2}{2!}\dfrac{\partial^2 u_i}{\partial x^2} + \dfrac{\Delta x^3}{3!}\dfrac{\partial^3 u_i}{\partial x^3} + \cdots + \dfrac{\Delta x^{2N}}{2N!}\dfrac{\partial^{2N} u_i}{\partial x^{2N}} + o(\Delta x^{2N+1}) \\[3mm] u_{i-1} = u_i - \Delta x \dfrac{\partial u_i}{\partial x} + \dfrac{\Delta x^2}{2!}\dfrac{\partial^2 u_i}{\partial x^2} - \dfrac{\Delta x^3}{3!}\dfrac{\partial^3 u_i}{\partial x^3} + \cdots + \dfrac{\Delta x^{2N}}{2N!}\dfrac{\partial^{2N} u_i}{\partial x^{2N}} + o(\Delta x^{2N+1}) \end{cases}$$

$$(2\text{-}1)$$

则有

$$u_{i+1} - u_{i-1} = 2\Delta x \dfrac{\partial u_i}{\partial x} + 2\dfrac{\Delta x^3}{3!}\dfrac{\partial^3 u_i}{\partial x^3} + 2\dfrac{\Delta x^5}{5!}\dfrac{\partial^5 u_i}{\partial x^5} + \cdots + o(\Delta x^{2N+1}) \qquad (2\text{-}2)$$

同样地，也有

$$
\begin{cases}
u_{i+2} - u_{i-2} = 2\dfrac{2\Delta x}{1!}\dfrac{\partial u_i}{\partial x} + 2\dfrac{(2\Delta x)^3}{3!}\dfrac{\partial^3 u_i}{\partial x^3} + \cdots + 2\dfrac{(2\Delta x)^{2N-1}}{(2N-1)!}\dfrac{\partial^{2N-1} u_i}{\partial x^{2N-1}} + o(\Delta x^{2N+1}) \\[3mm]
u_{i+3} - u_{i-3} = 2\dfrac{3\Delta x}{1!}\dfrac{\partial u_i}{\partial x} + 2\dfrac{(3\Delta x)^3}{3!}\dfrac{\partial^3 u_i}{\partial x^3} + \cdots + 2\dfrac{(3\Delta x)^{2N-1}}{(2N-1)!}\dfrac{\partial^{2N-1} u_i}{\partial x^{2N-1}} + o(\Delta x^{2N+1}) \\[3mm]
u_{i+N} - u_{i-N} = 2\dfrac{N\Delta x}{1!}\dfrac{\partial u_i}{\partial x} + 2\dfrac{(N\Delta x)^3}{3!}\dfrac{\partial^3 u_i}{\partial x^3} + \cdots + 2\dfrac{(N\Delta x)^{2N-1}}{(2N-1)!}\dfrac{\partial^{2N-1} u_i}{\partial x^{2N-1}} + o(\Delta x^{2N+1})
\end{cases}
\tag{2-3}
$$

则任意 $2N$ 阶精度中心有限差分系数的计算公式可表示为

$$
\Delta x\frac{\partial u_i}{\partial x} = a_1(u_{i+1} - u_{i-1}) + a_2(u_{i+2} - u_{i-2}) + a_3(u_{i+3} - u_{i-3}) + \cdots + a_N(u_{i+N} - u_{i-N})
\tag{2-4}
$$

化简得

$$
\begin{pmatrix}
1 & 2 & 3 & \cdots & N \\
1 & 2^3 & 3^3 & \cdots & N^3 \\
1 & 2^5 & 3^5 & \cdots & N^5 \\
\vdots & \vdots & \vdots & & \vdots \\
1 & 2^{2N-1} & 3^{2N-1} & \cdots & N^{2N-1}
\end{pmatrix}
\begin{pmatrix}
a_1 \\ a_2 \\ a_2 \\ \vdots \\ a_N
\end{pmatrix}
=
\begin{pmatrix}
1/2 \\ 0 \\ 0 \\ \vdots \\ 0
\end{pmatrix}
\tag{2-5}
$$

同样地，可推导交错网格任意 $2N$ 阶精度有限差分差分格式和差分系数计算式。根据泰勒展开式可得

$$
a_n = \frac{(-1)^{n+1}\displaystyle\prod_{i=1,i\neq n}^{N} i^2}{2n\displaystyle\prod_{i=1}^{n-1}(n^2 - i^2)\prod_{i=n+1}^{N}(i^2 - n^2)}
\tag{2-6}
$$

且有

$$
\begin{pmatrix}
1 & 3 & 5 & \cdots & 2N-1 \\
1 & 3^3 & 5^3 & \cdots & (2N-1)^3 \\
1 & 3^5 & 5^5 & \cdots & (2N-1)^5 \\
\vdots & \vdots & \vdots & & \vdots \\
1 & 3^{2N-1} & 5^{2N-1} & \cdots & (2N-1)^{2N-1}
\end{pmatrix}
\begin{pmatrix}
a_1 \\ a_2 \\ a_2 \\ \vdots \\ a_N
\end{pmatrix}
=
\begin{pmatrix}
1 \\ 0 \\ 0 \\ \vdots \\ 0
\end{pmatrix}
\tag{2-7}
$$

对其求解后可得

$$
a_n = \frac{(-1)^{n+1}\displaystyle\prod_{i=1,i\neq n}^{N}(2i-1)^2}{(2n-1)\displaystyle\prod_{i=1}^{N-1}\left[(2n-1)^2 - (2i-1)^2\right]}
\tag{2-8}
$$

相应地，基于交错网格有限差分的三维一阶速度-应力声波方程可以离散为

$$\begin{cases} \rho\left(i+\dfrac{1}{2},j,k\right)=\left[\rho(i,j,k)+\rho(i+1,j,k)\right]/2 \\[2mm] \rho\left(i,j+\dfrac{1}{2},k\right)=\left[\rho(i,j,k)+\rho(i,j+1,k)\right]/2 \\[2mm] \rho\left(i,j,k+\dfrac{1}{2}\right)=\left[\rho(i,j,k)+\rho(i,j,k+1)\right]/2 \end{cases} \tag{2-9}$$

当给定初值和边值条件时,用上述差分格式可递推求得各时刻波场空间分布。

2.1.1　自由边界条件

实际资料应用时需引入自由边界条件,此时在自由边界压力场设为零;声波方程自由边界条件有两种设置方式:第一种设置方式为将自由边界条件相应网格的压力场设为零,自由边界设在网格点上;第二种设置方式为将虚拟的自由边界条件设置在整网格点上方的半网格点上。在自由边界的上方和下方的压力场的绝对值相等,符号相反,从而使自由边界上的压力场值为零。

这里采用四阶空间精度、二阶时间精度的有限差分去验证自由边界条件的设置。雷克(Ricker)子波的主频为 5 Hz,图 2-3 显示了自由边界条件下的地震波场记录,图中连续的实线表示数值解,虚线表示解析解,灰色线表示解析解和数值解的残差,右上方小图显示为 4.5～5.5 s 的检波点波场。由图 2-3 可知,数值解和解析解吻合较好。

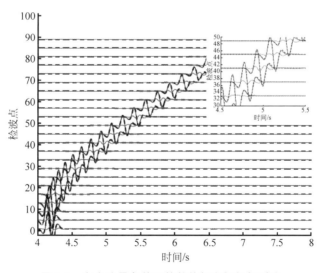

图 2-3　自由边界条件下的数值解和解析解对比

2.1.2　完全匹配层吸收边界条件

地下介质为半无限空间,在地震波数值模拟过程中由于受到计算机内存容量和计算时间的限制,常常需要引入人工边界对无限的空间进行截断。人工边界的引入,导致地震波从各边界产生不必要的边界反射,形成较为严重的干扰波。边界反射不仅会影响地震波数值模拟算法的质量,还关系着偏移成像结果的好坏,当边界反射存在时,在反演结果中会呈现出不必要的干扰。因此,我们需压制干扰波以模拟无限区域介质的波传播过程。Berenger[125]针对电磁波传播的情况给出了一种高效的完美匹配层(perfectly matched layer,PML)吸收边界条件。Komatitsch 等[126]针对隐失波数值模拟引入了卷积完美匹配层(convolutional perfectly matched layer,CPML)边界条件。CPML 不需要对波场进行分裂,相较于分裂的 PML 条件更易于实现,本书采用 CPML 处理边界反射问题。

PML 的基本思路是:把待求未知量分解成垂直于边界的方向和平行于边界的方向两部分。在垂直边界方向上,引入一个阻尼因子,从而使地震波在吸收层内迅速衰减。实现 PML 技术包括两部分:PML 区域波动方程的构造和 PML 区域吸收层的布置。传统的 PML 边界条件拉伸因子可表示为

$$
\begin{cases}
s_{x_i} = 1 + \dfrac{d_{x_i}}{i\omega} \\
x_i = x, y, z
\end{cases}
\tag{2-10}
$$

基于 PML 边界条件的声波方程表达式为

$$
\begin{cases}
\dfrac{\partial p_x(x,y,z,t)}{\partial t} + d_x(x) p_x(x,y,z,t) = \kappa(x,y,z) \dfrac{\partial v_x(x,y,z,t)}{\partial x} \\[2mm]
\dfrac{\partial p_y(x,y,z,t)}{\partial t} + d_y(y) p_y(x,y,z,t) = \kappa(x,y,z) \dfrac{\partial v_y(x,y,z,t)}{\partial y} \\[2mm]
\dfrac{\partial p_z(x,y,z,t)}{\partial t} + d_z(z) p_z(x,y,z,t) = \kappa(x,y,z) \dfrac{\partial v_z(x,y,z,t)}{\partial z} \\[2mm]
\dfrac{\partial v_x(x,y,z,t)}{\partial t} + d_x(x) v_x(x,y,z,t) = \dfrac{1}{\rho(x,y,z)} \dfrac{\partial p(x,y,z,t)}{\partial x} \\[2mm]
\dfrac{\partial v_y(x,y,z,t)}{\partial t} + d_y(y) v_y(x,y,z,t) = \dfrac{1}{\rho(x,y,z)} \dfrac{\partial p(x,y,z,t)}{\partial y} \\[2mm]
\dfrac{\partial v_z(x,y,z,t)}{\partial t} + d_z(z) v_z(x,y,z,t) = \dfrac{1}{\rho(x,y,z)} \dfrac{\partial p(x,y,z,t)}{\partial z}
\end{cases}
\tag{2-11}
$$

式中,$p(x,y,z,t)$ 为压力;$v_x(x,y,z,t)$、$v_y(x,y,z,t)$、$v_z(x,y,z,t)$ 分别为沿 x 方向、y 方向和 z 方向的质点振动速度分量;$\kappa(x,y,z)$ 为体积模量;$\rho(x,y,z)$ 为密度。

$$
\begin{cases}
p(x,y,z,t) = p_x(x,y,z,t) + p_y(x,y,z,t) + p_z(x,y,z,t) \\
d(x) = C_{\mathrm{PML}} \cos\left(\dfrac{\pi x}{2L}\right)
\end{cases}
\tag{2-12}
$$

其中,$d(x)$ 为 PML 区域衰减函数;L 为 PML 宽度;C_{PML} 可通过最小化边界反射系数确定。

CPML 边界条件拉伸因子可表示为

$$
s_{x_i} = \kappa_{x_i} + \dfrac{d_{x_i}}{i\omega + \alpha_{x_i}}
\tag{2-13}
$$

其中,$\kappa_{x_i} \geqslant 1$;$\alpha_{x_i} \geqslant 0$。基于 CPML 边界条件的声波方程表达式为

$$
\begin{cases}
\dfrac{\partial p(x,y,z,t)}{\partial t} = \dfrac{\kappa(x,y,z)}{k_x}\dfrac{\partial v_x(x,y,z,t)}{\partial x} + \dfrac{\kappa(x,y,z)}{k_z}\dfrac{\partial v_z(x,y,z,t)}{\partial z} + \\
\qquad\qquad\qquad \kappa(x,y,z)(\varphi_{v_{xx}} + \varphi_{v_{zz}}) + f(x,y,z,t) \\[2mm]
\dfrac{\partial v_x(x,y,z,t)}{\partial t} = \dfrac{1}{k_x}\dfrac{1}{\rho(x,y,z)}\left(\dfrac{\partial p(x,y,z,t)}{\partial x} + \varphi_{p_x}\right) \\[2mm]
\dfrac{\partial v_y(x,y,z,t)}{\partial t} = \dfrac{1}{k_y}\dfrac{1}{\rho(x,y,z)}\left(\dfrac{\partial p(x,y,z,t)}{\partial y} + \varphi_{p_y}\right) \\[2mm]
\dfrac{\partial v_z(x,y,z,t)}{\partial t} = \dfrac{1}{k_z}\dfrac{1}{\rho(x,y,z)}\left(\dfrac{\partial p(x,y,z,t)}{\partial y} + \varphi_{p_z}\right)
\end{cases}
\tag{2-14}
$$

2.1.3　稳定性关系和频散条件

在有限差分波动方程正演模拟过程中,为避免数值噪声以及不稳定,对于一个给定的频带宽度,有限差分的网格大小和时间步长需要分别满足频散关系以及稳定性条件;本书采用的有限差分频散关系需要满足每个最小波长至少需要 5 个网格点,即为避免网格色散空间采样间隔需要满足

$$
\Delta x \leqslant \frac{\lambda_{\min}}{5} \leqslant \frac{v_{p_{\min}}}{5 f_{\max}}
\tag{2-15}
$$

其中,Δx 为空间网格大小;$\lambda_{\min}$ 为最小纵波速度;$f_{\max}$ 是最大频率。空间采样网格大小确定后,还需选择合适的时间采样大小来满足有限差分数值稳定性条件,即

$$
\Delta t \leqslant \frac{1}{v_{p_{\max}}\sqrt{\dfrac{1}{\Delta x^2} + \dfrac{1}{\Delta y^2} + \dfrac{1}{\Delta z^2}}\displaystyle\sum_{l=1}^{L}|a_l|}
\tag{2-16}
$$

其中,Δt 为时间采样间隔;$v_{p_{\max}}$ 为最大纵波速度。

2.2　常规单程波方程偏移方法

2.2.1　单程波方程相移偏移方法

相移(phase-shift,PS)法是一种单程波偏移延拓算子,由 Gazdag[13] 和 Stolt[8] 首先提出。这种方法是通过在频率-波数域对波动方程进行求解,并对地震波场进行外推来实现的。由于相移法是在频率-波数域中实现对地震波场进行延拓的算子,因此要求地震波速度必须为常数。为了满足这一要求,他们将纵向分为多个分层,并在每个延拓步长内保持横向和纵向上的速度不变,从而实现了波场的延拓。其推导过程如下。

从二维声波方程出发,可得

$$
\frac{\partial^2 P}{\partial x^2} + \frac{\partial^2 P}{\partial z^2} - \frac{1}{v^2}\frac{\partial^2 P}{\partial t^2} = 0
\tag{2-17}
$$

其中,P 为地震波场 $P(x,z,t)$;t 为时间;v 为地震波速度 $v(x,z)$。

对式(2-17)中变量 x,t 进行二维傅里叶变换,可得

$$\frac{\partial^2 \overline{\overline{P}}}{\partial z^2} = -k_z^{\,2} \overline{\overline{P}} \tag{2-18}$$

其中，$\overline{\overline{P}}$ 为 $P(x,z,t)$ 对 x,t 的二维傅里叶变换 $\overline{\overline{P}}(k_x,z,\omega)$；$k_z^{\,2} = \dfrac{\omega^2}{v^2} - k_x^{\,2}$。

假设地震波速度在水平方向保持不变，式(2-18)的 k_z 值就不变，因此，式(2-18)的解为

$$\overline{\overline{P}}(k_x,z,\omega) = c_1 \mathrm{e}^{\mathrm{i}k_z z} + c_2 \mathrm{e}^{-\mathrm{i}k_z z} \tag{2-19}$$

式中，$\overline{\overline{P}}(k_x,z,\omega)$ 为波场值；$c_1 \mathrm{e}^{\mathrm{i}k_z z}$ 为下行波；$c_2 \mathrm{e}^{-\mathrm{i}k_z z}$ 为上行波；c_1、c_2 是分别为下行波和上行波的待定常系数。

由式(2-19)可以看出，上行波和下行波是没有分开的，在实际偏移过程中，对地震波场延拓时，是对纵向坐标进行分层延拓的，也即假设在延拓步长内，速度在纵向内是保持不变的，这符合上行波和下行波分离的条件，因此可得频率-波数域的上行波和下行波分别为

$$\overline{\overline{P}}(k_x,z,\omega) = c_2 \mathrm{e}^{-\mathrm{i}k_z z} \tag{2-20}$$

$$\overline{\overline{P}}(k_x,z,\omega) = c_1 \mathrm{e}^{\mathrm{i}k_z z} \tag{2-21}$$

进而推出上行波和下行波在时间-空间域的形式为

$$\frac{\partial P(x,z,t)}{\partial z} = \pm \left[\frac{1}{v^2} - \left(\frac{\partial t}{\partial x} \right)^2 \right]^{\frac{1}{2}} \frac{\partial P(x,z,t)}{\partial t} \tag{2-22}$$

PS法的优点是：作为一种无倾角限制的偏移方法，由于其在频率-波数域对波场进行延拓，因此其计算速度很快；它的缺点是：无法处理介质中的横向变速。

2.2.2 单程波方程分步傅里叶偏移方法

由于相移法(PS法)不能适应介质中的速度在横向发生变化的情况，因此，Stoffa 等[15]在相移延拓算子的基础上提出了分步傅里叶(SSF)法波场延拓算子。该方法采用速度场分裂的思想，将介质的速度分解为一个常速背景场与一个变速扰动场的和。在实际波场延拓过程中，对于常速背景场，使用相移延拓算子进行波场的延拓，而对于变速扰动场，则采用时移校正方法进行处理。

基于速度场分裂的思想，将慢度 $s(x,z)$（$v(x,z)$ 的倒数）分为 $s_0(x,z)$ 和 $\Delta s(x,z)$，即

$$s(x,z) = s_0(x,z) + \Delta s(x,z) \tag{2-23}$$

其中，$s_0(x,z)$ 为背景慢度场分量，为常数；$\Delta s(x,z)$ 为慢度扰动。

在相移法的基础上，式(2-18)可以写为

$$\frac{\partial^2 \widetilde{P}}{\partial z^2} = -\left(\omega^2 s^2 + \frac{\partial^2}{\partial x^2} \right) \widetilde{P} \tag{2-24}$$

对上行波和下行波采取分离，可得

$$\frac{\partial \widetilde{P}}{\partial z} = -\sqrt{\omega^2 s^2 - k_x^{\,2}}\, \widetilde{P} \tag{2-25}$$

令延拓算子 $k_z = \sqrt{\omega^2 s^2 - k_x^{\,2}}$，将式(2-24)代入，并忽略关于慢度扰动的二阶项，可得

$$k_z = \sqrt{\omega^2 s_0^2 - k_x^2} + (\omega s - \omega s_0) = k_{z_0} + \omega \Delta s \tag{2-26}$$

由波场叠加原理,延拓算子(即式(2-26))分别对应波场延拓的两部分,即

$$P(x,z,\omega) = P_0(x,z,\omega) + P_s(x,z,\omega)$$

其中,P_0 为背景慢度引起的波场,可由 PS 法解出;P_s 为扰动慢度引起的波场。将式(2-27)中的 $P(x,z,\omega)$ 对 x 作傅里叶变换,得到 $\overline{P}_0(k_x,z,\omega)$,并使用参考慢度 $s_0(z)$ 作相移延拓,则得

$$\overline{P}_0(k_x,z+\Delta z,\omega) = \overline{P}(k_x,z,\omega)\mathrm{e}^{\mathrm{i}k_{z_0}\Delta z} \tag{2-27}$$

其中,$k_{z_0} = \sqrt{\omega^2 s_0^2 - k_x^2}$。将 $\overline{P}(k_x,z+\Delta z,\omega)$ 对 k_x、k_z 作傅里叶逆变换,得到 $\widetilde{P}(k_x,z+\Delta z,\omega)$,在频率-空间域中,对慢度的扰动 $\Delta s(x,z)$ 使用时移校正,则得

$$\widetilde{P}(x,z+\Delta z,\omega) = \widetilde{P}_0(x,z+\Delta z,\omega)\mathrm{e}^{\mathrm{i}\omega\Delta s(x,y)\Delta z} \tag{2-28}$$

式(2-27)、式(2-28)构成 SSF 下行波延拓算子的基本公式,式(2-27)在频率-波数域实现,式(2-28)在频率-空间域实现。

同样地,可得上行波的 SSF 算子为

$$\overline{P}_0(k_x,z+\Delta z,\omega) = \overline{P}(k_x,z,\omega)\mathrm{e}^{-\mathrm{i}k_z\Delta z} \tag{2-29}$$

$$\widetilde{P}(x,z+\Delta z,\omega) = \widetilde{P}_0(x,z+\Delta z,\omega)\mathrm{e}^{-\mathrm{i}\omega\Delta s(x,y)\Delta z} \tag{2-30}$$

2.2.3　单程波方程傅里叶有限差分偏移方法

在前文提到的 SSF 法中,由于忽略了慢度扰动的二阶项,所以其适用范围受到了限制。为了更准确地处理速度场的高阶扰动项,研究人员提出了傅里叶有限差分(FFD)法偏移。FFD 法偏移在 SSF 算子的基础上增加了关于二阶扰动的处理补偿项,这一项是通过在 f-x 域进行有限差分计算得到的。这样,FFD 法偏移能够更准确地处理速度场的高阶扰动。

下行波方程在 f-x 域可以表示为

$$\frac{\partial \widetilde{P}}{\partial z} = \mathrm{i}\sqrt{\frac{\omega^2}{v^2} - \frac{\partial^2}{\partial x^2}}\widetilde{P} \tag{2-31}$$

式中,$\widetilde{P}$ 代表 f-x 域的波场值;v 为介质速度 $v(x,z)$。设层中背景速度为常数 $c(z)$,其中 $c(z) \leqslant v(x,z)$。但实际介质速度是纵向和横向均变化的,因此式(2-31)中的平方根存在如下误差:

$$\xi = \sqrt{\frac{\omega^2}{v^2} - \frac{\partial^2}{\partial x^2}} - \sqrt{\frac{\omega^2}{c^2} - \frac{\partial^2}{\partial x^2}} \tag{2-32}$$

当介质比较复杂时,即在每个延拓层内速度横向变化巨大时,式(2-32)的误差比较大。可行的办法是引入一个常速度作为背景速度,通过计算这个坐标处背景速度的泰勒展开式进行求解。

令 $k_z = \sqrt{\frac{\omega^2}{v^2} - \frac{\partial^2}{\partial x^2}}$,$k_{z_0} = \sqrt{\frac{\omega^2}{c^2} - \frac{\partial^2}{\partial x^2}}$。将 k_z、k_{z_0} 在背景速度处按泰勒级数展开,并代入到式(2-32),则有

$$\xi = \frac{\omega}{c}(p-1) - \frac{1}{2}\left[\frac{v^2}{\omega^2}\left(\frac{\partial^2}{\partial x^2}\right)\right]\frac{\omega}{c}p(1-p) +$$

$$\sum_{n=2}^{\infty}(-1)^n\binom{m}{n}\left[\frac{v^2}{\omega^2}\left(\frac{\partial^2}{\partial x^2}\right)\right]^n\frac{\omega}{c}p(1-p)\delta_n \tag{2-33}$$

其中，$p = \dfrac{c}{v} \leqslant 1$；$\delta_n = \displaystyle\sum_{l=0}^{2n-2}p^l$；$m = \dfrac{1}{2}$；$\dbinom{m}{n} = \dfrac{m(m-1)\cdots(m-n+1)}{n!}$。

令 $r^2 = \dfrac{v^2}{\omega^2}\left(\dfrac{\partial^2}{\partial x^2}\right)$，对式(2-33)进行整理，得到

$$\xi = \frac{\omega}{c}(p-1) - \frac{1}{2}r^2\frac{\omega}{c}p(1-p) + \sum_{n=2}^{\infty}(-1)^n\binom{m}{n}r^{2n}\frac{\omega}{c}p(1-p)\delta_n \tag{2-34}$$

取式(2-34)中不同的项数，可以分别得到不同的近似。

(1) 如果取式(2-34)第一项，即零阶近似，有

$$\xi \approx \frac{\omega}{c}(p-1) \tag{2-35}$$

可见，式(2-35)正好是 SSF 算子，这也说明了 SSF 算子是 FFD 偏移算子未考虑差分项的简化形式。

(2) 如果取式(2-34)前两项，即一阶近似，有

$$\xi = \frac{\omega}{c}(p-1) - \frac{1}{2}r^2\frac{\omega}{c}p(1-p) \tag{2-36}$$

(3) 如果取式(2-34)前三项，即二阶近似，有

$$\xi = \frac{\omega}{c}(p-1) - \frac{\omega}{c}p(1-p)\left(\frac{1}{2}r^2 + \frac{\delta_2}{8}r^4\right) \tag{2-37}$$

将式(2-37)中括号内与 r 有关的表达式用下列有理式来代替：

$$\frac{r^2}{a_1 - b_1 r^2} \tag{2-38}$$

根据泰勒级数展开式 $\dfrac{1}{1-x} = \displaystyle\sum_{n=0}^{\infty}x^n$，$x \in (-1,1)$，将式(2-38)展开得

$$\frac{r^2}{a_1}\frac{1}{1-\dfrac{b_1}{a_1}r^2} = \frac{r^2}{a_1}\left\{1 + \frac{b_1}{a_1}r^2 + \cdots\right\} \approx \frac{1}{a_1}r^2 + \frac{b_1}{a_1^2}r^4 \tag{2-39}$$

对比系数，可得

$$\begin{cases} a_1 = 2.0 \\ b_1 = \dfrac{\delta_2}{2} = \dfrac{1}{2}(1+p+p^2) \end{cases} \tag{2-40}$$

则有

$$\xi = \frac{\omega}{c}(p-1) - \frac{\omega}{c}p(1-p)\left(\frac{r^2}{a_1 - b_1 r^2}\right)$$

(4) 若取式(2-34)前四项，即三阶近似，有

$$\xi = \frac{\omega}{c}(p-1) - \frac{\omega}{c}p(1-p)\left(\frac{1}{2}r^2 + \frac{\delta_2}{8}r^4 + \frac{\delta_3}{16}r^6\right) \tag{2-41}$$

将式(2-41)中括号内表达式用下式来代替：

$$\frac{r^2}{a_1 - b_1 r^2} + \frac{r^2}{a_2}$$

有

$$\xi = \frac{\omega}{c}(p-1) - \frac{\omega}{c}p(1-p)\left(\frac{r^2}{a_1 - b_1 r^2} + \frac{r^2}{a_2}\right) \tag{2-42}$$

式中，$a_1 = 4\dfrac{\delta_3}{\delta_2^2}$；$b_1 = 2\dfrac{\delta_3^3}{\delta_2^3}$；$\dfrac{1}{a_2} = \dfrac{1}{2} - \dfrac{1}{4}\dfrac{\delta_2^2}{\delta_3}$。

两种极端的情况是：

$$p = 0 : a_1 = 4, \quad b_1 = 2, \quad a_2 = 4$$

$$p = 1 : a_1 = 20/9, \quad b_1 = 50/27, \quad a_2 = 20$$

用下式来代替式(2-37)中括号内与 r 有关的表达式：

$$\frac{r^2}{a_1 - b_1 r^2} + \frac{r^2}{a_2 - b_2 r^2} \tag{2-43}$$

同样，系数有

$$\frac{1}{a_1} + \frac{1}{a_2} = \frac{1}{2}, \quad \frac{b_1}{a_1^2} + \frac{b_2}{a_2^2} = \frac{1}{8}\delta_2, \quad \frac{b_1^2}{a_1^3} + \frac{b_2^2}{a_2^3} = \frac{1}{16}\delta_3, \quad \frac{b_1^3}{a_1^4} + \frac{b_2^3}{a_2^4} = \frac{5}{128}\delta_4, \tag{2-44}$$

从式(2-44)可得 4 个系数。将式(2-43)引入到式(2-34)中，有四阶近似，即

$$\xi = \frac{\omega}{c}(p-1) - \frac{\omega}{c}p(1-p)\left(\frac{r^2}{a_1 - b_1 r^2} + \frac{r^2}{a_2 - b_2 r^2}\right) \tag{2-45}$$

按照类似方法，可以得到阶数更高的算子。但当阶数越多时，所需的计算时间就越多，而逼近的程度增加越有限。为了达到比较好的结果和比较高的计算效率，一般选择二阶泰勒展开即可。二阶的 FFD 算子为

$$k_z = k_{z_0} + \frac{\omega}{c}(p-1) - \frac{\omega}{c}p(1-p)\frac{\left(\dfrac{\partial^2}{\partial x^2}\right)}{a_1 - b_1\left(\dfrac{\partial^2}{\partial x^2}\right)} \tag{2-46}$$

其中，$a_1 = 2.0$；$b_1 = \dfrac{\delta_2}{2} = \dfrac{1}{2}(1 + p + p^2)$。从而，可以将偏移算子分解为以下 3 步来处理。

(1) 在 f-k 域进行相移：

$$\overline{\widetilde{P}}_1(k_x, z + \Delta z, \omega) = \overline{\widetilde{P}}(k_x, z, \omega)\mathrm{e}^{\mathrm{i}k_z \Delta z} \tag{2-47}$$

(2) 在 f-x 域进行时移零阶校正：

$$\widetilde{P}_2(x, z + \Delta z, \omega) = \widetilde{P}_1(x, z + \Delta z, \omega)\mathrm{e}^{\mathrm{i}\frac{\omega}{c}(p-1)\Delta z} \tag{2-48}$$

(3) 在 f-x 域进行时移二阶校正：

$$[I - (a + b_1 - \mathrm{i}b_2)T]\widetilde{P}_3(x, z + \Delta z, \omega) = [I - (a + b_1 + \mathrm{i}b_2)T]\widetilde{P}_2(x, z + \Delta z, \omega) \tag{2-49}$$

式中，$I = (0,1,0)$；$T = (-1,2,-1)$；$a = \dfrac{1}{6}$；$b_1 = \dfrac{c_2 v^2}{c_1 \omega^2 \Delta x^2}$；$b_2 = \dfrac{(v-c)\Delta z}{2c_1 \omega \Delta x^2}$；$c_1 = 2$；$c_2 =$

$\frac{1}{2}\left(\frac{c^2}{v^2}+\frac{c}{v}+1\right)$。

FFD 方法是以 SSF 方法为基础的,它比 SSF 方法多了一项有限差分补偿,克服了 SSF 方法所要求速度横向变化不大,地震波传播角度较小的不足之处,适用于地下构造较复杂,且横向速度变化较大的情况。

如果速度在横向无变化,即 $p=c/v=1$,FFD 算子就是 PS 算子;如果介质速度横向变化很剧烈时,即 $c\ll v$,$u\approx0$,$a_1=2$,$b_1\approx0.5$,假定 $c\approx0$,则相位移项趋近于 ω/c,和时移项中的 $-\omega/c$ 相抵消,剩下有限差分项:

$$\frac{\partial \widetilde{P}_3(x,z+\Delta z,\omega)}{\partial z}=\frac{\omega}{c}p(p-1)\frac{\mathrm{i}\left(\dfrac{\partial^2}{\partial x^2}\right)}{a_1-b_1\left(\dfrac{\partial^2}{\partial x^2}\right)}\widetilde{P}_2(x,z+\Delta z,\omega) \tag{2-50}$$

2.2.4　单程波方程广义屏偏移法

目前,广义屏传播算子的推导可以通过以下两条途径实现:①波场传播的散射理论;②相空间的哈密顿(Hamilton)路径积分。相空间的哈密顿路径积分法要用到数学中的拟微分算子理论和微局部分析理论,这里不作介绍。而波场传播的散射理论通过利用波场传播的理论,可方便地获得广义屏波场传播算子的表达式。从单程波方程出发,应用类似于推导傅里叶有限差分算子的方法,也进行渐近展开,推导广义屏传播算子的高阶表达式,来提高横向速度变化较大介质中波传播的成像精度。

在频率-空间域中,二维常密度介质中无源声波方程为

$$\frac{\partial^2 P}{\partial x^2}+\frac{\partial^2 P}{\partial z^2}+\frac{\omega^2}{v(x,z)^2}P=0 \tag{2-51}$$

令深度方向为地震波的主传播方向,地震波以一定的深度间隔向下延拓时,在一个深度步长 Δz 间隔内,介质的速度只存在横向的变化,而没有纵向的变化。令在深度间隔 $(z_i,z_i+\Delta z)$ 内的速度为 $v(x,z_i)$,其间的常数背景速度为 c,则式(2-51)可以分解为

$$\left(\frac{\partial P}{\partial z}+\mathrm{i}\sqrt{\frac{\omega^2}{v(x,z_i)^2}+\frac{\partial^2}{\partial x^2}}P\right)\times\left(\frac{\partial P}{\partial z}-\mathrm{i}\sqrt{\frac{\omega^2}{v(x,z_i)^2}+\frac{\partial^2}{\partial x^2}}P\right)=0 \tag{2-52}$$

取下行波传播方程

$$\frac{\partial P}{\partial z}=\mathrm{i}\sqrt{\frac{\omega^2}{v(x,z_i)^2}+\frac{\partial^2}{\partial x^2}}P \tag{2-53}$$

取式(2-53)中的根式表示一个广义微分算子,即拟微分算子,在进行计算时对根式做泰勒展开,得到各阶近似。

令 $(z_i,z_i+\Delta z)$ 间的背景速度为 c,则背景速度下的下行波方程为

$$\frac{\partial P}{\partial z}=\mathrm{i}\sqrt{\frac{\omega^2}{c^2}+\frac{\partial^2}{\partial x^2}}P \tag{2-54}$$

将式(2-53)和式(2-54)变换到频率-波数域,可得

$$\frac{\partial P(k_x,z;\omega)}{\partial z}=\frac{\mathrm{i}\omega}{v(x,z_i)}\sqrt{1-\frac{v^2(x,z_i)}{\omega^2}k_x^2}\,P(k_x,z;\omega) \tag{2-55}$$

$$\frac{\partial P(k_x,z;\omega)}{\partial z}=\frac{\mathrm{i}\omega}{c}\sqrt{1-\frac{c^2}{\omega^2}k_x^2}\,P(k_x,z;\omega) \tag{2-56}$$

实际介质中的垂直波数 k_z 和背景介质中的垂直波数 k_{z_0} 为

$$k_z=\frac{\mathrm{i}\omega}{v(x,z_i)}\sqrt{1-\frac{v^2(x,z_i)}{\omega^2}k_x^2} \tag{2-57}$$

$$k_{z_0}=\frac{\mathrm{i}\omega}{c}\sqrt{1-\frac{c^2}{\omega^2}k_x^2} \tag{2-58}$$

这里设 $s=\dfrac{1}{v(x,z_i)}$，$s_0=\dfrac{1}{c}$，根据式(2-58)可以得到

$$k_{z_0}=\mathrm{i}\sqrt{\omega^2 s_0^2-k_x^2} \tag{2-59}$$

$$k_z=\sqrt{\omega^2 s^2-k_x^2}=k_{z_0}\sqrt{1-\frac{\omega^2(s_0^2-s^2)}{k_{z_0}^2}} \tag{2-60}$$

对式(2-60)做二阶展开近似，可以得到

$$k_z=k_{z_0}+k_{z_0}\sum_{n=1}^{\infty}(-1)^n\binom{0.5}{n}\left[\left(\frac{\omega^2 s_0^2}{\omega^2 s_0^2-k_x^2}\right)\left(\frac{s_0^2-s^2}{s_0^2}\right)\right]^n \tag{2-61}$$

其中二项式的具体表达式为

$$\binom{m}{n}=\frac{m(m-1)\cdots(m-n+1)}{n!} \tag{2-62}$$

波场沿深度的外推方程为

$$P(x,z_{i+1};\omega)=\exp(\mathrm{i}k_z\Delta z)P(x,z_i;\omega) \tag{2-63}$$

代入式(2-61)得

$$P(x,z_{i+1};\omega)$$

$$=\exp\left\{\mathrm{i}k_{z_0}\Delta z\sum_{n=1}^{\infty}(-1)^n\binom{0.5}{n}\left[\left(\frac{\omega^2 s_0^2}{\omega^2 s_0^2-k_x^2}\right)\left(\frac{s_0^2-s^2}{s_0^2}\right)\right]^n\right\}\exp(\mathrm{i}k_{z_0}\Delta z)P(x,z_i;\omega)$$

$$\tag{2-64}$$

式(2-64)第一个指数项的幂小于 1 时，对第一个指数项作泰勒展开，可得

$$\exp\left\{\mathrm{i}k_{z_0}\Delta z\sum_{n=1}^{\infty}(-1)^n\binom{0.5}{n}\left[\left(\frac{\omega^2 s_0^2}{\omega^2 s_0^2-k_x^2}\right)\left(\frac{s_0^2-s^2}{s_0^2}\right)\right]^n\right\}$$

$$\approx 1+\mathrm{i}k_{z_0}\Delta z\sum_{n=1}^{\infty}(-1)^n\binom{0.5}{n}\left[\left(\frac{\omega^2 s_0^2}{\omega^2 s_0^2-k_x^2}\right)\left(\frac{s_0^2-s^2}{s_0^2}\right)\right]^n \tag{2-65}$$

然后得到高阶广义屏传播算子为

$$P(x,z_{i+1};\omega)$$

$$= \left\{ 1 + \mathrm{i}k_{z_0}\Delta z \sum_{n=1}^{\infty} (-1)^n \binom{0.5}{n} \left[\left(\frac{\omega^2 s_0^2}{\omega^2 s_0^2 - k_x^2} \right) \left(\frac{s_0^2 - s^2}{s_0^2} \right) \right]^n \right\} \exp(\mathrm{i}k_{z_0}\Delta z) P(x,z_i;\omega)$$

$$(2\text{-}66)$$

在式(2-66)中，n 的取值越大，广义屏算子就越逼近复杂介质中的单程波的传播规律。将式(2-66)展开，代入每个变量得到：

$$P(x,z_{i+1};\omega) = F_{k_x}^{-1}\left\{ \exp(\mathrm{i}k_{z_0}\Delta z) F_x\left[P(x,z_i;\omega) \right] \right\} +$$

$$F_{k_x}^{-1}\left\{ \frac{\exp(\mathrm{i}k_{z_0}\Delta z)}{(1 - c^2 k_x^2/\omega^2)^{1/2}} F_x\left[\frac{\mathrm{i}\omega\Delta z}{2} c \left(\frac{1}{v^2(x,z_i)} - \frac{1}{c^2} \right) P(x,z_i;\omega) \right] - \right.$$

$$\frac{\exp(\mathrm{i}k_{z_0}\Delta z)}{(1 - c^2 k_x^2/\omega^2)^{3/2}} F_x\left[\frac{\mathrm{i}\omega\Delta z}{8} c^3 \left(\frac{1}{v^2(x,z_i)} - \frac{1}{c^2} \right)^2 P(x,z_i;\omega) \right] +$$

$$\left. \frac{\exp(\mathrm{i}k_{z_0}\Delta z)}{(1 - c^2 k_x^2/\omega^2)^{5/2}} F_x\left[\frac{\mathrm{i}\omega\Delta z}{32} c^5 \left(\frac{1}{v^2(x,z_i)} - \frac{1}{c^2} \right)^3 P(x,z_i;\omega) \right] - \cdots \right\}$$

$$(2\text{-}67)$$

式中，F_x 表示对 x 作傅里叶变换；$F_{k_x}^{-1}$ 表示对 k_x 作傅里叶逆变换。

当 $n=1$ 时，得到一阶广义屏传播算子为

$$P(x,z_{i+1};\omega) = F_{k_x}^{-1}\left\{ \exp(\mathrm{i}k_{z_0}\Delta z) F_x\left[P(x,z_i;\omega) \right] \right\} +$$

$$F_{k_x}^{-1}\left\{ \frac{\exp(\mathrm{i}k_{z_0}\Delta z)}{(1 - c^2 k_x^2/\omega^2)^{1/2}} F_x\left[\frac{\mathrm{i}\omega\Delta z}{2} c \left(\frac{1}{v^2(x,z_i)} - \frac{1}{c^2} \right) P(x,z_i;\omega) \right] \right\}$$

$$(2\text{-}68)$$

式(2-68)与扩展的玻恩近似广义屏传播算子是一致的。由式(2-68)还可进一步推导出稳定的玻恩近似广义屏传播算子。

当 $n=2$ 时，可得到二阶广义屏传播算子如下：

$$P(x,z_{i+1};\omega) = F_{k_x}^{-1}\left\{ \exp(\mathrm{i}k_{z_0}\Delta z) F_x\left[P(x,z_i;\omega) \right] \right\} +$$

$$F_{k_x}^{-1}\left\{ \frac{\exp(\mathrm{i}k_{z_0}\Delta z)}{(1 - c^2 k_x^2/\omega^2)^{1/2}} F_x\left[\frac{\mathrm{i}\omega\Delta z}{2} c \left(\frac{1}{v^2(x,z_i)} - \frac{1}{c^2} \right) P(x,z_i;\omega) \right] - \right.$$

$$\left. \frac{\exp(\mathrm{i}k_{z_0}\Delta z)}{(1 - c^2 k_x^2/\omega^2)^{3/2}} F_x\left[\frac{\mathrm{i}\omega\Delta z}{8} c^3 \left(\frac{1}{v^2(x,z_i)} - \frac{1}{c^2} \right)^2 P(x,z_i;\omega) \right] \right\}$$

$$(2\text{-}69)$$

当 $n=3$ 时，可得到三阶广义屏传播算子如下：

$$P(x,z_{i+1};\omega) = F_{k_x}^{-1}\left\{ \exp(\mathrm{i}k_{z_0}\Delta z) F_x\left[P(x,z_i;\omega) \right] \right\} +$$

$$F_{k_x}^{-1}\left\{ \frac{\exp(\mathrm{i}k_{z_0}\Delta z)}{(1 - c^2 k_x^2/\omega^2)^{1/2}} F_x\left[\frac{\mathrm{i}\omega\Delta z}{2} c \left(\frac{1}{v^2(x,z_i)} - \frac{1}{c^2} \right) P(x,z_i;\omega) \right] - \right.$$

$$\frac{\exp(\mathrm{i}k_{z_0}\Delta z)}{(1-c^2 k_x^2/\omega^2)^{3/2}} F_x \left[\frac{\mathrm{i}\omega\Delta z}{8} c^3 \left(\frac{1}{v^2(x,z_i)}-\frac{1}{c^2}\right)^2 P(x,z_i;\omega)\right]+$$

$$\left. \frac{\exp(\mathrm{i}k_{z_0}\Delta z)}{(1-c^2 k_x^2/\omega^2)^{5/2}} F_x \left[\frac{\mathrm{i}\omega\Delta z}{32} c^5 \left(\frac{1}{v^2(x,z_i)}-\frac{1}{c^2}\right)^3 P(x,z_i;\omega)\right]\right\} \tag{2-70}$$

n 取不同的值,就能分别得到不同阶的广义屏传播算子。n 的取值越大,计算精度也就越高,但是计算量会随着阶数的增大而变得越来越大。这里要说明一点,在实际的计算过程中,上述广义屏算子会产生奇异值,必须对上述各个表达式中的两部分做以下近似:

$$(1+x)^\alpha = 1 + \sum_{n=1}^{\infty} \frac{\alpha(\alpha-1)\cdots[\alpha-(n-1)]}{n!} x^n \tag{2-71}$$

$$\exp(x) \approx 1+x, \quad x\in(-1,1) \tag{2-72}$$

一阶广义屏传播算子中的两部分按照上述近似可得

$$\frac{\mathrm{i}\omega\Delta z}{2} c\left[\frac{1}{v^2(x,z_i)}-\frac{1}{c^2}\right] = \exp\left[\frac{\mathrm{i}\omega\Delta z}{2} c\left(\frac{1}{v^2(x,z_i)}-\frac{1}{c^2}\right)\right] - 1 \tag{2-73}$$

$$\left(1-\frac{c^2 k_x^2}{\omega}\right)^{1/2} = 1 + \frac{1}{2}\frac{c^2 k_x^2}{\omega} - \frac{1}{8}\left(\frac{c^2 k_x^2}{\omega}\right)^2 + \frac{1}{16}\left(\frac{c^2 k_x^2}{\omega}\right)^3 - \cdots \tag{2-74}$$

将式(2-73)和式(2-74)代入式(2-67),就可得稳定的一阶广义屏传播算子。其他阶数的传播算子也可通过类似方法得到。

2.3　逆时偏移

逆时偏移是地震偏移的重要发展,与常规沿深度轴外推的偏移方法不同,逆时偏移可以看作沿时间负方向的正演模拟过程,在时间轴实现逆时外推。它沿时间正向重建激发波场,沿时间反向重建接收波场,最后应用成像条件从激发波场和接收波场中获取成像信息。与常规偏移方法相比,逆时偏移采用双程波方程,近似较少,允许波沿各个方向传播,因此其优点是,可以同时处理介质的纵向和横向变速,对地下介质没有倾角限制,可以处理棱柱波、反射透射波、回转波以及多次波等震相,具有较高偏移精度,并且适用于复杂构造速度任意变化的模型,这是常规偏移方法难以做到的。

在通常的油气勘探中,所考虑的微分方程是如下式所示的均匀介质二维声波方程:

$$\frac{1}{v^2}\frac{\partial^2 p}{\partial t^2} = \frac{\partial^2 p}{\partial x^2} + \frac{\partial^2 p}{\partial z^2} \tag{2-75}$$

式中,x,z 为空间坐标点;t 为时间;v 为相应坐标点上的速度;p 代表相应坐标点 t 时刻的波场。

$p=p(x,z,t)$ 对时间 t 的二阶精度中心差分格式为

$$\frac{\partial^2 p_{i,j}^n}{\partial t^2} = \frac{1}{\Delta t^2}\left[p_{i,j}^{n+1} + p_{i,j}^{n-1} - 2p_{i,j}^n\right] \tag{2-76}$$

同样可得,$p=p(x,z,t)$ 对 z 的 $2L$ 阶精度中心差分格式以及 $p=p(x,z,t)$ 对 x 的二阶偏导数 $\dfrac{\partial^2 p}{\partial x^2}$ 的 $2L$ 阶精度中心差分格式分别近似为

$$\begin{cases} \dfrac{\partial^2 p_{i,j}^n}{\partial z^2} = \dfrac{1}{\Delta z^2} \sum_{l=1}^{L} a_l [p_{i,j+l}^n + p_{i,j-l}^n - 2p_{i,j}^n] \\[3mm] \dfrac{\partial^2 p_{i,j}^n}{\partial x^2} = \dfrac{1}{\Delta x^2} \sum_{l=1}^{L} a_l [p_{i+l,j}^n + p_{i-l,j}^n - 2p_{i,j}^n] \end{cases} \tag{2-77}$$

式中，a_l 为差分系数。因此，对时间偏导数应用二阶精度中心差分格式，对空间偏导数应用 $2L$ 阶精度中心差分格式的二维声波波动方程式(2-75)可以写为

$$p_{i,j}^{n+1} = 2p_{i,j}^n - p_{i,j}^{n-1} + \frac{v^2 \Delta t^2}{\Delta x^2} \sum_{l=1}^{L} a_l [p_{i+l,j}^n + p_{i-l,j}^n - 2p_{i,j}^n] +$$

$$\frac{v^2 \Delta t^2}{\Delta z^2} \sum_{l=1}^{L} a_l [p_{i,j+l}^n + p_{i,j-l}^n - 2p_{i,j}^n] \tag{2-78}$$

波场逆推过程是指已知后一时刻和该时刻的波场值求前一时刻的波场值。波场正推需要考虑震源函数。与正推公式类似，逆推公式可表示为

$$p_{i,j}^{n-1} = 2p_{i,j}^n - p_{i,j}^{n+1} + \frac{v^2 \Delta t^2}{\Delta x^2} \sum_{l=1}^{L} a_l [p_{i+l,j}^n + p_{i-l,j}^n - 2p_{i,j}^n] +$$

$$\frac{v^2 \Delta t^2}{\Delta z^2} \sum_{l=1}^{L} a_l [p_{i,j+l}^n + p_{i,j-l}^n - 2p_{i,j}^n] \tag{2-79}$$

上述各式中，i, j, n 分别代表 x, z, t 对应的离散序列号；$\Delta x, \Delta z$ 分别为沿 x, z 轴的空间采样间隔；Δt 为时间步长。

2.3.1 边界条件

在正演模拟和偏移成像过程中，由于计算区域是有限的，只能在有限的区域内解波动方程。在模拟计算的过程中，会人为地划定模拟区域，从而人为地造成了边界，即计算边界，这些边界是良好的反射面，会把入射到边界上的波反弹回来，在边界上就会不可避免地产生一些假象，导致正演模拟和偏移成像结果受到影响，使得这些结果无法得到正确的解释，尤其是波现象复杂的地方更是如此。为了消除这些假象，需要利用吸收边界尽量减少反射。

由于逆时外推是根据地面接收记录来对接收波场进行重建，而地面接收记录是有限的。地震同相轴被接收边界截断会影响逆时外推重建的接收波场的精确性，表现为在靠近边界处产生假象，并随着时间递推逐渐影响中心区域。另外，在逆时外推中同样存在由计算区域内向边界处传播的波。因此，在逆时外推中同样需要利用边界吸收技术削弱截断边界造成的影响。下面介绍三种边界条件。

1. 衰减吸收边界

Cerjan[127] 提出的吸收边界形式如下：

$$G = \exp[-A(N-i)^2], \quad 1 \leqslant i \leqslant n \tag{2-80}$$

其中，N 为给定的吸收边界的总节点数；i 为吸收边界内的节点号；A 为衰减系数，A 值的选定与 N 的大小密切相关，且对吸收边界的影响很大。

2. 最佳匹配层吸收边界条件

在一般地震偏移资料处理中常用最佳匹配层吸收边界来消除人工截断边界产生的反射效应,以保证边界计算的稳定。在二维情况下,PML吸收边界条件的基本思想是将地震波场分解为两部分,在不同的边界匹配层部分按不同的坐标轴方向衰减。具体计算公式[128]如下:

$$
\begin{cases}
p = p_1 + p_2 \\
\dfrac{\partial p_1}{\partial t} + \alpha_1(x) p_1 = v^2 \dfrac{\partial u}{\partial x} \\
\dfrac{\partial p_2}{\partial t} + \alpha_2(z) p_2 = v^2 \dfrac{\partial w}{\partial z} \\
\dfrac{\partial u}{\partial t} + \beta_1(x) u = \dfrac{\partial p}{\partial x} \\
\dfrac{\partial w}{\partial t} + \beta_2(z) u = \dfrac{\partial p}{\partial z}
\end{cases}
\tag{2-81}
$$

式中,p_1,p_2为波场在x方向、z方向上的分量;$\alpha_1(x)$和$\beta_1(x)$为x方向的吸收衰减因子;$\alpha_2(z)$和$\beta_2(z)$为z方向的吸收衰减因子。它们的作用是使声波在吸收边界层的厚度内沿x方向和z方向逐渐衰减,并且在吸收层内实现多次吸收,从而达到削弱或消除边界反射波的目的。显然,当这些衰减因子为零时,式(2-81)等效于内部声波波场的计算方程。

3. 适用于逆时偏移成像的随机边界条件

Robert[129]提出随机边界模型,刘红伟等[105]将含随机边界条件的逆时偏移用GPU(图形处理器)实现。其思想是消除人工边界自由边界条件反射波的相干性,使边界反射不能成像。这种边界条件的提出既可以消除人工边界对地震波的反射作用,又可以解决逆时偏移过程中的波场存储问题。随机边界条件并没有对波场外推算子做任何改变,只是在偏移速度场外增加了随机速度层,从而形成随机速度模型,如图2-4所示。由于计算区外围有随机区,当波传到随机速度区域时,波前面将被随机化,因为边界速度是随机的,也就是说边界反射的波相关性很差,相关结果近于零,也就不会对成像结果产生不好的影响,同时,由于边界没有对波场进行吸收,因此可以正演的波场重新逆推回去。构造的随机边界函数如下:

$$
v(x,z) = V(x,z) - r^* d
\tag{2-82}
$$

其中,$v(x,z)$为边界点的随机速度函数;$V(x,z)$为边界点的原始速度函数;r是随机数;d为相应的随机速度点与内层边界的空间距离。随机函数的随机性与该点与正常计算区域的距离成正比,即越远离正常区域,速度的随机性就越大。

在逆时偏移过程中,震源波场从$t=0$推到$t=T_{max}$,检波点波场从$t=T_{max}$推到$t=0$而成像时,要做零延迟互相关,也就是说,至少要将一个波场完全存储下来才能完成成像。由于地震数据量一般比较大,特别是对于三维逆时偏移来说,把整个波场完全保存下来需要巨大的存储空间,所以这是几乎无法做到的。

解决这个问题最好的方法就是将震源波场先推到$t=T_{max}$,保存最后两个时间片的波

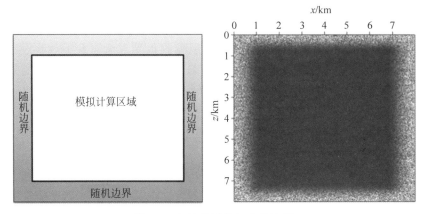

图 2-4 匀速模型外加随机边界

场,然后和检波点波场同时逆时外推,每推一步做一次成像,就完全解决了波场的存储问题。这虽然增加了计算量,但是节省了整个存储空间。使用以前的边界条件这个过程不可能实现,因为在波场外推的过程中吸收边界条件将传到边界的波场能量吸收了,使得这个过程不可逆,无法将波场再从 $t=T_{\max}$ 推回去。随机边界条件使得波场外推变成了一个可逆的过程,这样通过随机边界条件可以很好地解决逆时偏移的存储问题。

2.3.2 逆时偏移去噪方法

为去除互相关条件成像中低频噪声干扰等问题,研究人员一般采用下面三类方法:波场传播类算法去噪方法、成像条件类去噪方法和后成像条件类去噪方法。

1. 波场传播类算法去噪方法

波场传播类算法去噪方法通过修改波动方程,一般将其改造为衰减特定反射或在外推过程中分解波场的方法来达到衰减界面反射的作用。低频噪声产生的本质是对双程波场中同向传播的波场进行了相关成像,之所以低频噪声在强波阻抗面上方严重,也正是由于强波阻抗面处逆向散射问题严重。鉴于这个原因,Fletcher 等[130]提出了双程无反射方程来压制低频噪声,该方法的思想是,改动波动方程,在方程中引入密度项,使得波阻抗=密度×速度,为常数,这也就解决了逆向散射的问题,可以在一定程度上压制噪声。但是这种方法只是在垂直入射时效果最好,随着入射角度的增大,反射波的能量逐渐增强,此方法也就不适用了。

2. 成像条件类去噪方法

成像条件类去噪方法直接对互相关条件改造,通过修改成像条件或者选取新的成像条件,使得最后的像中只保留真正的反射所产生的能量。这类方法的实质就是对基础的互相关成像条件进行改进,以达到去噪的效果。Kaelin 等[131]通过实验得出结论,可以借助检波照明来改善成像条件。此方法简单易行,且不增加计算量。

(1)波场分解成像条件

这种方法将炮点波场和检波点波场分解成上下行波和左右行波,通过对二者分别成像,再将所得的结果相加。这种方法理论上很好理解,在简单模型中易于实现。但对于复杂模型,如何将上下行波和左右行波有效分开是一个难题。同时,对波场分开成像需要占用更多的存储空间及通信条件,因此这一方法适用范围相当窄。

（2）归一化成像条件

将 Claerbout[9] 提出的相关成像条件式进行适当的修改,改造的成像条件如下：

① 炮点能量归一化

$$\text{Image}(z,x) = \frac{\sum_{t=0}^{t_{max}} s(z,x,t)r(z,x,t)}{\sum_{t=0}^{t_{max}} s(z,x,t)^2} \tag{2-83}$$

② 检波点能量归一化

$$\text{Image}(z,x) = \frac{\sum_{t=0}^{t_{max}} s(z,x,t)r(z,x,t)}{\sum_{t=0}^{t_{max}} r(z,x,t)^2} \tag{2-84}$$

这就是归一化成像条件。这种成像方法在付出有限计算量的情况下,可以衰减浅层,并能补偿深层能量,起到振幅保真的效果。但通过实验得出：炮点能量归一化成像条件只压制了炮点一侧的噪声;检波点能量归一化成像条件只压制了检波点一侧的噪声。即使两者同时使用,得到的结果也不能达到要求,这也成为这种方法最大的问题。

（3）坡印廷矢量成像条件

双程波方程偏移中互相关成像条件产生的低频噪声主要是由检波点波场和震源波场同相传播引起的。因此,在成像条件中引入一个与传播方向有关的权重因素,可压制低频噪声的产生,其计算公式表示为

$$\text{Image}(z,x) = \sum_{t=0}^{t_{max}} W(t)s(z,x,t)r(z,x,t) \tag{2-85}$$

其中,$W(t)$是与角度相关的权系数,即

$$W(t) = \cos\theta = \frac{\boldsymbol{V}_s \cdot \boldsymbol{V}_r}{|\boldsymbol{V}_s| \cdot |\boldsymbol{V}_r|} \tag{2-86}$$

式中,$\boldsymbol{V}_s,\boldsymbol{V}_r$ 分别为震源和检波点的坡印廷矢量,其表达式分别为

$$\begin{cases} \boldsymbol{V}_s = \text{sign}(\partial P_s/\partial t)(\partial P_s/\partial x, \partial P_s/\partial z) \\ \boldsymbol{V}_r = \text{sign}(\partial P_r/\partial t)(\partial P_r/\partial x, \partial P_r/\partial z) \end{cases} \tag{2-87}$$

式中,$\text{sign}(\partial P/\partial t)$表示取$\partial P/\partial t$的符号;$(\partial P_s/\partial x, \partial P_s/\partial z)$,$(\partial P_r/\partial x, \partial P_r/\partial z)$分别是入射射线方向向量和反射射线方向向量。

对于构造不太复杂的区域,坡印廷矢量算法可以取得不错的效果,可以去掉一定范围内的低频假象。但是,如果构造比较复杂,在同一点处的波的假象现象非常多,只用与一个方向有关的矢量是无法将各种波的假象现象有效地区别开的,这也是这种方法的一个局限性。

3. 后成像条件类去噪方法

这一类算法对得到的带有假象的成像结果进行滤波,滤波器可以作用在时空域或角度

域。其思想是,成像后对成像结果进行滤波处理,主要有微分(导数)滤波法、误差预报最小二乘滤波法、拉普拉斯算子(Laplacian)滤波法等一系列方法。拉普拉斯算子滤波[131]法简单、易于操作,一般将其写成二阶差分的形式用于逆时偏移成像后滤波,对噪声去除效果比较明显。本书试验中也采用拉普拉斯算子对逆时偏移结果进行滤波。

拉普拉斯算子为

$$\nabla^2 = \frac{\partial^2}{\partial x^2} + \frac{\partial^2}{\partial z^2} \tag{2-88}$$

在波数域表示为

$$\nabla^2 \xrightarrow{\text{FFT}} -(k_x^2 + k_z^2) = -\mid \boldsymbol{k}_I \mid^2 \tag{2-89}$$

其中,$\boldsymbol{k}_I$ 是成像域波数矢量。

如图 2-5 所示,$\boldsymbol{k}_I = \boldsymbol{k}_r - \boldsymbol{k}_s$。根据余弦定理,可以求得成像域波数矢量为

$$\mid \boldsymbol{k}_I \mid^2 = \mid \boldsymbol{k}_r \mid^2 + \mid \boldsymbol{k}_s \mid^2 - 2 \mid \boldsymbol{k}_r \mid \mid \boldsymbol{k}_s \mid \cos(\pi - 2\theta) = \frac{4\omega^2}{v^2}\cos^2\theta \tag{2-90}$$

由式(2-88)、式(2-89)和式(2-90)可得

$$\nabla^2 = \frac{\partial^2}{\partial x^2} + \frac{\partial^2}{\partial z^2} = -\frac{4\omega^2}{v^2}\cos^2\theta \tag{2-91}$$

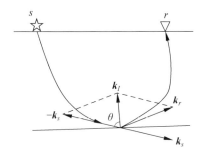

图 2-5　成像域波数矢量计算原理图

式中,θ 是入射角;$\mid \boldsymbol{k}_r \mid$ 与 $\mid \boldsymbol{k}_s \mid$ 分别是检波点波场与炮点波场的波数矢量。从式(2-91)不难看出,拉普拉斯算子在去噪的同时也会破坏成像信息。

为了正确地利用上述算子而不影响偏移的振幅和和频率信息,需要在成像前补偿数据频率,在输出上用 v^2 滤波器来保持偏移结果。整个滤波过程流程如图 2-6 所示。

从图 2-6 可以看出,对逆时偏移的互相关成像结果进行拉普拉斯算子滤波时,相当于对传播的波场乘以 $\cos^2\theta$。因此,当传播的波场入射角度为 90°时,成像噪声可以完全消除,当传播的波场入射角度小于 90°时,成像噪声可以大部分消除。

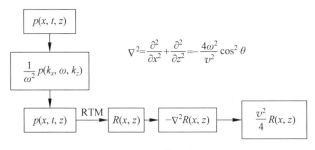

图 2-6　拉普拉斯算子去噪流程图

第 *3* 章

复杂介质的单程波偏移方法

3.1 适应任意速度变化介质的单程波偏移

常规的单程波偏移方法经过数十年的发展,已经形成了丰富和系统的分支技术方法,对地震数据的叠前深度偏移工作做出了巨大的贡献。目前而言,传统的单程波偏移方法尚有一些不足之处,如在大角度成像方面的局限性,制约了其对复杂构造的成像精度。研究发现:双程波方程的亥姆霍兹(Helmholtz)算子是单程波方程中垂直波数的平方。基于这种数学联系,本节研究了基于矩阵乘法的亥姆霍兹算子平方根的计算,即垂直波数的计算方式,并利用泰勒级数展开式计算单程波传播算子,构建基于矩阵乘法的单程波传播算子。本节所提出方法的一个显著特点是,使用的单程波传播算子是完全基于矩阵乘法开展的,显然,这种算法非常适合并行计算。通过分析经典的特征值分解方法和基于矩阵乘法计算矩阵平方根所产生的数值结果,证明所提的基于矩阵乘法计算矩阵平方根的方法是稳定、可靠的,这为进一步开展相关研究打下了坚实的基础。脉冲响应测试证明本节所提的方法在具有强烈横向速度变化介质中的大角度波场传播上比传统的单程波偏移方法更加准确。另外,本节还对比了基于矩阵乘法计算矩阵平方根在 CPU(中央处理器)平台和 GPU 平台上的计算性能差异。对盐丘模型的叠后偏移成像和 Marmousi 模型的叠前偏移成像进一步说明,与传统的单程波偏移方法相比,本节所提的偏移方法在复杂构造的精细成像方面具有显著优势,展现了本节所提方法的实际应用价值。

3.1.1 基本原理

常规的单程波方程是通过对双程波方程进行分解而得到的,由于其效率高而受到广泛关注[88]。在二维情况下,常密度介质中震源和检波器波场的单程波方程可以写为

$$\begin{cases} \left(\dfrac{\partial}{\partial z} + \mathrm{i}k_z\right)\tilde{p}_{\mathrm{d}}(x,z,\omega) = 0 \\ \tilde{p}_{\mathrm{d}}(x,z=0,\omega) = \delta(x_s,0) \end{cases} \tag{3-1}$$

$$\begin{cases} \left(\dfrac{\partial}{\partial z}-\mathrm{i}k_z\right)\tilde{p}_\mathrm{u}(x,z,\omega)=0 \\ \tilde{p}_\mathrm{u}(x,z=0,\omega)=Q(x,0) \end{cases} \quad (3\text{-}2)$$

$$k_z=\sqrt{\frac{\omega^2}{v^2}+\frac{\partial^2}{\partial x^2}} \quad (3\text{-}3)$$

其中，$\tilde{p}_\mathrm{d}$ 和 $\tilde{p}_\mathrm{u}$ 分别为下行和上行的压力场；$Q(x,\omega)$ 是记录的数据；ω 是角频率；$v=v(x,z)$ 表示介质的速度；$\delta(x_s,0)$ 表示震源波场。

式(3-1)~式(3-3)即为描述震源波场和检波器波场传播的单程波方程。由于式(3-1)和式(3-2)都是一阶偏微分方程，两者的通解可以写为

$$\tilde{p}(x,z+\Delta z,\omega)=\tilde{p}(x,z,\omega)\mathrm{e}^{\pm \mathrm{i}k_z\mathrm{d}z} \quad (3\text{-}4)$$

其中，$\mathrm{e}^{\mathrm{i}k_z\mathrm{d}z}$ 是单程波传播算子；$\mathrm{d}z$ 是波场延拓步长。该公式表示利用深度为 z 处的波场 $\tilde{p}(x,z,\omega)$ 和单程波传播算子，即可延拓计算深度为 $z+\mathrm{d}z$ 处的新波场 $\tilde{p}(x,z+\mathrm{d}z,\omega)$。

在单程波方程的偏移算法中，垂直波数 k_z 的计算对单程波传播算子的计算至关重要。假设横向速度扰动很弱，Stoffa 等[15]提出利用分步傅里叶(SSF)算法计算垂直波数。Ristow 等[16]使用高阶泰勒级数展开来处理具有强横向速度变化介质中的大角度成像问题，并提出了傅里叶有限差分(FFD)方法。类似地，相位屏(PS)方法和广义屏传播算子(GSP)方法采用高阶泰勒级数展开来近似表示垂直波数进一步实现复杂构造的大角度成像[17,133]。

本节以单程波广义屏传播算子为例说明常规单程波偏移算法在强横向速度变化介质中的计算精度问题。在二维介质中，广义屏传播算子近似计算垂直波数的公式为

$$k_z^{\mathrm{GSP}}=\frac{\omega}{v}-\frac{\omega}{v_r}+\sqrt{\frac{\omega^2}{v_r^2}-k_x^2}+\omega\sum_{j=1}^{n}a_j\left(\frac{1}{v^2}-\frac{1}{v_r^2}\right)^j\times\left[\left(\frac{\omega}{\sqrt{\frac{\omega^2}{v_r^2}-k_x^2}}\right)^{2j-1}-v_r^{2j-1}\right]$$

$$(3\text{-}5)$$

其中，v_r 为参考速度；k_x 为水平波数；a_j 为泰勒多项式展开系数，$a_1=\dfrac{1}{2}$，$a_j=(-1)^{j+1}\cdot$ $\dfrac{1\cdot3\cdots(2j-3)}{j!2^j}(j\geqslant2)$。为了将方程(3-5)与传播角度 θ 联系起来，将方程(3-5)作进一步的变换：

$$\frac{v}{\omega}k_z^{\mathrm{GSP}}=1-\frac{v}{v_r}+\frac{v}{v_r}\sqrt{1-\frac{v_r^2}{v^2}\sin^2\theta}+\frac{v}{v_r}\sum_{j=1}^{n}a_j\left(\frac{v_r^2}{v^2}-1\right)^j\times\left[\left(\frac{1}{\sqrt{1-\frac{v_r^2}{v^2}\sin^2\theta}}\right)^{2j-1}-1\right]$$

$$(3\text{-}6)$$

其中，$\sin\theta=\dfrac{v^2k_x^2}{\omega^2}$；$\dfrac{v}{\omega}k_z^{\mathrm{exact}}=\sqrt{1-\sin^2\theta}=\cos\theta$。

单程波偏移算法中的参考速度常常取延拓深度的最小速度，本节将参考速度分别设置

为真实速度的 90% 和 50%。参考速度为真实速度的 90% 和 50% 时,分别表示介质速度变化较强和较弱。本节分别采用四阶、十阶和二十阶泰勒展开式计算方程(3-6)中的垂直波数,其计算结果与准确的垂直波数如图 3-1 所示。从图 3-1(a)中可以明显地发现:当速度变化较小时,采用高阶泰勒展开式计算的垂直波数与准确的垂直波数在大部分传播角度下吻合得较好;然而,当速度变化较大时,如盐丘模型,即使使用高阶泰勒级数展开式,在大的传播角度下和准确的垂直波数也存在较大的计算误差。

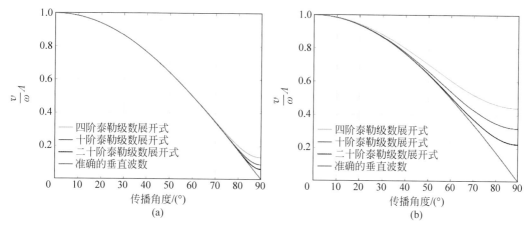

图 3-1　对比准确的垂直波数与广义屏传播算子计算的垂直波数
(a)当参考速度是真实速度的 90%;(b)当参考速度是真实速度的 50%。图中的绿色、蓝色和黑色
曲线分别表示采用四阶、十阶和二十阶泰勒级数展开式计算的垂直波数,红色曲线为准确的垂直波数

基于上述对常规单程波偏移算法计算垂直波数存在问题的描述,显然,常规单程波传播算子在强横向速度变化介质中存在成像倾角限制。为了克服该问题,本节提出一种新的策略计算垂直波数。

3.1.1.1　矩阵平方根计算理论

根据矩阵分析理论,一个非奇异性的矩阵 $\boldsymbol{L} \in \mathbb{C}^{n \times n}$,存在一个矩阵平方根,即使得 $(\boldsymbol{L}^{1/2})^2 = \boldsymbol{L}$。换言之,即 $\boldsymbol{Y}^2 = \boldsymbol{L}$ 表示式存在解。

为了计算矩阵的平方根,Higham[134]提出了一种只涉及矩阵乘法运算的稳定迭代算法,该算法的推导以矩阵的符号函数开始。矩阵的符号函数定义为

$$\operatorname{sign}(\boldsymbol{L}) = \boldsymbol{L}(\boldsymbol{L}^2)^{-1/2} \tag{3-7}$$

假设矩阵 $\boldsymbol{B}$ 定义为如下形式:

$$\boldsymbol{B} = \begin{bmatrix} 0 & \boldsymbol{L} \\ \boldsymbol{I} & 0 \end{bmatrix} \tag{3-8}$$

其中,矩阵 $\boldsymbol{L}$ 为具有非负特征值的矩阵;$\boldsymbol{I}$ 为单位矩阵。则矩阵 $\boldsymbol{B}$ 的符号矩阵可以写为

$$\operatorname{sign}(\boldsymbol{B}) = \begin{bmatrix} 0 & \boldsymbol{L}^{1/2} \\ \boldsymbol{L}^{-1/2} & 0 \end{bmatrix} \tag{3-9}$$

从方程(3-9)可见,为了计算矩阵 $\boldsymbol{L}$ 的平方根矩阵,首先需要计算矩阵 $\boldsymbol{B}$ 的符号矩阵。为此,建立了一种基于递归迭代的矩阵乘法计算方式,计算方程如下:

$$\boldsymbol{Y}_0 = \boldsymbol{L}, \quad \boldsymbol{Z}_0 = \boldsymbol{I} \tag{3-10a}$$

$$\begin{cases} \boldsymbol{Y}_{k+1} = \dfrac{1}{2}\boldsymbol{Y}_k(3\boldsymbol{I} - \boldsymbol{Z}_k\boldsymbol{Y}_k) \\[3mm] \boldsymbol{Z}_{k+1} = \dfrac{1}{2}(3\boldsymbol{I} - \boldsymbol{Z}_k\boldsymbol{Y}_k)\boldsymbol{Z}_k \end{cases}, \quad k = 0,1,2,\cdots \tag{3-10b}$$

经过有限次迭代计算之后,方程(3-10)的收敛结果为:$\boldsymbol{Y}_k \to \boldsymbol{L}^{1/2}$ 和 $\boldsymbol{Z}_k \to \boldsymbol{L}^{-1/2}$。

在方程(3-10)中,要求矩阵 $\boldsymbol{L}$ 为非负特征值的矩阵,但是矩阵 $\boldsymbol{L}$ 一般是具有正特征值和负特征值的矩阵。为了满足该计算要求,首先必须需要消除矩阵 $\boldsymbol{L}$ 中的负特征值。为了达到该目的,引入谱投影算子的概念,其计算方程可以写为

$$\boldsymbol{S}_0 = \boldsymbol{L} / \parallel \boldsymbol{L} \parallel_2 \tag{3-11a}$$

$$\boldsymbol{S}_{k+1} = \frac{3}{2}\boldsymbol{S}_k - \frac{1}{2}\boldsymbol{S}_k^3, \quad k = 0,1,2,\cdots \tag{3-11b}$$

方程(3-11)中的谱投影算子的收敛速度具备二阶收敛性,经过有限次的迭代计算,可得 $\boldsymbol{S}_k \to \text{sign}(\boldsymbol{L})$。进一步,谱投影算子定义为

$$P = (\boldsymbol{I} - \text{sign}(\boldsymbol{L}))/2 \tag{3-12}$$

利用谱投影算子滤掉矩阵 $\boldsymbol{L}$ 中负数特征值可以从矩阵分解的角度展开来解释。对于非奇异的矩阵 $\boldsymbol{L}$,其矩阵特征值-特征向量分解可以写为:

$$\boldsymbol{L} = \boldsymbol{Q}\boldsymbol{X}\boldsymbol{Q}^{\mathrm{T}} \tag{3-13}$$

其中,$\boldsymbol{Q}$ 为矩阵 $\boldsymbol{L}$ 的特性向量;$\boldsymbol{X}$ 为矩阵 $\boldsymbol{L}$ 所对应的特征值对角矩阵;T 为矩阵转置操作。

基于方程(3-13),谱投影算子的特征值可以写为

$$P(\boldsymbol{X}) = (\boldsymbol{I} - \text{sign}(\boldsymbol{X}))/2 \tag{3-14}$$

根据符号函数的定义,谱投影算子的取值为

$$\begin{cases} P(\boldsymbol{X}) = 0, & \boldsymbol{X} > 0 \\[2mm] P(\boldsymbol{X}) = \dfrac{1}{2}, & \boldsymbol{X} = 0 \\[2mm] P(\boldsymbol{X}) = 1, & \boldsymbol{X} < 0 \end{cases} \tag{3-15}$$

根据方程(3-15),不难发现,矩阵 $\boldsymbol{L}$ 中的特征值经过谱投影算子计算之后,特征值都为非负值,保证了算法计算上的稳定性。

二维介质下的亥姆霍兹算子 $\boldsymbol{L}$ 可以写为如下形式:

$$\boldsymbol{L} = \frac{\omega^2}{v(x)^2} + \frac{\partial^2}{\partial x^2} \tag{3-16}$$

其中,

$$\frac{\omega^2}{v(x)^2} = \begin{bmatrix} \dfrac{\omega^2}{v(x_1)^2} & 0 & \cdots & 0 \\[4mm] 0 & \dfrac{\omega^2}{v(x_2)^2} & \cdots & 0 \\[4mm] \vdots & \vdots & & \vdots \\[4mm] 0 & 0 & \cdots & \dfrac{\omega^2}{v(x_n)^2} \end{bmatrix}$$

$$\frac{\partial^2}{\partial x^2} = \frac{1}{\Delta x^2}\begin{bmatrix} -2 & 1 & 0 & \cdots & 0 & 0 & 0 \\ 1 & -2 & 1 & \cdots & 0 & 0 & 0 \\ 0 & 1 & -2 & \cdots & 0 & 0 & 0 \\ \vdots & \vdots & \vdots & & \vdots & \vdots & \vdots \\ 0 & 0 & 0 & \cdots & -2 & 1 & 0 \\ 0 & 0 & 0 & \cdots & 1 & -2 & 1 \\ 0 & 0 & 0 & \cdots & 0 & 1 & -2 \end{bmatrix}$$

在方程(3-16)中,本节使用二阶有限差分算子离散计算亥姆霍兹算子。不难理解,当采用高阶的有限差分算子离散计算亥姆霍兹算子时,理论上,亥姆霍兹算子的计算精度会更高,但同时计算效率也可能会相应地降低。

3.1.1.2　单程波传播算子的计算

在计算单程波传播算子之前,本节先介绍单程波深度偏移中存在的隐失波问题。

单程波传播算子的通解为

$$\tilde{p}(x,z+\Delta z,\omega) = \tilde{p}(x,z,\omega)\mathrm{e}^{\pm ik_z\mathrm{d}z} \tag{3-17}$$

根据矩阵 $\boldsymbol{L}$ 的特征值-特征向量分解及矩阵 $\boldsymbol{L}$ 与垂直波数 k_z 的关系,垂直波数的特征值-特征向量分解形式可以写为

$$k_z = \boldsymbol{Q}\sqrt{X}\boldsymbol{Q}^{\mathrm{T}} \tag{3-18}$$

相应地,单程波传播算子可以写为

$$\mathrm{e}^{\pm ik_z\mathrm{d}z} = \boldsymbol{Q}\mathrm{e}^{\pm i\sqrt{X}\mathrm{d}z}\boldsymbol{Q}^{\mathrm{T}} \tag{3-19}$$

从方程(3-19)分析可知,当 X 为负的特征值时, $\sqrt{X}$ 为复数,这将导致单程波传播算子随着延拓深度的增加而呈指数增长,使得单程波传播算子在计算数值时出现不稳定。因此,必须在波场深度延拓过程中加以消除。结合之前介绍的对谱投影算子的分析,可以利用谱投影算子达到消除亥姆霍兹算子中负特征值的目的。

基于上述问题的阐述,本节首先采用谱投影算子消除矩阵 $\boldsymbol{L}$ 中的负特征值,然后再使用方程(3-10)计算亥姆霍兹算子的平方根,即得到单程波传播算子中的垂直波数。最后计算单程波传播算子即可实现基于单程波方程的波场延拓计算。因此,如何计算单程波传播算子 $\mathrm{e}^{\pm ik_z\mathrm{d}z}$ 是本方法的关键。为了解决该问题,这里采用基于矩阵乘法运算的泰勒级数多项式近似计算单程波传播算子 $\mathrm{e}^{\pm ik_z\mathrm{d}z}$,计算公式可以写为

$$\mathrm{e}^{\pm ik_z\mathrm{d}z} = I \pm ik_z\mathrm{d}z + \frac{(\pm ik_z\mathrm{d}z)^2}{2!} + \frac{(\pm ik_z\mathrm{d}z)^3}{3!} + \frac{(\pm ik_z\mathrm{d}z)^4}{4!} + \cdots \tag{3-20}$$

从上述实现单程波传播算子计算的方程可知,本算法的所有计算都只利用了矩阵乘法运算。因此,本节提出的单程波传播算子的计算策略非常适合并行计算,特别是采用 GPU 并行计算方法[135,137]。

为了清楚地说明本算法的执行策略,描述如下:

1) 初始化成像结果: $I=0$。

2) 执行深度循环 $z_i(i=1:N)$。

3) 执行频率循环 $\omega_j(j=1:M)$:

（1）计算亥姆霍兹算子；

（2）利用谱投影算子消除亥姆霍兹算子中负数特征值；

（3）利用迭代计算方程(3-10)计算亥姆霍兹算子的平方根，并储存亥姆霍兹算子的平方根；

（4）对于震源波场$(s = 1 : N_s)$：

① 采用泰勒级数展开式近似计算单程波传播算子$e^{-ik_z dz}$；

② 开展震源波场深度延拓计算$\tilde{p}(x_s, z + \Delta z, \omega) = \tilde{p}(x_s, z, \omega)e^{-ik_z dz}$；

（5）对于检波器波场$(s = 1 : N_s)$：

① 采用泰勒级数展开式近似计算单程波传播算子$e^{+ik_z dz}$；

② 开展震源波场深度延拓计算$\tilde{p}(x_r, z + \Delta z, \omega) = \tilde{p}(x_r, z, \omega)e^{+ik_z dz}$。

4）应用互相关成像条件计算成像结果，并更新

$$I(x, z) = I(x, z) + \tilde{p}(x_r, z, \omega)\tilde{p}(x_s, z, \omega)^*$$

在每一个延拓深度中，计算亥姆霍兹算子的平方根是一个比较费时的过程，因此，在设计本算法时，本节将亥姆霍兹算子的平方根存储在计算机内存中，以便减少计算时间，提高计算效率。

3.1.2 数值实验

在该部分，本节设计了若干个数值实验，对比分析常规的单程波偏移算法和本节所提基于矩阵乘法的单程波偏移算法对复杂构造的成像效果。首先，利用矩阵分解算法和本节所提的矩阵乘法方法计算矩阵的平方根，对比分析两种方法的计算误差；其次，对比在横向速度变化介质中常规单程波偏移算法和本节所提的基于矩阵乘法的单程波偏移算法对传播波场的计算准确度，并对比在 GPU 和 CPU 框架下，本节所提的基于矩阵乘法的单程波偏移算法的计算效率差异；最后，利用 Marmousi 模型和盐丘模型作为成像测试的标准模型，对比常规单程波偏移算法和本节所提的基于矩阵乘法的单程波偏移算法的成像性能。

在本节所提的基于矩阵乘法的单程波偏移算法中，计算矩阵平方根的迭代算法中的迭代次数是一个重要的参数。一方面，如果计算的迭代次数比较小，该迭代算法计算的矩阵平方根可能精度有限；另一方面，如果计算的迭代次数比较大，也会导致算法的计算效率比较低，不利于实际应用。根据本节的数值实验，将计算矩阵平方根的迭代算法的迭代次数设置在 15～20 次，可较好地平衡计算精度和计算效率之间的关系。在用泰勒级数展开式计算单程波传播算子时，采用几阶多项式进行近似计算也是一个值得考虑的问题。理论上，采用高阶泰勒级数展开式能获得更高的计算精度，但同时也需要更多的计算时间。根据本节的数值实验，采用四阶的泰勒级数展开式计算单程波传播算子是比较合理的。

3.1.2.1 矩阵平方根的计算

在数值实验中，构建了一个横向变化的速度曲线，如图 3-2 所示。从图 3-2 所示的速度曲线可知，该速度曲线的最小速度为 2000 m/s，最大速度为 4500 m/s。这说明该速度曲线在横向上存在较大的变化。在矩阵平方根的计算中，设置的计算频率为 20 Hz，计算的网格间隔设置为 10.0 m。矩阵分解算法作为一种经典的矩阵平方根计算方法，在本算例中作为

参考标准。图 3-3 分别为利用矩阵分解算法和矩阵乘法算法所计算的矩阵平方根。为了更加直观地对比利用两种方法所计算矩阵平方根的差异,将图 3-3 中的第 50 道数据提取出来,并将两者绘制在一起进行对比,如图 3-4(a)所示。为了量化矩阵乘法方法计算的误差,定义一个 L2 范数的相对误差 $\dfrac{\parallel A_{\mathrm{eig}} - A_{\mathrm{mult}} \parallel_2}{\parallel A_{\mathrm{eig}} \parallel_2}$,其中 A_{eig} 和 A_{mult} 分别表示利用矩阵分解方法和矩阵乘法方法所计算的矩阵平方根。经过计算,两种方法计算的相对误差大约为 2.03×10^{-4}。因为,本节提的矩阵乘法方法计算矩阵平方根是一种迭代计算方法,因此有必要研究迭代次数与相对误差的关系。为此,定义一个 L2 范数的相对误差 $\dfrac{\parallel A_{\mathrm{orig}} - A_k \times A_k \parallel_2}{\parallel A_{\mathrm{orig}} \parallel_2}$,其中 A_{orig} 为原始矩阵,为待计算矩阵平方根的矩阵;A_k 为矩阵乘法方法第 k 次迭代计算的矩阵。利用矩阵乘法方法计算的相对误差与迭代次数的关系如图 3-4(b)所示。从图 3-4(b)可见,当矩阵乘法方法的迭代次数为 $15 \sim 20$ 时,该方法计算的相对误差已经相当稳定,这说明利用矩阵乘法方法计算的矩阵平方根结果与利用矩阵分解方法计算的结果已经比较吻合。该数值实验表明:采用矩阵乘法方法计算矩阵的平方根在计算精度上是能满足要求的,这为利用该方法实现单程波偏移成像提供了数据支撑。

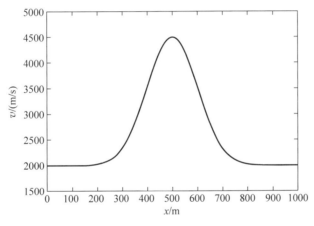

图 3-2　速度变化曲线

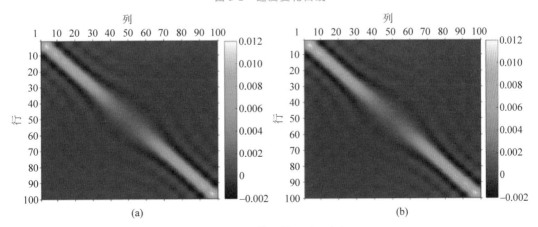

图 3-3　不同算法的矩阵平方根

(a) 利用矩阵分解算法计算的矩阵平方根;(b) 利用矩阵乘法算法计算的矩阵平方根

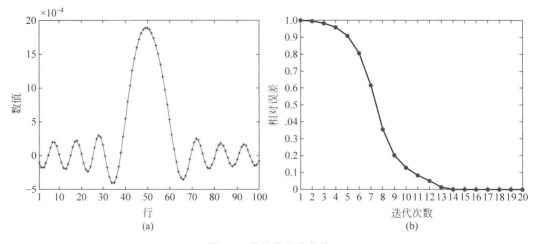

图 3-4　数值及误差曲线

（a）图 3-3 中提取的第 50 列数据，其中红线为利用矩阵分解方法计算的数值，点线为利用
矩阵乘法方法计算的数值；（b）在矩阵乘法方法中，迭代次数与相对误差之间的关系曲线

3.1.2.2　强横向变化介质中脉冲响应计算

本实验的目的是测试常规的单程波偏移算法和本节所提的基于矩阵乘法的单程波偏移算法在复杂介质中波场传播规律的计算差异。在数值实验中使用的常规单程波偏移算法包括单程波广义屏偏移方法和单程波傅里叶有限差分法。由于复杂介质中的波场传播规律无法用解析表达式进行计算，故采用有限差分法计算一个传播波场，并将该方法计算的结果作为参考标准。在本实验中，设计了一个强速度变化介质，如图 3-5（a）所示。在该速度模型中，最大速度和最小速度的比值随深度的变化规律如图 3-5（b）所示。从图 3-5（b）中的曲线可发现，最大速度至少是最小速度的两倍，在浅层，最大速度甚至是最小速度的 3 倍，体现了该模型的速度横向变化非常显著。在该数值模拟中，速度模型在水平方向和垂直方向的网格间距都是 5.0 m。利用有限差分法、常规的单程波偏移方法和本节所提单程波偏移方法计算的波场如图 3-6 所示。图 3-6 中的红色虚线为有限差分法计算的波前面。从图 3-6 可以看出，常规的单程波偏移方法包括单程波傅里叶有限差分偏移法和广义屏偏移方法在大角度传播上出现明显的相位误差，其计算的波场在传播角度大于一定值之后出现明显的内弯现象，导致了波场计算在大传播角度上明显的误差，而本节所提的基于矩阵乘法的单程波偏移方法在强横向速度变化介质中计算了准确的波前面。该数值实验的结果表明：在强横向速度变化介质中，本节所提的单程波偏移算法比常规单程波偏移方法在大角度传播波场上具有优势，该优势将有利于本节所提的单程波偏移算法在复杂介质的大角度成像。

3.1.2.3　GPU 和 CPU 计算平台框架的性能对比

从之前的算法推导中不难发现，本节所提的基于矩阵乘法的单程波偏移方法完全依赖于矩阵乘法运算。因此，如何提高矩阵乘法的运算速度是制约本节所提的偏移算法计算效率的核心问题。GPU 的并行框架结构显然非常适合处理大型、复杂的并发任务。因此，在

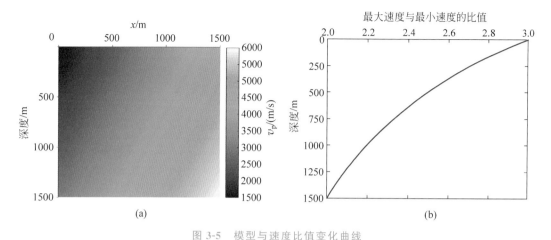

图 3-5　模型与速度比值变化曲线

（a）速度模型；（b）最大速度与最小速度比值随深度的变化曲线

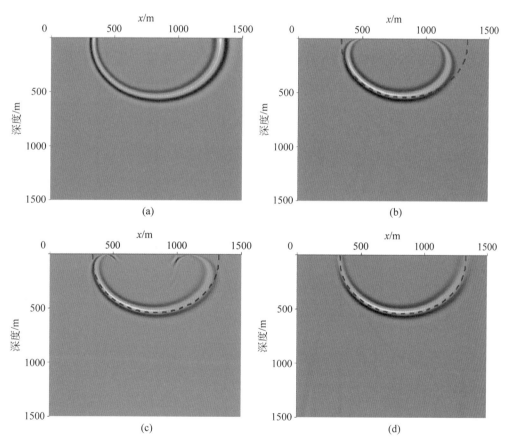

图 3-6　不同方法计算的波场（图中红色虚线为有限差分法计算的波前面）

（a）有限差分法计算的波场；（b）单程波傅里叶有限差分偏移方法计算的波场；（c）单程波广义屏偏移方法计算的波场；（d）本节所提基于矩阵乘法的单程波偏移方法计算的波场

本算法的执行过程中，引入 GPU 框架作为矩阵乘法运算的加速技术。在数值实验中，分别对比基于 GPU 计算平台框架和基于 CPU 计算平台框架的单程波偏移方法的计算效率。

在对比试验中，所使用的 CPU 和 GPU 平台框架信息见表 3-1 和表 3-2。

表 3-1 CPU 平台框架信息

部 件	规格或参数	部 件	规格或参数
处理器	Intel Xeon E3-1545MV5 @ 2.90 GHz	内存	64 GB DDR4

表 3-2 GPU 平台框架信息

部 件 信 息	规格或参数	部 件 信 息	规格或参数
GPU 型号	NVIDIA Quadro M5000	主频	962-1051（Boost）MHz
CUDA 核数	1536-unified	内存	8 GB GDDR5 clocked at 1250 MHz

在本算法执行中，涉及两种类型的矩阵乘法运算，一种是实数矩阵乘法，另外一种是复数矩阵乘法。在本算法中，使用 CUDA 软件包中的 cuBLAS 库来实现矩阵乘法运算，该库文件包括三种类型的基本矩阵运算，并经过了内部优化处理。在 cuBLAS 库中，分别调用了 cublasSgemm 函数和 cublasCgemm 函数来运算实数矩阵乘法和复数矩阵乘法。利用 GPU 的多线程并行计算矩阵乘法的基本原理如图 3-7 所示。需要说明的是，采用更加先进的计算方式，例如，块分割技术的矩阵乘法计算等，可进一步挖掘 GPU 框架的性能。

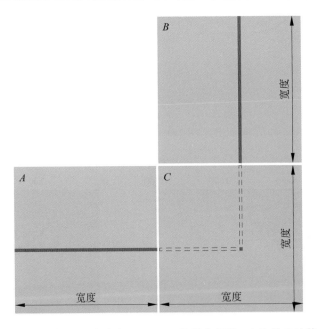

图 3-7 利用 CUDA 执行矩阵乘法 $C = A \times B$ 的基本原理；在该并行计算中，
GPU 中每一个线程计算矩阵 C 中的一个元素

由于本节所提的单程波偏移算法的计算在频率-空间域中进行，因此，必须首先对地震数据展开离散傅里叶变换。在 CPU 和 GPU 平台程序中都引用了 Frigo 等[138] 开发的 FFTW 库文件。为了便于测试不同框架下程序的计算效率，设计了一组横向尺寸逐渐增加的速度模型，该组速度模型的垂直尺寸保持固定，以便快速统计不同框架下本节所提的偏移算法的计算时间。设计的速度模型在水平和竖直方向上的网格间距都为 5.0 m，使用的震源为 30 Hz 的雷克子波,时间采样率为 0.001 s,记录时间长度为 1.0 s,频率计算的范围为 1.5～30 Hz,计算的频率采样点大约为 30 个。为了保存稳定的计算结果,将计算矩阵平方根和计算谱投影算子的迭代次数分别设置为 20 次和 30 次。基于 CPU 平台框架和基于 GPU 平台框架的单程波偏移方法计算时间见表 3-3。

表 3-3　基于 CPU 平台框架和基于 GPU 平台框架的单程波偏移方法计算时间

模型大小/个	GPU 计算时间/s	CPU 计算时间/s	加　速　比
10×500	26.425	207.436	7.849
10×1000	57.596	1436.995	24.949
10×1500	128.932	7051.08	54.688
10×2000	223.646	12514.94	55.958
10×2500	367.836	24151.873	65.659
10×3500	776.428	65243.241	84.029

根据表 3-3 中的统计数据,计算了两种平台程序计算时间的加速比,如图 3-8 所示。从图 3-8 中可见,基于 CPU 框架程序与基于 GPU 框架程序的加速比几乎是呈线性关系。该统计数据说明:GPU 平台框架的使用可以大幅提高本算法的计算效率。在偏移成像中,使用最新的加速技术可进一步提高算法的计算效率,也可加快地震勘探的运作周期,更好地为勘探开发服务。

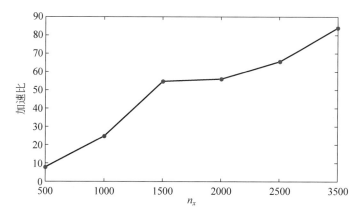

图 3-8　CPU 平台程序和 GPU 平台程序加速比

3.1.2.4　盐丘模型叠后偏移成像

SEG/EAGE 盐丘模型的特点是在速度模型的中间存在一个高速盐丘体,该盐丘体的速度是围岩速度的 2 倍。由于高速盐丘体的存在,对盐丘体底部构造的成像一直是地震偏移成像研究的难点问题。盐丘模型如图 3-9 所示,该速度模型的网格参数为 $\Delta z = 4.0$ m, $\Delta x = 20.0$ m。用于叠后偏移的零偏移距剖面通过有限差分正演模拟技术计算[139],该零偏移距剖面如图 3-10 所示。在该剖面中,总共有 1024 道,每道的时间采样率为 0.002 s,采样时间大约为 6.0 s。

本节使用常规的单程波广义屏偏移方法和本节所提的单程波偏移方法对零偏移距剖

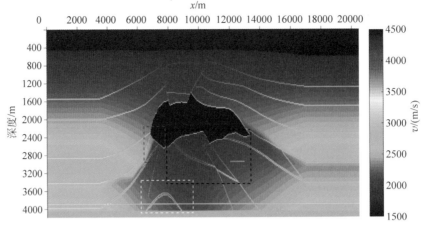

图 3-9　SEG/EAGE 盐丘模型

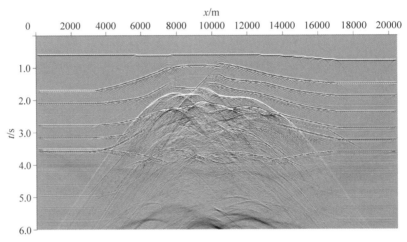

图 3-10　SEG/EAGE 盐丘模型的零偏移距剖面

面开展叠后偏移成像,成像剖面如图 3-11 所示。观察两种偏移方法计算的成像结果可知,本节所提的单程波偏移方法对盐丘下方的构造进行了比较清晰的成像,而常规单程波偏移算法对该构造的成像几乎不可见,如图 3-11 中红色箭头所示。同时,发现在盐丘体内部中存在成像的频散噪声,这可能是由正演模拟中计算零偏移距剖面的高频成分引起的。为了进一步对比两种偏移算法在细节成像上的差异,对速度模型中的特殊区域(即图 3-9 中红色、黑色和白色虚线框)进行了放大显示。局部放大区域的成像结果分别如图 3-12~图 3-14 所示。

从图 3-12 的局部放大显示中可以发现与盐丘体接触断层的局部信息。本节所提的单程波偏移算法对断层与盐丘的接触关系进行了清晰的刻画,而常规单程波广义屏偏移方法对该断层的成像比较模糊,如图 3-12 中红色箭头和红色虚线框所示。图 3-13 中对比显示了两种偏移方法对盐丘体底部构造的成像,图中红色和蓝色箭头所指示的构造说明本节所提的单程波偏移算法比常规单程波偏移算法能提供更加清晰、准确的构造成像。对于盐丘体下方的背斜和水平层位的成像,在图 3-14 中可以明显地发现:使用常规单程波偏移方法

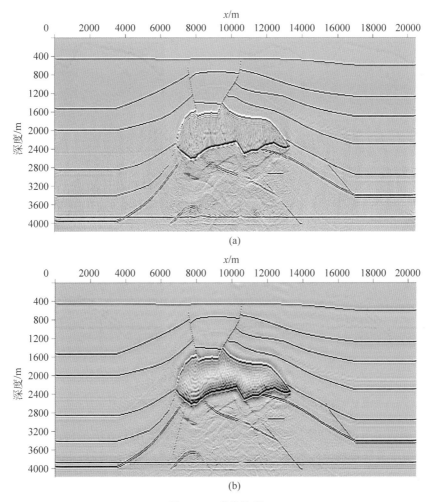

图 3-11 成像结果

（a）利用常规单程波广义屏偏移算法计算的成像结果；（b）利用本节所提的单程波偏移算法计算的成像结果

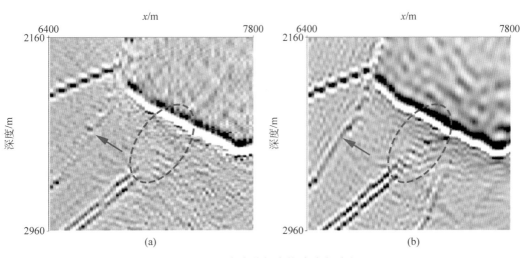

图 3-12 红色虚线框内构造放大对比

（a）常规单程波广义屏偏移方法；（b）本节所提的基于矩阵乘法的单程波偏移方法

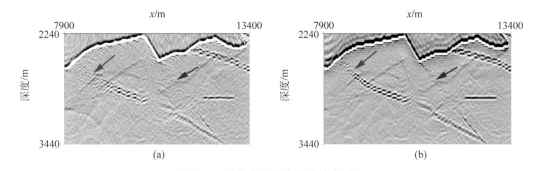

图 3-13 黑色虚线框内构造放大对比

（a）常规单程波广义屏偏移方法；（b）本节所提的基于矩阵乘法的单程波偏移方法

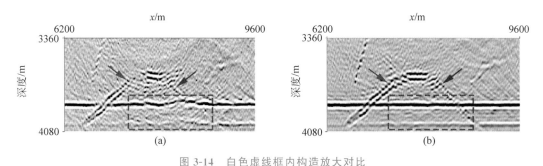

图 3-14 白色虚线框内构造放大对比

（a）常规单程波广义屏偏移方法；（b）本节所提的基于矩阵乘法的单程波偏移方法

无法对背斜构造进行准确成像，而且使用常规单程波偏移方法对水平构造的成像也并非水平；但是使用本节所提的单程波偏移算法却很好地解决了上述问题，实现了对背斜构造和水平层位的准确成像，如图 3-14 中红色、蓝色箭头和红色虚线框所示。

利用本节所提的单程波偏移算法计算成像剖面的质量要高于利用常规单程波偏移算法的计算结果。该成像性能上的优势可以通过 3.1.2.2 节中传播波场的计算给出合理的解释。在对复杂介质的波场计算方面，即使在速度强扰动的情况下，本节所提的单程波偏移算法仍然能准确地计算波前面，这对于准确地描述波场的传播规律和盐丘下方构造的精细成像大有裨益。

3.1.2.5 Marmousi 模型叠前偏移成像

为了进一步测试本节所提的单程波偏移方法和常规单程波偏移方法对复杂介质的成像能力，将 Marmousi 模型作为成像测试的基准模型。在 Marmousi 模型中，存在多种复杂的构造，比如大倾角的断层、背斜构造等，而且层位之间的接触关系也非常的复杂，对地震偏移成像技术的要求较高[140]。而对复杂构造中油气资源的识别是偏移成像关注的重点。在数值实验中，Marmousi 模型的尺寸为 $3500\ \mathrm{m} \times 7500\ \mathrm{m}$，模型的网格间距为 $6.25\ \mathrm{m} \times 6.25\ \mathrm{m}$，速度模型如图 3-15 所示。使用有限差分算法计算偏移成像的炮集记录，总共计算 240 炮，每炮设置 240 个检波器，炮间距为 $25.0\ \mathrm{m}$，检波器间距为 $6.25\ \mathrm{m}$。在数值模拟计算中使用的震源是频率 60 Hz 的雷克子波。本节使用常规单程波傅里叶有限差分法和本节所提的单程波偏移方法开展叠前深度偏移成像。

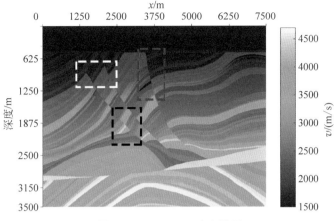

图 3-15　Marmousi 速度模型

　　利用常规的单程波傅里叶有限差分法和本节所提的单程波偏移方法所计算的成像结果分别如图 3-16（a）、（b）所示。从成像结果的整体结构上看，上述两种偏移方法的成像结果差异不是很明显，两种偏移算法都取得了比较好的成像效果。为了进行精细对比，本节将图 3-15 中的三个标注区域的成像结果进行放大显示并对比其差异。图 3-15 中红色、白色和黑色虚线方框内的构造成像结果分别见图 3-17～图 3-19。如前所述，本节所提的单程波偏移方法的优势是能处理大角度的传播波场。从图 3-17 不难发现，利用常规的单程波傅里叶有限差分法对陡倾角断层的成像能量并不集中，而利用本节所提的单程波偏移算法对该构造的成像能量较为集中，对断层的刻画更为清晰。根据图 3-18 中的构造成像可知，相较于常规单程波傅里叶有限差分法计算的成像，利用本节所提的偏移方法所计算的断层构造成像更为连续和清晰，如图 3-18 中红色虚线框所示。图 3-15 中黑色虚线框内区域处于模型的中间，对该复杂区域的成像是比较有挑战的问题之一。在图 3-19 所示的成像结果中，本节所提的单程波偏移方法对一些细节构造提供了比较准确的成像，而常规单程波偏移

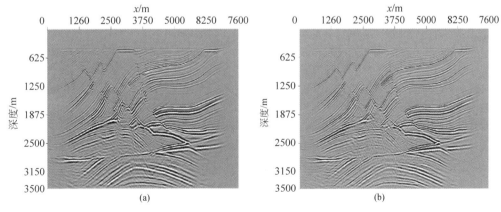

图 3-16　成像剖面

（a）利用单程波傅里叶有限差分偏移方法计算的成像剖面；（b）利用本节所提的偏移方法计算的成像剖面

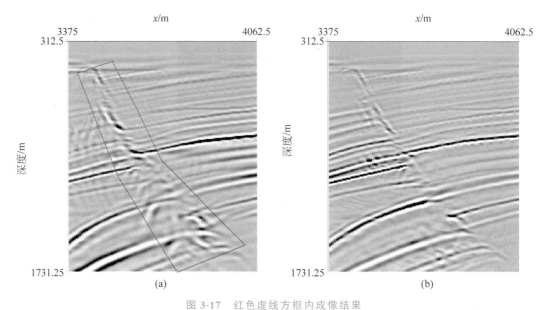

图 3-17　红色虚线方框内成像结果

（a）常规单程波傅里叶有限差分偏移方法；（b）本节所提的单程波偏移方法

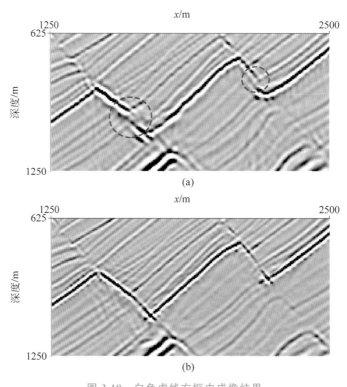

图 3-18　白色虚线方框内成像结果

（a）常规单程波傅里叶有限差分偏移方法；（b）本节所提的单程波偏移方法

方法对这些构造的成像不是很理想，如图 3-19 中红色虚线所示。对 Marmousi 模型的成像分析，充分说明了本节所提的偏移方法对复杂构造和陡倾角构造的成像能力，这将有利于偏移后的构造解释和地震属性分析。

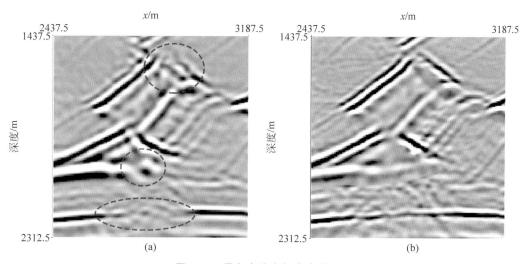

图 3-19 黑色虚线方框内成像结果

(a) 常规单程波傅里叶有限差分偏移方法;(b) 本节所提的单程波偏移方法

除了对比两种单程波偏移算法的成像性能之外,也统计了在 Marmousi 模型成像中,本节所提的单程波偏移方法和常规单程波傅里叶有限差分偏移算法的计算时间。为了便于统计计算时间,只计算了单炮记录的波场延拓时间。本节所提的单程波偏移算法的计算时间为 8630 s,而常规的单程波傅里叶有限差分算法的计算时间为 1760 s。本节所提的单程波偏移算法的计算时间是常规单程波偏移方法计算时间的数倍,这是由本节所提的偏移算法涉及密集的矩阵乘法运算而导致的。而常规的单程波偏移算法由于采用了泰勒级数近似理论,在损失计算精度的情况下,取得了较高的计算效率。本节设计矩阵乘法实现单程波偏移成像的目的是取得高精度的成像质量,这也在一定程度上牺牲了计算效率。

程序算法的内存开销和浮点运算也是算法设计的关键。为了对该问题进行详细阐述,下面以 Marmousi 模型的成像为例进行说明。经过运算统计,常规单程波偏移方法和本节所提的单程波偏移方法的内存开销和浮点运算见表 3-4。从表 3-4 中可见,两种偏移方法的内存开销差距不大,但是本节所提的偏移方法的浮点运算大约是常规单程波偏移算法的 53.5 倍。然而,由于使用 GPU 并行框架执行本算法,两者之间的实际计算时间的差距并非无法减小。

表 3-4 常规单程波傅里叶有限差分偏移方法与本节所提的单程波偏移方法统计参数

偏 移 方 法	内 存 开 销	浮 点 运 算	计 算 时 间
常规傅里叶有限差分法	5065.9 MB	$4N^3 + 4N^3 \times f$	1760 s
本节所提的单程波偏移方法	7610.5 MB	$214N^3 \times f$	8630 s

注:f 表示计算频率采样点。在进行浮点运算时,低阶统计量可忽略。

每种偏移方法都存在其局限性。常规的单程波偏移方法具有计算效率高的特点,但是其对复杂构造的成像精度有限。本节所提的基于矩阵乘法的单程波偏移方法,解决了常规单程波偏移方法在强速度变化介质中的大角度成像和复杂构造的成像精度问题,但是这种计算精度的提高是以牺牲计算效率为代价的。

3.1.3 结论

矩阵平方根的计算是许多学科研究的基本问题。在单程波偏移成像中,如何准确计算亥姆霍兹算子的平方根是实现单程波偏移成像的关键。本节利用稳定的迭代算法实现对亥姆霍兹算子矩阵平方根的计算,并利用泰勒级数展开式计算单程波传播算子。本节所提算法的执行策略中只涉及矩阵的乘法运算,这是本节所提算法的特色。通过利用矩阵乘法的迭代算法对亥姆霍兹算子矩阵平方根的计算,并与利用矩阵分解算法计算的结果对比,结果表明,利用矩阵乘法的迭代算法计算矩阵平方根的可靠性和稳定性。在波场模拟计算中,通过对比本节所提的单程波偏移方法和常规单程波偏移方法对强速度变化介质中波场的计算,证实本节所提的单程波偏移方法能比常规单程波偏移算法更加准确的大角度计算精度。该数值实验的结果是利用本节所提的单程波偏移方法进行复杂构造成像的基础。由于本节所提的单程波偏移方法是完全依赖于矩阵乘法运算的,自然而然地,本节发展了基于 GPU 平台框架的单程波偏移方法,并通过数值实验对比了基于 CPU 平台框架和基于GPU 平台框架的性能差异,GPU 并行技术对本节所提的单程波偏移方法取得了比较高的加速比。为了对比本节所提的单程波偏移方法和常规单程波偏移方法的成像性能差异,本节分别对盐丘模型开展了叠后偏移成像和 Marmousi 模型叠前偏移成像,通过对成像结果的对比分析发现,相较于常规单程波偏移方法,本节所提的单程波偏移方法能对复杂构造提供更精细的成像,但是本节所提的单程波偏移方法也需要更多的计算时间。

3.2 基于矩阵分解的单程波真振幅偏移

为满足地震真振幅偏移成像的需求,解决经典单程波方程在成像动力学上的不足,本节提出了一种能适应任意速度变化的单程波真振幅偏移方法。常规的基于泰勒级数或其他级数近似理论的单程波偏移方法难以准确实现单程波方程的真振幅偏移成像,这也导致了单程波真振幅偏移方法在复杂或强横向速度变化介质中有限的成像能力。为了解决该问题,本节采用矩阵分解法精确计算单程波方程的垂直波数,并准确计算单程波真振幅方程的边界条件,为实现单程波真振幅偏移成像提供理论基础。

3.2.1 基本原理

常规的单程波方程是对全声波方程的近似,因此常规的单程波方程一般只具有波场传播的运动学特性,难以提供准确的动力学(振幅)信息。计算准确的振幅是真振幅偏移的基础。为了解决该问题,Zhang 等[141-142]修正了常规的单程波方程,提出了单程波真振幅方程,该方程已被证明在高频近似的情况下具有与全声波方程相同的动力学特征。修正的单程波真振幅方程写为

$$\begin{cases} \left(\dfrac{\partial}{\partial z} + \mathrm{i}\Lambda - \Gamma\right)\tilde{p}_\mathrm{d}(x,z,\omega) = 0 \\ \tilde{p}_\mathrm{d}(x,z=0,\omega) = \dfrac{1}{2\mathrm{i}\Lambda}\delta(x_s) \end{cases} \tag{3-21}$$

$$\begin{cases} \left(\dfrac{\partial}{\partial z} - \mathrm{i}\Lambda - \Gamma\right)\tilde{p}_{\mathrm{u}}(x,z,\omega) = 0 \\ \tilde{p}_{\mathrm{u}}(x,z=0,\omega) = Q(x,\omega) \end{cases} \tag{3-22}$$

其中，$\tilde{p}_{\mathrm{d}}(x,z,\omega)$ 和 $\tilde{p}_{\mathrm{u}}(x,z,\omega)$ 分别为下行压力波场和上行压力波场；$Q(x,\omega)$ 是记录数据；垂直波数 Λ 和振幅校正项 Γ 分别为

$$\Lambda = \sqrt{\frac{\omega^2}{v^2} + \frac{\partial^2}{\partial x^2}} \tag{3-23}$$

$$\Gamma = \frac{1}{2v}\frac{\partial v}{\partial z}\left[1 - \frac{v^2\dfrac{\partial^2}{\partial x^2}}{\omega^2 + v^2\dfrac{\partial^2}{\partial x^2}}\right] \tag{3-24}$$

关于方程(3-21)和方程(3-22)的详细推导参见附录 A。

如方程(3-21)和方程(3-22)所示，要对单程波方程开展振幅校正，需要在每个波场深度对传播的波场振幅开展校正（Γ 项），该计算过程比较费时。但是假设速度变化只与深度有关，即 $v = v(z)$，Zhang[142] 定义了两个新的波场，提出了另外一种形式的单程波真振幅方程。垂直波数 Λ 和振幅校正项 Γ 在频率波数域中的关系可以进一步写为

$$\Lambda = \frac{\omega}{v}\sqrt{1 - \frac{v^2 k_x^2}{\omega^2}} \tag{3-25}$$

$$\Gamma = \frac{\partial}{\partial z}\left(\ln\frac{1}{\sqrt{\Lambda}}\right) = \frac{v_z}{2v}\left(1 + \frac{v^2 k_x^2}{\omega^2 - v^2 k_x^2}\right) \tag{3-26}$$

新定义的波场表示为

$$\begin{cases} \tilde{q}_{\mathrm{d}} = \Lambda^{1/2}\tilde{p}_{\mathrm{d}} \\ \tilde{q}_{\mathrm{u}} = \Lambda^{1/2}\tilde{p}_{\mathrm{u}} \end{cases} \tag{3-27}$$

事实上，根据对方程(3-27)的分析，新定义的波场被称为归一化的能流波场[143-144]。原来的单程波真振幅方程可以简化为新形式的单程波真振幅方程：

$$\begin{cases} \left(\dfrac{\partial}{\partial z} + \mathrm{i}\Lambda\right)\tilde{q}_{\mathrm{d}}(x,z,\omega) = 0 \\ \tilde{q}_{\mathrm{d}}(x,z=0,\omega) = \dfrac{1}{2\mathrm{i}\Lambda^{1/2}}\delta(x_s) \end{cases} \tag{3-28}$$

$$\begin{cases} \left(\dfrac{\partial}{\partial z} - \mathrm{i}\Lambda\right)\tilde{q}_{\mathrm{u}}(x,z,\omega) = 0 \\ \tilde{q}_{\mathrm{u}}(x,z=0,\omega) = \Lambda^{1/2}Q(x,\omega) \end{cases} \tag{3-29}$$

在将常规的压力波场转换为新定义的波场形式后，利用方程(3-28)和方程(3-29)即可进行深度延拓。为了利用常规的互相关成像条件计算成像剖面，需要通过逆变换将新定义的波场逆变换为常规的压力波场，即

$$\begin{cases} \tilde{p}_{\mathrm{d}} = \Lambda^{-1/2}\tilde{q}_{\mathrm{d}} \\ \tilde{p}_{\mathrm{u}} = \Lambda^{-1/2}\tilde{q}_{\mathrm{u}} \end{cases} \tag{3-30}$$

如式(3-30)所示，该变换是一种振幅校正形式，也被称为能流守恒算子[145]。在深度延

拓后,合理地选择成像条件是影响真振幅偏移的重要因素之一。在比较了多种常用成像条件后,Schleicher 等[146]总结认为,基于广义上行波和下行波的反褶积成像条件可有效恢复成像振幅。因此,本节在真振幅偏移中,也采用该成像条件。具体表达式可写为

$$I(x,z) = \frac{U(x,z)}{D(x,z)+\varepsilon} \tag{3-31}$$

其中,

$$U(x,z) = \sum_{\omega} \tilde{p}_{\mathrm{u}}(x,z,\omega)\tilde{p}_{\mathrm{d}}^{*}(x,z,\omega) \tag{3-32}$$

$$D(x,z) = \sum_{\omega} \tilde{p}_{\mathrm{d}}(x,z,\omega)\tilde{p}_{\mathrm{d}}^{*}(x,z,\omega) \tag{3-33}$$

式中,ε 是一个常数,为避免分母过小导致成像条件的不稳定性,将其设定为 $\varepsilon(z)=\max\{10^{-6},0.05\max(|D(x,z)|)\}$。

对比单程波真振幅方程及其边界条件,不难发现 Λ、$\Lambda^{1/2}$、$\Lambda^{-1/2}$ 的计算是实现单程波真振幅偏移成像的核心。为了实现 Λ、$\Lambda^{1/2}$、$\Lambda^{-1/2}$ 算子的数值计算,Vivas 等[147]使用了泰勒级数对其进行近似计算,这种近似计算方式在波场传播的大角度下会带来一定的误差,而且对具有强横向速度变化的介质而言,其真振幅计算精度也是有限的。

为了解决该问题,本节从亥姆霍兹算子与垂直波数的关系出发,使用矩阵分解计算 Λ、$\Lambda^{1/2}$、$\Lambda^{-1/2}$ 算子。二维情况下的亥姆霍兹算子 $\boldsymbol{L}$ 可以写成[148]:

$$\boldsymbol{L} = \frac{\omega^2}{v^2} + \frac{\partial^2}{\partial x^2} \tag{3-34}$$

在频率空间域,亥姆霍兹算子 $\boldsymbol{L}$ 和垂直波数 Λ 之间的关系表示为

$$\boldsymbol{L} = \Lambda^2 \tag{3-35}$$

由于亥姆霍兹算子 $\boldsymbol{L}$ 是一个对角线矩阵,所以在数学上可对该矩阵进行特征值和特征向量分解。算子 $\boldsymbol{L}$ 的形式如下:

$$\boldsymbol{L} = \boldsymbol{P}\boldsymbol{X}\boldsymbol{P}^{\mathrm{T}} \tag{3-36}$$

其中,矩阵 $\boldsymbol{X}$ 包含 $\boldsymbol{L}$ 的特征值;$\boldsymbol{P}$ 表示其特征向量;上标 T 表示转置。

根据矩阵理论,如果矩阵 $\boldsymbol{L}$ 的特征值是 $\lambda_1,\lambda_2,\cdots,\lambda_n$,那么 $\boldsymbol{L}^k$ 的特征值可写为 $\lambda_1^k,\lambda_2^k,\cdots,\lambda_n^k$,是 $\boldsymbol{L}$ 的特征值的 k 次方。$\boldsymbol{L}$ 的每个特征向量仍然是 $\boldsymbol{L}^k$ 的特征向量。因此,$\boldsymbol{\Lambda}$、$\boldsymbol{\Lambda}^{1/2}$、$\boldsymbol{\Lambda}^{-1/2}$ 算子可以进一步写为[149]:

$$\boldsymbol{\Lambda} = \boldsymbol{P}\boldsymbol{X}^{1/2}\boldsymbol{P}^{\mathrm{T}} \tag{3-37}$$

$$\boldsymbol{\Lambda}^{1/2} = \boldsymbol{P}\boldsymbol{X}^{1/4}\boldsymbol{P}^{\mathrm{T}} \tag{3-38}$$

$$\boldsymbol{\Lambda}^{-1/2} = \boldsymbol{P}\boldsymbol{X}^{-1/4}\boldsymbol{P}^{\mathrm{T}} \tag{3-39}$$

在确定 $\boldsymbol{\Lambda}$、$\boldsymbol{\Lambda}^{1/2}$、$\boldsymbol{\Lambda}^{-1/2}$ 算子的精确表达之后,可以用方程(3-28)和方程(3-29)实现单程波真振幅方程的波场深度延拓,再利用方程(3-31)作为成像条件计算成像振幅。因为使用了矩阵分解理论来计算单程波传播算子及其相关函数,故将其称为基于矩阵分解的单程波真振幅偏移方法。算法的流程图如图 3-20 所示,具体的算法实现形式如下。

(1)初始化成像结果 $I=0$。

(2)所有的深度循环 $z_j(i=1:n)$:所有的炮集循环 $S_j(j=1:s)$:所有的频率循环 $\omega_k(k=1:m)$:

① 计算算子 **L**，如式(3-34)所示；

② 如式(3-36)所示，进行矩阵分解；

③ 计算 Λ、$\Lambda^{1/2}$、$\Lambda^{-1/2}$ 算子，如式(3-37)～式(3-39)所示；

④ 对检波器波场和震源波场进行向下延续，如式(3-28)和式(3-29)所示；

⑤ 使用方程(3-30)对波场进行变换。

(3) 通过使用方程(3-31)更新成像结果 I。

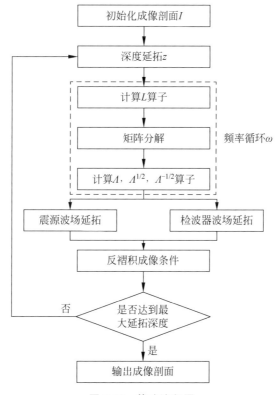

图 3-20　算法流程图

在波场深度延拓中，有一个难以避免的问题，即隐失波问题。在方程(3-36)中，有负的和正的特征值，分别对应隐失波和正常传播波场。在单程波传播算子的特征值分解中，可消除亥姆霍兹算子的负特征值，保留正特征值，从而保障偏移算法的稳定性(具体讨论见 3.1.1.2 节)。

在这里，本节拟进一步讨论关于单程波真振幅偏移的两个问题：强横向速度变化介质中的垂直波数和计算效率问题。在开展矩阵分解的单程波真振幅偏移成像中，使用方程(3-23)中的公式表示垂直波数，但是这个表达式未充分考虑速度横向变化梯度的影响。为了解决该问题，Cao 等[145]将速度横向变化梯度的影响考虑到垂直波数的计算中，更加准确的垂直波数的表达式可以写为

$$\Lambda = \frac{\omega}{v}\sqrt{1 + \frac{v^2}{\omega^2}\frac{\partial^2}{\partial x^2} + \frac{v}{\omega^2}\frac{\partial v}{\partial x}\frac{\partial}{\partial x}} \tag{3-40}$$

通过对理论数值模型成像振幅的分析，Cao 等[145]的研究表明：横向速度变化与真振幅偏移中的振幅校正密切相关。将常规的垂直波数引入包括横向速度变化项，这将为本节发

展的矩阵分解方法提供更准确的振幅描述。

另一个是 3.1.2 节所提方法的计算效率问题。众所周知,常规的矩阵分解是一个非常耗时的计算过程,特别是对于大型密集型矩阵。为了更好地面向实际生产应用,本节提出采用 GPU 加速的方式解决大型矩阵分解的难题。为了对比 GPU 策略与常规 CPU 策略的计算效率,本节建立一个速度为 2000 m/s 的均匀介质模型,该模型横向尺寸逐渐增大,以对比模型尺度变大时的计算效率。在对比计算效率的数值实验中,分别统计了傅里叶有限差分真振幅偏移方法和基于矩阵分解的单程波真振幅偏移方法(包括 CPU 版本和 GPU 版本)在不同模型大小下的计算时间,如表 3-5 所示。如理论所预期的一样,基于矩阵分解的单程波偏移方法(CPU 版本)的计算时间要比常规傅里叶有限差分偏移方法的计算时间多数倍,但是,使用 GPU 加速技术可显著减少矩阵分解所需的计算时间,这对于实际应用来说是最可行的方法。矩阵分解的 GPU 加速计算也是未来研究的一个重点。此外,在执行流程中,所提的算法需要对每个频率和每个炮记录进行矩阵分解。因此,理论上,开展多频率和多炮并行化计算也可进一步提高计算效率。

表 3-5　不同模型大小中使用不同方法的计算时间

模型尺寸/个	单程波 FFD/s	所提方法的 CPU 版本/s	所提方法的 GPU 版本/s
10×1024	48.16	269.25	180.04
10×2048	250.46	1377.84	807.25
10×4096	1475.46	7776.78	3599.33

注:所提方法的 CPU 和 GPU 版本是指矩阵分解算法分别在 CPU 和 GPU 平台上运行。

3.2.2　数值实验

在数值实验中,建立了若干个数值理论模型,对比不同单程波真振幅偏移方法在计算反射振幅上的保真性能,主要对比常规的单程波真振幅偏移方法与本节所提的基于矩阵分解的单程波真振幅偏移方法的成像性能。本节选用的常规单程波真振幅偏移方法是傅里叶有限差分单程波真振幅偏移方法[150]。在常规的傅里叶有限差分单程波真振幅偏移中,对傅里叶有限差分中相移和裂步傅里叶两项进行振幅校正,考虑到算法的稳定性问题,并未对傅里叶有限差分方程中的有限差分项进行振幅校正。

3.2.2.1　强横向速度变化介质中的脉冲响应

强横向速度变化介质脉冲响应的计算对复杂介质成像具有重要的指示作用。为此,本节建立一个强横向速度变化的速度模型,该速度模型根据公式 $v(z,x)=1500+2x+z$(单位为 m/s)建立,如图 3-21(a)所示。模型大小为 1500 m×1500 m,震源在 $x_s=750$ m,$z_s=0$ m 的位置。在波场正演模拟过程中,使用的震源类型为雷克子波,其主频率为 30 Hz。速度模型显示,每一层的横向变化比较大。使用有限差分法、傅里叶有限差分真振幅偏移方法和本节所提的单程波真振幅偏移方法计算脉冲响应并进行比较,计算的脉冲响应结果如图 3-21(b)~(d)所示。

在本数值实验中,因为有限差分法对任意速度变化介质模型都具有适应性,所以使用有限差分法计算的结果作为理论脉冲响应。如图 3-21 所示,通过比较理论脉冲响应曲线和

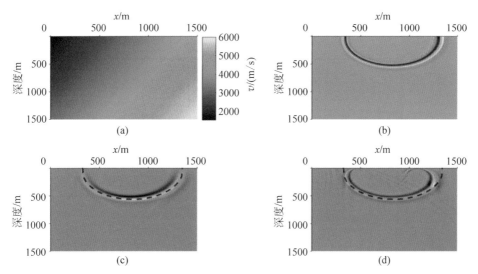

图 3-21 模型和利用不同方法计算的脉冲响应(红色虚线是利用有限差分法计算的波前面)
(a)速度模型;(b)有限差分法;(c)基于矩阵分解的单程波真振幅偏移方法;(d)傅里叶有限
差分真振幅偏移方法

单程波偏移方法计算的脉冲响应曲线,不难发现:使用基于矩阵分解的单程波真振幅偏移方法和傅里叶有限差分真振幅偏移方法计算的脉冲响应,在一定角度内都能提供准确的波前面,但超过临界角度后,本节所提的单程波真振幅偏移方法计算的波前面与有限差分法的结果匹配度更好,而常规的傅里叶有限差分法计算的误差,随着传播角度的增加而增大。这是由于本节所提的算法放弃了使用泰勒级数或帕德(Pade)级数对垂直波数进行近似计算,这种近似计算方法在波场传播的大角度下有较大的计算误差,会严重影响真振幅偏移方法的计算性能。本节采用的矩阵分解方法可以更准确地计算单程波传播算子的数学表达式,克服了传统单程波偏移方法在成像角度方面的限制,因此更有利于开展单程波真振幅偏移成像。

计算准确的波场传播时间是真振幅偏移的第一步,这只能保证偏移构造成像的准确性,更关键的是真振幅偏移方法能否计算出反射波的准确振幅信息。为此,本节提取了脉冲响应的波前面振幅,并与有限差分法计算的振幅进行对比,进一步分析其相对误差,如图 3-22 所示。从图 3-22 中可见,尽管本节所提的方法在接近 90° 的传播角度上仍有一些误差,但它计算的结果与有限差分法几乎一致,而傅里叶有限差分真振幅偏移方法计算的振幅与有限差分法计算的结果存在明显的误差。基于该振幅对比测试,可得出一个初步的结论:本节所提的单程波真振幅偏移方法克服了传统单程波偏移方法在成像角度和保幅计算方面的限制,这为利用本节所提的单程波真振幅偏移方法开展复杂介质的保幅成像工作提供了坚实的数据基础。

3.2.2.2 单层强横向速度变化介质模型真振幅成像

强横向速度变化介质中成像振幅的准确性是本节重点关注的研究内容。在本数值实验中,在强横向速度变化介质模型中设置了一个速度为 1500 m/s 的反射层,新模型如图 3-23 所示。在地震波场正演模拟计算中,将检波器均匀分布于 0~500 m 区间,震源在 $x_s = 750$ m,$z_s = 0$ m 的位置,震源类型选用主频为 30 Hz 的雷克子波。本实验的目的是测

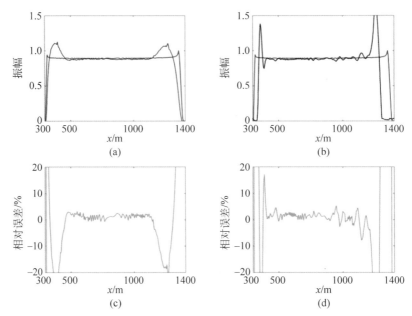

图 3-22　对比有限差分法(红线)和不同的单程波偏移方法提取的波前面振幅

(a) 基于矩阵分解的单程波真振幅偏移方法(蓝线);(b)傅里叶有限差分真振幅偏移方法(黑线);(c)是(a)中基于矩阵分解的单程波真振幅偏移方法与有限差分法计算振幅的相对误差,以及(d)是(b)中傅里叶有限差分真振幅偏移方法与有限差分法计算的振幅的相对误差

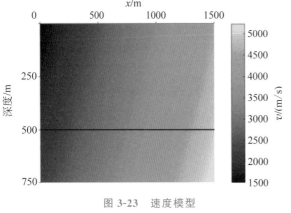

图 3-23　速度模型

试在强横向速度变化背景情况下不同偏移方法的振幅估计性能。在成像中,使用了本节所提的单程波真振幅偏移方法和傅里叶有限差分真振幅偏移方法。两种方法的成像结果如图 3-24 所示。在成像剖面中,为了对偏移成像的振幅进行详细对比,沿着成像的同相轴提取其峰值振幅,并与理论反射系数进行比较,对比结果如图 3-25 所示。从提取的振幅曲线可以直接观察到,使用傅里叶有限差分真振幅偏移方法计算的振幅与理论值存在明显的偏差,而本节所提的偏移方法计算的成像振幅在有效成像区间(大约 550～800 m),与理论值的拟合度较好。理论反射系数和计算反射系数的相对误差是用来定量区分两种方法保幅成像性能的重要参数。如图 3-25 所示,本节所提的偏移方法计算的相对误差曲线在零线附近稳定摆动,而傅里叶有限差分真振幅偏移方法的相对误差曲线随着偏移距(入射角)的增加而呈增长趋势。为了进行定量比较,分析了有效成像区间计算的成像振幅和理论值之间的相关系数。本节所提的偏移方法提供的相关系数约为 99.15%,而傅里叶有限差分真振幅偏移方法的系数约为 89.03%。相关系数的数据进一步表明,使用基于矩阵分解的单程波真振幅偏移方法比常规单程波真振幅方法具有更好的保幅成像能力。

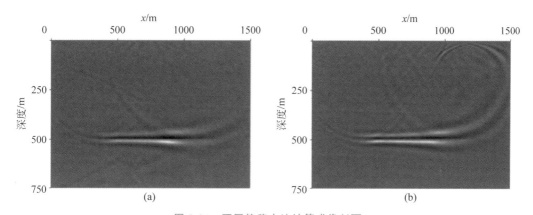

图 3-24 不同偏移方法计算成像剖面

（a）基于矩阵分解的单程波真振幅偏移方法；（b）傅里叶有限差分真振幅偏移方法

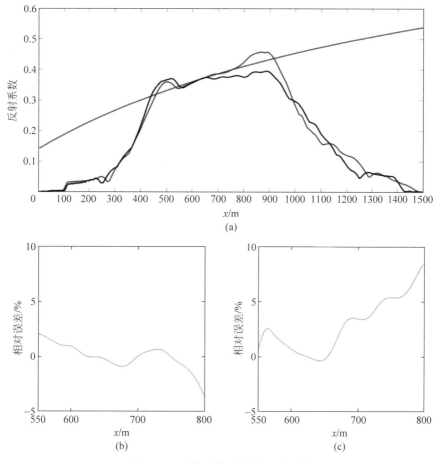

图 3-25 反射系数对比及相对误差

（a）不同偏移方法计算的反射系数与理论反射系数对比。蓝线是基于矩阵分解的单程波真振幅偏移方法计算结果。黑线是傅里叶有限差分真振幅偏移方法计算结果。红线是理论的反射系数。（b）是（a）中理论反射系数与基于矩阵分解的单程波真振幅偏移方法估算反射系数的相对误差（有效成像区间为 $550\sim800$ m）。（c）是（a）中理论反射系数与傅里叶有限差分真振幅偏移方法估算反射系数的相对误差（有效成像区间为 $550\sim800$ m）

3.2.2.3 Marmousi 模型成像

为了验证本节所提的单程波真振幅偏移方法与传统傅里叶有限差分真振幅偏移方法在复杂介质的构造成像和振幅估计上的差异,将两种偏移方法应用于 Marmousi 模型的成像。该模型大小为 3500×7500 m,模型网格空间步长分别为 6.25×6.25 m,速度模型如图 3-26 所示。地震波场模拟及采集观测系统如下:总共计算 240 个炮集记录,炮间距为 25.0 m;每个炮集记录设置有 240 个检波器,检波器间隔为 6.25 m,最小偏移距为零。在波场模拟过程中,震源函数采用主频为 60 Hz 的雷克子波。

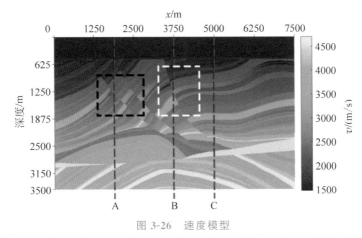

图 3-26　速度模型

图中矩形表示用于方法对比的局部区域,红线表示测井的位置。A、B、C 分别是测井的名称

利用本节所提的单程波真振幅偏移方法与传统傅里叶有限差分真振幅偏移方法计算的叠前深度偏移结果如图 3-27 所示。从整体成像结果上看,两种偏移方法都取得了比较准确的构造成像效果。为了对两者成像结果进行更详细的对比,从偏移成像剖面中提取了图 3-26 所示的白色和黑色虚线区域的成像剖面并将其放大,分别如图 3-28 和图 3-29 所示。通过对比两种偏移方法在细节成像上的差异可以发现,本节所提的单程波真振幅偏移方法比常规傅里叶有限差分真振幅偏移方法得到了更清晰的断层接触面和更清晰的成像结果,如图 3-28 中红色箭头和图 3-29 中红色虚线框所示。这是由于常规的傅里叶有限差分真振幅偏移方法中使用了泰勒级数近似计算垂直波数及其相关函数,导致常规傅里叶有限差分真振幅偏移方法的成像角度有限。这个例子充分说明,本节所提的单程波真振幅偏移方法可以有效计算复杂结构的大角度信息。对于精细的构造成像而言,相较于常规的单程波真振幅偏移方法,本节所提的单程波真振幅偏移方法具有明显的构造成像优势。

在分析两种偏移方法计算的构造成像差异之后,为开展真振幅偏移成像研究,在 Marmousi 模型中设置了三口井,其位置在图 3-26 中用红线表示。在对震源波场和检波器波场进行深度延拓之后,再采用反射系数成像条件计算成像振幅,由于地震数据的频带有限,而反射系数模型是一个宽频带数据,所以两者难以进行直接对比。为了计算 Marmousi 模型有限频带的理论振幅,采取如下策略:首先,从深度域的速度模型中计算反射率。其次,根据速度模型的时间-深度关系,将反射率模型从深度域转化为时间域;经过这一步计算,深度域的反射率模型转换为一个时间序列模型。再次,将时间域反射率模型与建模中

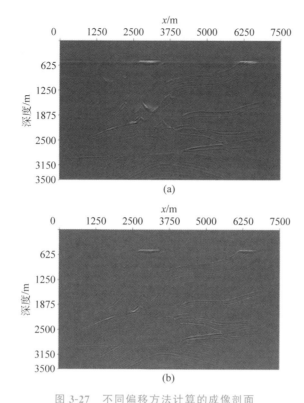

图 3-27 不同偏移方法计算的成像剖面

（a）基于矩阵分解的单程波真振幅偏移方法；（b）傅里叶有限差分真振幅偏移方法

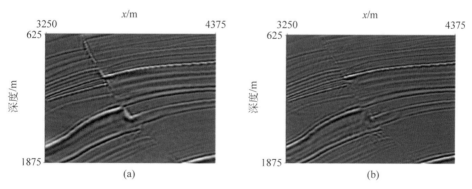

图 3-28 不同单程波真振幅偏移方法在白色虚线方块区域的成像剖面

（a）基于矩阵分解的单程波真振幅偏移方法；（b）傅里叶有限差分真振幅偏移方法

使用的雷克子波进行卷积，产生时间域理论振幅模型。最后，使用相同的时间-深度关系，将时间域理论振幅模型转化为深度域的理论振幅模型。为了开展不同偏移方法的振幅计算性能对比，将不同单程波真振幅偏移方法计算的成像振幅与上述计算的理论振幅进行详细对比。为此，提取了不同单程波真振幅偏移方法在井 A、B、C 处的成像振幅，并与理论成像振幅进行直观的对比，分别如图 3-30～图 3-32 所示。在图 3-30 中，从计算的振幅曲线与理论振幅曲线的匹配程度来看，整体而言，本节所提单程波真振幅偏移方法恢复的成像振幅比常规傅里叶有限差分真振幅偏移方法计算的成像振幅曲线具有更好的一致性，尤其是在

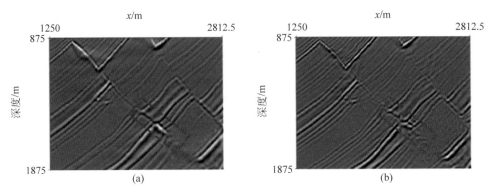

图 3-29 不同单程波真振幅偏移方法在黑色虚线方块区域的成像剖面

（a）基于矩阵分解的单程波真振幅偏移方法；（b）傅里叶有限差分真振幅偏移方法

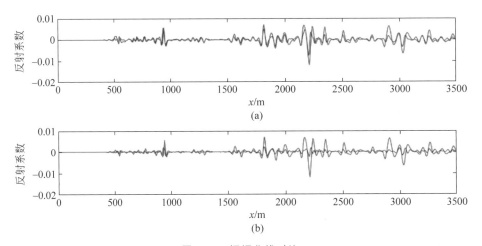

图 3-30 振幅曲线对比

（a）基于矩阵分解的单程波真振幅偏移方法计算反射振幅（蓝实线）与 A 位置理论振幅（红实线）对比；

（b）傅里叶有限差分真振幅偏移方法计算反射振幅（蓝实线）与 A 位置理论振幅（红实线）对比

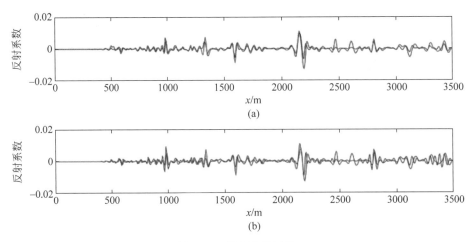

图 3-31 振幅曲线对比

（a）基于矩阵分解的单程波真振幅偏移方法计算反射振幅（蓝实线）与 B 位置的理论振幅（红实线）对比；

（b）傅里叶有限差分真振幅偏移方法计算反射振幅（蓝实线）与 B 位置的理论振幅（红实线）对比

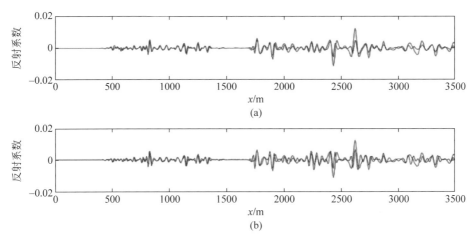

图 3-32　振幅曲线对比

（a）基于矩阵分解的单程波真振幅偏移方法计算反射振幅（蓝实线）与 C 位置的理论振幅（红实线）对比；

（b）傅里叶有限差分真振幅偏移方法计算反射振幅（蓝实线）与 C 位置的理论振幅（红实线）对比

深部和复杂区域。对于图 3-31 和图 3-32 中的某些部分，常规傅里叶有限差分真振幅偏移方法似乎比本节所提的方法更符合理论预期，特别是在较深的部分，例如，图 3-31 中大约在深度为 2200 m 和 3000～3150 m 的位置。究其原因，常规的傅里叶有限差分真振幅偏移方法是基于方程（3-21）和方程（3-22）开展偏移成像的，而本节所提的单程波真振幅偏移方法基于方程（3-28）和方程（3-29），假设速度模型是平滑的或者速度是深度的函数。基于上述这个假设，在使用本节所提的单程波真振幅偏移方法时，即使使用准确的公式表示 Λ，$\Lambda^{1/2}$，$\Lambda^{-1/2}$ 算子，计算出的振幅曲线的某些部分也难以与理论曲线完全匹配。常规的傅里叶有限差分真振幅偏移方法计算的结果在较深的部分也显示出明显的低频阴影，例如，图 3-31（b）中深度为 3250 m 的区域。关注振幅曲线的整体趋势，并将其作为一个整体进行比较是客观公正的。为此，拟利用计算的成像振幅曲线和理论振幅曲线之间的相关系数，进一步定量地评价两种偏移方法的真振幅估计性能，如表 3-6 所示。通过表 3-6 中的统计数据不难发现，本节所提的单程波真振幅偏移方法可以恢复至少 70% 的真实振幅，而常规的傅里叶有限差分真振幅偏移方法与理论振幅数值的匹配度不超过 50%。这些明显的数字差异表明，即使对于复杂的结构，本节所提的单程波真振幅偏移方法也能实现可靠的真振幅估计。

表 3-6　Marmousi 模型中不同位置计算和理论反射振幅的相关系数　　　　　　%

偏移方法	A 位置的相关系数	B 位置的相关系数	C 位置的相关系数
方法 1	74.12	73.72	72.82
方法 2	40.3	49.1	48.31

注：方法 1 是基于矩阵分解的单程波真振幅偏移方法；方法 2 是傅里叶有限差分真振幅偏移方法。

3.2.2.4　实际应用

为了验证本节所提的单程波真振幅方法和传统的单程波真振幅偏移方法对实际资料的成像性能，对采集的实际地震资料开展真振幅叠前深度偏移成像。为了开展深度域偏移成像,采用传统的速度分析方法处理实际采集的地震数据并建立深度域速度模型。基于矩阵分解的单程波真振幅偏移方法和傅里叶有限差分真振幅偏移方法计算的成像剖面,如图 3-33 所示。对比两种成像方法可以发现:在成像剖面的浅部,两种方法成像效果差异并不明显,主要的成像差异体现在对深度构造的成像上。为了进行详细比较,从图 3-33 中红框中提取偏移成像剖面的局部特征,如图 3-34 所示。比较图 3-34 中红色箭头和红色虚线框所指的成像结果可以发现,基于矩阵分解的单程波真振幅偏移方法比傅里叶有限差分真振幅偏移方法的成像效果更好。根据上述对比分析可知,相较于傅里叶有限差分真振幅偏移方法,本节所提的单程波真振幅偏移方法计算的这些成像振幅和质量展现出更好的能量收敛性和连续性。这一特点对目标地层的地震解释和振幅变化、偏移后期解释分析都非常有帮助。对实际地震数据的成功应用展示了本节所发展的单程波偏移方法的实际应用价值。

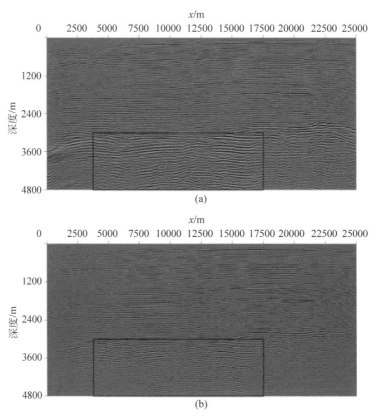

图 3-33　对实际地震数据不同偏移方法计算的成像剖面

(a)基于矩阵分解的单程波真振幅偏移方法;(b)傅里叶有限差分真振幅偏移方法

3.2.3　结论

本节将矩阵分解的概念引入到单程波真振幅波动方程中,并提出利用矩阵分解法计算单程波真振幅波动方程的垂直波数和边界条件,进一步发展了一种基于矩阵分解的单程波真振幅偏移方法,并在强横向速度变化介质中开展相关数值实验。在强横向速度模型的脉

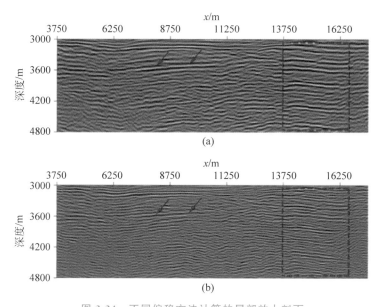

图 3-34 不同偏移方法计算的局部放大剖面

（a）基于矩阵分解的单程波真振幅偏移方法；（b）傅里叶有限差分真振幅偏移方法

冲响应测试中发现,与传统的傅里叶有限差分真振幅偏移方法相比,本节提出的单程波真振幅偏移方法获得了更准确的走时和振幅信息。在复杂介质模型成像中,对比了所提的单程波真振幅偏移方法和傅里叶有限差分真振幅偏移方法计算反射体的振幅,数值计算结果表明,本节所提的单程波真振幅偏移方法计算的振幅,比傅里叶有限差分真振幅偏移方法计算的振幅更符合理论结果。对 Marmousi 模型的数值实验进一步证实,本节所提的单程波真振幅偏移方法在构造成像和振幅估计方面比传统的单程波真振幅偏移方法具有更优越的保幅计算性能。此外,将所提的单程波真振幅偏移方法和传统傅里叶有限差分真振幅偏移方法应用于一个实际地震数据集。通过比较这两种方法对实际资料的成像质量,进一步证实了本节所提的单程波真振幅偏移方法具备高质量保幅偏移成像的能力,展现了其广阔的实际应用潜力。

3.3 黏声介质的单程波偏移成像

地下介质的不完全弹性会造成地震波在地层中传播时损失大量能量和成像信息,这对地震偏移以及地震资料解释工作具有非常严重的影响;为了准确还原地下介质的真实信息,不再把地下介质看作是理想介质,而是引入黏弹性来充分把握介质信息,是众多地球物理工作者的共识;本节在常规的单程波傅里叶有限差分法和广义屏方法的基础上,考虑了地下介质的黏弹性,推导了黏声介质波动方程的傅里叶有限差分算法和广义屏算法;数值实验的测试结果表明,本节所推导公式的可行性以及有效性能够提升偏移成像的分辨率;对一组实际地震资料的应用则表明,该方法具有一定的应用价值,能够还原出地层深部的信息。总体而言,本节推导的方法在充分考虑介质的真实信息后,依旧能达到常规无衰减偏移方法的成像效果,是对于单程波偏移理论的发展。

3.3.1 黏声介质的单程波傅里叶有限差分法

考虑地下介质的黏弹性，Kjartansson[151]提出地震波传播的黏声波动方程为

$$\frac{\partial^{2-2\gamma} p}{\partial t^{2-2\gamma}} = c^2 \omega_0^{-2\gamma} \nabla^2 p \tag{3-41}$$

其中，p 是压力波场；∇^2 是拉普拉斯算子；$c^2 = c_0^2 \cos^2(\pi\gamma/2)$；$c_0$ 是参考频率 ω_0 处的相速度；参数 $\gamma = \arctan(1/Q)/\pi$ 是一个无量纲量，因为 $Q > 0$，所以 $0 < \gamma < 0.5$。当 $Q \to \infty$，$\gamma \to 0$，方程（3-41）就退化为经典的声波方程。

将式（3-41）作傅里叶变换到波数域，则有

$$(\mathrm{i}\omega)^{2-2\gamma} p = c^2 \omega_0^{-2\gamma} \nabla^2 p \tag{3-42}$$

整理得到

$$\nabla^2 p = \left(\frac{\partial^2}{\partial x^2} + \frac{\partial^2}{\partial z^2} \right) p = \frac{(\mathrm{i}\omega)^{2-2\gamma}}{c^2 \omega_0^{-2\gamma}} p \tag{3-43}$$

$$\frac{\partial^2 p}{\partial z^2} = -\left[\frac{\omega^2}{c^2} \left(\frac{\mathrm{i}\omega}{\omega_0} \right)^{-2\gamma} + \frac{\partial^2}{\partial x^2} \right] p \tag{3-44}$$

对声波方程进行上行波场和下行波场分离，进而得到单程波方程，黏声介质的上行波方程在 ω 域表示为

$$\frac{\partial p}{\partial z} = -\mathrm{i} \sqrt{ \frac{\omega^2}{c^2} \left(\frac{\mathrm{i}\omega}{\omega_0} \right)^{-2\gamma} + \frac{\partial^2}{\partial x^2} } \, p \tag{3-45}$$

式中，c 代表介质的速度；因为 c 一般表示常数，为了统一符号，在方程（3-46）中用 v 替换 c，在下文中，v 表示介质速度，而 c 则表示介质的背景速度；然后定义黏声垂直波数和它的参考垂直波数为

$$k_z = \sqrt{ \frac{\omega^2}{v^2} \left(\frac{\mathrm{i}\omega}{\omega_0} \right)^{-2\gamma} + \frac{\partial^2}{\partial x^2} }, \quad k_{z_0} = \sqrt{ \frac{\omega^2}{c^2} \left(\frac{\mathrm{i}\omega}{\omega_0} \right)^{-2\gamma_0} + \frac{\partial^2}{\partial x^2} } \tag{3-46}$$

式中，k_z 和 γ 表示任意位置上的垂直波数和黏声补偿参数；k_{z_0} 和 γ_0 表示背景速度处的垂直波数和黏声补偿参数，即 c，k_{z_0} 和 γ_0 分别是 v，k_z 和 γ 在背景速度处的值。在不考虑速度变化时，波动方程只进行相移延拓，所以 k_{z_0} 是相移算子。

令 $v_\gamma = v \times \left(\frac{\mathrm{i}\omega}{\omega_0} \right)^{\gamma}$，$c_{\gamma_0} = c \times \left(\frac{\mathrm{i}\omega}{\omega_0} \right)^{\gamma_0}$，则有

$$\begin{cases} k_z = \sqrt{ \dfrac{\omega^2}{v_\gamma^2} \left(\dfrac{\mathrm{i}\omega}{\omega_0} \right)^{-2\gamma} + \dfrac{\partial^2}{\partial x^2} } = \dfrac{\omega}{v_\gamma} \sqrt{ 1 + \dfrac{v_\gamma^2}{\omega^2} \dfrac{\partial^2}{\partial x^2} } \\[4mm] k_{z_0} = \sqrt{ \dfrac{\omega^2}{c_{\gamma_0}^2} \left(\dfrac{\mathrm{i}\omega}{\omega_0} \right)^{-2\gamma_0} + \dfrac{\partial^2}{\partial x^2} } = \dfrac{\omega}{c_{\gamma_0}} \sqrt{ 1 + \dfrac{c_{\gamma_0}^2}{\omega^2} \dfrac{\partial^2}{\partial x^2} } \end{cases} \tag{3-47}$$

将式（3-47）变换到波数域，则有

$$k_z = \frac{\omega}{v_\gamma} \sqrt{ 1 - \frac{v_\gamma^2}{\omega^2} k_x^2 }, \quad k_{z_0} = \frac{\omega}{c_{\gamma_0}} \sqrt{ 1 - \frac{c_{\gamma_0}^2}{\omega^2} k_x^2 } \tag{3-48}$$

又因为 $k_x = \dfrac{\omega}{v}\sin\theta$，则可利用平方根算子的最佳逼近式：

$$\sqrt{1 - \sin^2\theta} \approx 1 - \frac{b\sin^2\theta}{1 - a\sin^2\theta} \tag{3-49}$$

将式(3-48)写为

$$k_z = \frac{\omega}{v_\gamma}\sqrt{1 - \sin^2\theta} \approx \frac{\omega}{v_\gamma}\left(1 - \frac{b\sin^2\theta}{1 - a\sin^2\theta}\right) = \frac{\omega}{v_\gamma}\left(1 - \frac{b\dfrac{v_\gamma^2}{\omega^2}k_x^2}{1 - a\dfrac{v_\gamma^2}{\omega^2}k_x^2}\right) \tag{3-50}$$

基于方程(3-46)和方程(3-49)，参考垂直波数可以写为

$$k_{z_0} = \frac{\omega}{c_{\gamma_0}}\left\{1 - \frac{b\left(\dfrac{c_{\gamma_0}^2}{\omega^2}k_x^2\right)}{1 - a\left(\dfrac{c_{\gamma_0}^2}{\omega^2}k_x^2\right)}\right\} \tag{3-51}$$

然后，令垂直波数 k_z 和参考垂直波数 k_{z_0} 之间的差为

$$d = k_z - k_{z_0} = \frac{\omega}{v_\gamma}\left(1 - \frac{b\dfrac{v_\gamma^2}{\omega^2}k_x^2}{1 - a\dfrac{v_\gamma^2}{\omega^2}k_x^2}\right) - \frac{\omega}{c_{\gamma_0}}\left[1 - \frac{b\left(\dfrac{c_{\gamma_0}^2}{\omega^2}k_x^2\right)}{1 - a\left(\dfrac{c_{\gamma_0}^2}{\omega^2}k_x^2\right)}\right] \tag{3-52}$$

所以

$$k_z = k_{z_0} + d \tag{3-53}$$

将式(3-50)和式(3-51)代入式(3-53)，则有

$$k_z = k_{z_0} + \frac{\omega}{v_\gamma}\left[1 - \frac{b\left(\dfrac{v_\gamma^2}{\omega^2}k_x^2\right)}{1 - a\left(\dfrac{v_\gamma^2}{\omega^2}k_x^2\right)}\right] - \frac{\omega}{c_{\gamma_0}}\left[1 - \frac{b\left(\dfrac{c_{\gamma_0}^2}{\omega^2}k_x^2\right)}{1 - a\left(\dfrac{c_{\gamma_0}^2}{\omega^2}k_x^2\right)}\right] \tag{3-54}$$

延拓算子的最终形式可以通过简单的推导得到(详细的推导过程见附录 A)：

$$k_z \approx k_{z_0} + \left(\frac{\omega}{v_\gamma} - \frac{\omega}{c_{\gamma_0}}\right) + \frac{b\left(\dfrac{v_\gamma - c_{\gamma_0}}{\omega}\dfrac{\partial^2}{\partial x^2}\right)}{1 + a\left(\dfrac{v_\gamma^2 + c_{\gamma_0}^2}{\omega^2}\dfrac{\partial^2}{\partial x^2}\right)} \tag{3-55}$$

在单程波偏移中，波场延拓的公式为

$$p(z + \Delta z) = p(z)\mathrm{e}^{\mathrm{i}k_{z_0}\Delta z} \tag{3-56}$$

为了与常规声波方程的延拓算子进行区分，在本章用"A"代替表示"k_z"，A 是本节提出的黏声波方程的延拓算子，这样，方程(3-55)可以写为如下形式：

$$A \approx A_1 + A_2 + A_3 \tag{3-57}$$

方程(3-57)中三个算子分别对应方程(3-55)的右边三项，其中 A_1 是黏声相移算子，A_2

是黏声 SSF 算子，A_3 是黏声 FFD 算子，它们的表达式分别为

$$\begin{cases} A_1 = k_{z_0} = \dfrac{\omega}{v_{\gamma_0}} \sqrt{1 - \dfrac{v_{\gamma_0}^2}{\omega^2} k_x^2} \\[3mm] A_2 = \left(\dfrac{\omega}{v_\gamma} - \dfrac{\omega}{c_{\gamma_0}} \right) \\[3mm] A_3 = \dfrac{b \left(\dfrac{v_\gamma - c_{\gamma_0}}{\omega} \dfrac{\partial^2}{\partial x^2} \right)}{1 + a \left(\dfrac{v_\gamma^2 + c_{\gamma_0}^2}{\omega^2} \dfrac{\partial^2}{\partial x^2} \right)} \end{cases} \tag{3-58}$$

将方程(3-57)代入方程(3-56)，可以得到本节提出的黏声波方程的波场延拓公式：

$$p(z + \Delta z) = p(z) \mathrm{e}^{\mathrm{i} A \Delta z} \approx p(z) \mathrm{e}^{\mathrm{i} A_1 \Delta z} \mathrm{e}^{\mathrm{i} A_2 \Delta z} \mathrm{e}^{\mathrm{i} A_3 \Delta z} \tag{3-59}$$

方程(3-59)表明，波场从深度 $z \sim z + \Delta z$ 的下延拓可通过三步来完成：第一步是在频率波数 $f\text{-}k$ 域中计算相移算子 A_1；余下两步是分别在频率空间 $f\text{-}x$ 域中用有限差分法计算算子 A_2，A_3 的作用。

假如速度没有横向变化，即 $v_0(z) = v(x, z)$，则式(3-55)中仅有相移算子存在，表示的是相移法。如横向速度变化很大，则其余两项（A_2 和 A_3）更占主导地位。特别是 A_3 算子在本节所提的算法中是如何起作用的需要详细说明。

只考虑有限差分校正项 A_3 算子，上行波方程写为

$$\frac{\partial p}{\partial z} = \mathrm{i} \frac{b \dfrac{v_\gamma - c_{\gamma_0}}{\omega} \dfrac{\partial^2}{\partial x^2}}{1 + a \dfrac{v_\gamma^2 + c_{\gamma_0}^2}{\omega^2} \dfrac{\partial^2}{\partial x^2}} p \tag{3-60}$$

方程(3-60)可以写为另一形式：

$$\left(1 + a \frac{v_\gamma^2 + c_{\gamma_0}^2}{\omega^2} \frac{\partial^2}{\partial x^2} \right) \frac{\partial p}{\partial z} = \mathrm{i} b \frac{v_\gamma - c_{\gamma_0}}{\omega} \frac{\partial^2}{\partial x^2} p \tag{3-61}$$

方程(3-61)的差分方程写为

$$[1 + (\alpha - \mathrm{i}\beta) \delta x^2] p_{m, n+1} = [1 + (\alpha + \mathrm{i}\beta) \delta x^2] p_{m, n} \tag{3-62}$$

式中，$\alpha = \dfrac{a(v_\gamma^2 + c_{\gamma_0}^2)}{\omega^2 \Delta x^2}$；$\beta = \dfrac{b \Delta z (v_\gamma - c_{\gamma_0})}{2 \omega \Delta x^2}$；$p_{m,n} = p(m \Delta x, n \Delta z, \omega)$，$\delta x^2$ 是 x 方向的二阶中心差分算子，求解方程(3-62)最终可得偏移结果。本节还推导了解耦的黏声波方程，以便展示黏声方程是如何补偿衰减的地震波振幅的。

对方程(3-42)应用欧拉公式 $\mathrm{i}^{2\gamma} = \cos(\pi\gamma) + \mathrm{i}\sin(\pi\gamma)$，则考虑黏声介质中波场传播的衰减效应和频散效应方程(3-42)写为

$$-\omega^2 p = \omega^{2\gamma} c^2 \omega_0^{-2\gamma} \cos(\pi\gamma) \nabla^2 p + \omega^{2\gamma} c^2 \omega_0^{-2\gamma} \mathrm{i} \sin(\pi\gamma) \nabla^2 p \tag{3-63}$$

方程(3-63)包含实部和虚部两部分，在随后的推导中，将推导仅有衰减效应或频散效应的方程。

3.3.1.1　仅考虑波场传播的频散效应

仅考虑波场传播的频散效应时,

$$-\omega^2 p = \omega^{2\gamma} c^2 \omega_0^{-2\gamma} \cos(\pi\gamma)\, \nabla^2 p \tag{3-64}$$

基于前面黏声方程的推导,仅考虑频散效应时,黏声垂直波数 k_z 以及参考垂直波数 k_{z_0} 分别定义为

$$\begin{cases} k_z = \sqrt{\dfrac{\omega^2}{v^2}\dfrac{1}{\cos(\pi\gamma)}\left(\dfrac{\omega}{\omega_0}\right)^{-2\gamma} + \dfrac{\partial^2}{\partial x^2}} \\[3mm] k_{z_0} = \sqrt{\dfrac{\omega^2}{c^2}\dfrac{1}{\cos(\pi\gamma_0)}\left(\dfrac{\omega}{\omega_0}\right)^{-2\gamma_0} + \dfrac{\partial^2}{\partial x^2}} \end{cases} \tag{3-65}$$

同样地,令 $v_{\gamma,\cos} = v \times \left(\dfrac{\omega}{\omega_0}\right)^{\gamma}\sqrt{\cos(\pi\gamma)}$, $c_{\gamma_0,\cos} = c \times \left(\dfrac{\omega}{\omega_0}\right)^{\gamma_0}\sqrt{\cos(\pi\gamma_0)}$,按上述步骤最终可得

$$k_z = k_{z_0} + d \approx k_{z_0} + \left(\dfrac{\omega}{v_{\gamma,\cos}} - \dfrac{\omega}{c_{\gamma_0,\cos}}\right) + \dfrac{b\dfrac{v_{\gamma,\cos} - c_{\gamma_0,\cos}}{\omega}\dfrac{\partial^2}{\partial x^2}}{1 + a\dfrac{v_{\gamma,\cos}^2 + c_{\gamma_0,\cos}^2}{\omega^2}\dfrac{\partial^2}{\partial x^2}} \tag{3-66}$$

同样,只考虑算子 A_3 所对应的上行波方程,其推导过程与方程(3-60)~方程(3-62)的推导过程完全一致,只在速度项有区分,所以具有相同的差分公式(3-62)。只有, $\alpha = \dfrac{a\,(v_{\gamma,\cos}^2 + c_{\gamma_0,\cos}^2)}{\omega^2 \Delta x^2}$, $\beta = \dfrac{b\Delta z\,(v_{\gamma,\cos} - c_{\gamma_0,\cos})}{2\omega \Delta x^2}$。

3.3.1.2　仅考虑波场传播的衰减效应

同样,仅考虑波场传播的衰减效应时,

$$-\omega^2 p = \omega^{2\gamma} c^2 \omega_0^{-2\gamma}\, \mathrm{i}\sin(\pi\gamma)\, \nabla^2 p \tag{3-67}$$

黏声垂直波数 k_z 以及参考垂直波数 k_{z_0} 分别定义为

$$\begin{cases} k_z = \sqrt{\dfrac{\omega^2}{v^2}\dfrac{1}{\mathrm{i}\sin(\pi\gamma)}\left(\dfrac{\omega}{\omega_0}\right)^{-2\gamma} + \dfrac{\partial^2}{\partial x^2}} \\[3mm] k_{z_0} = \sqrt{\dfrac{\omega^2}{c^2}\dfrac{1}{\mathrm{i}\sin(\pi\gamma)}\left(\dfrac{\omega}{\omega_0}\right)^{-2\gamma_0} + \dfrac{\partial^2}{\partial x^2}} \end{cases} \tag{3-68}$$

令 $v_{\gamma,\sin} = v \times \left(\dfrac{\omega}{\omega_0}\right)^{\gamma}\sqrt{\mathrm{i}\sin(\pi\gamma)}$, $c_{\gamma_0,\sin} = c \times \left(\dfrac{\omega}{\omega_0}\right)^{\gamma_0}\sqrt{\mathrm{i}\sin(\pi\gamma_0)}$,最终可得

$$k_z = k_{z_0} + d \approx k_{z_0} + \left(\dfrac{\omega}{v_{\gamma,\sin}} - \dfrac{\omega}{c_{\gamma_0,\sin}}\right) + \dfrac{b\left(\dfrac{v_{\gamma,\sin} - c_{\gamma_0,\sin}}{\omega}\dfrac{\partial^2}{\partial x^2}\right)}{1 + a\left(\dfrac{v_{\gamma,\sin}^2 + c_{\gamma_0,\sin}^2}{\omega^2}\dfrac{\partial^2}{\partial x^2}\right)} \tag{3-69}$$

与上述推导过程完全一致,只在速度项有区分,所以具有相同的差分公式(3-62)。只有, $\alpha =$

$$\frac{a\,(v_{\gamma,\sin}^{2}+c_{\gamma_{0},\sin}^{2})}{\omega^{2}\Delta x^{2}},\beta=\frac{b\Delta z\,(v_{\gamma,\sin}-c_{\gamma_{0},\sin})}{2\omega\Delta x^{2}}\,。$$

3.3.1.3 稳定性分析

对于单程波延拓,有

$$p(z+\Delta z)=\mathrm{e}^{\pm ikz\Delta z}p(z) \tag{3-70}$$

根据方程(3-46),在黏声介质中,k_z 是复数,即

$$k_{z}=k_{r}+k_{i}\cdot \mathrm{i} \tag{3-71}$$

其中,k_r 表示相位频散项;k_i 表示振幅衰减项;在声波介质中 k_z 为压制隐失波仅保留实部,而与黏声效应相关的 k_z 则是复数值。

对于下行检波器波场,方程(3-70)写为

$$p(z+\Delta z)=\mathrm{e}^{ik_{z}\Delta z}p(z)=\mathrm{e}^{ik_{r}\Delta z}\mathrm{e}^{-k_{i}\Delta z}p(z) \tag{3-72}$$

当 $k_i>0$ 时,方程(3-72)模拟下行波场的衰减效应(波场的振幅将逐渐衰减),其计算的值将逐渐减小;所以,当 $k_i<0$ 时,方程(3-72)将反向外推,其计算的值将逐渐增大,意味着波场的振幅将逐渐提高,从而实现对衰减波场的振幅补偿。

对于上行震源波场,方程(3-70)写为

$$p(z+\Delta z)=\mathrm{e}^{-ikz\Delta z}p(z)=\mathrm{e}^{-ikr\Delta z}\mathrm{e}^{k_{i}\Delta z}p(z) \tag{3-73}$$

当 $k_i<0$ 时,方程(3-73)模拟上行波场的衰减效应(波场的振幅将逐渐衰减),其计算的值将逐渐减小;所以,当 $k_i>0$ 时,方程(3-73)将反向外推,其计算的值将逐渐增大,这意味着波场的振幅将逐渐提高,从而实现对衰减波场的振幅补偿。

基于方程(3-72)和方程(3-73),分别实现了对上行波场和下行波场的衰减模拟,也可以反向使用这两个方程对衰减的上行波场和下行波场进行振幅补偿。同时,为了压制补偿的振幅,避免其无限增长出现发散现象,引入一个滤波因子 α[151]。当给定 Q 模型和 V 模型以及频率时,可以估算出最大的衰减系数 α 的值为

$$\begin{cases} \alpha=\tan\left(\dfrac{\pi\gamma}{2}\right)\dfrac{\omega}{c_{p}} \\[2mm] c_{p}=c\left(\dfrac{\omega}{\omega_{0}}\right)^{\gamma} \end{cases} \tag{3-74}$$

在频率波数域压制补偿振幅的滤波器为

$$k_{i}=\begin{cases} k_{i}, & |k_{i}|\leqslant \max(\alpha) \\ 0, & |k_{i}|> \max(\alpha) \end{cases} \tag{3-75}$$

3.3.1.4 各向同性介质中的脉冲响应

本节得到了 4 种波场深度外推方案:①仅考虑黏声介质中的衰减项的方案;②仅考虑黏声介质中频散项的方案;③同时考虑衰减和频散效应的黏声方案;④基于常规声波方程的方案。

在实际地球介质中,由于地层的衰减效应,地震波传播时会出现速度频散或者振幅衰减的现象。为了解决这种波场衰减效应,众多学者使用黏声方程来进行偏移成像,黏声方

程补偿了波场传播过程中衰减的振幅,使黏声方程得到的结果与常规声波方程一致[152]。因此本节采用纯声波方程的结果作为参考,来判断黏声方程能否有效补偿地震波在传播过程中出现的衰减效应。

本节分别利用 4 种方案计算了在一个均匀介质模型下的波场传播,并进行对比分析。模型大小为 $1500 \text{ m} \times 1000 \text{ m}$,介质速度为 2000 m/s,介质品质因子 Q 为 20。震源采用主频为 20 Hz 的雷克子波,位于 $x = 750 \text{ m}, z = 0 \text{ m}$ 的位置,单炮集记录,共 300 个检波器,采样间隔是 0.001 s,采样长度 1 s,速度模型网格间距 $5 \text{ m} \times 5 \text{ m}$,延拓深度是 1000 m。图 3-35 是利用 4 种方案计算的 $t = 250 \text{ ms}$ 时的波场传播的波场快照,图 3-36 是图 3-35 的局部放大对比,沿虚线分开为 4 个部分的波场分别对应图 3-35 的 4 种方案。不同区域代表使用不同的方程(算法)计算的波场快照,从图 3-36 中可以明显地区分出使用不同的方程(算法)计算的波场,同时,为了进一步展示利用 4 种方程(算法)计算的偏移结果的差异,绘制了图 3-35 中利用 4 种方程(算法)计算的偏移结果在 $x = 750 \text{ m}$ 时的波形对比,如图 3-37 所示。图 3-37 表明了黏声方程同时考虑了衰减效应以及频散效应,这表明本节对黏声方程的推导、对黏声介质的频散和衰减效应的考虑是合理和准确的,这一工作为后续进行数值模型的偏移成像奠定了基础。

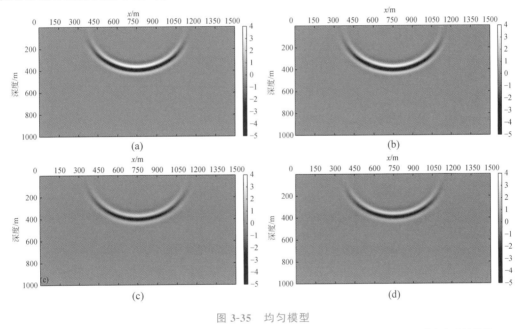

图 3-35　均匀模型

(a) 常规声波方程;(b) 只考虑频散项的黏声方程;(c) 只考虑衰减项的黏声方程;(d) 黏声方程计算的 $t = 250 \text{ ms}$ 时的波场快照

3.3.2　数值实验

本节通过利用一系列的理论模型以及一个实际地震数据,对比分析了黏声波动方程傅里叶有限差分算法(简称黏声 FFD)与传统的声波方程傅里叶有限差分算法(简称声波 FFD)在成像性能上的差异。除实际地震数据之外,数值实验中模型的所有声波数据均由纯声波方程有限差分法模拟得到,所有黏声波数据均由本节所提的黏声方程模拟得到。

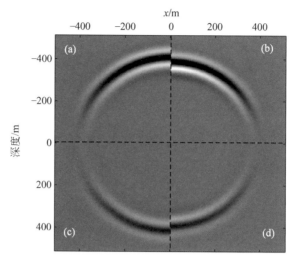

图 3-36 沿虚线分开为 4 个部分的波场分别由 4 种方程生成

(a) 声波方程；(b) 只考虑频散；(c) 只考虑衰减；(d) 黏声方程

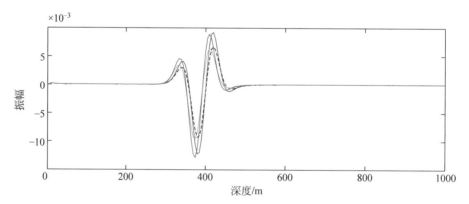

图 3-37 $x = 750$ m 时，图 3-35 中 4 种方程（算法）计算的偏移结果的波形比较

红色线代表声波方程计算的波形，蓝色线代表仅有相位频散的黏声方程计算的波形，绿色线代表仅有振幅衰减的黏声方程计算的波形，黑色虚线代表同时具有振幅衰减和相位频散的全黏声方程所计算的波形

3.3.2.1 倾斜模型

为了验证本节方法的有效性，先将其应用于一倾斜地层模型。图 3-38 为倾斜地层模型的速度模型以及品质因子 Q 模型，模型大小为 1500 m×1000 m，该模型包含了一个倾斜界面，界面两侧的速度分别是 2000 m/s 和 3000 m/s。炮集记录共 18 炮，炮间距是 10 道，每一炮有 120 个检波器，道间距是 5 m，数据中最小炮检距是 0 m，采样间隔是 0.0005 s，采样长度是 1.5 s，速度模型网格间距是 5 m×5 m，延拓深度是 1000 m。震源采用主频为 20 Hz 的雷克子波，分别使用两种算法（声波 FFD 和黏声 FFD）计算波场传播。最终的偏移结果如图 3-39 所示，可以看出，对于简单模型，黏声 FFD 与声波 FFD 的偏移结果几乎一致，且都能准确反映出地层的实际情况。为了直观反映黏声 FFD 对衰减的地震波形的补偿效果，选取 $x = 750$ m 的波形进行对比展示，如图 3-40 所示。从图中可以看出，黏声 FFD 的波形

十分接近声波 FFD,这表明,黏声 FFD 对衰减的地震波形的补偿效果非常好,这为下面进行复杂模型的黏声 FFD 奠定了基础。

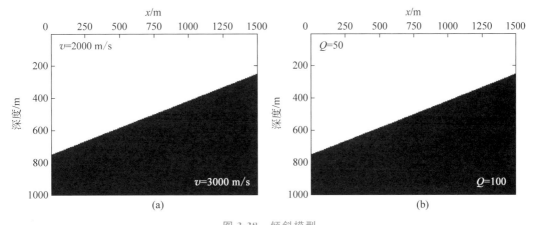

图 3-38 倾斜模型

(a) 速度模型;(b) Q 模型

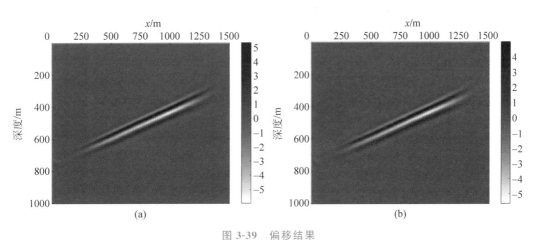

图 3-39 偏移结果

(a) 声波 FFD;(b) 黏声 FFD

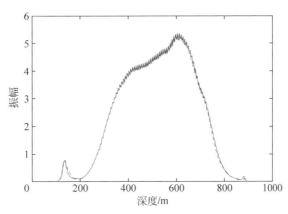

图 3-40 $x=750\text{ m}$ 的黏声方程补偿效果(蓝色实线为声波 FFD 的波形曲线,
红色虚线为黏声 FFD 的波形曲线)

3.3.2.2　BP 气藏模型

为了进一步验证本节所提方法的有效性,下面将其应用于 BP 气藏模型。图 3-41 分别为 BP 气藏速度模型以及对应的品质因子 Q 模型,模型大小为 3184 m×1288 m,该模型包含了断层和向斜等构造,在模型中上部有油气富集区域,符合实际生产的需要;模型最小速度 1500 m/s,最大速度 4500 m/s。炮集记录共 100 炮,炮间距是 3 道,每一炮有 96 个检波器,道间距是 8 m,最小炮检距是 0 m,采样间隔是 0.0005 s,采样长度是 2.5 s,速度模型网格间距是 8 m×8 m,延拓深度是 1288 m。震源采用主频为 30 Hz 的雷克子波,分别使用两种算法(声波 FFD 和黏声 FFD)计算波场传播。最终的偏移结果如图 3-42 所示,可以看出,对于 BP 气藏模型,黏声 FFD 与声波 FFD 的偏移结果都能准确反映出地层的实际情况。然而,黏声数据使用声波 FFD 获得的结果显示在深部的成像能量较弱。为了直观地显示黏声 FFD 对衰减地震波形的补偿效果,选取 $x=800$ m、1440 m、2400 m 的波形进行对比展示,

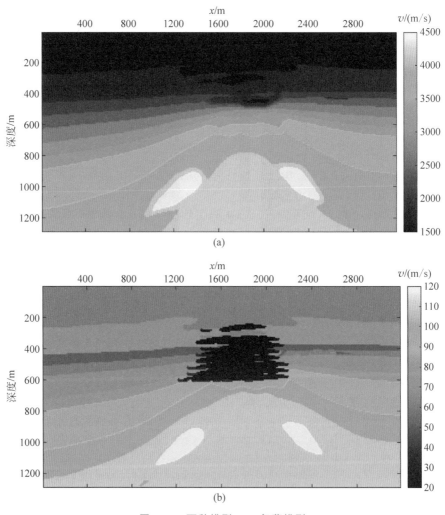

图 3-41　两种模型:BP 气藏模型

(a) 速度模型;(b) 对应的 Q 因子模型

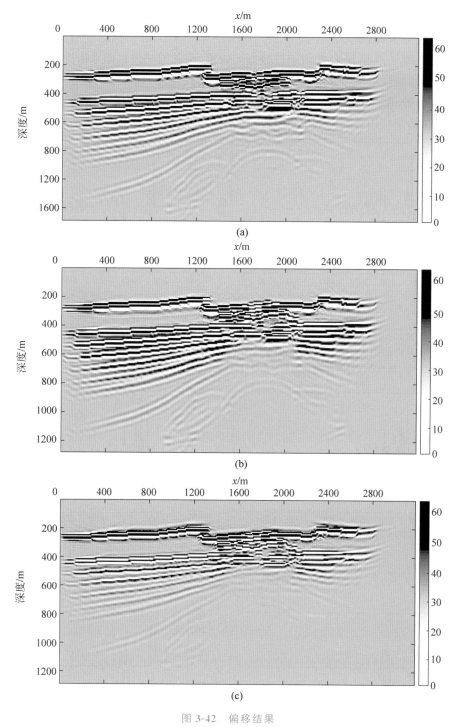

图 3-42 偏移结果

(a)声波数据使用声波 FFD；(b)黏声数据使用黏声 FFD；(c)黏声数据使用声波 FFD

如图 3-43~图 3-45 所示。从图中可以看出，黏声 FFD 的波形十分接近声波 FFD，这意味着，黏声 FFD 对衰减的地震波形的补偿效果很好；同时利用常规声波 FFD 的程序对黏声数据进行处理，得到的偏移结果的分辨率明显下降，未利用黏声 FFD 进行补偿使得地震波的波形信息严重失真,其偏移结果不具有准确性。对得到的偏移结果作傅里叶变换后对其频谱进行对比分析,结果如图 3-46 所示。从图中可以看出,黏声数据使用黏声 FFD 后的偏移结果基本还原了声波 FFD 使用声波数据的效果,两者的频谱也非常接近。而黏声数据使用声波 FFD 的偏移结果明显不理想,频谱显示其差异过大,在两个特征频段上都没能够进行补偿;这表明,黏声 FFD 对衰减的地震波形的补偿效果是有积极意义的,在考虑介质的黏滞性后,也必须使用对应的黏声 FFD 进行处理,才能得到准确的偏移结果。

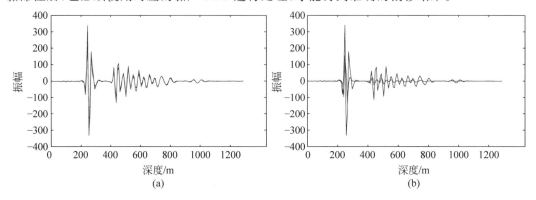

图 3-43 $x = 800$ m 的波形

(a) 黏声方程补偿效果(蓝色实线为声波 FFD 的波形曲线,红色实线为黏声 FFD 的波形曲线);(b) 未进行衰减补偿的地震波形(蓝色实线为声波 FFD 的波形曲线,红色实线为声波 FFD 计算黏声数据的波形曲线)

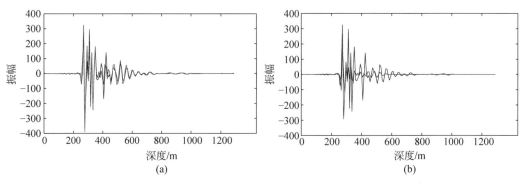

图 3-44 $x = 1440$ m 的波形

(a)、(b) 同图 3-43

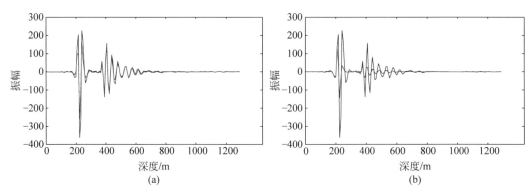

图 3-45 $x = 2400$ m 的波形

(a)、(b) 同图 3-43

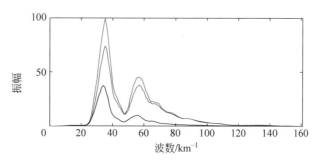

图 3-46 频谱分析(红色线为声波数据使用声波 FFD、蓝色线为黏声数据使用黏声 FFD、
黑色线为黏声数据使用声波 FFD)

3.3.2.3 Salt 模型

下面利用 Salt 模型对本节所提方法进行验证。图 3-47 为 Salt 速度模型以及品质因子 Q 模型,模型大小为 14000 m×4400 m,该模型包含了断层和向斜等复杂构造,模型中部是一高速体;模型最小速度 1500 m/s,最大速度 4500 m/s。炮集记录共 224 炮,炮间距是 3 道,每一炮有 240 个检波器,道间距是 20 m,最小炮检距是 0 m,采样间隔是 0.001 s,采样长度是 5s,速度模型网格间距是 20 m×20 m,延拓深度是 4400 m。震源采用主频为 10 Hz 的雷克子波,分别使用两种算法(声波 FFD 和黏声 FFD)计算波场传播。最终的偏移结果如图 3-48 所示,可以看出,对于 Salt 模型,黏声 FFD 的偏移结果达到了与常规声波 FFD 一样的偏移效果,两者都能准确反映出地下介质的实际情况,细节清晰。然而,通过使用具有黏声数据的声波 FFD 获得的结果显示在深部的成像能量较弱,并且分辨率显著降低。为了直观地反映黏声 FFD 对衰减地震波形的补偿效果,选取 $x=4000$ m,6000 m,10000 m 的波形进行对比,如图 3-49~图 3-51 所示。从图中可以看出,对于复杂模型,黏声 FFD 的波形同样能够接近声波 FFD,这意味着,该黏声 FFD 具有实用价值,具有一定的准确性;同时,

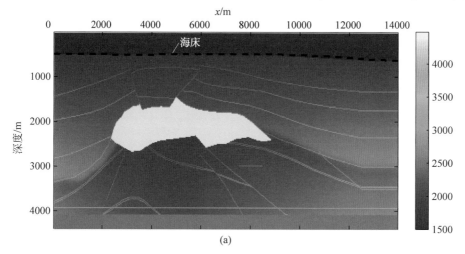

图 3-47 Salt 模型

(a) 速度模型;(b) 对应的 Q 模型;(c) 平滑后的速度模型;(d) 平滑后的 Q 模型

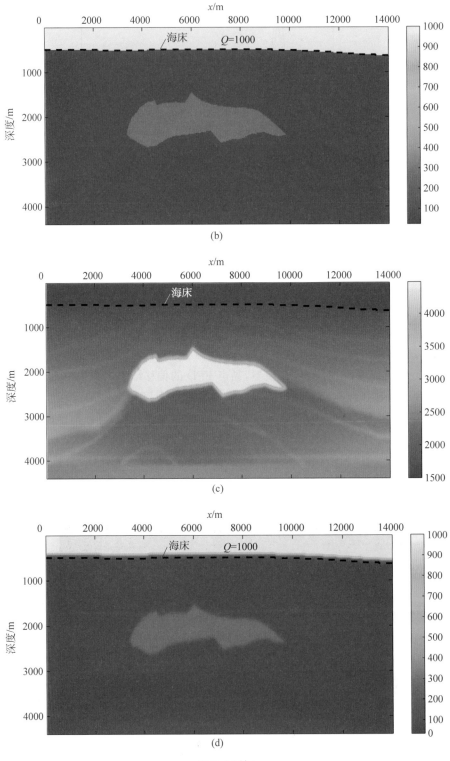

图 3-47（续）

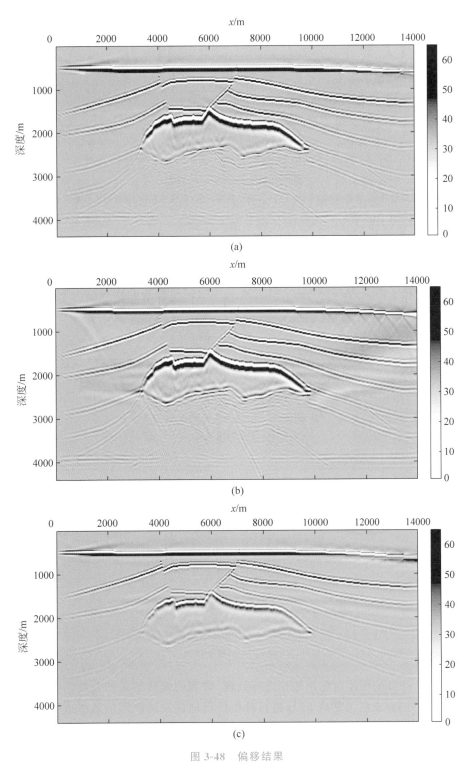

图 3-48　偏移结果

（a）声波数据使用声波 FFD；（b）黏声数据使用黏声 FFD；（c）黏声数据使用声波 FFD

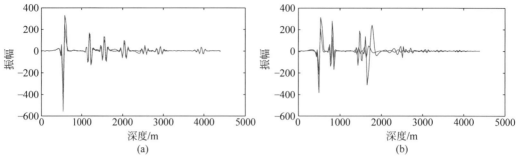

图 3-49　x＝4000 m 的波形

（a）黏声方程补偿效果（蓝色实线为声波 FFD 的波形曲线，红色实线为黏声 FFD 的波形曲线）；（b）未进行
衰减补偿的地震波形（蓝色实线为声波 FFD 的波形曲线，红色实线为声波 FFD 计算黏声数据的波形曲线）

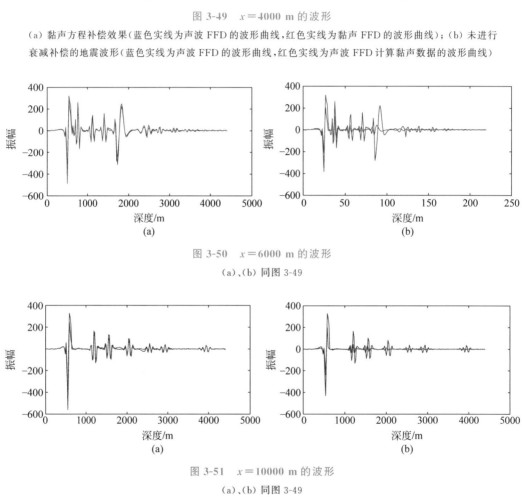

图 3-50　x＝6000 m 的波形

（a）、（b）同图 3-49

图 3-51　x＝10000 m 的波形

（a）、（b）同图 3-49

利用常规声波 FFD 的程序对黏声数据进行处理，得到的偏移结果的分辨率明显下降，深部的信息几乎不可见，未利用黏声 FFD 进行补偿使得地震波的波形信息严重失真，使其偏移结果不具有准确性。对得到的偏移结果作傅里叶变换后对其频谱进行对比分析，如图 3-52所示，可以看出，黏声数据使用黏声 FFD 后的偏移结果基本还原了声波数据使用声波 FFD的效果，两者的频谱也基本吻合，而黏声数据使用声波 FFD 的偏移结果明显不理想，频谱显示其差距巨大，特别是在高频成分时的损耗较大，严重影响了偏移成像；这与 BP 气藏模型中得出的结论一致。

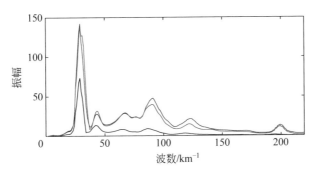

图 3-52　波数分析

红色线为声波数据使用声波 FFD,蓝色线为黏声数据使用黏声 FFD,黑色线为黏声数据使用声波 FFD

3.3.2.4　实际地震数据应用

最后,将本节所提的方法应用于实际地震数据(这是一份陆上地震资料的实际数据,在进行偏移成像之前进行了常规的地震资料处理过程,包括数据预处理以提高数据质量,使后续处理更加准确可靠,因为是陆上地震资料,还进行了滤波特别是过滤面波的操作)。图 3-53 为实际资料数据的速度模型以及品质因子 Q 模型(Q 实质是速度模型通过经验公式

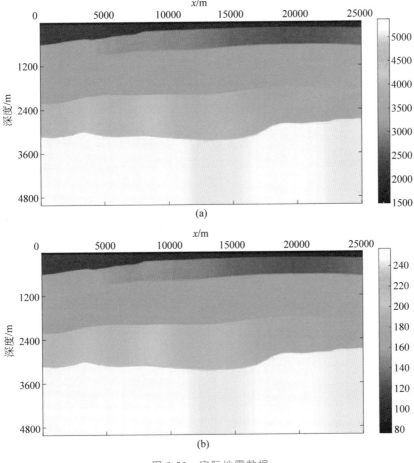

图 3-53　实际地震数据

(a)速度模型;(b)对应的 Q 模型

$Q=9.95 \times V^{2.85}$ 模拟得到），模型大小为 25000 m×5000 m。炮集记录共 445 炮，每一炮有 360 个检波器，采样间隔是 0.002 s，采样长度是 5.004 s，速度模型网格间距是 25 m× 12 m，延拓深度是 5000 m。震源采用主频为 14 Hz 的雷克子波，对实际资料数据分别使用两种算法（声波 FFD 和黏声 FFD）计算波场传播。最终的偏移结果如图 3-54 所示，可以看出，对于实际地震数据，黏声 FFD 准确地反映了地下介质的实际情况，且细节清晰。然而，通过使用具有黏声数据的声波 FFD 获得的结果显示在深部的成像能量较弱，并且分辨率显著降低。图 3-55 是对其偏移结果的频谱分析，可以看出该地震资料是一组宽频数据；黏声数据使用黏声方程对地下分层情况进行了有效地还原，而黏声数据使用声波 FFD 在频谱上损失巨大，特别是对于高频成分有着大量损失，这极大地影响了 FFD 在深部中的分辨率。总的来说，对于实际的黏声数据，使用黏声 FFD 获得的偏移结果优于使用常规声波 FFD 获得的结果，局部的成像效果要更好，如图 3-54 中的红框所示。

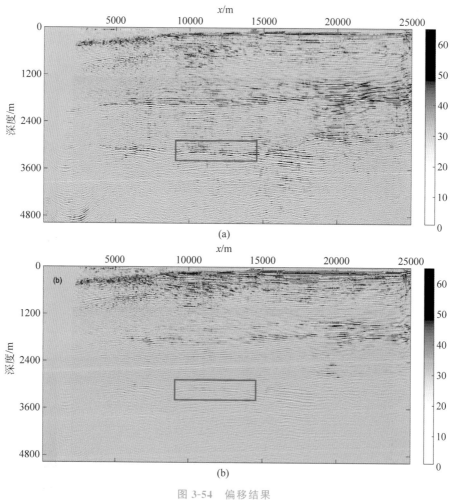

图 3-54 偏移结果

（a）黏声数据使用黏声波方程；（b）黏声数据使用声波 FFD

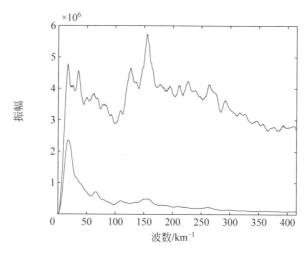

图 3-55 波数分析(红色线为声波数据使用声波 FFD,蓝色线为黏声数据使用黏声方程)

3.3.3 结论

常规声波 FFD 的偏移成像由于忽略了地下介质的黏弹性信息,会导致偏移结果的分辨率较低,严重的甚至会影响地震解释工作;为了解决这一问题,本节在常规的声波方程的傅里叶有限差分法的基础上,不再把地下介质看作理想介质,而是引入黏弹性来充分把握介质信息,推导了黏声介质波动方程的傅里叶有限差分公式;在倾斜模型、BP 气藏模型和 Salt 模型的数值实验的应用表明,本节所提的黏声 FFD 方法能够提升偏移成像的分辨率,可以有效地获得与常规声波方程 FFD 的相当的成像结果。在频谱分析中,本节所提的方法可以成功地补偿地震波频率成分的损失,恢复真实的波场信息,使之更加可靠和准确。实际地震资料的应用肯定了本节所提方法的积极意义,进一步证实了黏声 FFD 的实用价值。这一方法的应用大大提高了地下成像的分辨率,并在更大程度上保留了波场信息,特别是高频信息,地下深部成像的质量明显提高。该方法是对波动方程偏移理论的发展,扩展了分数阶波动方程的应用价值。

3.4 黏声介质的单程波广义屏偏移成像

3.4.1 基本原理

3.4.1.1 黏声介质中的黏声波方程

考虑地下介质的黏弹性性质,Kjartansson[151] 提出地震波传播的黏声波动方程为

$$\frac{\partial^{2-2\gamma} p}{\partial t^{2-2\gamma}} = c^2 \omega_0^{-2\gamma} \nabla^2 p \tag{3-76}$$

其中,p 是压力波场;∇^2 是拉普拉斯算子;$c^2 = c_0^2 \cos^2(\pi\gamma/2)$,$c_0$ 是参考频率 ω_0 处的相速度,参数 $\gamma = \arctan(1/Q)/\pi$ 是一个无量纲量,因为 $Q > 0$,所以 $0 < \gamma < 0.5$。当 $Q \to \infty$,

$\gamma \to 0$，方程(3-76)就退化为经典的声波方程。

将式(3-76)作傅里叶变换频率域，得到

$$(i\omega)^{2-2\gamma}p = c^2\omega_0^{-2\gamma}\nabla^2 p \tag{3-77}$$

所以，在频率-空间域中，二维黏声介质中的黏声波方程为

$$\frac{\partial^2 p}{\partial z^2} = -\left[\frac{\omega^2}{c^2}\left(\frac{i\omega}{\omega_0}\right)^{-2\gamma} + \frac{\partial^2}{\partial x^2}\right]p \tag{3-78}$$

则三维黏声介质中的黏声波方程为

$$\frac{\partial^2 p}{\partial z^2} = -\left[\frac{\omega^2}{c^2}\left(\frac{i\omega}{\omega_0}\right)^{-2\gamma} + \frac{\partial^2}{\partial x^2} + \frac{\partial^2}{\partial y^2}\right]p \tag{3-79}$$

3.4.1.2 黏声广义屏传播算子

以二维黏声介质中的黏声波方程为例，令竖直方向(即深度方向)为地震波的主传播方向，地震波以一定的深度间隔向下延拓时，在一个深度步长 Δz 间隔内，介质的速度只存在横向的变化而没有纵向的变化。令在深度间隔 $(z_i, z_i + \Delta z)$ 内的速度为 $v(x, z_i)$，其间的常数背景速度为 c，式(3-78)可以分解为

$$\left(\frac{\partial p}{\partial z} + i\sqrt{\frac{\omega^2}{v(x,z_i)^2}\left(\frac{i\omega}{\omega_0}\right)^{-2\gamma} + \frac{\partial^2}{\partial x^2}}\,p\right) \times \left(\frac{\partial p}{\partial z} - i\sqrt{\frac{\omega^2}{v(x,z_i)^2}\left(\frac{i\omega}{\omega_0}\right)^{-2\gamma} + \frac{\partial^2}{\partial x^2}}\,p\right) \tag{3-80}$$

取下行波传播方程：

$$\frac{\partial p}{\partial z} = i\sqrt{\frac{\omega^2}{v(x,z_i)^2}\left(\frac{i\omega}{\omega_0}\right)^{-2\gamma} + \frac{\partial^2}{\partial x^2}}\,p \tag{3-81}$$

取式(3-81)中的根式表示一个广义微分算子，即拟微分算子，在进行计算时，对根式做泰勒展开，得到各阶近似。

令 $(z_i, z_i + \Delta z)$ 间的背景速度为 c，则在背景速度下的下行波方程为

$$\frac{\partial p}{\partial z} = i\sqrt{\frac{\omega^2}{c^2}\left(\frac{i\omega}{\omega_0}\right)^{-2\gamma} + \frac{\partial^2}{\partial x^2}}\,p \tag{3-82}$$

于是，本节定义的黏声垂直波数和它的参考垂直波数为

$$k_z = \sqrt{\frac{\omega^2}{v^2}\left(\frac{i\omega}{\omega_0}\right)^{-2\gamma} + \frac{\partial^2}{\partial x^2}}, \quad k_{z_0} = \sqrt{\frac{\omega^2}{c^2}\left(\frac{i\omega}{\omega_0}\right)^{-2\gamma_0} + \frac{\partial^2}{\partial x^2}} \tag{3-83}$$

为了便于后续的推导，做出如下简化，令 $v_\gamma = v \times \left(\frac{i\omega}{\omega_0}\right)^{\gamma}$，$c_{\gamma_0} = c \times \left(\frac{i\omega}{\omega_0}\right)^{\gamma_0}$，则有

$$\begin{cases} k_z = \sqrt{\dfrac{\omega^2}{v^2}\left(\dfrac{i\omega}{\omega_0}\right)^{-2\gamma} + \dfrac{\partial^2}{\partial x^2}} = \sqrt{\dfrac{\omega^2}{v_\gamma^2} + \dfrac{\partial^2}{\partial x^2}} \\[4mm] k_{z_0} = \sqrt{\dfrac{\omega^2}{c^2}\left(\dfrac{i\omega}{\omega_0}\right)^{-2\gamma_0} + \dfrac{\partial^2}{\partial x^2}} = \sqrt{\dfrac{\omega^2}{c_{\gamma_0}^2} + \dfrac{\partial^2}{\partial x^2}} \end{cases} \tag{3-84}$$

这里设 $s = \dfrac{1}{v_\gamma(x,z_i)}$，$s_0 = \dfrac{1}{c_{\gamma_0}}$，根据以上关系式可以得到

$$k_{z_0} = \sqrt{\omega^2 s_0^2 - k_x^2} \tag{3-85}$$

$$k_z = \sqrt{\omega^2 s^2 - k_x^2} = k_{z_0} \sqrt{1 - \frac{\omega^2 (s_0^2 - s^2)}{k_{z_0}^2}} \tag{3-86}$$

对式(3-86)作二阶展开近似,可以得到

$$k_z = k_{z_0} + k_{z_0} \sum_{n=1}^{\infty} (-1)^n \binom{0.5}{n} \left[\left(\frac{\omega^2 s_0^2}{\omega^2 s_0^2 - k_x^2} \right) \left(\frac{s_0^2 - s^2}{s_0^2} \right) \right]^n \tag{3-87}$$

其中,二项式的具体表达式为

$$\binom{m}{n} = \frac{m(m-1)\cdots(m-n+1)}{n!} \tag{3-88}$$

波场沿深度的外推方程为

$$p(x, z_{i+1}; \omega) = \exp(ik_z \Delta z) p(x, z_i; \omega) \tag{3-89}$$

将式(3-87)代入式(3-89)得

$$p(x, z_{i+1}; \omega)$$
$$= \exp\left\{ ik_{z_0} \Delta z \sum_{n=1}^{\infty} (-1)^n \binom{0.5}{n} \left[\left(\frac{\omega^2 s_0^2}{\omega^2 s_0^2 - k_x^2} \right) \left(\frac{s_0^2 - s^2}{s_0^2} \right) \right]^n \right\} \exp(ik_{z_0} \Delta z) p(x, z_i; \omega)$$

$$\tag{3-90}$$

在式(3-90)中,当第一个指数项的幂小于 1 时,对第一个指数项作泰勒展开,得

$$\exp\left\{ ik_{z_0} \Delta z \sum_{n=1}^{\infty} (-1)^n \binom{0.5}{n} \left[\left(\frac{\omega^2 s_0^2}{\omega^2 s_0^2 - k_x^2} \right) \left(\frac{s_0^2 - s^2}{s_0^2} \right) \right]^n \right\}$$

$$\approx 1 + ik_{z_0} \Delta z \sum_{n=1}^{\infty} (-1)^n \binom{0.5}{n} \left[\left(\frac{\omega^2 s_0^2}{\omega^2 s_0^2 - k_x^2} \right) \left(\frac{s_0^2 - s^2}{s_0^2} \right) \right]^n \tag{3-91}$$

然后得到高阶广义屏传播算子(GSP)为

$$p(x, z_{i+1}; \omega)$$
$$= \left\{ 1 + ik_{z_0} \Delta z \sum_{n=1}^{\infty} (-1)^n \binom{0.5}{n} \left[\left(\frac{\omega^2 s_0^2}{\omega^2 s_0^2 - k_x^2} \right) \left(\frac{s_0^2 - s^2}{s_0^2} \right) \right]^n \right\} \exp(ik_{z_0} \Delta z) p(x, z_i; \omega)$$

$$\tag{3-92}$$

式中,n 的取值越大,广义屏算子就越逼近复杂介质中的单程波的传播规律。将式(3-92)展开,代入每个变量得到

$$p(x, z_{i+1}; \omega) = F_{k_x}^{-1} \left\{ \exp(ik_{z_0} \Delta z) F_x \left[p(x, z_i; \omega) \right] \right\} +$$

$$F_{k_x}^{-1} \left\{ \frac{\exp(ik_{z_0} \Delta z)}{(1 - c^2 k_x^2/\omega^2)^{1/2}} F_x \left[\frac{i\omega \Delta z}{2} c \left(\frac{1}{v^2(x, z_i)} - \frac{1}{c^2} \right) p(x, z_i; \omega) \right] - \right.$$

$$\frac{\exp(ik_{z_0} \Delta z)}{(1 - c^2 k_x^2/\omega^2)^{3/2}} F_x \left[\frac{i\omega \Delta z}{8} c^3 \left(\frac{1}{v^2(x, z_i)} - \frac{1}{c^2} \right)^2 p(x, z_i; \omega) \right] +$$

$$\left. \frac{\exp(ik_{z_0} \Delta z)}{(1 - c^2 k_x^2/\omega^2)^{5/2}} F_x \left[\frac{i\omega \Delta z}{32} c^5 \left(\frac{1}{v^2(x, z_i)} - \frac{1}{c^2} \right)^3 p(x, z_i; \omega) \right] - \cdots \right\}$$

$$\tag{3-93}$$

式中，F_x 表示对 x 作傅里叶变换；$F_{k_x}^{-1}$ 表示对 k_x 作傅里叶逆变换。

n 取不同的值，就得到不同阶的广义屏传播算子。n 的取值越大，计算精度也就越高，但是，计算量会随着阶数的增大而变得越来越大。

3.4.2 数值实验

3.4.2.1 二维曲面模型

为了验证本节方法的有效性，现将其应用于二维曲面模型。图 3-56(a)、(b)分别为二维曲面模型的速度模型以及对应的品质因子 Q 模型(由经验公式 $Q=9.73\times v^{2.85}$ 模拟得到)，模型大小为 1250 m(z)×1000 m(x)，该模型包含了多层曲面界面，每层的速度均匀；模型最小速度 1500 m/s，最大速度 2300 m/s。炮集记录共 100 炮，炮间距是 2 道，每一炮设置 60 个检波器，道间距是 5 m，最小炮检距是 0 m，采样间隔是 0.0005 s，采样长度是 2 s，速度模型网格间距是 5 m(z)×5 m(x)，延拓深度是 1250 m。震源采用主频为 20 Hz 的雷克子波，分别使用两种算法(声波 GSP 和黏声 GSP)计算波场传播。最终的偏移结果如图 3-57 所示，可以看出，对于二维曲面模型，黏声 GSP 与声波 GSP 的偏移结果都能准确反映出地层的实际情况。然而，黏声数据使用声波 GSP 获得的结果显示在深部的成像能量较弱。为了直观地显示黏声 GSP 对衰减地震波形的补偿效果，选取 $x=400$ m，800 m 的波形进行对比展示，如图 3-58 和图 3-59 所示。从图中可以看出，黏声 GSP 的波形十分接近声波 GSP，这意味着，黏声 GSP 对衰减的地震波形的补偿效果很好；同时，利用常规声波 GSP 的程序对黏声数据进行处理，得到的偏移结果的分辨率明显下降，未利用黏声 GSP 进行补偿使得地震波的波形信息严重失真。进一步对图 3-58(b)和图 3-59(b)的波形情况分析发现，黏声数据使用声波 GSP 获得的结果不仅存在振幅衰减的现象，还存在相位频散的情况，这均是由地层的黏声性造成的，因此，其偏移结果不具有准确性。这表明，黏声 GSP 对衰减的地震波形的补偿效果是有积极意义的，在考虑介质的黏滞性后，也必须使用对应的黏声 GSP 进行处理，才能得到准确的偏移结果。

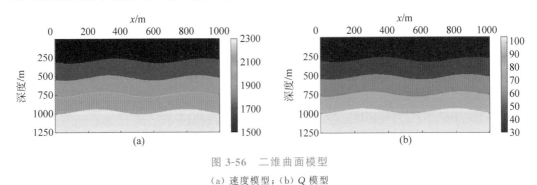

图 3-56　二维曲面模型
(a) 速度模型；(b) Q 模型

3.4.2.2 Marmousi 模型

利用 Marmousi 模型对本节所提方法进行验证。图 3-60 为 Marmousi 速度模型以及品质因子 Q 模型(由经验公式 $Q=9.73\times v^{2.85}$ 模拟得到)，模型大小为 3000 m(z)×9600 m(x)，该

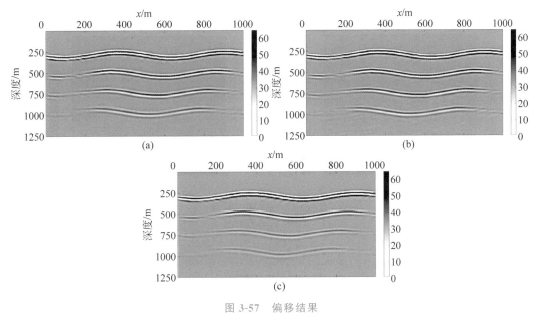

图 3-57　偏移结果

（a）声波数据使用声波 GSP；（b）黏声数据使用黏声 GSP；（c）黏声数据使用声波 GSP

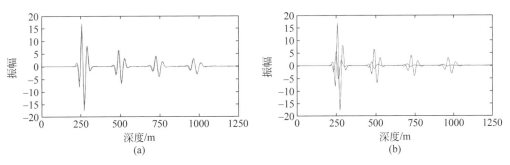

图 3-58　$x=400$ m 的波形对比

（a）黏声补偿效果示意（蓝色线为声波数据使用声波 GSP，红色线为黏声数据使用黏声 GSP）；（b）未进行补偿
的结果示意（蓝色线为声波数据使用声波 GSP，红色线为黏声数据使用声波 GSP）

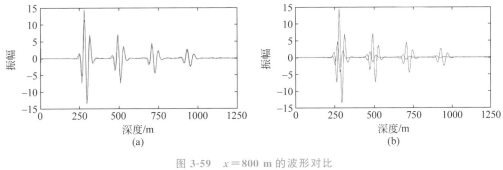

图 3-59　$x=800$ m 的波形对比

（a）、（b）同图 3-58

模型包含了断层和向斜等复杂构造；模型最小速度为 1500 m/s，最大速度为 5500 m/s。炮集
记录共 120 炮，炮间距是 8 道，每一炮有 240 个检波器，道间距是 8 m，最小炮检距是 0 m，采样

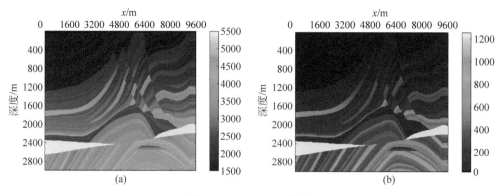

图 3-60　Marmousi 模型

(a) 速度模型；(b) Q 模型

间隔是 0.0005 s，采样长度是 3 s，速度模型网格间距是 8 m(z)×8 m(x)，延拓深度是 3000 m。震源采用主频为 20 Hz 的雷克子波，分别使用两种算法(声波 GSP 和黏声 GSP)计算波场传播。最终的偏移结果如图 3-61 所示，可以看出，对于 Marmousi 模型，黏声 GSP 的偏移结果与常规声波 GSP 的偏移效果基本一致，两者都能准确反映出地下介质的实际情况，细节清晰。并且，如图 3-61(a)和(b)红框部分所示，黏声 GSP 的偏移结果在复杂构造处的成像效果要明显优于常规声波 GSP。然而，通过使用具有黏声数据的声波 GSP 获得的结果显示，在深部复杂构造处的成像能量较弱，并且分辨率显著降低，如图 3-61(a)、(b)和(c)红色箭头指出的部分层位所示。为了直观地反映黏声 GSP 对衰减地震波形的补偿效果，选取 $x=$ 4800 m，5600 m，6400 m 的波形进行对比，如图 3-62～图 3-64 所示。从图中可以看出，对于复杂模型，黏声 GSP 的波形同样能够接近声波 GSP，这意味着，该黏声 GSP 具有实用价值，具有一定的准确性；同时，利用常规声波 GSP 的程序对黏声数据进行处理，得到的偏移结果的分辨率明显下降，深部的信息几乎不可见，未利用黏声 GSP 进行补偿使得地震波的波形信息严重失真，使其偏移结果不具有准确性。这与二维起伏模型中得出的结论一致。

3.4.2.3　实际资料

最后，将本节方法应用于实际地震数据。图 3-65 为实际资料数据的速度模型以及对应的品质因子 Q 模型(由经验公式 $Q=9.73×v^{2.85}$ 模拟得到)，模型大小为 4000 m(z)× 15850 m(x)。炮集记录共 445 炮，每一炮有 360 个检波器，采样间隔是 0.002 s，采样长度是 5 s，速度模型网格间距是 12.5 m×5 m，延拓深度是 8605 m。震源采用主频为 14 Hz 的雷克子波，对实际资料数据分别使用两种算法(声波 GSP 和黏声 GSP)计算波场传播。最终的偏移结果如图 3-66 所示，可以看出，对于实际地震数据，黏声 GSP 和声波 GSP 都反映了地下介质的实际情况。并且，在红色箭头标记的部分，声波 GSP 获得的结果相比黏声 GSP 的结果要差。整体来看，声波 GSP 的分辨率也要显著低于黏声 GSP。这表明，本节所提的方法具有一定的实用价值，一定程度上能够得到与常规的声波 GSP 相当甚至局部的成像效果要更好的偏移结果。

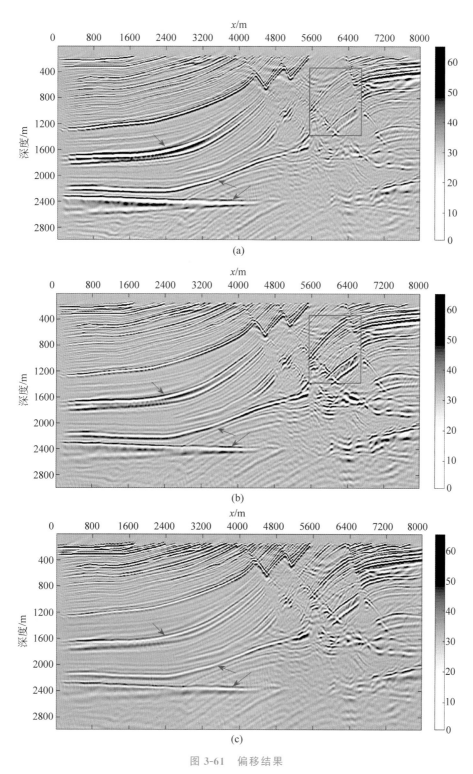

图 3-61 偏移结果

（a）声波数据使用声波 GSP；（b）黏声数据使用黏声 GSP；（c）黏声数据使用声波 GSP

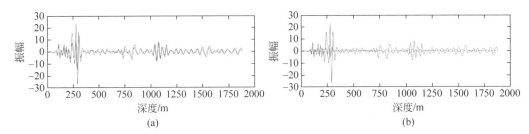

图 3-62 x＝4800 m 的波形对比

（a）黏声补偿效果示意(蓝色线为声波数据使用声波 GSP,红色线为黏声数据使用黏声 GSP)；（b）未进行补偿的结果示意(蓝色线为声波数据使用声波 GSP,红色线为黏声数据使用声波 GSP)

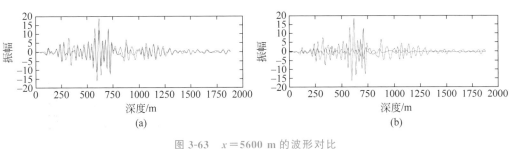

图 3-63 x＝5600 m 的波形对比

（a）、（b）同图 3-62

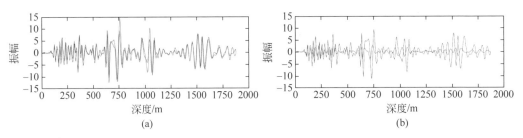

图 3-64 x＝6400 m 的波形对比

（a）、（b）同图 3-62

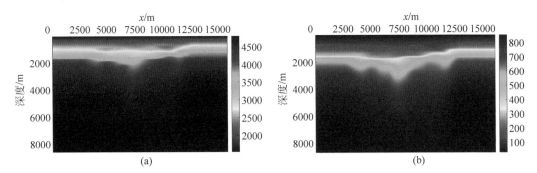

图 3-65 实际地震资料

（a）速度模型；（b）Q 模型

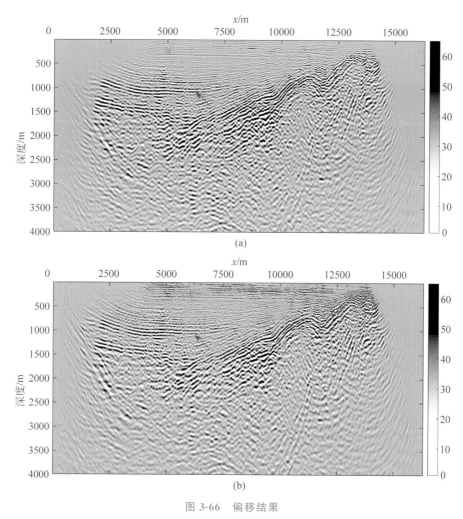

图 3-66　偏移结果

（a）黏声数据使用黏声 GSP；（b）黏声数据使用声波 GSP

3.4.3　结论

黏声 GSP 方法相比常规 GSP 方法具有一系列显著的优势。首先,黏声 GSP 方法在勘探资料处理上表现出具有更高的精度,这是由于黏声 GSP 方法能够更准确的模拟黏声介质中地震波的传播情况,减少噪声干扰,从而提供更准确的地震资料解释结果。其次,黏声 GSP 方法还具有更强的适应性,它能够在不同的介质和环境下进行有效的工作,包括在具有复杂地质结构的地区。本节在常规的声波 GSP 方法的基础上,推导了黏声介质中的 GSP（即广义屏传播算子）:在二维曲面模型和 Marmousi 模型的数值实验的应用表明本节所提的黏声 GSP 方法能够适应针对黏声介质的成像,可以有效地获得与常规的声波 GSP 方法相当的成像结果。实际地震资料的应用进一步证实了黏声 GSP 的实用价值,其地下深部成像的质量明显提高。同时,黏声 GSP 方法相较于成熟的 RTM 方法在计算效率上有明显优势,这一优势使得黏声 GSP 方法在地震勘探、地下结构探测等领域仍具有一定的应用前景。该方法是对单程波波动方程偏移理论的发展,相比常规 GSP 方法具有更高的精度和适应性。

第4章

复杂介质的逆时偏移方法

4.1 双检逆时偏移方法

本节分析求解逆时偏移所需的数学条件及其基本原理,提出一种重构边界条件的逆时偏移方法。由于声波方程是一个关于空间和时间变量的二阶偏微分方程,理论上需要两个边界条件,方能在数值上进行准确求解,而当前的地震采集系统只能提供一个已知条件,所以,当前地震数据采集系统提供的边界条件对于求解二阶声波方程是不完全的。本节提出利用双检波器(简称双检)地震数据采集系统提供的两个边界条件求解一阶速度-应力声波方程,建立双检逆时偏移方法。与常规的逆时偏移中只输入压力波场不同,本方法利用双检地震数据采集系统提供的双波场数据输入压力波场和纵向速度分量数据进行波场延拓,主要通过数值实验研究双检逆时偏移和常规的逆时偏移在真振幅计算上的性能差异。数值实验结果表明,对复杂模型利用双输入的双检逆时偏移方法能提供比常规的逆时偏移方法更加准确的振幅估计和更高的成像质量。通过脉冲响应实验发现,双检逆时偏移方法有效地减少了波场传播的多路径问题,使波场传播的能量更加集中。而且,相较于常规的逆时偏移方法,双检逆时偏移方法并不会引入额外的内存开销。因此,双检逆时偏移方法具有良好的应用前景。

4.1.1 基本原理

标量声波方程是关于时间变量的二阶偏导数微分方程,在时间域求解该标量声波方程,并实现其在时间域的准确波场传播计算,理论上需要已知两个边界条件。但常规的地震数据采集方式一般只记录地表处压力波场,隐含假设条件为当 $t > t_{max}$(最大记录时间)时,波场对时间的偏导数为零。为了克服该假设条件带来的问题,本节提供了另一种解决方案。

利用双检地震数据采集系统提供的双边界条件的一阶声波方程可以写为

$$
\begin{cases}
\dfrac{\partial p}{\partial t} = -c^2(x,z)\rho(x,z)\left(\dfrac{\partial v_x}{\partial x} + \dfrac{\partial v_z}{\partial z}\right) \\[3mm]
\dfrac{\partial v_x}{\partial t} = -\dfrac{1}{\rho(x,z)}\dfrac{\partial p}{\partial x} \\[3mm]
\dfrac{\partial v_z}{\partial t} = -\dfrac{1}{\rho(x,z)}\dfrac{\partial p}{\partial z} \\[3mm]
\bar{p}(x,z=0,t) = d(x,0,t) \\[3mm]
\bar{p}_z(x,z=0,t) = \dfrac{d(x,\Delta z,t) - d(x,0,t)}{\Delta z} \\[3mm]
v_x(x,z,t \geqslant t_{\max}) = 0
\end{cases}
\tag{4-1}
$$

其中，x 和 z 分别表示水平方向坐标和垂直方向坐标；$\bar{p}(x,z,t)$ 表示压力波场；$c(x,z)$ 和 $\rho(x,z)$ 分别表示介质的速度和密度；Δz 是网格剖分间距；$d(x,0,t)$ 和 $d(x,\Delta z,t)$ 分别表示在 $z=0$ 和 $z=\Delta z$ 处双检地震数据采集系统记录的波场数据；$\bar{p}_z(x,z,t)$ 为波长的垂直偏导数；$v_x(x,z,t)$ 和 $v_z(x,z,t)$ 分别表示水平方向和垂直方向的速度分量；$t_{\max}$ 表示地震记录的最大时间。

　　方程(4-1)是一个一阶方程系统，在压力、垂直速度分量和水平速度分量上各需要一个边界条件来进行波场的逆时延拓。如方程(4-1)所示，假设 $v_x(x,z,t \geqslant t_{\max})=0$ 作为水平速度分量上波场延拓的初始条件，垂直速度分量上波场延拓的初始条件则需要根据在地表记录的压力垂直偏导数值 $\bar{p}_z(x,z,t)$ 进行计算。压力垂直偏导数与垂直速度分量的关系为

$$
\bar{p}_z(x,z,\omega) = -j\omega\rho v_z(x,z,\omega)
\tag{4-2}
$$

其中，j 为虚数；ω 为角频率。

　　常规的逆时偏移是假设 $v_z(x,z,t \geqslant t_{\max})=0$ 来对垂直速度分量进行波场延拓的，显然，这种边界条件处理方式将导致波场延拓数值解不准确，从而导致真振幅计算的不准确。本节提出采用双检逆时偏移方法，根据双检波器在地表记录的双层数据，通过方程(4-2)计算出垂直速度分量，从而弱化常规的逆时偏移中对垂直速度分量初始条件的假设，并且为复杂介质更加准确的振幅估计提供了数据基础。

　　双检逆时偏移方法的操作流程为：①根据双检波器系统提供的不同深度处的压力波场数，通过差分公式计算压力波场对深度的偏导数 $\bar{p}_z(x,z=0,t) = \dfrac{d(x,\Delta z,t) - d(x,0,t)}{\Delta z}$，再利用方程(4-2)估计垂直速度分量值；②利用记录的压力波场值和估计的垂直速度分量值作为方程(4-1)的初始条件进行波场逆时延拓。由于在双检逆时偏移方法中使用了双输入操作，这为求解声波方程提供了更加充分的初始条件，潜在地使逆时偏移方法具有更好的振幅估计性能和构造成像能力。

　　常规的逆时偏移方法一般利用地表记录的压力波场进行波场逆时延拓，具体的操作如下。

　　常规逆时波场延拓初始条件：

$$
\bar{p} \rightarrow 式(4\text{-}1)
\tag{4-3}
$$

其中，符号→表示以左边的数据为初始条件，并作为输入进行波场逆时延拓。

双检逆时偏移方法的操作表示如下。

双检逆时波场延拓初始条件：

$$\bar{p} \to 式(4\text{-}1), \quad v_z^E \to 式(4\text{-}1) \tag{4-4}$$

其中，v_z^E 表示利用方程(4-2)估计的垂直速度分量值。方程(4-4)说明双检逆时偏移方法利用了压力波场和垂直速度分量值的双输入进行波场逆时延拓。

在逆时偏移中，除了波场逆时延拓，还需要开展波场正传模拟，即波场正演计算。常规逆时偏移和双检逆时偏移执行波场正演计算的策略是一样的。

波场正向延拓初始条件：

$$s \to 式(4\text{-}1) \tag{4-5}$$

其中，s 表示的是在波场正演计算中使用的震源函数，本节使用雷克子波作为激发震源。

在逆时偏移成像计算中，在得到了正向传播的波场和反向传播的波场后，采用互相关成像条件进行波场成像，即

$$I(z,x) = \sum_t S^*(z,x,t) R(z,x,t) \tag{4-6}$$

其中，$S(z,x,t)$ 和 $R(z,x,t)$ 分别表示震源正传波场和检波器反传波场。互相关成像条件最初是针对单程波偏移成像而提出的。在单程波偏移成像中，检波器波场和震源波场假设分别只含有上行波和下行波波场。然而逆时偏移是基于二阶全声波方程的偏移算法，检波器波场和震源波场同时含有上行波和下行波波场，上/下行波场具有完全相同的传播路径，沿着这些路径，它们的能量互相关。这两个波场的互相关不仅会在反射界面处产生振幅，还会在沿整个波路径的所有非反射点处产生振幅，利用互相关条件对时间进行积分时，即产生低频噪声，导致在成像剖面中出现互相关的低频噪声。这种低频噪声会影响逆时偏移成像的真振幅估计，必须要使用一定的手段进行消除。本节采用简单的梯度滤波来消除逆时偏移中产生的低频噪声。另外，由于目前图形处理器(GPU)计算在地震勘探中被广泛使用，因此，本节同样采用GPU并行编程技术来加速波场传播的计算效率。

4.1.2 双检逆时偏移与常规逆时偏移的差异

本节着重分析双检逆时偏移和常规的逆时偏移在互相关成像上的差异，并解释偏导数波场或垂直速度分量在互相关成像中的重要作用。

根据 Thorbecke 等[154] 和 Vasconcelos[155]提出的理论，互相关成像条件可以写为

$$I(x) = \int_{-\infty}^{+\infty} \oint_{\delta D} \frac{-1}{j\omega\rho} \left[G_0^*(x,r_s,\omega) \nabla_i G_s(x,r_s,\omega) - G_s(x,r_s,\omega) \nabla_i G_0^*(x,r_s,\omega) \right] ds\, d\omega \tag{4-7}$$

其中，"$*$"表示复数共轭；$I(x)$表示成像结果；$x \in D$（D 为积分体），$r_s \in \delta D$（积分面）；∇_i 表示在 x_i 方向的空间偏导数；$G_0(x,r_s,\omega)$定义为背景波场，也称为震源波场；$G_s(x,r_s,\omega)$为延拓散射波场，也称为检波点波场[156]。本节定义法线方向垂直积分面向外。

当对检波点波场和震源波场（在方程(4-7)）应用远场近似时，即假设 $\nabla_i G_s(x,r_s,\omega) \approx -\frac{j\omega}{c} G_s(x,r_s,\omega)$，$\nabla_i G_0(x,r_s,\omega) \approx -\frac{j\omega}{c} G_0(x,r_s,\omega)$，即可得到常规的逆时偏移的互相关成像条件，即

$$I(x) \approx \int_{-\infty}^{+\infty} \oint_{\delta D} \frac{2}{c\rho} G_0^* (x, r_s, \omega) G_s(x, r_s, \omega) \, \mathrm{d}s \, \mathrm{d}\omega \tag{4-8}$$

由于在互相关成像中使用了远场近似,这就导致常规的逆时偏移方法在边界处产生了低质量的成像结果和不准确的振幅估计[157]。

本节提的双检地震数据采集系统为解决这一理论问题提供了另外一种思路。速度分量与格林(Green)函数的关系可以表述为

$$v_{i,s}(x, r_s, \omega) = -(\mathrm{i}\omega\rho)^{-1} \nabla_i G_s(x, r_s, \omega)$$

对于方程(4-7)中的震源波场仍然采用远场近似处理,则双检逆时偏移方法的互相关成像条件可以写为

$$I(x) \approx \int_{-\infty}^{+\infty} \oint_{\delta D} \left[\frac{1}{c\rho} G_0^* (x, r_s, \omega) G_s(x, r_s, \omega) + G_0^* (x, r_s, \omega) v_{i,s}(x, r_s, \omega) \right] \mathrm{d}s \, \mathrm{d}\omega$$

$$\approx \int_{-\infty}^{+\infty} \oint_{\delta D} \left\{ \frac{1}{c\rho} G_0^* (x, r_s, \omega) \overline{G}_s(x, r_s, \omega) \right\} \mathrm{d}s \, \mathrm{d}\omega \tag{4-9}$$

其中,$\overline{G}_s(x, r_s, \omega) = G_s(x, r_s, \omega) + c\rho v_{i,s}(x, r_s, \omega)$。

对比方程(4-8)和方程(4-9)不难发现,两者除了在系数上存在差异,形式是完全相同,但两者的意义却完全不一样。在双检逆时偏移互相关成像条件的检波器波场中,不仅包含常规的压力波场信息,还包含速度分量信息,也就是包含了波场传播的方向信息。进一步而言,在双检逆时偏移互相关成像条件中,只对震源波场进行远场近似,相较于常规逆时偏移方法中的互相关成像条件,方程(4-9)大大地弱化了远场近似对成像产生的影响,这也说明,双检逆时偏移方法在理论上可以提供比常规的逆时偏移更加准确的振幅估计。

4.1.3　数值实验

本节通过数值实验对比常规的逆时偏移方法和本节所提的双检逆时偏移方法在构造成像和构造振幅计算上的性能差异。对于正演波场模拟和波场逆时延拓算法,均采用交错网格有限差分技术数值求解一阶声波方程(即方程(4-1))。对于模型边界的反射干扰,在有限差分技术中,采用完美匹配层算法对其进行衰减处理[158-159]。本节展示两种偏移算法在对复杂模型成像细节上的对比。

4.1.3.1　异常点模型

本数值实验通过设置一个简单的散射点速度异常模型来测试常规逆时偏移方法和双检逆时偏移方法在波场逆时延拓上的差异性。该速度模型大小为 200 m×200 m,如图 4-1(a)所示,网格剖分为 1 m×1 m,背景速度为 2000 m/s,异常点速度为 3000 m/s。本节在深度分别为 $z=0$ m 和 $z=1.0$ m 的地方各放置 200 个检波器用于接收双检波器数据。在正演模拟计算中,采用的波是主频为 60 Hz 的雷克子波,时间采样率为 0.0001 s,震源位于 $x=0$ m,$z=0$ m 的位置。双检波器地震数据采集系统如图 4-1(a)所示。

图 4-1(b)和(c)分别是常规的逆时偏移方法和双检逆时偏移方法在 $t=0.0707$ s 时计算的反传波场。为了进行合理的对比分析,将两种逆时偏移方法计算的波场和成像剖面归一化到同一个数量级。理论上,如果在模型的四周设置检波器接收反射波场,然后以模型

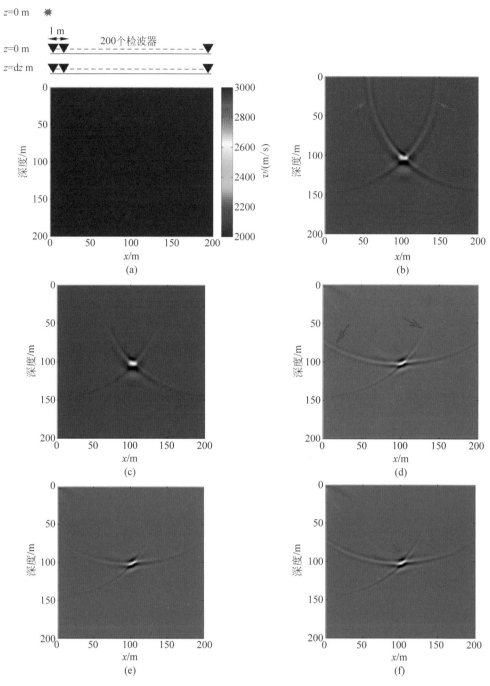

图 4-1 异常点模型

（a）速度模型；（b）常规的逆时偏移方法计算 $t=0.0707$ s 时刻的反传波场；（c）双检逆时偏移方法计算 $t=0.0707$ s 时刻的反传波场；（d）常规的逆时偏移方法计算的成像剖面；（e）双检逆时偏移方法计算的成像剖面；（f）常规的逆时偏移方法利用双层数据分别进行波场延拓后总的成像剖面。图（a）上方观测系统说明：黑色三角形表示检波器，共设置了 200 个检波器；红色星形为震源位置，位于模型的最左端；黑色双向箭头说明了检波器间距为 1.0 m

四周接收的反射波场信息为边界条件进行波场延拓时,逆时计算的波场应与正演波场完全一样,且无噪声干扰。但实际情况是无法在模型的四周放置检波器,特别是在模型的底部。基于这种理论原则,对比图 4-1(b)和(c)中两种偏移算法计算的反传波场快照,可以发现,利用常规的逆时偏移方法计算的反传波场在靠近边界的地方仍然存在较明显的波场传播能量,如图 4-1(b)中红色箭头所示。而由本节所提的双检逆时偏移方法计算的反传波场却展现出更好的能量收敛特征,在靠近边界的地方波场反传剩余能量更少,这对减少逆时偏移成像中的噪声具有显著的意义。相应地,还对比了两种逆时偏移方法计算的成像结果,分别如图 4-1(d)和(e)所示。两种偏移算法都给出了准确的构造成像位置,但相较于常规的逆时偏移方法,本节所提的双检逆时偏移方法在成像剖面中存在更少的成像噪声,能量收敛得更好,如图 4-1(d)中红色箭头所示。通过对比反传波场和成像剖面,对比结果充分说明,压力波场和速度分量的双输入对波场逆时延拓具有巨大作用,特别是对近地表区域。除此之外,本节将记录的双层检波器数据分别作为单一初始条件进行常规的逆时偏移计算,然后将两者计算的成像剖面进行求和,得到的成像结果如图 4-1(f)所示。对比常规的逆时偏移成像结果和双检数据的两次逆时偏移成像结果之和,可以发现两者没有明显的区别。这说明,双检逆时偏移方法并不等于简单地将双层检波器数据进行两次常规的逆时偏移计算以后的求和运算,其具有更加深刻的物理含义。如前所述,双检逆时偏移方法在互相关成像中弱化了对远场近似的计算,因而对近地表的波场计算更加准确且带入了更少的噪声,这对复杂构造成像和真振幅计算意义重大。

4.1.3.2　双层模型

本数值实验构建了一个 30°的倾斜界面和水平不整合面模型,速度模型如图 4-2(a)所示。该模型大小为 600 m×800 m,模型中网格剖分为 1 m×1 m。在双检波器地震数据采集过程中,总共计算了 114 个炮集记录,其中炮间距为 6.0 m;每个炮集记录设置 120 个检波器,检波器间距为 1.0 m,最小偏移距为 0 m;分别在 $z=0$ m 和 $z=1.0$ m 处设置上下双检波器进行反射波数据采集。在正演模拟计算中,使用的波是主频为 60 Hz 的雷克子波,时间采样率为 0.0001 s,具体观测系统如图 4-2(a)所示。

在本模型中,设置不整合面的目的是为了测试偏移算法在上覆地层的影响下能否准确地计算出岩性变化。利用常规的逆时偏移方法和双检逆时偏移方法对正演计算的炮集记录进行偏移成像,计算结果分别如图 4-2(b)和(c)所示。从构造成像的角度看,两种偏移算法都给出了反射层位准确的位置。对于真振幅成像的研究,本节更加关心两种偏移算法在振幅计算上的差异,因此,有必要从偏移剖面中提取反射层的振幅信息进行对比分析。为了进行合理的对比分析,在从两种偏移算法计算的偏移剖面中提取反射层的振幅信息之后,对提出的振幅信息进行归一化处理,使得振幅值与反射系数在同一个数量级,以消除一些成像因素(如震源能量强度等)的影响。两种偏移算法计算的反射系数和理论反射系数如图 4-3 所示。同时,将本节所计算的反射系数与理论反射系数之间的相对误差值作为定量分析的参考。根据图 4-3(a)可以发现,常规的逆时偏移方法计算的反射系数与理论反射系数之间存在一个比较大的误差,从它们两者的相对误差曲线可以定量地看出,其相对误差已经接近 50%。另外,双检逆时偏移方法计算的反射系数与理论反射系数吻合得较好,除了模型边界区域外,其相对误差曲线几乎在零线附近。另一个需要解释的是,倾斜界面的反射系数存在一个较大的波动,这是因为在速度模型中采用了正方形网格对倾斜模型进行剖分离散,导致了倾斜界面出现台阶状,形成了散射点成像能量不均一的现象。

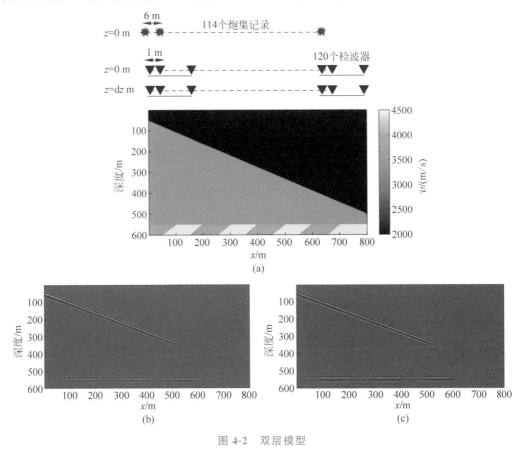

图 4-2 双层模型

(a) 速度模型;(b) 常规的逆时偏移方法计算的成像剖面;(c) 双检逆时偏移方法计算的成像剖面。双检观测系统说明:红色星形为震源,红色双向箭头表示震源间距为 6 m,共计算 114 炮;黑色三角为检波器,黑色双向箭头表示检波器间距为 1.0 m,黑色实线表示每炮设置 120 个检波器

4.1.3.3 多层模型

本数值实验构建了一个多层复杂模型来进一步研究两种偏移算法在构造振幅反射系数上的计算性能。所使用的速度模型大小为 1544 m×2400 m,如图 4-4(a)所示,网格剖分间距为 4 m×4 m。在双检波器地震数据采集过程中,总共计算了 120 个炮集记录,其中炮间距为 16.0 m;每个炮集记录设置 120 个检波器,检波器间距为 4.0 m,最小偏移距为 0 m;分别在 $z=0$ m 和 $z=4.0$ m 处设置上下双检波器进行反射波数据采集。在正演模拟计算中使用的子波类型是主频为 60 Hz 的雷克子波,时间采样率为 0.0004 s,具体的观测系统如图 4-4(a)所示。常规的逆时偏移方法和双检逆时偏移方法计算的成像剖面如图 4-4所示。

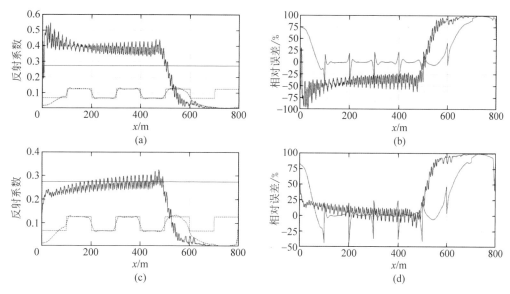

图 4-3 反射系数

（a）常规的逆时偏移方法计算的反射系数与理论反射系数对比曲线；（b）常规的逆时偏移方法计算的反射系数与理论反射系数相对误差曲线；（c）双检逆时偏移方法计算的反射系数与理论反射系数对比曲线；（d）双检逆时偏移方法计算的反射系数与理论反射系数相对误差曲线；图（a）和（c）中蓝色实线为偏移算法计算的倾斜界面反射系数，蓝色虚线为偏移算法计算的水平不整合界面反射系数，红色实线为理论的倾斜界面反射系数，红色虚线为理论的水平不整合界面反射系数；图（b）和（d）中蓝色实线分别为偏移算法计算的倾斜界面的反射系数与理论反射系数相对误差曲线，红色实线为偏移算法计算的水平不整合界面的反射系数与理论反射系数相对误差曲线

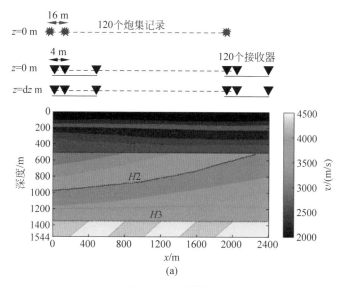

图 4-4 多层模型

（a）原始速度模型；（b）常规逆时偏移方法计算的成像剖面；（c）双检逆时偏移方法计算的成像剖面。观测系统说明：红色星形为震源，红色双向箭头表示震源间距为 16 m，共计算 120 炮；黑色三角为检波器，黑色双向箭头表示检波器间距为 4.0 m，黑色实线表示每炮设置 120 个检波器

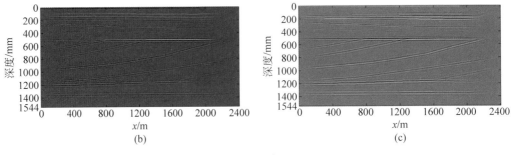

图 4-4（续）

通过对比常规的逆时偏移方法和双检逆时偏移方法计算的成像剖面可知,在构造成像上,两种算法都给出了反射界面准确的位置。但对于真振幅成像,显然更关心两种偏移计算的反射界面振幅信息。因此,本节在该速度模型中选择三个反射界面作为研究的对象,这三个反射界面的位置在图 4-4(a)中用红色虚线进行标识。其中,H1 反射界面位于模型的近地表;H2 反射界面位于模型的中部,选择它是为了研究在上覆界面的影响下两种偏移算法能否准确地计算出中层反射界面的振幅信息;H3 反射界面位于模型的深部,选择它是为了研究在上覆多层反射界面的影响下偏移算法能否准确地恢复出不整合面的岩性变化。因此,在常规的逆时偏移方法和双检逆时偏移方法计算的成像剖面中提取了三个反射界面的振幅信息。在提取两种逆时偏移方法计算的三个反射界面的振幅信息后,考虑到偏移成像中的不确定因素,采用归一化方法将计算的反射系数校准到和理论反射系数相同的数量级。首先,将两种偏移算法计算的三个界面的反射系数与对应的理论反射系数绘制在一起进行对比分析,如图 4-5 所示;其次,统计了两种偏移算法计算的反射系数与理论反射系数的相对误差,并作为定量比较的依据,如图 4-6 所示。

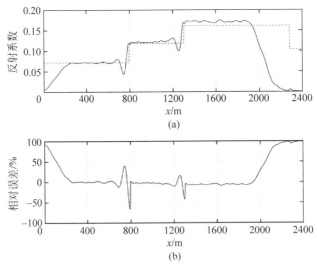

图 4-5　反射系数

(a) 常规的逆时偏移方法计算的 H1 层位反射系数与理论反射系数对比曲线;(b) 常规的逆时偏移方法计算的 H1 层位反射系数与理论反射系数相对误差曲线;(c) 常规的逆时偏移方法计算的 H2 层位反射系数与理论反射系数对比曲线;(d) 常规的逆时偏移方法计算的 H2 层位反射系数与理论反射系数相对误差曲线;(e) 常规的逆时偏移方法计算的 H3 层位反射系数与理论反射系数对比曲线;(f) 常规的逆时偏移方法计算的 H3 层位反射系数与理论反射系数相对误差曲线;图(a)、(c)和(e)中蓝线为计算的反射系数曲线,红线为理论的反射系数曲线

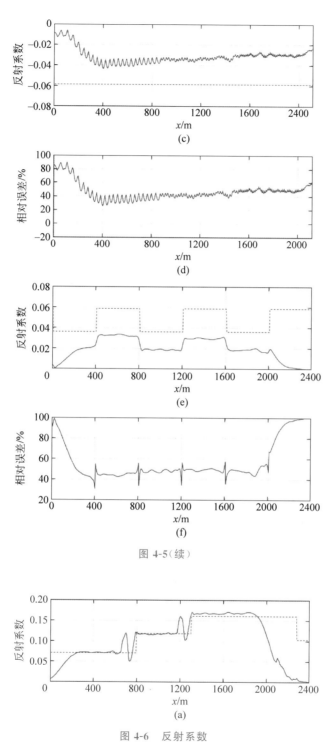

图 4-5（续）

图 4-6　反射系数

（a）双检逆时偏移方法计算的 H1 层位反射系数与理论反射系数对比曲线；（b）双检逆时偏移方法计算的 H1 层位反射系数与理论反射系数相对误差曲线；（c）双检逆时偏移方法计算的 H2 层位反射系数与理论反射系数对比曲线；（d）双检逆时偏移方法计算的 H2 层位反射系数与理论反射系数相对误差曲线；（e）双检逆时偏移方法计算的 H3 层位反射系数与理论反射系数对比曲线；（f）双检逆时偏移方法计算的 H3 层位反射系数与理论反射系数相对误差曲线；图（a）、（c）和（e）中蓝线为计算的反射系数曲线，红线为理论的反射系数曲线

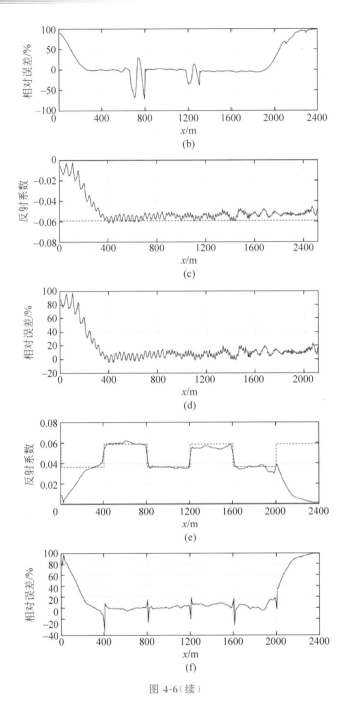

图 4-6（续）

通过观察常规的逆时偏移方法计算的三个反射界面的反射系数和理论的反射系数对比曲线及其相对误差曲线（即图 4-5），可以发现，常规的逆时偏移方法计算的反射系数与理论反射系数仍然存在一个较明显的误差，并不能提供令人满意的真振幅估计值，特别是，对于深部构造的振幅估计，其相对误差甚至可以接近 50%。然而，通过观察双检逆时偏移方法计算的三个反射界面的反射系数和理论的反射系数对比曲线及其相对误差曲线（即图 4-6），可以明显地发现，双检逆时偏移方法对模型的浅、中和深部构造的反射系数计算的结果与理论反射系数都吻合得较好,并且从相对误差曲线可以看出,双检逆时偏移方法计算的 H2 层位的相对误差控制在 20% 之内,而计算的 H1 层位和 H3 层位的相对误差小于 10%,在误差可控的范围内,因此,准确地恢复了不同深度反射界面的反射系数。通过对比分析两种逆时偏移方法对多层模型反射系数的计算,可以有充分的理由认为,本节所提的双检逆时偏移方法具有比常规的逆时偏移方法更加稳定、准确的真振幅计算性能,而且其相较于常规逆时偏移方法也没有产生额外内存开销,这也是它的另外一个突出优势。

4.1.3.4 Marmousi 模型

本节利用常规的逆时偏移方法和本节所提的双检逆时偏移方法对 Marmousi 模型进行偏移成像处理。经典的 Marmousi 模型作为标准测试平台可对比研究常规的逆时偏移方法和双检逆时偏移方法在构造成像和真振幅计算上的差异。本节使用的速度模型如图 4-7(a)所示,大小为 3500 m×7500 m,网格剖分间距为 6.25 m×6.25 m。在双检波器地震数据采集过程中,总共计算 240 个炮集记录,其中炮间距为 25.0 m;每个炮集记录设置 240 个检波器,检波器间距为 6.25 m,最小偏移距为 0 m;分别在 $z=0$ m 和 $z=6.25$ m 处设置上下双

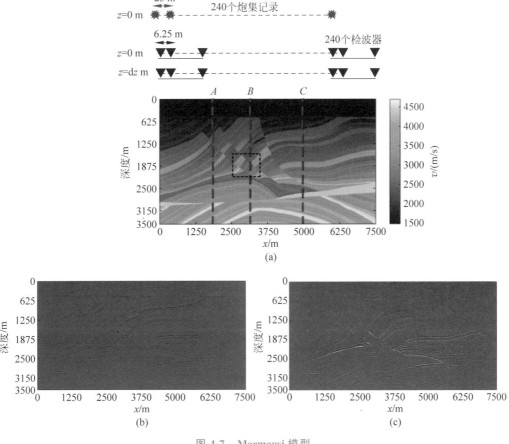

图 4-7 Marmousi 模型

(a)原始速度模型;(b)常规的逆时偏移方法计算的成像剖面;(c)双检逆时偏移方法计算的成像剖面。观测系统说明:红色星形为震源,红色双向箭头表示震源间距为 25 m,共计算 240 炮;黑色三角为检波器,黑色双向箭头表示检波器间距为 6.25 m,黑色实线表示每炮设置 240 个检波器

检波器进行反射波数据采集。在正演模拟计算中使用主频为 60 Hz 的雷克子波,时间采样率为 0.0005 s。具体观测系统见图 4-7(a) 上方。常规的逆时偏移方法和双检逆时偏移方法计算的偏移成像剖面如图 4-7 所示。

对于简单模型,常规的逆时偏移方法和双检逆时偏移方法都给出了准确、相同的构造成像剖面,但对于复杂模型的构造成像,两种偏移算法在细节上存在一些明显的差异。因此,从两种偏移算法的成像剖面中抽取图 4-7(a) 黑色方框内的区域进行细节对比分析,所得结果如图 4-8 所示。从图 4-8 中可以清晰地看到,相较于常规逆时偏移方法,双检逆时偏移方法对细节的构造成像更加清晰、明显,这对构造解释更为有利,凸显了双输入的双检逆时偏移方法在构造成像方面的明显优势。

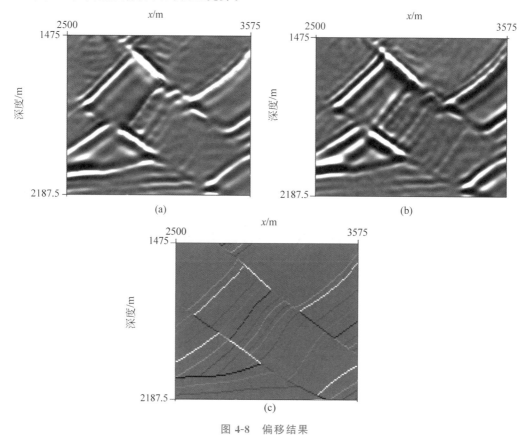

图 4-8　偏移结果

(a) 常规的逆时偏移方法计算的偏移剖面; (b) 双检逆时偏移方法计算的成像剖面; (c) 理论反射系数剖面

计算复杂构造的振幅信息能否反映构造的岩性变化,这是判断偏移算法是否具有保幅计算的标准。为了定量地分析两种逆时偏移方法对 Marmousi 模型真振幅的计算性能,在 Marmousi 速度模型中设置三口井,分别为井 A、井 B 和井 C,井 A 位于 $x=1875$ m 处,井 B 位于 $x=3125$ m 处,井 C 位于 $x=5000$ m 处,如图 4-7 所示。井 B 处于模型的中间,穿过了 Marmousi 模型的主要断层和背斜构造,携带丰富的构造信息,因此,其岩性变化最为复杂,而井 A 和井 B 所处的区域构造变化情况则相对更加平缓。逆时偏移方法计算的偏移剖面都是利用有限频带的炮集记录进行叠前深度偏移成像的结果,而反射系数模型是一个宽频带的剖面。为了进行合理的振幅对比,需要计算理论的有限频带反射系数模型。具体处理流程为：①根据速度模型建立时间-深度关系曲线,将深度域的反射系数模型转换到时间域的反射系数模型;②将时间域的反射系数模型与有限频带的子波进行褶积运算,得到时间域的有限频带反射系数模型;③根据建立的时间-深度关系曲线,将时间域的有限频带反射系数模型转换到深度域的有限频带反射系数模型。本节在常规的逆时偏移方法和双检逆时偏移方法计算的偏移剖面中井 A、井 B 和井 C 的位置抽取了相应的反射系数曲线,并与其对应的有限频带反射系数曲线绘制在一起进行对比分析,如图 4-9~图 4-11 所示。

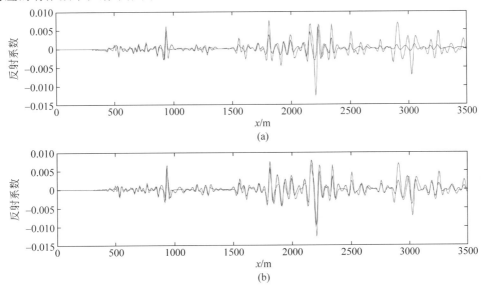

图 4-9　井 A 反射系数

（a）常规的逆时偏移方法计算的井 A 位置反射系数与理论反射系数对比曲线;（b）双检逆时偏移方法计算的井 A 位置反射系数与理论反射系数对比曲线。其中蓝线为计算的反射系数,红线为理论反射系数

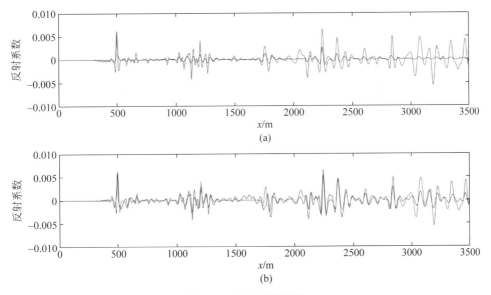

图 4-10　井 B 反射系数

（a）常规的逆时偏移方法计算的井 B 位置反射系数与理论反射系数对比曲线;（b）双检逆时偏移方法计算的井 B 位置反射系数与理论反射系数对比曲线。其中蓝线为计算的反射系数,红线为理论反射系数

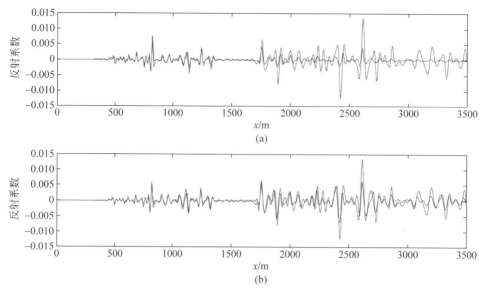

图 4-11 井 C 反射系数

(a) 常规的逆时偏移方法计算的井 C 位置反射系数与理论反射系数对比曲线；(b) 双检逆时偏移方法计算的井 C 位置反射系数与理论反射系数对比曲线；其中蓝线为计算的反射系数，红线为理论反射系数

对比分析两种逆时偏移方法在井 A、井 B 和井 C 位置计算的反射系数与理论反射系数的吻合情况，不难发现，常规的逆时偏移方法计算的反射系数与理论反射系数存在较大偏差；这说明，常规的逆时偏移方法并不能完全给出准确的真振幅计算结果，而本节所提的双检逆时偏移方法则给出了与理论反射系数更加吻合的真振幅估计。进一步，为了更加定量地体现两种偏移算法的真振幅估计性能，本节统计了井 A、井 B 和井 C 位置计算的反射系数与理论反射系数之间的相关系数，见表 4-1。从表 4-1 可知，本节所提的双检逆时偏移方法能提供更加准确、可靠的真振幅估计值；在井 A 和井 C 位置，双检逆时偏移方法计算的相关系数比常规的逆时偏移方法高出 20%，而在构造变化最为复杂的井 B 处，检波器逆时偏移方法计算的相关系数比常规的逆时偏移方法高出近 15%。上述定量分析数据表明本节所提的双检逆时偏移方法比常规（单一输入）逆时偏移方法具有更加优异的真振幅计算能力，因而具有广阔的应用前景。

表 4-1 在不同井位置计算的反射系数与理论反射系数相关系数   %

偏 移 算 法	井 A 处的相关系数	井 B 处的相关系数	井 C 处的相关系数
常规的逆时偏移	58.48	54.88	56.86
双检逆时偏移	79.08	68.00	75.38

4.1.4 小结

本节在新的双检波器地震数据采集系统的支持下，以一阶声波方程为描述波场传播的基本框架，在逆时偏移方法中引入一个新的输入变量，发展了双检逆时偏移方法。利用双检波器地震数据采集系统采集的双层数据优势，从理论上分析了双检逆时偏移方法相较于常规的逆时偏移方法存在的优势。同时，为了验证常规的逆时偏移方法和双检逆时偏移方法在构造成像和真振幅计算上的差异，开展了若干数值实验。通过对数值实验结果的对比分析,分析结果充分说明,双检逆时偏移方法不仅在构造成像上,还在复杂构造的真振幅计算上比常规的逆时偏移方法能提供更加准确、更加可靠的结果,这对于实际生产中地震偏移成像和全波形反演的应用意义重大。

4.2　优化时空域交错网格有限差分法的逆时偏移

与常规地面地震资料相比,垂直地震剖面(VSP)可以为查明复杂地下地质构造提供更丰富的地震波场信息和更高分辨率、更高质量的地震资料。逆时偏移(RTM)方法在精确识别复杂地质构造方面具有显著优势,被认为是目前最精确的偏移成像方法。因此,本节提出了一种适用于 VSP 地震数据的变密度声波方程 RTM 方法(VSP-RTM),以增强对复杂地质构造的识别能力,并讨论了该成像方法的不同环节。首先,为了有效地提高地震波场的数值模拟精度,本节所提的 VSP-RTM 方法的地震波场延拓过程是通过利用一种优化的交错网格有限差分法(staggered-grid finite difference method,SFDM)求解变密度声波方程来实现的,因为这种优化的 SFDM 通过采用最小二乘(least squares,LS)法最小化根据时空域频散关系建立的目标函数来确定其优化差分系数。相较于常规交错网络有限差分法,基于时空域频散关系的最小二乘 SFDM 在地震波场数值模拟方面具有较高的模拟精度。其次,为了有效地降低 VSP-RTM 方法的边界反射和存储需求,本节在地震波场延拓过程中采用了 PML(完美匹配层)吸收边界条件和有效边界存储策略。最后,为了有效地提高VSP-RTM 成像结果的质量和精度,本章利用震源归一化零延迟互相关成像条件来计算单炮的深度成像剖面,有效地消除震源对逆时偏移成像结果的影响,并应用拉普拉斯滤波法有效地消除最终 RTM 成像结果中的低频成像噪声。不同模型的成像结果表明,本节所提的 VSP-RTM 方法具有一定的有效性和可行性,与常规地面地震数据的 RTM 方法相比,它可以更准确地识别复杂地下地质构造。

在 VSP 地震勘探中,通常采用在井中不同深度布置检波器、在地表不同位置布置震源的方式来采集对应的地震数据,因此,VSP 地震资料与常规地面地震资料相比具有更多优势,如具有更丰富的地震波场信息(图 4-12)、更高的地震资料品质和更高的分辨率特性等。图 4-12 显示了常规地面地震观测系统和 VSP 观测系统所能接收到的不同类型地震波。由图 4-12 可知,VSP 观测系统可以直接接收到来自地下地质目标更多的反射信息。因此,VSP 地震资料可以更准确地识别如盐丘构造和深部构造等复杂地质目标。基于双程波波动方程的 RTM 方法适用于任意复杂的地质情况,在地震数据成像方面没有倾角限制,被认为是目前最精确的成像算法。为了加强对地下复杂地质构造的识别能力,研究 VSP 地震资料的逆时偏移方法具有重要意义。

最初,一些学者[40-41]从不同方面对 RTM 方法进行了一定的研究。近几十年来,该方法得到了极大的发展,在复杂地质区域的地震数据偏移成像中表现出越来越显著的优越性。因此,RTM 方法的研究对象也从各向同性介质[89,160]扩展到了各向异性介质[161-162],从声波方程[50,163-164]扩展到了弹性波方程[46,165-166],从常规地面地震数据拓展到了 VSP 地震数据[167-169]。由于特殊的观测系统,VSP 地震数据的 RTM 方法已被证明更有利于对复杂地下地质构造(如高陡构造等)的准确识别。图 4-13 为常规地面地震观测系统和 VSP 观

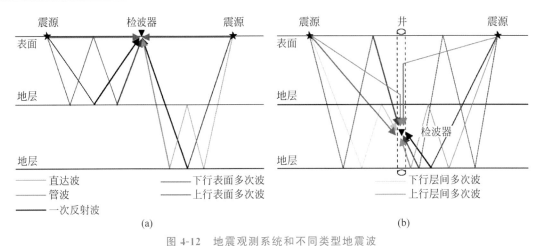

图 4-12　地震观测系统和不同类型地震波

（a）常规地面地震观测系统；（b）VSP 观测系统接收到的不同类型地震波

测系统的探测范围随地层倾角的变化规律。由图 4-13 可知，随着地层倾角的增大，常规地面地震观测系统对倾斜构造的识别能力逐渐减弱；然而，即使倾角构造的倾角达到了 90°，VSP 观测系统仍能对其进行识别。也就是说，常规地面地震数据的 RTM 方法无法有效地识别大倾角构造的真实形态和特征，而 VSP 地震数据的 RTM 方法能够准确地识别其真实形态和构造特征，甚至包括垂向构造，这验证了 VSP 地震数据的 RTM 方法对于高陡构造的成像具有显著的优势。

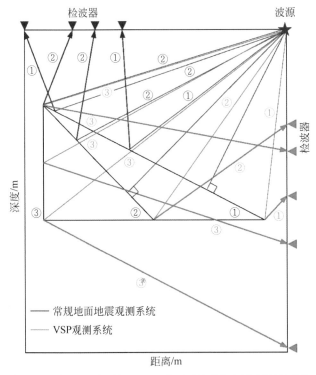

图 4-13　常规地面地震观测系统和 VSP 观测系统的探测范围随地层倾角的变化

①、②、③分别指示了倾角逐渐增大的 3 个倾斜反射界面以及在对应界面处发生反射的地震波传播路径示意图。其中，③为垂直反射界面（倾角为 90°）

与常规地面地震数据的 RTM 方法大体相同,VSP 地震数据的 RTM 方法包括以下几个关键因素:波场延拓、边界条件、存储策略、成像条件和低频成像噪声抑制。VSP-RTM 方法的核心环节仍然是沿着不同时间方向的波场延拓过程,这个过程可以通过求解波动方程来实现。目前,有限差分法(FDM)常被应用于离散求解波动方程[170-171]。此外,在地震波场的数值模拟中,SFDM 被更广泛地用于减小地震波场的数值频散误差。FDM 的模拟精度由差分算子长度及其对应的差分系数决定,目前已存在多种计算差分系数的方案。例如,差分系数可以通过采用不同的数学算法在空间域或时空域中展开或优化对应的频散方程来确定,如泰勒级数(Taylor-series,TE)展开方法和不同的优化方法,相关方面近年来也被许多学者广泛研究。总体而言,基于泰勒级数展开的 FDM[172-174] 与基于最优化方法的 FDM 相比,其在大波数范围内不能有效地抑制数值频散误差,目前最常用的最优化方法是最小二乘法[124,175-178]。在过去的几十年中,影响 RTM 方法的其他因素也得到了不同学者的广泛研究。例如,研究者就对 RTM 方法的计算效率和存储需求进行了广泛研究[67,78,179-180],也提出了 RTM 方法的不同成像条件[74,181],并对低频成像噪声的抑制方法进行了更为深入的探讨[131,182]。总之,RTM 方法的理论体系逐渐成熟和完善。

4.2.1 基本原理

本节首先简要介绍基于时空域频散关系的最小二乘 SFDM,然后简要介绍 VSP-RTM 方法的基本原理。

4.2.1.1 波场延拓

为了适用于非均匀各向同性介质,本节将变密度声波方程应用于 VSP 地震数据逆时偏移方法,其数学表达式为[9,178]

$$\frac{\partial}{\partial x}\left(\frac{1}{\rho}\frac{\partial p}{\partial x}\right) + \frac{\partial}{\partial z}\left(\frac{1}{\rho}\frac{\partial p}{\partial z}\right) = \frac{1}{\rho v^2}\frac{\partial^2 p}{\partial t^2} \tag{4-10}$$

其中,p 为地震波场的压力值;ρ 为介质密度;v 为声波速度。

当采用 SFDM 离散求解方程(4-10)时,为了模拟不同时刻的地震波场,对应的差分格式可以分别表示为[178,183]

$$\begin{cases} \dfrac{\partial^2 p}{\partial t^2} = \dfrac{1}{\Delta t^2}(p_{i,j}^{n+1} - 2p_{i,j}^n + p_{i,j}^{n-1}) \\[3mm] \dfrac{\partial p}{\partial x} = \dfrac{1}{h}\sum_{m=1}^{M} c_m(p_{i+m-\frac{1}{2},j}^n - p_{i-m+\frac{1}{2},j}^n) \\[3mm] \dfrac{\partial p}{\partial z} = \dfrac{1}{h}\sum_{m=1}^{M} c_m(p_{i,j+m-\frac{1}{2}}^n - p_{i,j-m+\frac{1}{2}}^n) \end{cases} \tag{4-11}$$

其中,Δt 为时间网格大小;h 为空间网格大小;c_m 为差分系数;M 为差分算子长度。将方程(4-11)代入方程(4-10)中并进行化简,则上述变密度声波方程的等效高阶 SFD 格式可表示为[178]

$$p_{i,j}^{n+1} = 2p_{i,j}^n - p_{i,j}^{n-1} +$$

$$\rho_{i,j} r_{i,j}^2 \sum_{l=1}^M \sum_{m=1}^M c_l c_m \left(\frac{p_{i+m+l-1,j}^n - p_{i-m+l,j}^n}{\rho_{i+l-\frac{1}{2},j}} - \frac{p_{i+m-l,j}^n - p_{i-m-l,j}^n}{\rho_{i-l+\frac{1}{2},j}} + \right.$$

$$\left. \frac{p_{i,j+m+l-1}^n - p_{i,j-m+l}^n}{\rho_{i,j+l-\frac{1}{2}}} - \frac{p_{i,j+m-l}^n - p_{i,j-m-l+1}^n}{\rho_{i,j-l+\frac{1}{2}}} \right)$$

$$(4\text{-}12)$$

其中，$r = v\Delta t / h$ 称为库朗数。

根据方程(4-12)，SFDM 的模拟精度在很大程度上由差分算子长度及其对应的差分系数决定。一般来说，在数值模拟过程中，差分算子长度过大会消耗大量的计算时间，因此，应寻求更优的差分系数，以提高地震波场数值模拟精度。根据频散关系和差分系数求解算法的不同，SFDM 可以分为以下 4 类：①空间域 SFDM；②时空域 SFDM；③优化空间域 SFDM；④优化时空域 SFDM。目前，许多文献（例如，文献[173]～文献[174]和文献[176]）对前 3 种常规 SFDM 进行了详细介绍（本书附录 C 介绍其差分系数的计算公式），因此，本节仅简要介绍优化时空域 SFDM 的差分系数计算方式。

采用 SFDM 离散求解上述变密度声波方程，其对应的时空域频散关系可写为[178,184]

$$A + B \approx r^{-2} \sin^2(0.5\beta r) \tag{4-13}$$

和

$$\begin{cases} A = \left\{ \sum_{m=1}^M c_m \sin[(m - 0.5)\beta\cos\theta] \right\}^2 \\ B = \left\{ \sum_{m=1}^M c_m \sin[(m - 0.5)\beta\cos\theta] \right\}^2 \end{cases} \tag{4-14}$$

其中，$\beta = kh$，k 为波数；θ 为地震波传播角度。

根据方程(4-13)和方程(4-14)，本节可以利用 TE 方法或 LS 方法来优化上述时空域频散关系，从而得到相应的时空域差分系数。对比 TE 方法和 LS 方法，后者可以有效地压制大波数范围内地震波场的数值频散[178]，因此，基于时空域频散关系的最小二乘 SFDM 可以应用于地震波场延拓过程以提供高精度的数值模拟结果。其差分系数可由下列方程计算：

$$\sum_{l=1}^M \sum_{m=l}^M \left\{ \int_0^b \int_0^{2\pi} [\Phi_{l,m}(\beta,\theta)\Phi_{l_1,m_1}(\beta,\theta)] \, \mathrm{d}\beta\mathrm{d}\theta \right\} c_0 = \int_0^b \int_0^{2\pi} \Phi_{l_1,m_1}(\beta,\theta) \, \mathrm{d}\beta\mathrm{d}\theta,$$

$$l = 1,2,\cdots,M; \ m = l, l+1,\cdots,M; \ l_1 = 1,2,\cdots,M; \ m_1 = l_1, l_1+1,\cdots,M \tag{4-15}$$

和

$$c_0 = c_l c_m, o = \frac{(2M + 2 - l)(l - 1)}{2} + (m + 1 - l), \quad l = 1,2,\cdots,M; m = l, l+1,\cdots,M \tag{4-16}$$

$$\Phi_{l,m}(\beta,\theta) = q_{l,m} \frac{\Psi_l(\beta,\theta)\Psi_m(\beta,\theta) + \Gamma_l(\beta,\theta)\Gamma_m(\beta,\theta)}{r^{-2}\sin^2(0.5\beta r)} \tag{4-17}$$

$$\begin{cases} \Psi_m(\beta,\theta) = \sin[(m-0.5)\beta\cos\theta] \\ \Gamma_m(\beta,\theta) = \sin[(m-0.5)\beta\cos\theta] \end{cases} \tag{4-18}$$

$$q_{l,m} = \begin{cases} 1, & l=m \\ 2, & l \neq m \end{cases} \tag{4-19}$$

其中,b 为 β 的最大值,其具体含义可参考文献[176];c_0 称为等效 SFD 系数,它是两个实际差分系数 c_m 的乘积。将等效 SFD 系数代入方程(4-12),就可以模拟不同时刻的地震波场。确保上述优化时空域 SFDM 有效性的关键因素是通过求解方程(4-15)得到精确的等效 SFD 系数。通过分析方程(4-15)可发现,这是一个类似于 $A_c c_0 = b_c$ 的线性矩阵方程。其中,系数矩阵 A_c 是一个大小为 $M(M+1)/2 \times M(M+1)/2$ 的对称矩阵,可以利用方程(4-15)左边的二重积分表达式得到其所有元素;向量 b_c 是含有 $M(M+1)/2$ 个元素的列向量,可以利用方程(4-15)右边的二重积分表达式来计算出 b_c;向量 c_0 同样为包含 $M(M+1)/2$ 个元素的等效 SFD 系数列向量。本节利用数值迭代积分法求解所有二重积分,并采用高斯-塞德尔(Gauss-Seidel)方法求解线性矩阵方程,得到等效 SFD 系数 c_0。

为了评估不同 SFDM 的性能,可以从算法的数值频散、稳定性和计算成本 3 个方面进行比较。对于不同 SFDM 的模拟精度,一个衡量数值频散误差的参数可以定义为[178]

$$\delta(\beta,\theta,M) = \frac{v_{\text{SFD}}}{v} = \frac{2}{r\beta}\arcsin(r\sqrt{A+B}) \tag{4-20}$$

其中,v_{SFD} 表示基于 SFDM 的地震数值模拟的相速度;$\delta(\beta,\theta,M)$ 表示 v_{SFD} 的相对误差。通过分析方程(4-20)可知,必须先求得相应的差分系数 c_m,才能计算出相对误差 δ,因此该方程(4-20)不适用于基于时空域频散关系的最小二乘 SFDM。为了解决这个问题,方程(4-20)可以相应地被改写为

$$\delta(\beta,\theta,M) = \frac{v_{\text{SFD}}}{v} = \frac{2}{r\beta}\arcsin\left(\sqrt{\sum_{l=1}^{M}\sum_{m=l}^{M} c_0 \Phi_{l,m}(\beta,\theta)\sin^2(0.5\beta r)}\right) \tag{4-21}$$

根据方程(4-20)和方程(4-21),用来估计不同 SFDM 数值频散误差的另一个参数可以被定义为[178]

$$\varepsilon(\beta,\theta,M) = \frac{h}{v}[\delta^{-1}(\beta,\theta,M)-1] \tag{4-22}$$

其中,$\varepsilon(\beta,\theta,M)$ 表示相邻空间网格点之间的传播时间误差。从式(4-21)和式(4-22)可以看出,这两个参数受波数、传播角度和差分算子长度的影响。若 δ 接近于 1 或 ε 接近于零,则数值频散较弱,否则会出现较大的数值频散。本节主要利用参数 ε 来对比分析不同 SFDM 的频散特性。除了数值频散外,算法稳定性也是不同 SFDM 之间的重要评价指标。3 种常规 SFDM 的稳定性条件可定义为[184]

$$r \leqslant \zeta, \quad \zeta = \frac{1}{\sqrt{2}}\left(\sum_{m=1}^{M}|c_m|\right)^{-1} \tag{4-23}$$

其中,ζ 为稳定性因子。ζ 越接近 1,算法稳定性越好。同样地,方程(4-23)不适用于基于时空域频散关系的最小二乘 SFDM。根据方程(4-23),这种优化时空域 SFDM 的稳定性条件可以类似地表示为[178]

$$r \leqslant \zeta, \quad \zeta = \frac{1}{\sqrt{2}}\left(\sqrt{\sum_{l=1}^{M}\sum_{m=l}^{M}|q_{l,m}c_0|}\right)^{-1} \tag{4-24}$$

图 4-14 展示了 4 种不同 SFDM 在不同差分算子长度下的稳定性因子。从图 4-14 可以看出,两种常规 TE-SFDM 的算法稳定性最好,且两者的稳定性相差不大,基于空间域频散关系的 LS-SFDM 的算法稳定性变差,基于时空域频散关系的 LS-SFDM 的算法稳定性最差。这一结果表明,在这 4 种不同的 SFDM 中,优化时空域 SFDM 的稳定性条件最为严格。此外,这 4 种不同 SFDM 的稳定性随着差分算子长度的增加而逐渐变差,这对高阶 SFDM 和本节所提的 VSP-RTM 方法有一定的影响。由图 4-14 可知,对于 4 种不同的 SFDM,随着差分算子长度的增加,稳定性因子的值逐渐减小。根据方程(4-23)和方程(4-24)可知,随着差分算子长度的增加,库朗数(见式(4-12))的最大值逐渐减小。为了保证地震波场模拟的稳定性,即对于 4 种不同的 SFDM,大的差分算子长度对应小的库朗数。因此,为了保证 SFDM 的稳定性,差分算子长度的增加意味着时间网格大小的减小或空间网格大小的增加,这将分别导致本节所提的 VSP-RTM 方法计算时间的增加或成像精度的降低。因此,在基于时空域频散关系的 LS-SFDM 的 VSP-RTM 过程中,需要为给定模型设定合适的差分算子长度、时间网格大小和空间网格大小。

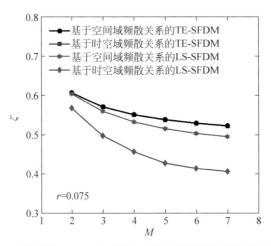

图 4-14　4 种不同 SFDM 在不同差分算子长度下的稳定性因子变化

4.2.1.2　VSP-RTM

目前,RTM 方法是对地震数据偏移成像精度较高的成像方法,尤其是对地下复杂地质目标。通常,RTM 方法通过震源波场正向延拓和检波器波场反向延拓来计算深度成像剖面[40]。对于本节所提的 VSP-RTM 方法,其原理和实现步骤如图 4-15 所示,仍然与常规 RTM 方法相同,只是与常规地面地震数据 RTM 方法相比,其检波器波场的位置发生了相应的变化。为了提高波场延拓的数值模拟精度,采用基于时空域频散关系的 LS-SFDM 对两种不同的波场进行数值模拟。为了获得 VSP 地震数据的 RTM 成像结果,可以利用如方程(4-25)所示的成像条件来计算深度成像结果[74]。它是对常规互相关成像条件的改进,因此可以称为震源归一化零延迟互相关成像条件,其可以表示为

$$I_{\text{image}}(x,z) = \frac{\int_0^T p_S(x,z,t) \cdot p_R(x,z,t)\mathrm{d}t}{\int_0^T p_S(x,z,t) \cdot p_S(x,z,t)\mathrm{d}t} \tag{4-25}$$

其中，$I_{\text{image}}(x,z)$ 表示基于 VSP 地震数据的 RTM 成像剖面；$p_S(x,z,t)$ 和 $p_R(x,z,t)$ 分别表示不同时刻的震源波场和检波器波场；T 表示 VSP 地震数据的总时间长度。根据方程(4-25)，这种改进后的成像条件可以有效地消除震源对 RTM 成像结果的影响。

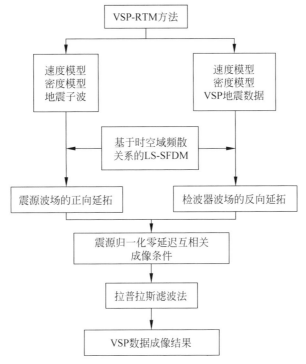

图 4-15　基于时空域频散关系的 LS-SFDM 的 VSP 地震数据 RTM 方法简单流程图

作为 RTM 方法的核心步骤，波场延拓通常涉及两个关键因素：边界条件和存储策略。针对震源波场的人工边界反射和存储需求，采用 PML 吸收边界和有效边界存储策略可有效地解决这两个问题。将两者结合起来(图 4-16)，可以有效地压制人工边界反射，并显著降低震源波场的存储需求。如图 4-16 所示，A 部分为实际模型，B、C 部分统称为 PML 吸收边界。在地震波场数值模拟过程中，到达模型边界的地震波会被有效地吸收。在 RTM 方法中引入有效边界存储策略，利用 C 部分所有时刻的震源波场和最后两个时刻的全震源波场，可以准确地重构处任意时刻的初始震源波场，因此，通过存储部分震源波场，可

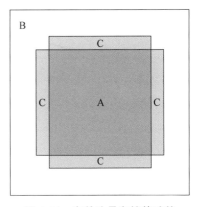

图 4-16　有效边界存储策略的简单示意图

以有效地降低震源波场的存储需求。对于波场延拓而言，一阶速度-应力方程的差分格式通常需要同时存储速度分量和应力分量，而如方程(4-12)所示的差分格式只需要存储速度分量，在一定程度上降低了 RTM 方法的存储需求。相应地，C 部分的网格点数等于差分算子长度的 2 倍(即 2M)。根据上述 RTM 步骤，可以得到单炮 RTM 成像结果，将所有炮 RTM 成像结果叠加，可以得到 VSP 地震数据的多炮 RTM 成像结果。最后，利用拉普拉斯滤波对其深

度成像结果中的低频成像噪声进行有效压制,提高 VSP-RTM 方法的成像质量和精度。

4.2.2　模型试验

前面的章节主要介绍了基于时空域频散关系的 LS-SFDM 的波场延拓方法和基于 VSP
地震数据的 RTM 方法,下面通过建立不同的模型来分析和测试以上方法的有效性。

4.2.2.1　正演分析

首先利用一个简单的均匀模型比较 4 种不同 SFDM 的频散特性和模拟精度。模型参
数如下：$N_x \times N_z = 3000$ m $\times$ 3000 m(模型大小),$v = 1500$ m/s,$\rho = 2.0$ g/cm^3,$h = 20$ m
和 $\Delta t = 1$ ms。图 4-17 显示了该简单的均匀模型在不同差分算子长度下的数值频散误差；
图 4-18 显示了该简单均匀模型在不同传播角度下的数值频散误差。从图 4-17 和图 4-18 可
以看出,SFDM 的数值频散随差分算子长度的增加而逐渐减小,并随传播角度的变化而相
应地变化。在相同的条件下,例如,相同的差分算子长度或传播角度,与其他 3 种常规
SFDM 相比,基于时空域频散关系的 LS-SFDM 在大波数范围内能更有效地减小模拟波场
的频散误差。为了进一步验证它的优越性,针对上述简单的均匀模型,对比和分析了这 4 种
不同 SFDM 在不同时刻生成的波场快照。在对该模型的数值模拟过程中,震源子波是主频

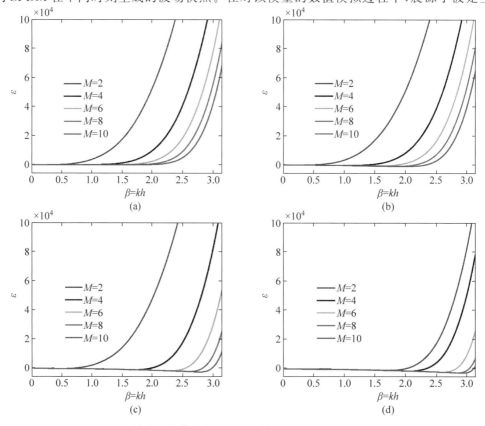

图 4-17　简单均匀模型在不同差分算子长度下的数值频散误差

（a）基于空间域频散关系的 TE-SFDM；（b）基于时空域频散关系的 TE-SFDM；（c）基于空间域频散
关系的 LS-SFDM；（d）基于时空域频散关系的 LS-SFDM

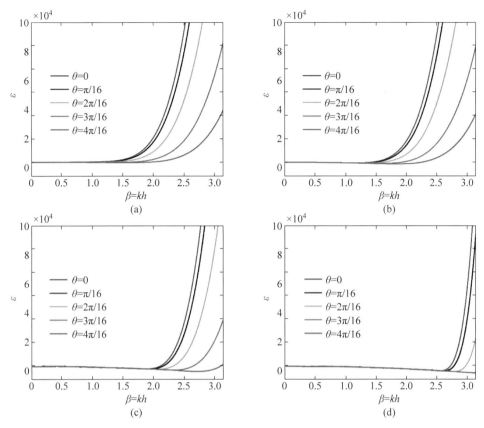

图 4-18　简单均匀模型在不同传播角度下的数值频散误差

（a）基于空间域频散关系的 TE-SFDM；（b）基于时空域频散关系的 TE-SFDM；（c）基于空间域频散
关系的 LS-SFDM；（d）基于时空域频散关系的 LS-SFDM

为 15 Hz 的雷克子波，其位置在$(x,z)=(1500 \text{ m},1500 \text{ m})$处，其总传播时间为 2 s。图 4-19
显示了 4 种 SFDM 在不同差分算子长度下的不同时刻的快照，其中图 4-19（a）～（d）和
图 4-19（e）～（h）中的差分算子长度分别等于 5 和 10。根据图 4-19，还可以得到与前面相同
的结论：在相同条件下，基于时空域频散关系的 LS-SFDM 与其他 3 种常规 SFDM 相比，可
以得到更好的模拟结果。将常规 TE-SFDM 在 $M=10$ 时的模拟结果与该时空域 LS-SFDM
在 $M=5$ 时的模拟结果进行对比，可以发现，后者的数值模拟结果仍然优于前者。这表明，
在相同的模拟精度下，基于时空域频散关系的 LS-SFDM 可以通过减小差分算子长度来减
少波场延拓的计算时间，而在相同的差分算子长度下，它可以提高 VSP-RTM 方法的波场
延拓模拟精度。

　　在对这个简单均匀模型的测试过程中，同时记录了 4 种不同 SFDM 的运行时间来评估
它们的计算效率。通过分析 4 种不同 SFDM 的特点，其计算时间可分为两部分：①计算相
应差分系数的时间；②对不同时刻的地震波场进行模拟的时间。对于这个简单的均匀模
型，表 4-2 列出了 4 种不同 SFDM 在不同差分算子长度下对应差分系数的计算时间。由
表 4-2 可知，3 种常规 SFDM 计算差分系数所消耗的计算时间可以忽略不计。然而，基于时
空域频散关系的 LS-SFDM 计算差分系数所消耗的时间随着差分算子长度的增加而急剧增

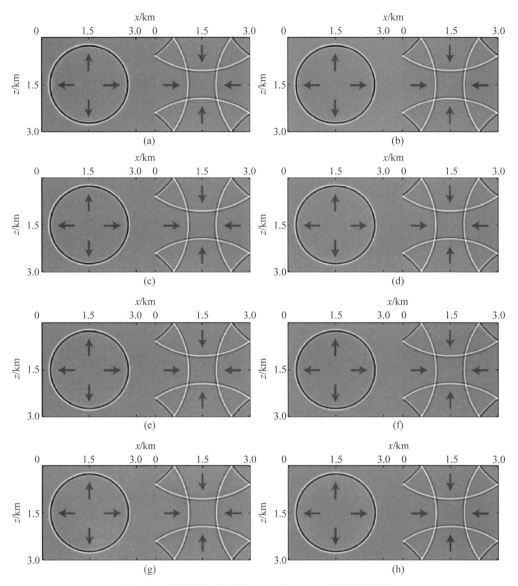

图 4-19　简单均匀模型在 0.9 s 和 1.8 s 时的波场快照

（a）基于空间域频散关系的 TE-SFDM，$M=5$；（b）基于时空域频散关系的 TE-SFDM，$M=5$；（c）基于空间域频散关系的 LS-SFDM，$M=5$；（d）基于时空域频散关系的 LS-SFDM，$M=5$；（e）基于空间域频散关系的 TE-SFDM，$M=10$；（f）基于时空域频散关系的 TE-SFDM，$M=10$；（g）基于空间域频散关系的 LS-SFDM，$M=10$；（h）基于时空域频散关系的 LS-SFDM，$M=10$

加。图 4-20 展示了 4 种不同 SFDM 在不同差分算子长度下地震波场模拟的计算时间。如图 4-20 所示，随着差分算子长度的增加，4 种不同 SFDM 的计算成本也变高，且在相同差分算子长度下，基于时空域频散关系的 LS-SFDM 的计算时间比其他 3 种常规 SFDM 的计算时间长，但这个额外的时间消耗是可以接受的。总体而言，本节提出的基于时空域频散关系的 LS-SFDM 的计算成本高于其他的 3 种常规 SFDM。为了尽可能地减少其计算时间，需要先计算并存储给定模型所对应的等效 SFD 系数，然后，利用存储的等效 SFD 系数来实现 VSP 地震数据 RTM 方法的波场延拓过程。

表 4-2　4 种不同 SFDM 在不同差分算子长度下对应差分系数的计算时间

差分算子长度	基于空间域频散关系的 TE-SFDM/s	基于时空域频散关系的 TE-SFDM/s	基于空间域频散关系的 LS-SFDM/s	基于时空域频散关系的 LS-SFDM/s
$M=2$	0.0031	0.0032	0.0122	0.1408
$M=3$	0.0035	0.0037	0.0131	0.4942
$M=4$	0.0038	0.0040	0.0155	3.2570
$M=5$	0.0040	0.0041	0.0172	10.7080
$M=6$	0.0041	0.0042	0.0181	30.3779
$M=7$	0.0042	0.0043	0.0204	71.0399
$M=8$	0.0043	0.0045	0.0216	144.3922
$M=9$	0.0045	0.0046	0.0289	263.4622
$M=10$	0.0046	0.0048	0.0325	342.1367

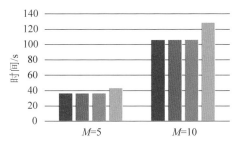

图 4-20　4 种不同 SFDM 在不同差分算子长度下地震波场模拟的计算时间

　　为了进一步对比和分析这 4 种不同 SFDM 对于复杂地质构造的适用性和模拟性能,利用 SEG/EAGE 盐丘模型进行检验。图 4-21 展示了复杂盐丘体模型的速度和密度。模型的其他参数如下: $N_x \times N_z = 3380$ m $\times 2100$ m, $h = 10$ m, $\Delta t = 1$ ms,震源子波为主频为 30 Hz 的雷克子波,其位置在 $(x,z) = (0$ m,0 m$)$,地震记录总时长为 2 s,正演模拟采用两种观测系统,分别为常规地面地震观测系统和 VSP 观测系统。对于常规地面地震观测系统,其检波器均匀布置在模型表面 $x = 0 \sim 3380$ m 的范围内,其中 $\Delta x = 10$ m。对于 VSP 观测系统,其检波器均匀布置在井口位置为 $(x,z) = (0$ m,0 m$)$ 的井中,排列范围为 $z = 0 \sim 2100$ m,其中 $\Delta z = 10$ m。图 4-22 和图 4-23 分别展示了该模型在 $M=5$ 时采用 4 种不同 SFDM 模拟的常规地面地震记录和 VSP 地震记录。如图 4-22 和 4-23 所示,无论是常规地面地震记录,还是 VSP 地震记录,由常规 TE-SFDM 生成的地震记录都存在严重的数值频散误差。常规基于空间域频散关系的 LS-SFDM 虽然可以有效地缓解这一现象,但数值频散误差仍然清晰可见。采用基于时空域频散关系的 LS-SFDM 时,其模拟地震记录的质量和精度在所有地震记录中都是最高的,这表明该方法可以更有效地减小频散误差,提高模拟精度。对比图 4-22 和图 4-23 可以发现,VSP 地震数据比常规地面地震数据包含更丰富的波场信息,如下行波场。根据上述两个模型的模拟结果,可以得到以下两个结论:①基于时空域频散关系的 LS-SFDM 可以更有效地提高数值模拟波场的质量和精度；②VSP 地震数据由于包含更丰富的地震波场信息,更有利于地下复杂地质构造的准确识别。

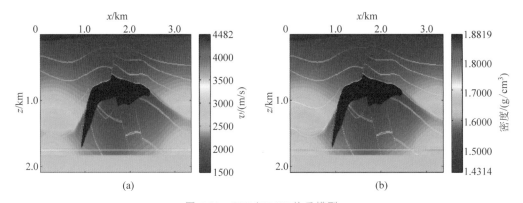

图 4-21　SEG/EAGE 盐丘模型

（a）速度；（b）密度

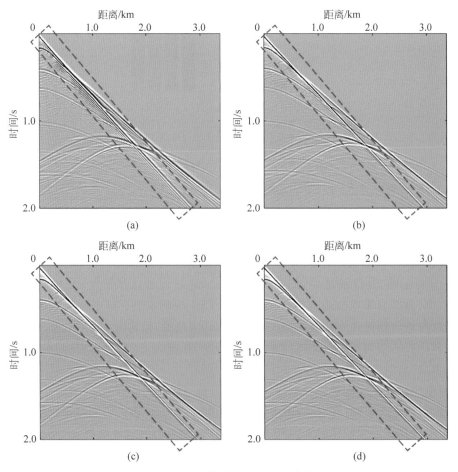

图 4-22　SEG/EAGE 盐丘模型的常规地面地震记录（$M=5$）

（a）基于空间域频散关系的 TE-SFDM；（b）基于时空域频散关系的 TE-SFDM；（c）基于空间域
频散关系的 LS-SFDM；（d）基于时空域频散关系的 LS-SFDM

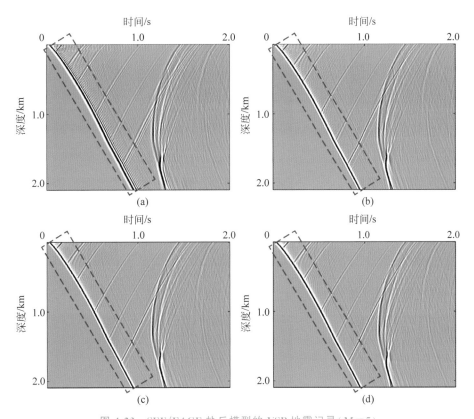

图 4-23 SEF/EAGE 盐丘模型的 VSP 地震记录（$M=5$）

(a) 基于空间域频散关系的 TE-SFDM；(b) 基于时空域频散关系的 TE-SFDM；(c) 基于空间域频散关系的 LS-SFDM；(d) 基于时空域频散关系的 LS-SFDM

接下来建立一个多层模型来论证 PML 吸收边界和有效边界存储策略的有效性。模型的速度和密度如图 4-24 所示。该模型其他参数如下：$N_x \times N_z = 3000$ m $\times 3000$ m，$h=10$ m，$\Delta t = 1$ ms，震源子波是主频为 15 Hz 的雷克子波，其位置在（x,z）=（1500 m，1500 m），地震波传播总时间为 3 s。对于该模型的正演模拟，PML 吸收边界包含 50 个网格点，C 部分（有效边界存储策略）的网格点数等于 $2M=10$。图 4-25 展示了利用基于时空域频散关系的 LS-SFDM 模拟的该多层模型在不同时刻的波场快照。从图 4-25 可以看

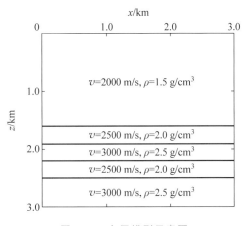

图 4-24 多层模型示意图

出，地震波到达模型边界时被极大地吸收，这说明 PML 吸收边界可以极大地削弱人工边界反射对有效地震波场信息的影响。此外，正演波场波形与同时刻重建波场波形的一致性很好，它们之间的数值差异也很小，这说明联合使用 PML 吸收边界和有效边界存储策略可以准确地重建初始震源波场。两者的联合使用可以有效地降低 RTM 方法的存储需求。

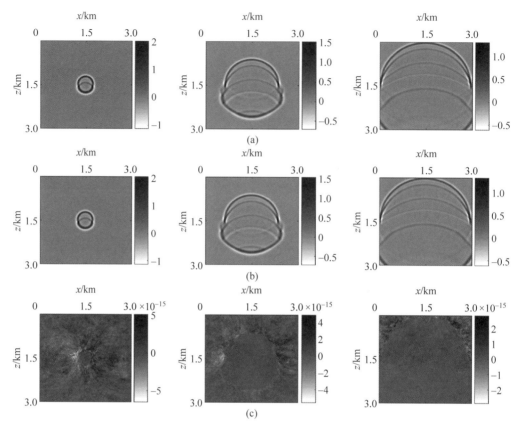

图 4-25　多层模型在 0.2 s、0.5 s 和 0.8 s 时刻的波场快照

(a) 初始震源波场；(b) 重构震源波场；(c) 两者之间的差异

4.2.2.2　VSP-RTM 实例

在 4.2.2.1 节中，通过建立不同的模型对 RTM 方法的一些方面进行了测试和分析，比如用于波场延拓的 SFDM、边界条件和存储策略等。接下来，使用两个不同的模型来验证 VSP-RTM 方法的有效性和可行性，包括 SEG/EAGE 盐丘模型和 Hess 模型。

对于 SEG/EAGE 盐丘模型的 RTM 过程，利用常规地面地震观测系统和 VSP 观测系统对比了它们 RTM 结果的差异。对于前者，其检波器均匀布置在模型表面 $x = 0 \sim 3380$ m 的范围内，其中 $\Delta x = 10$ m。对于后者，其检波器均匀布置在井口位置为 $(x, z) = (0$ m，0 m) 和 $(x, z) = (3380$ m，0 m) 的两口井中，布置范围为 $z = 0 \sim 2100$ m，其中 $\Delta z = 10$ m。两个不同观测系统均将主频为 15 Hz 的雷克子波作为震源，它们均匀分布在模型表面 $x = 0 \sim 3380$ m 的范围内，其中 $\Delta x = 30$ m，共有 113 个震源。地震波传播总时间为 4 s，模型其他参数与前文提到的多层模型一致。图 4-26 分别展示了该 SEG/EAGE 盐丘模型的常规地面地震数据和 VSP 地震数据的 RTM 结果。从图 4-26 可以看出，VSP 地震数据的 RTM 结果清晰、准确地反映了该 SEG/EAGE 盐丘模型的构造形态和特征，比基于常规地面地震数据的 RTM 结果更准确，尤其对于大倾角构造。

图 4-27 展示了 Hess 模型的速度和密度，其他参数如下：$N_x \times N_z = 6000$ m$\times 5000$ m，

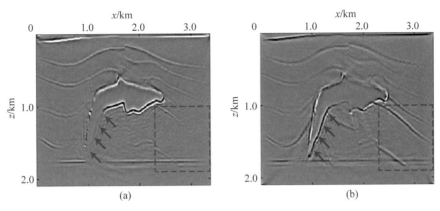

图 4-26　SEG/EAGE 盐丘模型的 RTM 结果

（a）常规地面地震数据；（b）VSP 地震数据

$h=20$ m，$\Delta t=1$ ms，地震记录总时间长度为 6 s。对于该 Hess 模型的 RTM 测试，常规地面地震观测系统的检波器均匀分布在模型表面 $x=0\sim6000$ m 的范围内，其中 $\Delta x=20$ m。VSP 观测系统的检波器均匀布置在井口位置为 $(x,z)=(0$ m，0 m）和 $(x,z)=(6000$ m，0 m）的两口井处，布置范围为 $z=0\sim5000$ m，其中 $\Delta z=20$ m。在模型表面 $x=0\sim6000$ m 的范围内均匀布置间隔为 $\Delta x=60$ m 的震源，共计 101 个，震源子波为主频为 15 Hz 的雷克子波。图 4-28 展示了该 Hess 模型在未切除直达波情况下的常规地面地震数据和 VSP 数据的 RTM 结果。根据图 4-28 可以发现，与常规地面地震数据的 RTM 结果相比，VSP 地震数据的 RTM 结果可以更准确地刻画该 Hess 模型的构造特征，尤其是在地层倾角较大的构造以及高速异常体的下伏构造。图 4-29 显示了该 Hess 模型在切除直达波情况下所对应的 RTM 结果。从图 4-28 和图 4-29 可以看出，对于被红色矩形包围的大倾角构造，无论是否保留直达波，常规地面地震数据的 RTM 方法都能准确识别该构造，但是 VSP 地震数据的 RTM 方法仅在保留直达波的情况下才能准确地识别该构造。根据分析，对于常规地面地震观测系统，一次反射波和多次波可能对该构造的成像结果都有贡献，而对于 VSP 观测系统的成像结果而言直达波可能是一个有利因素，这表明直达波有可能改善 VSP 地震数据的 RTM 结果。因此，在应用 VSP-RTM 方法时，应尽量保留直达波，以提高其成像质量和精度。

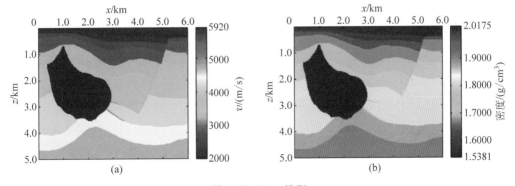

图 4-27　Hess 模型

（a）速度；（b）密度

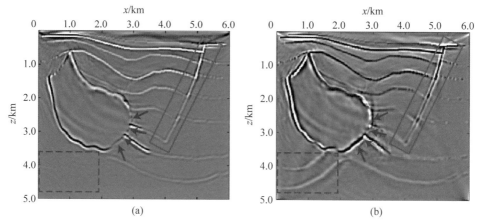

图4-28 Hess模型在未切除直达波情况下的RTM结果

（a）常规地面地震数据；（b）VSP地震数据

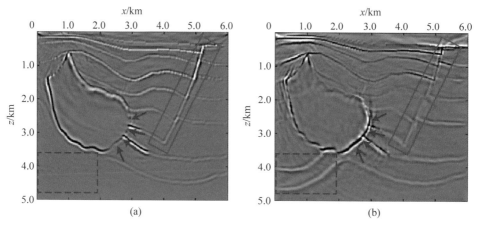

图4-29 Hess模型在切除直达波情况下的RTM结果

（a）常规地面地震数据；（b）VSP地震数据

以上两个模型的RTM结果验证了本节所提的VSP-RTM方法的有效性和可行性。从这些RTM结果来看，VSP地震数据的RTM方法比基于常规地面地震数据的RTM方法能更准确地识别地下复杂地质构造，如大倾角构造、高速异常体下伏构造等。

4.2.3 结论

本节针对复杂地下地质构造的准确成像，提出了基于变密度声波方程的VSP地震数据RTM方法。对于VSP-RTM方法，主要讨论了它的几个方面，包括波场延拓、边界条件和存储策略。对于VSP-RTM方法的波场延拓，主要采用基于时空域频散关系的LS-SFDM来实现这一过程，以提高数值模拟精度。不同模型实例表明，在相同的差分算子长度和地震波传播角度等条件下，与常规SFDM相比，该优化时空域LS-SFDM具有更小的频散误差和更高的模拟精度。针对人工边界反射和震源波场巨大的存储需求，在VSP-RTM方法中联合使用PML吸收边界和有效边界存储策略来缓解这两个问题。模型实例表明，PML吸收边界可以有效地压制人工边界反射，有效边界存储策略可以大大降低VSP-RTM方法的存储需求,利用少量的震源波场就可以准确地重建出初始震源波场。在 VSP-RTM 方法中,为了获得高精度的 RTM 结果,采用震源归一化零延迟互相关成像条件进行正向、反向延拓波场的成像计算,并采用拉普拉斯滤波法压制低频成像噪声。两个模型实例验证了本节所提的 VSP-RTM 方法的有效性和可行性,其成像结果表明,该 VSP-RTM 方法与基于常规地面地震数据的 RTM 方法相比,能够更加准确地识别复杂地下地质构造。

4.3 解耦弹性波方程的弹性波逆时偏移

由于逆时偏移方法(RTM)具有不受倾角限制、对任何复杂模型适应性强等优点,因此其目前已被广泛证实是一种适用于复杂地质构造的优秀偏移算法[40]。除了可以通过传统声波 RTM 成像获得的 PP 成像剖面之外,弹性逆时偏移方法(elastic reverse time migration method,ERTM)还可以提供 3 种额外类型的深度成像剖面,包括 PS、SP 和 SS 深度成像剖面[185]。多波深度成像结果的存在可以为识别和解释地下复杂地质构造提供更多的信息,因为多分量地震数据包含更多来自地下构造的反射信息。近几十年来,弹性逆时偏移方法得到了极大的关注和快速的发展,有效地促进了多分量地震勘探的发展。

类似于传统的声波逆时偏移方法,弹性逆时偏移方法仍然需要执行 3 个过程:①利用给定的弹性模型和地震子波模拟生成弹性震源波场;②利用相同的弹性模型以及多分量地震数据重建弹性检波点波场;③根据适当的成像条件,使用上述两个延拓的波场来计算多波深度成像结果。由于多分量地震数据包含 P 波场、S 波场和转换波场,与传统声波逆时偏移方法相比,弹性逆时偏移方法存在一个严重的问题:耦合的 P 波场和 S 波场之间互相关成像计算会在弹性逆时偏移结果中带来一些串扰伪像[186]。例如,Chang 等[46,86]在二维和三维空间中不分离 P 波和 S 波的情况下实现了弹性逆时偏移过程。尽管这些成像结果比传统声波逆时偏移成像结果更纯净、更准确,但这些成像结果包含了明显的串扰伪像。为了避免这个问题,弹性逆时偏移方法通常需要在利用互相关成像条件之前从耦合的弹性波场中分解出不同模式的波场[89]。

在弹性波场延拓过程中,有 2 种常用的方法来实现 P 波场和 S 波场的相互解耦。第一种常用的方法是亥姆霍兹分解,理论上可以将其视为散度和旋度算子[187]。然而,这种方式有两个严重的缺陷,这将严重影响弹性逆时偏移成像结果的正确性和合理性:一个是它会破坏不同分离波场的振幅和相位特征[188];另一个是对应的 PS 和 SP 成像结果会出现极性反转问题[57]。在过去几十年里,不同的学者分别对前者提出了自己的校正方法[57,189-190]和对后者提出了对应的解决措施[191-192],大大提高了基于亥姆霍兹分解的弹性逆时偏移成像结果。第二种常用的方法是基于解耦弹性波方程的解耦波场延拓。该方法最早由马德堂和朱光明于 2003 年提出,近年来不同学者对其进行了改进并应用于弹性逆时偏移方法中[185,193-197]。与亥姆霍兹分解相比,解耦波场延拓的主要优点是准确地保留了分离波场的物理意义、振幅和相位特征[198-199],因此,在本节中我们应用它来有效地实现弹性逆时偏移的弹性波场延拓和分解。

在解耦传播的基础上,通过离散求解解耦的弹性波方程,可以有效地模拟不同时间的解耦的 P 波场和 S 波场,并且波场延拓和分解的精度在很大程度上决定了弹性逆时偏移方法的成像精度[200]。目前,在波动方程的基础上,有限差分法(FDM)被广泛应用于模拟不同时刻的地震波场[170-171]。在有限差分法的研究过程中,模拟精度和计算效率是实际应用的两个关键因素。例如,交错网格有限差分法[117-118]现在比有限差分法更常用于地震模拟,因为它对非均匀介质具有更高的计算精度和更强的适应性[201-202]。有限差分法有两个重要因素,包括差分算子长度和差分系数,大量研究表明,较大的差分算子长度可以有效地生成更准确的计算结果。在这些研究中,还全面讨论了相应的最优差分系数,以进一步提高模拟精度。目前,有两种常用的策略来确定不同的差分系数。第一种策略是使用泰勒级数展开方法来展开不同的频散方程,并比较多项式系数来确定差分系数[173-174,184,203]。不同差分系数可以通过利用有效的优化方法来优化由不同频散方程构建的目标函数,例如,线性或非线性最小二乘方法[124,176-177,204-206]。特别是,对于弹性正演建模,应该同时有效地抑制不同模式波的数值频散,以提高其模拟精度。第二种策略是 Ren 等[178]提出的一种基于弹性波耦合方程的最优交错网格有限差分法,该方法使用最小二乘法最小化由 P 波和 S 波的时空域频散方程共同构建的目标函数,以获得其相应的最优差分系数。尽管这种最优交错网格有限差分法可以获得高精度的耦合弹性波场,但它不能准确地实现不同模式波的矢量解耦,也不能分别抑制其数值频散。

为了有效地实现弹性逆时偏移方法的多波成像,本节首先提出了一种基于解耦弹性波方程的高效、精确的最小二乘交错网格有限差分法。与 Ren 等[178]的方法不同,本节所提的方法可以定义两组不同的差分算子长度用于解耦的 P 波和 S 波模拟,并利用最小二乘法分别最小化由相应的 P 波时空域频散方程和 S 波时空域频散方程构建的两个目标函数来估计相应的最优差分系数,因此,它可以同时并分别抑制不同模式波的数值频散,最终生成高精度的解耦的 P 波场和 S 波场。此外,在给定的精度要求下,与基于泰勒级数展开的传统交错网格有限差分法(the conventional SFDM based on Taylor-series expansion, TESFDM)相比,本节所提的最小二乘交错网格有限差分法还可以通过为 P 波和 S 波定义更小的差分算子长度来减少弹性波场模拟的计算时间。其次,深入讨论了本节提出的基于解耦弹性波方程的最小二乘交错网格有限差分法在弹性逆时偏移方法中的应用,并提出了一种快速准确的弹性逆时偏移方法,成功地获得了不同模式波的深度成像结果,包括 PP、PS、SP 和 SS 成像结果。最后,通过一些典型的数值算例验证了以上方法的有效性和可行性。

4.3.1 基本原理

ERTM 的实现包括以下几个关键步骤:弹性波场延拓和分解以及成像条件,它们在很大程度上决定了 ERTM 的精度。本节首先简要介绍解耦弹性波方程;其次,全面推导其 SFDM 差分格式以及相应的时空域差分系数计算公式;最后,在上述两个研究的基础上,详细描述 ERTM 的原理和实现步骤。

4.3.1.1 解耦弹性波方程

地震波场延拓本质上是利用波动方程对不同时刻的地震波场进行数值模拟。实际中,非均匀弹性介质的弹性波场模拟通常采用一阶速度-应力方程,其耦合表达式可描述为[119]

$$\rho \frac{\partial v_x}{\partial t} = \frac{\partial \sigma_{xx}}{\partial x} + \frac{\partial \sigma_{xz}}{\partial z}$$

(4-26)

$$\rho \frac{\partial v_z}{\partial t} = \frac{\partial \sigma_{xz}}{\partial x} + \frac{\partial \sigma_{zz}}{\partial z} \tag{4-27}$$

$$\frac{\partial \sigma_{xx}}{\partial t} = \left[(\lambda + 2\mu) \left(\frac{\partial v_x}{\partial x} + \frac{\partial v_z}{\partial z} \right) \right] - 2\mu \frac{\partial v_z}{\partial z} \tag{4-28}$$

$$\frac{\partial \sigma_{zz}}{\partial t} = \left[(\lambda + 2\mu) \left(\frac{\partial v_x}{\partial x} + \frac{\partial v_z}{\partial z} \right) \right] - 2\mu \frac{\partial v_x}{\partial x} \tag{4-29}$$

$$\frac{\partial \sigma_{xz}}{\partial t} = \mu \left(\frac{\partial v_x}{\partial z} + \frac{\partial v_z}{\partial x} \right) \tag{4-30}$$

其中，(v_x, v_z) 是全弹性波的速度分量；$(\sigma_{xx}, \sigma_{xz}, \sigma_{zz})$ 是全弹性波的应力分量；(λ, μ) 是弹性介质的拉梅系数；ρ 是弹性介质的密度。耦合 P 波和 S 波波场可以利用有限差分法离散求解方程(4-26)～方程(4-30)来模拟获得，但是这些耦合弹性波场不能直接应用于 ERTM 的多波成像。在震源波场和检波点波场互相关计算之前，这些模拟的全弹性波场应该精确地分离为解耦的 P 波波场和 S 波波场。

为此，有学者[207]利用一组解耦弹性波方程提出了一种 P 波和 S 波的矢量波场分解方法。对于上述耦合表达式，本节将全速度和应力分量分别分解为 P 波和 S 波的速度和应力分量，其解耦表达式可以改写为

$$\rho \frac{\partial v_{x_P}}{\partial t} = \frac{\partial \sigma_P}{\partial x} \tag{4-31}$$

$$\rho \frac{\partial v_{z_P}}{\partial t} = \frac{\partial \sigma_P}{\partial z} \tag{4-32}$$

$$\frac{\partial \sigma_P}{\partial t} = (\lambda + 2\mu) \left(\frac{\partial v_x}{\partial x} + \frac{\partial v_z}{\partial z} \right) \tag{4-33}$$

$$\rho \frac{\partial v_{x_S}}{\partial t} = \frac{\partial \sigma_{xx_S}}{\partial x} + \frac{\partial \sigma_{xz_S}}{\partial z} \tag{4-34}$$

$$\rho \frac{\partial v_{z_S}}{\partial t} = \frac{\partial \sigma_{xz_S}}{\partial x} + \frac{\partial \sigma_{zz_S}}{\partial z} \tag{4-35}$$

$$\frac{\partial \sigma_{xx_S}}{\partial t} = -2\mu \frac{\partial v_z}{\partial z} \tag{4-36}$$

$$\frac{\partial \sigma_{zz_S}}{\partial t} = -2\mu \frac{\partial v_x}{\partial x} \tag{4-37}$$

$$\frac{\partial \sigma_{xz_S}}{\partial t} = \mu \left(\frac{\partial v_x}{\partial z} + \frac{\partial v_z}{\partial x} \right) \tag{4-38}$$

$$v_x = v_{x_P} + v_{x_S} \tag{4-39}$$

$$v_z = v_{z_P} + v_{z_S} \tag{4-40}$$

其中，σ_P 是用于替换 σ_{xx} 和 σ_{zz} 的替换变量；$(v_{x_P}, v_{z_P}, v_{x_S}, v_{z_S})$ 是 P 波和 S 波的速度分量；$(\sigma_{xx_S}, \sigma_{xz_S}, \sigma_{zz_S})$ 是 S 波的应力分量。

4.3.1.2　有限差分格式

应用 SFDM 离散求解方程(4-31)～方程(4-40)，可以模拟不同时刻解耦的 P 波和 S 波

的波场。通常,由一种类型波的频散方程所计算的差分系数只能压制其相应类型波的数值频散,所以仅使用一组差分系数的常规 SFDM 对转换波的模拟精度难以满足实际要求。考虑到不同类型波的数值频散压制问题,进一步提高弹性波地震模拟的精度,Ren 等[178] 在方程(4-26)~方程(4-30)的基础上提出了一种基于 LS 的优化 SFDM,其差分系数是通过优化由 P 波和 S 波的时空域频散方程联合构建的目标函数而得到的。但该方法只能生成耦合的弹性地震波场,无法直接应用于 ERTM 来分别获取多波深度成像结果。为了有效地克服这一问题,生成高精度的多模式波场,本节提出一种基于方程(4-31)~方程(4-40)的高效、精确的 SFDM,该方法可以有效实现弹性地震波场的矢量分解,同时提高 P 波、S 波波场的数值模拟精度。因此,本节所提的 SFDM 更适用于 ERTM 并且能够有效地获取 PP、PS、SP 和 SS 的深度成像结果。下面详细介绍该方法。

利用 SFDM 离散求解解耦的弹性波方程[117-118,178],对应的应力和速度分量的差分格式可以分别表示为

$$
\frac{\sigma_{P(i+\frac{1}{2},j)}^{n+\frac{1}{2}} - \sigma_{P(i+\frac{1}{2},j)}^{n-\frac{1}{2}}}{\Delta t} = \frac{1}{h}\sum_{m_P=1}^{M_P} a_{m_P}\left\{(\lambda+2\mu)_{(i+\frac{1}{2},j)}\left[v_{x(i+m_P,j)}^n - v_{x(i-m_P+1,j)}^n + \right.\right.
$$
$$
\left.\left. v_{z(i+\frac{1}{2},j+m_P-\frac{1}{2})}^n - v_{z(i+\frac{1}{2},j-m_P+\frac{1}{2})}^n \right]\right\} \tag{4-41}
$$

$$
\rho_{(i,j)}\frac{v_{x_P(i,j)}^{n+1} - v_{x_P(i,j)}^n}{\Delta t} = \frac{1}{h}\sum_{m=1}^{M_P} a_{m_P}\left[\sigma_{P(i+m_P-\frac{1}{2},j)}^{n+\frac{1}{2}} - \sigma_{P(i-m_P+\frac{1}{2},j)}^{n+\frac{1}{2}}\right] \tag{4-42}
$$

$$
\rho_{(i+\frac{1}{2},j+\frac{1}{2})}\frac{v_{z_P(i+\frac{1}{2},j+\frac{1}{2})}^{n+1} - v_{z_P(i+\frac{1}{2},j+\frac{1}{2})}^n}{\Delta t} = \frac{1}{h}\sum_{m_P=1}^{M_P} a_{m_P}\left[\sigma_{P(i+\frac{1}{2},j+m_P)}^{n+\frac{1}{2}} - \sigma_{P(i+\frac{1}{2},j-m_P+1)}^{n+\frac{1}{2}}\right]
$$
$$
\tag{4-43}
$$

$$
\frac{\sigma_{xx_S(i+\frac{1}{2},j)}^{n+\frac{1}{2}} - \sigma_{xx_S(i+\frac{1}{2},j)}^{n-\frac{1}{2}}}{\Delta t} = \frac{1}{h}\sum_{m_S=1}^{M_S} a_{m_S}\left\{-2\mu_{(i+\frac{1}{2},j)}\left[v_{z(i+\frac{1}{2},j+m_S-\frac{1}{2})}^n - v_{z(i+\frac{1}{2},j-m_S+\frac{1}{2})}^n\right]\right\}
$$
$$
\tag{4-44}
$$

$$
\frac{\sigma_{zz_S(i+\frac{1}{2},j)}^{n+\frac{1}{2}} - \sigma_{zz_S(i+\frac{1}{2},j)}^{n-\frac{1}{2}}}{\Delta t} = \frac{1}{h}\sum_{m_S=1}^{M_S} a_{m_S}\left\{-2\mu_{(i+\frac{1}{2},j)}\left[v_{x(i+m_S,j)}^n - v_{x(i-m_S+1,j)}^n\right]\right\}
$$
$$
\tag{4-45}
$$

$$
\sigma_{xz_S(i,j+\frac{1}{2})}^{n+\frac{1}{2}} - \sigma_{xz_S(i,j+\frac{1}{2})}^{n-\frac{1}{2}} = \frac{1}{h}\sum_{m_S=1}^{M_S} a_{m_S}\left\{\mu_{(i,j+\frac{1}{2})}\left[v_{x(i,j+m_S)}^n - v_{x(i,j-m_S+1)}^n + \right.\right.
$$
$$
\left.\left. v_{z(i+m_S-\frac{1}{2},j+\frac{1}{2})}^n - v_{z(i-m_S+\frac{1}{2},j+\frac{1}{2})}^n\right]\right\} \tag{4-46}
$$

$$
\rho_{(i,j)}\frac{v_{x_S(i,j)}^{n+1} - v_{x_S(i,j)}^n}{\Delta t} = \frac{1}{h}\sum_{m_S=1}^{M_S} a_{m_S}\left[\sigma_{xx_S(i+m_S-\frac{1}{2},j)}^{n+\frac{1}{2}} - \sigma_{xx_S(i-m_S+\frac{1}{2},j)}^{n+\frac{1}{2}} + \right.
$$
$$
\left. \sigma_{xz_S(i,j+m_S-\frac{1}{2})}^{n+\frac{1}{2}} - \sigma_{xz_S(i,j-m_S+\frac{1}{2})}^{n+\frac{1}{2}}\right] \tag{4-47}
$$

$$\rho_{(i+\frac{1}{2},j+\frac{1}{2})}\frac{v_{z_S(i+\frac{1}{2},j+\frac{1}{2})}^{n+1}-v_{z_S(i+\frac{1}{2},j+\frac{1}{2})}^{n}}{\Delta t}$$

$$=\frac{1}{h}\sum_{m_S=1}^{M_S}a_{m_S}\left[\sigma_{xz_S(i+m_S,j+\frac{1}{2})}^{n+\frac{1}{2}}-\sigma_{xz_S(i-m_S+1,j+\frac{1}{2})}^{n+\frac{1}{2}}+\sigma_{zz_S(i+\frac{1}{2},j+m_S)}^{n+\frac{1}{2}}-\sigma_{zz_S(i+\frac{1}{2},j-m_S+1)}^{n+\frac{1}{2}}\right]$$

$$(4\text{-}48)$$

其中，Δt 为时间网格大小；h 为空间网格大小；(M_P,M_S) 为 P 波和 S 波的差分算子长度；(a_{m_P},a_{m_S}) 为 P 波和 S 波的差分系数。

与 Ren 等[178]的方法不同，本章分别使用不同的差分算子长度和差分系数来同时压制 P 波和 S 波的数值频散，这种策略有利于提高 ERTM 的性能。将方程（4-41）代入方程（4-42）～方程（4-43），将方程（4-44）～方程（4-46）代入方程（4-47）～方程（4-48），然后消除应力分量，得到新的 SFDM 差分格式，可以分别表示为

$$v_{x_P(i,j)}^{n+1}=2v_{x_P(i,j)}^n-v_{x_P(i,j)}^{n-1}+\frac{\Delta t^2}{\rho_{(i,j)}h^2}\sum_{l_P=1}^{M_P}\sum_{m_P=1}^{M_P}a_{l_P}a_{m_P}\times$$

$$\{(\lambda+2\mu)_{(i+l_P-1/2,j)}[v_{x(i+m_P+l_P-1,j)}^n-v_{x(i-m_P+l_P,j)}^n]-$$

$$(\lambda+2\mu)_{(i-l_P+1/2,j)}[v_{x(i+m_P-l_P,j)}^n-v_{x(i-m_P-l_P+1,j)}^n]+$$

$$(\lambda+2\mu)_{(i+l_P-1/2,j)}[v_{z(i+l_P-1/2,j+m_P-1/2)}^n-v_{z(i+l_P-1/2,j-m_P+1/2)}^n]-$$

$$(\lambda+2\mu)_{(i-l_P+1/2,j)}[v_{z(i-l_P+1/2,j+m_P-1/2)}^n-v_{z(i-l_P+1/2,j-m_P+1/2)}^n]\}$$

$$(4\text{-}49)$$

$$v_{z_P(i+1/2,j+1/2)}^{n+1}=2v_{z_P(i+1/2,j+1/2)}^n-v_{z_P(i+1/2,j+1/2)}^{n-1}+\frac{\Delta t^2}{\rho_{(i+1/2,j+1/2)}h^2}\sum_{l_P=1}^{M_P}\sum_{m_P=1}^{M_P}a_{l_P}a_{m_P}\times$$

$$\{(\lambda+2\mu)_{(i+1/2,j+l_P)}[v_{x(i+m_P,j+l_P)}^n-v_{x(i-m_P+1,j+l_P)}^n]-$$

$$(\lambda+2\mu)_{(i+1/2,j-l_P+1)}[v_{x(i+m_P,j-l_P+1)}^n-v_{x(i-m_P+1,j-l_P+1)}^n]+$$

$$(\lambda+2\mu)_{(i+1/2,j+l_P)}[v_{z(i+1/2,j+m_P+l_P-1/2)}^n-v_{z(i+1/2,j-m_P+l_P+1/2)}^n]-$$

$$(\lambda+2\mu)_{(i+1/2,j-l_P+1)}[v_{z(i+1/2,j+m_P-l_P+1/2)}^n-v_{z(i+1/2,j-m_P-l_P+3/2)}^n]\}$$

$$(4\text{-}50)$$

$$v_{x_S(i,j)}^{n+1}=2v_{x_S(i,j)}^n-v_{x_S(i,j)}^{n-1}+\frac{\Delta t^2}{\rho_{(i,j)}h^2}\sum_{l_S=1}^{M_S}\sum_{m_S=1}^{M_S}a_{l_S}a_{m_S}\times$$

$$\{\mu_{(i,j+l_S-1/2)}[v_{x(i,j+m_S+l_S-1)}^n-v_{x(i,j-m_S+l_S)}^n]-$$

$$\mu_{(i,j-l_S+1/2)}[v_{x(i,j+m_S-l_S)}^n-v_{x(i,j-m_S-l_S+1)}^n]+$$

$$\mu_{(i,j+l_S-1/2)}[v_{z(i+m_S-1/2,j+l_S-1/2)}^n-v_{z(i-m_S+1/2,j+l_S-1/2)}^n]-$$

$$\mu_{(i,j-l_S+1/2)}[v_{z(i+m_S-1/2,j-l_S+1/2)}^n-v_{z(i-m_S+1/2,j-l_S+1/2)}^n]-$$

$$2\mu_{(i+l_S-1/2,j)}[v_{z(i+l_S-1/2,j+m_S-1/2)}^n-v_{z(i+l_S-1/2,j-m_S+1/2)}^n]+$$

$$2\mu_{(i-l_S+1/2,j)}[v_{z(i-l_S+1/2,j+m_S-1/2)}^n-v_{z(i-l_S+1/2,j-m_S+1/2)}^n]\}$$

$$(4\text{-}51)$$

$$v_{z_S(i+1/2,j+1/2)}^{n+1} = 2v_{z_S(i+1/2,j+1/2)}^{n} - v_{z_S(i+1/2,j+1/2)}^{n-1} + \frac{\Delta t^2}{\rho_{(i+1/2,j+1/2)}h^2}\sum_{l_S=1}^{M_S}\sum_{m_S=1}^{M_S}a_{l_S}a_{m_S}\times$$

$$\{\mu_{(i+l_S,j+1/2)}[v_{x(i+l_S,j+m_S)}^{n} - v_{x(i+l_S,j-m_S+1)}^{n}] -$$

$$\mu_{(i-l_S+1,j+1/2)}[v_{x(i-l_S+1,j+m_S)}^{n} - v_{x(i-l_S+1,j-m_S+1)}^{n}] +$$

$$\mu_{(i+l_S,j+1/2)}[v_{z(i+m_S+l_S-1/2,j+1/2)}^{n} - v_{z(i-m_S+l_S+1/2,j+1/2)}^{n}] -$$

$$\mu_{(i-l_S+1,j+1/2)}[v_{z(i+m_S-l_S+1/2,j+1/2)}^{n} - v_{z(i-m_S-l_S+3/2,j+1/2)}^{n}] -$$

$$2\mu_{(i+1/2,j+l_S)}[v_{x(i+m_S,j+l_S)}^{n} - v_{x(i-m_S+1,j+l_S)}^{n}] +$$

$$2\mu_{(i+1/2,j-l_S+1)}[v_{x(i+m_S,j-l_S+1)}^{n} - v_{x(i-m_S+1,j-l_S+1)}^{n}]\} \tag{4-52}$$

其中,$(a_{l_P},a_{m_P},a_{l_S},a_{m_S})$分别是 P 波和 S 波的差分系数。

方程(4-49)~方程(4-52)可视为仅包含速度分量的等效 SFDM 差分格式,不仅与包含速度和应力分量的常规 SFDM 差分格式具有一样的模拟精度和算法稳定性,还能有效地减少波场延拓时的内存占用。因此,这些如方程(4-39)~方程(4-40)和方程(4-49)~方程(4-52)所示的等效 SFDM 差分格式,可以应用于本节所提的 ERTM 中,以减少内存消耗。

为了有效地压制频散误差,本节采用最优化方法来计算时空域差分系数,事实表明,它具有较高的模拟精度[178,206]。为了计算不同差分算子长度情形下解耦的 P 波、S 波波场,相应的时空域频散方程可以分别表示为

$$A_P + B_P \approx r_P^{-2}\sin^2(0.5\kappa r_P) \tag{4-53}$$

$$A_S + B_S \approx r_S^{-2}\sin^2(0.5\kappa r_S) \tag{4-54}$$

和

$$A_P = \Big\{\sum_{m=1}^{M_P}a_{m_P}\sin[(m-0.5)\kappa\cos\theta]\Big\}^2 \tag{4-55}$$

$$B_P = \Big\{\sum_{m=1}^{M_P}a_{m_P}\sin[(m-0.5)\kappa\sin\theta]\Big\}^2 \tag{4-56}$$

$$A_S = \Big\{\sum_{m=1}^{M_S}a_{m_S}\sin[(m-0.5)\kappa\cos\theta]\Big\}^2 \tag{4-57}$$

$$B_S = \Big\{\sum_{m=1}^{M_S}a_{m_S}\sin[(m-0.5)\kappa\sin\theta]\Big\}^2 \tag{4-58}$$

其中,$\kappa=kh$,$r_P=V_P\Delta t/h$,$r_S=V_S\Delta t/h$,(V_P,V_S)表示 P 波和 S 波的速度,θ 表示地震波的传播角度。

将 A_P,B_P,A_S,B_S 中的平方项进行展开,并简化方程(4-53)和方程(4-54),可以得到

$$\sum_{l_P=1}^{M_P}\sum_{m_P=l_P}^{M_P}a_{l_P}a_{m_P}\Phi_{l_Pm_P}(\kappa,\theta)-1\approx 0 \tag{4-59}$$

$$\sum_{l_S=1}^{M_P}\sum_{m_S=l_S}^{M_P}a_{l_P}a_{m_P}\Phi_{l_Sm_S}(\kappa,\theta)-1\approx 0 \tag{4-60}$$

和

$$\Phi_{l_P m_P}(\kappa,\theta) = q_{l_P m_P} \frac{\phi_{l_P}(\kappa,\theta)\phi_{m_P}(\kappa,\theta) + \psi_{l_P}(\kappa,\theta)\psi_{m_P}(\kappa,\theta)}{r_P^{-2}\sin^2(0.5\kappa r_P)} \tag{4-61}$$

$$\Phi_{l_S m_S}(\kappa,\theta) = q_{l_S m_S} \frac{\phi_{l_S}(\kappa,\theta)\phi_{m_S}(\kappa,\theta) + \psi_{l_S}(\kappa,\theta)\psi_{m_S}(\kappa,\theta)}{r_S^{-2}\sin^2(0.5\kappa r_S)} \tag{4-62}$$

$$\phi_{m_P}(\kappa,\theta) = \phi_{m_S}(\kappa,\theta) = \sin[(m-0.5)\kappa\cos\theta] \tag{4-63}$$

$$\psi_{m_P}(\kappa,\theta) = \psi_{m_S}(\kappa,\theta) = \sin[(m-0.5)\kappa\sin\theta] \tag{4-64}$$

$$q_{l_P m_P} = q_{l_S m_S} = \begin{cases} 1, & l_P = m_P \quad \text{或} \quad l_S = m_S \\ 2, & l_P \neq m_P \quad \text{或} \quad l_S \neq m_S \end{cases} \tag{4-65}$$

方程(4-59)和方程(4-60)分别表示关于 P 波和 S 波差分系数的另一种非线性函数,因此很难通过直接求解方程(4-59)和方程(4-60)来准确求取相应的差分系数 a_{m_P} 和 a_{m_S}。为了解决这个问题,本节拓展 Ren 等[178]提出的变量替换法来处理该非线性函数,因此上述方程可以分别改写为:

$$\sum_{l_P=1}^{M_P}\sum_{m_P=l_P}^{M_P} b_{Po}\Phi_{l_P m_P}(\kappa,\theta) - 1 \approx 0 \tag{4-66}$$

$$\sum_{l_S=1}^{M_S}\sum_{m_S=l_S}^{M_S} b_{So}\Phi_{l_S m_S}(\kappa,\theta) - 1 \approx 0 \tag{4-67}$$

和

$$b_{Po} = a_{l_P} a_{m_P}, \quad P_o = \frac{2M_P + 2 - l_P}{2} + (m_P + 1 - l_P), \quad l_P = 1, 2, \cdots, M_P;$$
$$m_P = l_P, l_P + 1, \cdots, M_P \tag{4-68}$$

$$b_{So} = a_{l_S} a_{m_S}, \quad S_o = \frac{2M_S + 2 - l_S}{2} + (m_S + 1 - l_S), \quad l_S = 1, 2, \cdots, M_S;$$
$$m_S = l_S, l_S + 1, \cdots, M_S \tag{4-69}$$

其中,b_{Po} 和 b_{So} 为替代变量,可分别视为 P 波和 S 波的等效差分系数。需要注意的是,通过变量替代法,如方程(4-59)和方程(4-60)所示的非线性函数可以转化为如方程(4-66)和方程(4-67)所示的两个线性凸函数。

为了同时求取 a_{m_P} 和 a_{m_S},可以使用有效的优化算法来优化上述线性凸函数。在本节工作中,采用 LS 理论有效地实现了这一目标,因此基于方程(4-66)和方程(4-67)构建的目标函数可以分别定义为

$$E_P(\kappa,\theta) = \int_0^{\kappa_P}\int_0^{2\pi} \Big(\sum_{l_P=1}^{M_P}\sum_{m_P=l_P}^{M_P} b_{Po}\Phi_{l_P m_P}(\kappa,\theta) - 1\Big)^2 \mathrm{d}\kappa\mathrm{d}\theta \tag{4-70}$$

$$E_S(\kappa,\theta) = \int_0^{\kappa_S}\int_0^{2\pi} \Big(\sum_{l_S=1}^{M_S}\sum_{m_S=l_S}^{M_S} b_{So}\Phi_{l_S m_S}(\kappa,\theta) - 1\Big)^2 \mathrm{d}\kappa\mathrm{d}\theta \tag{4-71}$$

和

$$\max_{\kappa \in [0,\kappa_P], \theta \in [0,2\pi]} \left| \sum_{l_P=1}^{M_P} \sum_{l_P=l_P}^{M_P} a_{l_P} a_{m_P} \Phi_{l_P m_P}(\kappa, \theta) - 1 \right| \leqslant \eta_P \tag{4-72}$$

$$\max_{\kappa \in [0,\kappa_S], \theta \in [0,2\pi]} \left| \sum_{l_S=1}^{M_S} \sum_{l_S=l_S}^{M_S} a_{l_S} a_{m_S} \Phi_{l_S m_S}(\kappa, \theta) - 1 \right| \leqslant \eta_S \tag{4-73}$$

其中,κ_P 和 κ_S 分别代表 P 波和 S 波对应满足以下条件 $\kappa_P \in [0,\pi]$ 或 $\kappa_S \in [0,\pi]$ 的最大值 κ;η_P 和 η_S 代表给定的 P 波和 S 波的最大误差。

$$\sum_{l_P=1}^{M_P} \sum_{m_P=l_P}^{M_P} b_{P_o} \int_0^{\kappa_P} \int_0^{2\pi} \Phi_{l_P m_P}(\kappa, \theta) \Phi_{l_{P_1} m_{P_1}}(\kappa, \theta) \, \mathrm{d}\kappa \mathrm{d}\theta = \int_0^{\kappa_P} \int_0^{2\pi} \Phi_{l_{P_1} m_{P_1}}(\kappa, \theta) \, \mathrm{d}\kappa \mathrm{d}\theta$$

$$l_{P_1} = 1, 2, \cdots, M_P, m_{P_1} = l_{P_1}, l_{P_1} + 1, \cdots, M_P \tag{4-74}$$

$$\sum_{l_S=1}^{M_S} \sum_{m_S=l_S}^{M_S} b_{S_o} \int_0^{\kappa_S} \int_0^{2\pi} \Phi_{l_S m_S}(\kappa, \theta) \Phi_{l_{S_1} m_{S_1}}(\kappa, \theta) \, \mathrm{d}\kappa \mathrm{d}\theta = \int_0^{\kappa_S} \int_0^{2\pi} \Phi_{l_{S_1} m_{S_1}}(\kappa, \theta) \, \mathrm{d}\kappa \mathrm{d}\theta$$

$$l_{S_1} = 1, 2, \cdots, M_S, m_{S_1} = l_{S_1}, l_{S_1} + 1, \cdots, M_S \tag{4-75}$$

值得注意的是,上述两个如方程(4-74)和方程(4-75)所示的线性矩阵方程分别有唯一解,因此,可以通过分别求解它们来求取等价差分系数 b_{P_o} 和 b_{S_o}。

在 4.3.1.1 节中,分别介绍了解耦弹性波方程及其 SFDM 差分格式和对应的时空域差分系数计算公式。利用本节所提的 SFDM,可以通过以下步骤实现 P 波和 S 波波场的数值模拟:

(1) 通过使用方程(4-74)和方程(4-75)对给定的弹性模型定义 (M_P, M_S),并求取 P 波和 S 波对应的 (a_{m_P}, a_{m_S});

(2) 结合上述 (M_P, M_S) 和相应的 (a_{m_P}, a_{m_S}),根据方程(4-49)~方程(4-52),从时间 $t = 0$ s 开始,分别计算出 $(v_{x_P}, v_{z_P}, v_{x_S}, v_{z_S})$;

(3) 根据方程(4-39)和方程(4-40)计算每个传播时刻的弹性波全波场 (v_x, v_z);

(4) 重复步骤(2)和步骤(3),直至达到最大时间。

数值频散是评价不同 SFDM 优劣的重要因素。为了评估 SFDM 的模拟精度,本节将 P 波和 S 波数值频散的误差参数分别定义为

$$\xi_P(\kappa, \theta, M_P) = \frac{h}{V_P} \left\{ \left[\frac{2}{r_P \kappa} \arcsin\left(\sqrt{\sum_{l_P=1}^{M_P} \sum_{m_P=l_P}^{M_P} b_{P_o} \Phi_{l_P m_P}(\kappa, \theta) \sin^2(0.5\kappa r_P)} \right) \right]^{-1} - 1 \right\}$$
$$\tag{4-76}$$

$$\xi_S(\kappa, \theta, M_S) = \frac{h}{V_S} \left\{ \left[\frac{2}{r_S \kappa} \arcsin\left(\sqrt{\sum_{l_S=1}^{M_P} \sum_{m_S=l_S}^{M_P} b_{S_o} \Phi_{l_S m_S}(\kappa, \theta) \sin^2(0.5\kappa r_S)} \right) \right]^{-1} - 1 \right\}$$
$$\tag{4-77}$$

其中,$\xi_P(\kappa, \theta, M_P)$ 和 $\xi_S(\kappa, \theta, M_S)$ 分别表示 P 波和 S 波的频散误差。显然,它们分别受 P 波和 S 波的波数、传播角度和差分算子长度的影响。根据方程(4-76)和方程(4-77),随着 ξ_P 或 ξ_S 远离零,相应模拟波场中的数值频散逐渐增大。

在弹性波模拟中还应考虑算法的稳定性。对于弹性波方程的 SFDM,P 波和 S 波的稳

定性条件可以分别描述为

$$r_P^2(A_P + B_P) \leqslant 1 \tag{4-78}$$

$$r_S^2(A_S + B_S) \leqslant 1 \tag{4-79}$$

基于方程(4-78)和方程(4-79)，本节所提的基于最小二乘优化的交错网格有限差分(the optimal SFDM based on least squares，LSSFDM)的稳定性条件可以分别改写为

$$r_P < \zeta_P, \quad \zeta_P = \frac{1}{\sqrt{2}} \left(\sqrt{\sum_{l_P=1}^{M_P} \sum_{m_P=l}^{M_P} |q_{l_P m_P} b_{P_o}|} \right)^{-1} \tag{4-80}$$

$$r_S < \zeta_S, \quad \zeta_S = \frac{1}{\sqrt{2}} \left(\sqrt{\sum_{l_S=1}^{M_S} \sum_{m_S=l}^{M_S} |q_{l_S m_S} b_{S_o}|} \right)^{-1} \tag{4-81}$$

其中，ζ_P 和 ζ_S 分别表示 P 波和 S 波的稳定性因子。根据方程(4-80)和方程(4-81)，随着 ζ_P 和 ζ_S 逐渐远离 1，基于解耦弹性波方程的优化时空域 LSSFDM 的算法稳定性变差。

4.3.1.3　弹性波逆时偏移

如 4.3.1.2 节所述，本节所提的基于解耦弹性波方程的优化时空域 LSSFDM 不仅可以模拟更精确的、解耦 P 波和 S 波波场，还可以通过定义不同的差分算子长度(M_P，M_S)来减少数值模拟的时间消耗。理论上，该方法可以很好地应用于 ERTM，准确地实现不同类型波场的延拓和分解，进而准确地获得多波深度成像结果。对应的 ERTM 原理和实现步骤如图 4-30 所示，它清晰地表明 ERTM 的原理仍然是震源波场(S_P，S_S)和检波点波场(R_P，R_S)进行互相关运算。为了最终实现多分量地震数据的 ERTM，应用 Du 等[185] 提出的如下成像条件可以有效地对多波解耦数据进行成像：

$$\text{Image}_{PP}(x,z) = \frac{\int_0^{T_{\text{duration}}} S_P(x,z,t) \cdot R_P(x,z,t) \mathrm{d}t}{\int_0^{T_{\text{duration}}} S_P(x,z,t) \cdot S_P(x,z,t) \mathrm{d}t} \tag{4-82}$$

$$\text{Image}_{PS}(x,z) = \frac{\int_0^{T_{\text{duration}}} S_P(x,z,t) \cdot R_S(x,z,t) \mathrm{d}t}{\int_0^{T_{\text{duration}}} S_P(x,z,t) \cdot S_P(x,z,t) \mathrm{d}t} \tag{4-83}$$

$$\text{Image}_{SP}(x,z) = \frac{\int_0^{T_{\text{duration}}} S_S(x,z,t) \cdot R_P(x,z,t) \mathrm{d}t}{\int_0^{T_{\text{duration}}} S_S(x,z,t) \cdot S_S(x,z,t) \mathrm{d}t} \tag{4-84}$$

$$\text{Image}_{SS}(x,z) = \frac{\int_0^{T_{\text{duration}}} S_S(x,z,t) \cdot R_S(x,z,t) \mathrm{d}t}{\int_0^{T_{\text{duration}}} S_S(x,z,t) \cdot S_S(x,z,t) \mathrm{d}t} \tag{4-85}$$

其中，(Image_{PP}，Image_{PS}，Image_{SP}，Image_{SS})表示 PP、PS、SP 和 SS 成像结果；T_{duration} 表示多分量地震数据的总持续时间。

4.3.2　数值实例

本节通过建立一些数值实例来验证所提方法的有效性和可行性。首先，利用两个均匀

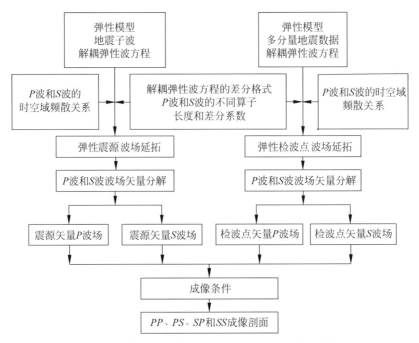

图 4-30　基于解耦弹性波方程的 ERTM 方法流程图

弹性介质模型和 Marmousi 模型讨论了不同 SFDM 的 P 波和 S 波波场的频散特性、算法稳定性和分解精度。然后,使用 Marmousi 模型和 SEG/EAGE 盐丘模型来检验本节所提的 ERTM 方法的成像性能。

4.3.2.1　波场模拟与分解的实例

本节首先建立了一个均匀的弹性介质模型(模型 A)来分析讨论本节涉及的不同 SFDM 的数值频散、算法稳定性和模拟精度,模型 A 的参数为 $r_P = 0.4$ 和 $r_S = 0.2$。图 4-31 和图 4-32 描述了当差分算子长度分别等于 3 和 5($M_P = M_S = 3$ 和 $M_P = M_S = 5$)时利用不同 SFDM(见表 4-3)计算得到的模型 A 的频散误差。如图 4-31 和图 4-32 所示,相同条件下 S 波的频散明显强于 P 波的频散。对于给定的 SFDM,其 P 波和 S 波的数值频散随着相应差分算子长度的增加而减小,并且在地震波的各个传播方向上是有差异的。由 P 波频散方程计算的差分系数会导致出现微弱的 P 波频散和强烈的 S 波频散。同样,由 S 波频散方程计算得到的差分系数会导致出现强烈的 P 波频散和微弱的 S 波频散。Ren 等[178] 得出的差分系数比本节所提的基于解耦弹性波方程的 SFDM 具有更大的数值频散,并且前者不能为 P 波和 S 波定义不同的差分算子长度。这些结论表明,应分别采用不同的差分算子长度和对应的差分系数进行弹性波波场的延拓和分解,并同时有效地提高 P 波和 S 波的模拟精度。此外,本节所提的基于解耦弹性波方程的 LSSFDM 比基于解耦弹性波方程的 TESFDM 具有更高的模拟精度和更大的波数范围,这更有利于压制不同类型波的数值频散。

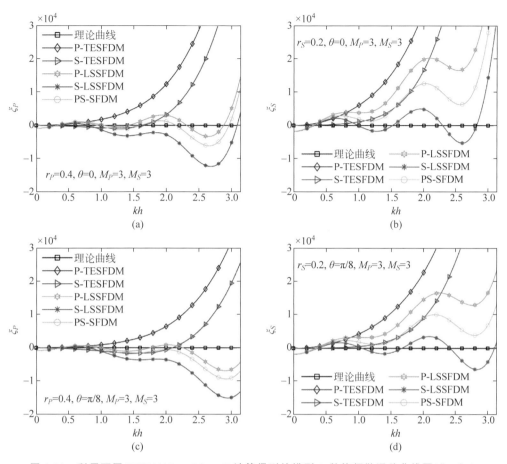

图 4-31　利用不同 SFDM（$M_P = M_S = 3$）计算得到的模型 A 数值频散误差曲线图（ξ_P，ξ_S）

（a）和（c）分别为传播角 $\theta = 0$ 和 $\theta = \pi/8$ 时 P 波的频散误差（ξ_P）；（b）和（d）分别是传播角 $\theta = 0$ 和 $\theta = \pi/8$ 时 S 波的频散误差（ξ_S）

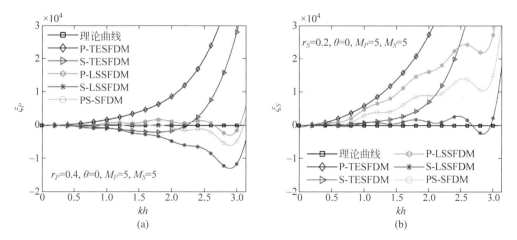

图 4-32　利用不同 SFDM（$M_P = M_S = 5$）计算得到的模型 A 数值频散误差曲线图（ξ_P，ξ_S）

（a）和（c）分别为传播角 $\theta = 0$ 和 $\theta = \pi/8$ 时 P 波的频散误差（ξ_P）；（b）和（d）分别是传播角 $\theta = 0$ 和 $\theta = \pi/8$ 时 S 波的频散误差（ξ_S）

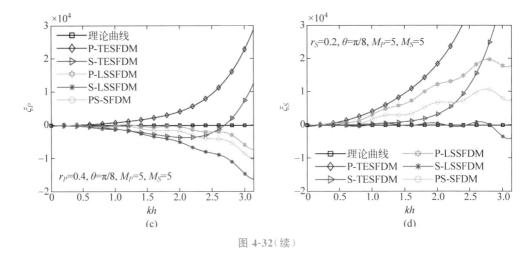

图 4-32（续）

表 4-3 图 4-31 和图 4-32 中不同 SFDM 的缩写

缩　　写	对应的 SFDM
P-TESFDM	基于解耦弹性波方程和 P 波时空域频散方程的 TESFDM
S-TESFDM	基于解耦弹性波方程和 S 波时空域频散方程的 TESFDM
P-LSSFDM	基于解耦弹性波方程和 P 波时空域频散方程的 LSSFDM
S-LSSFDM	基于解耦弹性波方程和 S 波时空域频散方程的 LSSFDM
PS-SFDM	基于耦合弹性波方程和 P 波、S 波时空域频散方程的 SFDM

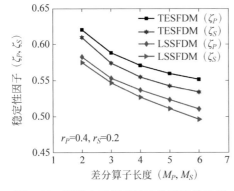

图 4-33 模型 A 不同 SFDM 的稳定性因子
(ζ_P,ζ_S) 的变化曲线

图 4-33 展示了模型 A 不同 SFDM 的稳定性因子 (ζ_P,ζ_S) 随差分算子长度 (M_P,M_S) 的变化情况。从图 4-33 中可以看出，对于同一种 SFDM，P 波和 S 波的稳定性分别随着相应差分算子长度的增加而逐渐变得不稳定。当 P 波的差分算子长度等于 S 波的差分算子长度时，在相同的 SFDM 中，S 波模拟的稳定性相对于 P 波模拟的稳定性要差，而本节所提的 LSSFDM 的稳定性相对于常规 TESFDM 的稳定性也变差。换言之，本节所提的基于解耦弹性波方程的 LSSFDM 具有更严格的稳定性条件。因此，对于给定的弹性模型，特别是 S 波模拟，首先应定义合适的空间网格大小和时间网格大小，以保证数值模拟过程的稳定性，因为通常需要较大的 S 波差分算子长度才能有效地压制 S 波的数值频散。

接着使用另一个均匀弹性介质模型（模型 B）来验证本节所提的 LSSFDM 在弹性波场延拓和分解中的适用性。模型 B 的参数为：模型大小 $x \times z = 3 \text{ km} \times 3 \text{ km}$，$V_P = 2.5 \text{ km/s}$，$V_S = 1.5 \text{ km/s}$，$\rho = 2.0 \text{ g/cm}^3$，$h = 10 \text{ m}$ 和 $\Delta t = 1 \text{ ms}$。在模型 B 的测试过程中，将主频为 30 Hz 的雷克子波作为震源子波，且加入到 x 方向的速度分量中，并将震源设置在模型的 $(1.5 \text{ km}, 1.5 \text{ km})$ 的位置。图 4-34 给出了该模型 B 在 0.5 s 时的参考波场快照及其对应的

由亥姆霍兹方法分解的 P 波和 S 波波场，其中，这些参考波场快照由求解耦合弹性波方程模拟得到。由图 4-34 可知，利用耦合弹性波方程进行波场模拟只能得到全弹性波波场。虽然利用散度和旋度算子可以将 P 波和 S 波波场从上述全弹性波波场中有效分离，但其振幅和相位特征被严重破坏。图 4-35 展示了利用基于解耦弹性波方程的不同 SFDM 计算模拟的模型 B 在 0.5 s 时刻的波场快照。从图 4-35 可以看出，基于解耦弹性波方程的 SFDM 不仅可以直接模拟解耦的 P 波、S 波波场，还能够很好地保留 P 波、S 波波场的振幅和相位特征。当 $M_P=3$，$M_S=5$ 或 $M_P=6$，$M_S=10$ 时，S 波频散比 P 波频散更加明显、清晰。这一结论表明，必须分别定义一个合适的 P 波差分算子长度和一个较大的 S 波差分算子长度，才能同时获得高精度解耦的 P 波、S 波波场。此外，对于 TESFDM，随着对应差分算子长度的增加，P 波和 S 波的数值频散逐渐变弱。当 M_P 从 3 增加到 6，M_S 从 5 增加到 10 时，TESFDM 的 P 波频散得到了很好的压制，几乎消失，与本节所提的 LSSFDM 在 $M_P=3$ 时的模拟结果 P 波频散类似，S 波频散虽然得到了一定的削弱，但仍清晰可见，且比本节所提的 LSSFDM 在 $M_S=5$ 时的模拟结果 S 波频散更强。图 4-36 为不同 SFDM 在模型 B 的 $(1.2\ \text{km}, 1.2\ \text{km})$ 位置的波形曲线。根据图 4-36，可以得出相同的结论：本节所提的基于解耦弹性波方程的 LSSFDM 通过对 P 波和 S 波定义不同的差分算子长度和对应的优化差分系数，可以分别且有针对性地压制不同类型波的数值频散；与会破坏振幅和相位特征的常规亥姆霍兹分解法相比，利用解耦弹性波方程进行波场模拟可以提供准确的、解耦的 P 波波场和 S 波波场。总的来说，本节所提的基于解耦弹性波方程的 LSSFDM 通过使用两组不同的差分算子长度和对应的优化差分系数进行解耦的 P 波和 S 波模拟，可以更有效地压制相应的数值频散。

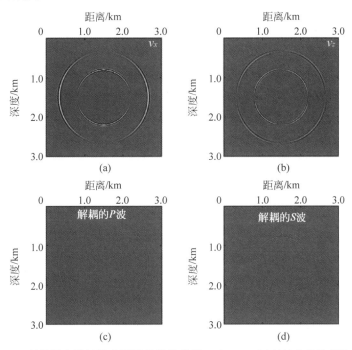

图 4-34 利用耦合弹性波方程组模拟的模型 B 在 0.5 s 时刻的参考波场和利用亥姆霍兹分解法得到相应的分离波场

(a)、(b) x 和 z 方向的全速度分量；(c)、(d) 解耦的 P 波和 S 波的速度分量

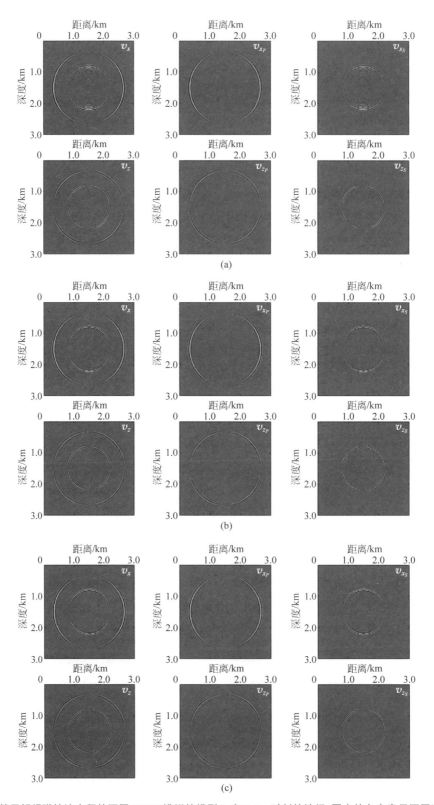

图 4-35　基于解耦弹性波方程的不同 SFDM 模拟的模型 B 在 0.5 s 时刻的波场(图中的白字表示不同速度分量)

(a) 常规 TESFDM($M_P=3, M_S=5$); (b) 常规 TESFDM($M_P=6, M_S=10$); (c) 优化 LSSFDM($M_P=3, M_S=5$)

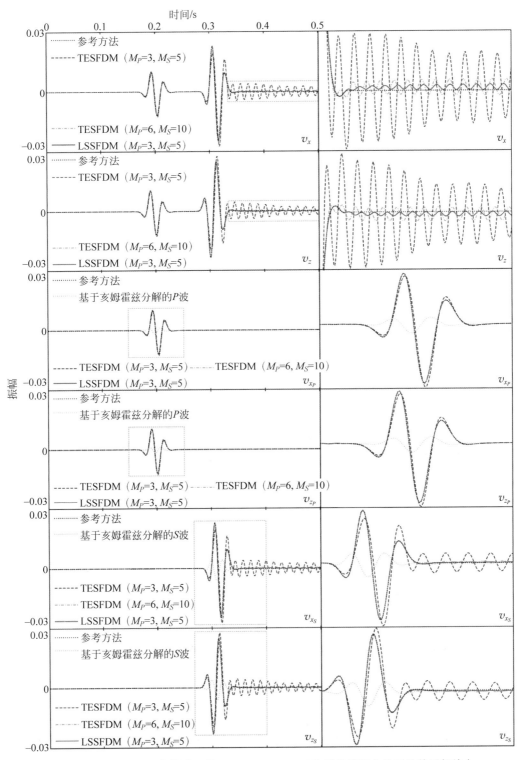

图 4-36　不同 SFDM 在模型 B 的（1.2 km，1.2 km）位置的波形曲线图及其局部放大

各子图中的紫字表示不同速度分量

为了讨论本节所提的 LSSFDM 在复杂弹性介质中的适用性,采用 Marmousi 2 模型进行正演模拟。图 4-37(a)～(c)显示了该模型的模型参数,包括 v_P,v_S 和 ρ。此外,其他的模型参数为:$x \times z = 6$ km $\times 2.5$ km,$h = 10$ m 和 $\Delta t = 1$ ms。在其正演模拟过程中,采用主频为 15 Hz,延迟时间为 3 s 的雷克子波作为震源子波,然后将其加入到 x 方向的全速度分量中,且震源位于模型的(3 km,0 km)的位置。图 4-38(a)和(b)展示了不同 SFDM 模拟的 Marmousi 2 模型在 1.0 s 时刻的波场快照($M_P = 6$,$M_S = 10$)。从图中可以看出,基于解耦弹性波方程的 SFDM 可以有效模拟复杂弹性介质中解耦的 P 波和 S 波波场。对于该 Marmousi 2 模型,由于 S 波具有更小的速度,即使 $M_S = 10$ 大于 $M_P = 6$,S 波频散也更明显清晰。对比图 4-38(a)和(b)可以发现,当使用本节所提的 LSSFDM 时,这些快照中的数值频散得到了明显衰减,特别是 S 波场,这表明该方法可以更有效地压制 P 波和 S 波的数值频散。然而,在应用解耦弹性波方程对 P 波和 S 波波场进行模拟的过程中,当采用真实速度模型时,会在强反射界面处出现如图 4-38(a)和(b)所示的强烈低频噪声干扰,这种干扰将严重影响 LSSFDM 在 ERTM 中的后续应用。为了有效避免这一问题,有学者[185-186]提出使用足够光滑的速度模型可以极大地消除这些低频噪声干扰。接下来,本节使用平滑后 Marmousi 2 模型对该策略进行测试。图 4-37(d)～(f)显示了平滑后 Marmousi 2 模型的模型参数(v_P,v_S 和 ρ),然后利用该平滑模型计算了解耦的 P 波和 S 波波场。图 4-38(c)和(d)

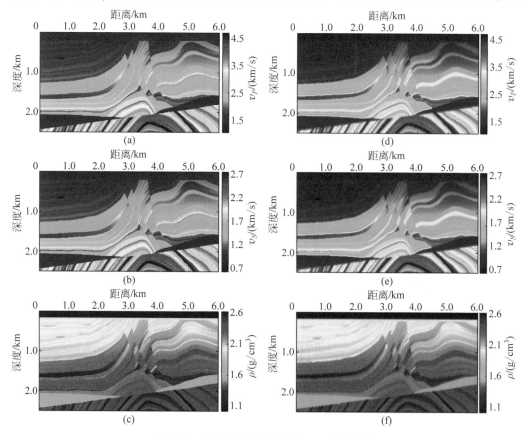

图 4-37　真实的和平滑的 Marmousi 2 模型

(a)～(c)为真实 Marmousi 2 模型的 v_P,v_S 和 ρ;(d)～(f)为平滑 Marmousi 2 模型的 v_P,v_S 和 ρ

展示了不同 SFDM 模拟的平滑后 Marmousi 2 模型在 1.0 s 时刻的波场快照图（$M_P=6$，$M_S=10$）。对比图 4-38（a）、（b）和（c）、（d），可以得出两个结论：①使用平滑后的 Marmousi 2 模型可以有效地削弱由解耦弹性波方程造成的低频噪声干扰；②在相同条件下，对给定的复杂弹性模型，本节所提的 LSSFDM 具有更高的数值模拟精度。图 4-39 展示了不同 SFDM 模拟的真实 Marmousi 2 模型和平滑 Marmousi 2 模型的合成地震记录（$M_P=6$，$M_S=10$）。从图 4-39 可以看出，无论是真实模型，还是光滑模型，TESFDM 模拟的合成地震记录中 P 波数值频散较弱，S 波数值频散较强，而本节所提的 LSSFDM 虽然有效压制了这些数值频散，但在其 S 波频散仍然清晰可见，这意味着，在满足算法稳定性的条件下可能需要更大的 S 波差分算子长度。

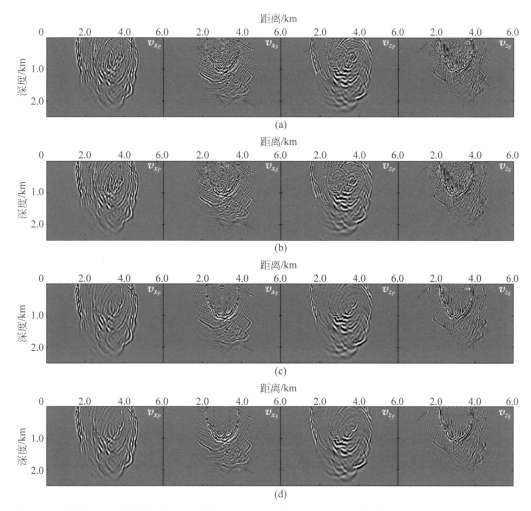

图 4-38　不同 SFDM 模拟的真实和平滑 Marmousi 2 模型在 1.0 s 时刻的波场快照（$M_P=6$，$M_S=10$）

图中白字表示不同速度分量

（a）、（b）真实 Marmousi 2 模型；（c）、（d）平滑 Marmousi 2 模型

4.3.2.2　ERTM 实例

下面将通过两个数值模型来验证本节所提的 LSSFDM 在 ERTM 中的应用效果。

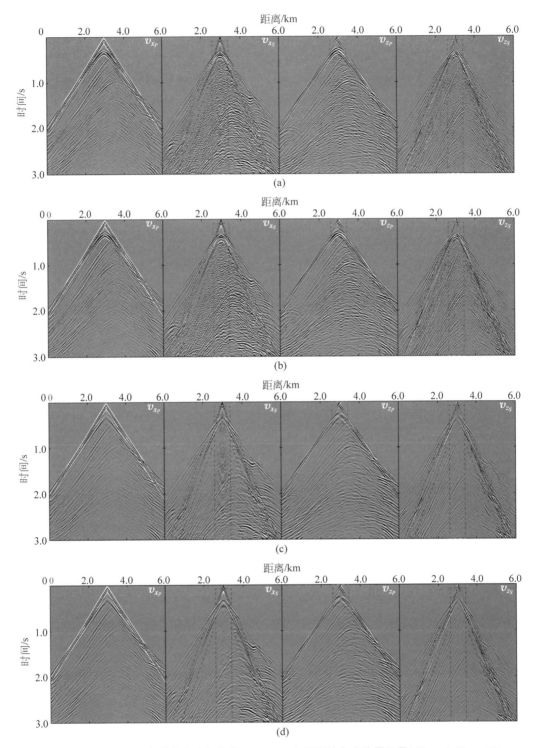

图 4-39　不同 SFDM 模拟的真实和平滑 Marmousi 2 模型的合成地震记录($M_P = 6$,$M_S = 10$)

(图中所列出白字表示不同速度分量)

(a)、(b) 真实 Marmousi 2 模型；(c)、(d) 平滑后 Marmousi 2 模型

首先,使用地堑模型来分析基于亥姆霍兹分解法或本节所提的 LSSFDM 的 ERTM 转换波的极性反转问题,其模型参数如图 4-40 所示,其中图中的黑点分别表示地震波的法向入射点。为了更好地讨论极性反转问题,只利用地堑模型的真实速度模型实现了单炮地震数据的 ERTM。震源子波是主频为 20 Hz 的雷克子波,其位于模型的 $x=2$ km,$z=0$ km 位置,且延续时间为 3 s。图 4-41 展示了地堑模型单炮地震数据的多波深度成像剖面。图 4-41(a)是由基于耦合弹性波方程(Ren 等[178] 提出的方法)和亥姆霍兹分解法的传统 ERTM 生成的,图 4-41(b)是由基于解耦弹性波方程的 ERTM 和如方程(4-83)所示的成像条件生成的。从图 4-41 可以看出,传统 ERTM 生成的 PP 和 SS 成像剖面中没有极性反转,但在其相应的 PS 和 SP 图像中,极性反转出现在地震波的法向入射点位置。然而,在本节所提的 ERTM 生成的 PP、PS、SP 和 SS 成像剖面中没有极性反转,这表明,该方法在理论上可以避免转换波成像的极性反转问题(包括 PS 和 SP 波)。对于基于亥姆霍兹分解法的传统 ERTM,单炮 PS 和 SP 成像剖面的极性反转肯定会影响多炮地震数据的叠加成像结果,因此,本节所提的 ERTM 可以获得更准确的转换波多炮成像结果,包括 PS 和 SP 成像剖面。

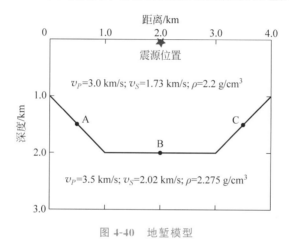

图 4-40　地堑模型

红色五角星代表震源位置,黑色点代表地震波的法向入射点

然后,利用如图 4-37(a)～(c)所示的 Marmousi 2 模型进一步验证本节所提的 ERTM 在复杂弹性介质中的成像性能。对于该模型的 ERTM 成像过程,将如图 4-37(d)～(f)所示的平滑后 Marmousi 2 模型作为 ERTM 的初始速度和密度模型,利用本节所提的 LSSFDM ($M_P=6$,$M_S=10$)来完成震源波场和检波点波场的延拓和分解。震源子波是主频为 15 Hz 的雷克子波,其持续时间为 6 s,震源点和检波点均匀地分布在模型表面且间隔分别为 40 m 和 10 m。图 4-42 展示了基于本节所提 LSSFDM-ERTM 方法的 Marmousi 2 模型的多波成像剖面($M_P=6$,$M_S=10$)。图 4-43 展示了基于传统 TESFDM-ERTM 方法的 Marmousi 2 模型的多波成像剖面($M_P=6$,$M_S=10$)。图 4-44 展示了基于耦合弹性波方程和亥姆霍兹分解的传统 ERTM 方法的 Marmousi 2 模型的多波成像剖面($M_P=M_S=10$)。从图 4-42～图 4-44 中可以看出,由于亥姆霍兹分解法会破坏不同模式波的振幅和相位特征,因此,对应的 ERTM 方法的多波成像结果质量相对较差,尤其是,PS 和 SP 成像剖面存在极性反转问题,即使使用平滑的 Marmousi 2 模型。传统 TESFDM-ERTM 方法的多波成像结果得到了有效的改善,PS 和 SP 成像剖面的极性反转得到了很好的处理,但在这些多波成像剖面中存在数值频散问题,因为基于解耦弹性波方程的传统 TESFDM 无法更好地压制弹性波

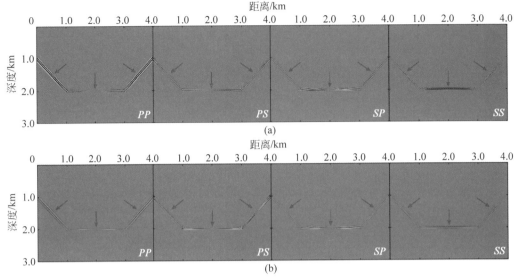

(a)

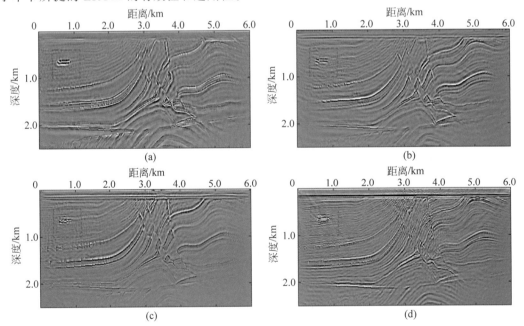

图 4-41　地堑模型的多波单炮成像剖面

（a）基于耦合弹性波方程（Ren 等的方法）和 Helmholtz 分解法的传统 ERTM；（b）基于解耦弹性波方程的
ERTM 和如方程(4-83)所示的成像条件。从左至右依次为 PP、PS、SP 和 SS 成像剖面

场延拓的数值频散，特别是对于 S 波。本节提出的基于解耦弹性波方程的 LSSFDM 可以
更准确地模拟解耦的 P 波波场和 S 波波场，因此，对应的 ERTM 可以清晰准确地生成
4 种模式波的成像结果，包括 PP、PS、SP 和 SS 成像结果。如图 4-42～图 4-44 所示，
Marmousi 2 模型中包含的复杂构造均得到了很好的成像，如平坦层和倾斜层、断层和背斜，
PS 和 SP 成像剖面的极性反转以及多波成像剖面的数值频散均得到了很好的处理，这揭示
了本节所提的 ERTM 的有效性和适用性。

图 4-42　基于本章所提 LSSFDM-ERTM 方法的 Marmousi 2 模型的多波成像剖面（$M_P = 6$，$M_S = 10$）

（a）PP 成像剖面；（b）PS 成像剖面；（c）SP 成像剖面；（d）SS 成像剖面

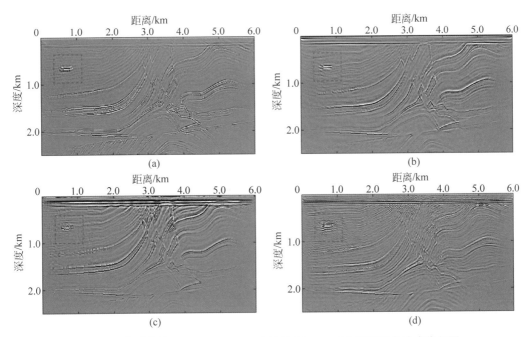

图 4-43 基于传统 TESFDM-ERTM 方法的 Marmousi 2 模型的多波成像剖面
（$M_P = 6$，$M_S = 10$）

（a）PP 成像剖面；（b）PS 成像剖面；（c）SP 成像剖面；（d）SS 成像剖面

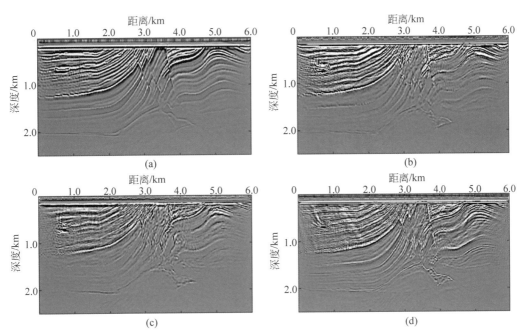

图 4-44 基于耦合弹性波方程和亥姆霍兹分解的传统 ERTM 方法的
Marmousi 2 模型的多波成像剖面（$M_P = M_S = 10$）

（a）PP 成像剖面；（b）PS 成像剖面；（c）SP 成像剖面；（d）SS 成像剖面

4.3.3 讨论

计算效率和存储需求是 ERTM 的两个关键考虑因素。根据 ERTM 的特点,这两个关键因素主要发生在弹性波波场延拓和分解过程中。与传统 TESFDM 相比,本节所提的 LSSFDM 不仅可以保证 P 波、S 波波场的模拟精度,还可以通过定义更小的差分算子长度,有效地减少弹性波波场延拓过程中的计算时间和内存需求。

对比式(4-26)~式(4-30)和式(4-31)~式(4-40)可知,对于相同差分算子长度的 P 波和 S 波($M_P = M_S$),基于解耦弹性波方程的波场延拓过程的时间消耗,一般比基于耦合弹性波方程的波场延拓过程的时间消耗更大。根据上述结论,由于 P 波速度较大,其频散相对较弱,因此,在给定的精度要求下,通过定义一个较小的 M_P,可以有效地减少解耦弹性波方程波场延拓的时间消耗。下面通过比较不同差分算子长度时耦合和解耦弹性波方程的计算时间,分析不同 SFDM 的相对计算效率。选择中央处理器(CPU)为单核 Intel(R)Core(TM)i7-9750H 12 核 2.60 GHz 处理器用于弹性波模拟。表 4-4 列出了不同弹性模型在不同差分算子长度下不同 SFDM 的计算时间,包括均匀弹性介质模型(模型 B)和 Marmousi 2 模型,其地震波总传播时间分别是:前者统一设置为 0.5 s,后者统一设置为 3 s。根据表 4-4,在 P 波和 S 波差分算子长度相等的情况下,解耦弹性波方程的常规 SFDM 比耦合弹性波方程的 SFDM 耗时更长,而本节所提的 LSSFDM 与上述两种方法相比,在保证模拟高精度 P 波波场和 S 波波场的同时,可以通过减小 P 波的差分算子长度在一定程度上减少波场延拓的时间消耗。在 ERTM 过程中,通过对 P 波和 S 波应用不同的差分算子长度和对应的最优差分系数,可以有效地减少单炮的波场延拓计算时间,并且可以在计算机集群的不同节点上实现不同炮的波场延拓,进一步减少整个 ERTM 过程的计算时间。

表 4-4　基于耦合和解耦弹性波方程的不同 SFD 方法对不同弹性模型的计算时间表

不同的 SFD 方法	模型 B/s	Marmousi 2 模型/s
常规耦合弹性波方程的 SFDM($M_P = M_S = 10$)	30.22	286.31
常规耦合弹性波方程的 SFDM($M_P = M_S = 6$)	46.09	421.13
常规解耦弹性波方程的 SFDM($M_P = M_S = 6$)	41.80	407.63
常规解耦弹性波方程的 SFDM($M_P = M_S = 10$)	67.06	597.47
本章所提的解耦弹性波方程的 LSSFDM($M_P = 6, M_S = 10$)	54.96	514.13

内存占用也是影响 SFDM 算法性能的重要因素。表 4-5 列出了不同 SFDM 进行弹性波波场延拓时需要保存的变量。由表 4-5 可知,解耦弹性波方程常规 SFDM 的内存占用大于耦合弹性波方程常规 SFDM 的内存占用,这是因为,前者的速度和应力分量分别被分解为 P 波和 S 波的速度和应力分量。然而,本节所提的 LSSFDM 的内存占用在 3 种方法中最少,因为它不包含应力分量。与上述两种基于耦合方程和解耦方程的常规方法相比,应用本节所提的 LSSFDM 进行弹性波波场延拓可以减少 20%~50% 的内存占用。为了实现 ERTM,必须事先获取各个时刻的弹性震源波场,这对计算机的存储容量提出了更高的要求。为了有效降低弹性震源波场的存储需求,对 ERTM 可以采用有效边界存储策略。如图 4-45 所示,实际的 ERTM 模型被吸收边界(A、B 两部分)包围,在弹性波正演延拓过程中

需要存储 B 部分的震源波场，而不是全震源波场，这表明 ERTM 的存储需求在很大程度上得到降低。根据表 4-5，对于基于解耦弹性波方程的常规 SFDM 而言，需要存储 B 部分的 8 个变量，包括速度和应力分量。然而，对于本节所提的 LSSFDM 而言，只需要存储 B 部分的速度分量，不需要存储应力分量，B 部分的网格点数为 $\mathrm{Points_B} = 2M_S$。与常规方法相比，本节所提的 LSSFDM 在给定的精度要求下需要较小的 M_S，这意味着需要较小的 $\mathrm{Points_B}$，从而可以在一定程度上降低存储要求。

表 4-5　不同 SFDM 进行弹性波场延拓时需要保存的变量

方　　法	常规耦合弹性波 方程 SFDM	常规解耦弹性波 方程 SFDM	本章所提解耦弹性波 方程 LSSFDM
储层变量	σ_{xx}，σ_{zz}，σ_{xz}，v_x，v_z	σ_P，σ_{xx_S}，σ_{zz_S}，σ_{xz_S} 和 v_{x_P}，v_{z_P}，v_{x_S}，v_{z_S}	v_{x_P}，v_{z_P}，v_{x_S}，v_{z_S}
总数	5	8	4

4.3.4　结论

对于多分量地震数据成像而言，ERTM 可以提供丰富的成像信息，有利于对地下地质构造的精确识别和解释，但通常受到某些困难和限制，例如，高精度的弹性波波场模拟和分解、较长的计算时间和巨大的存储需求。本节提出了一种高效、高精度的基于解耦弹性波方程的优化时空域 LSSFDM，该方法可以精确地模拟解耦的 P 波和 S 波波场，并在弹性波波场延拓过程中有效地保留其振幅和相位特征。此外，本节所提

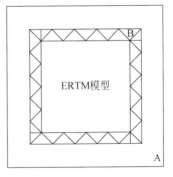

图 4-45　有效边界存储策略示意图

的 LSSFDM 不仅消除了差分格式中的应力分量，还可以为 P 波和 S 波定义了不同的差分算子长度，有效地减少了内存占用和时间消耗，这也有助于通过对 P 波和 S 波分别使用不同的差分算子长度和对应的差分系数来同时减少其数值频散。为了进一步提高波场延拓的模拟精度，利用 LS 方法分别最小化基于 P 波和 S 波时空域频散方程构造的两个目标函数来计算对应的优化差分系数。不同弹性模型的数值算例表明，在给定的精度要求下，本节所提的 LSSFDM 可以同时模拟高精度的、解耦的 P 波波场和 S 波波场，并有效地减少内存占用和计算时间。然后，将本节所提的 LSSFDM 应用于 ERTM，并讨论了其成像条件和存储策略。不同弹性模型的成像结果表明，基于本节所提的 LSSFDM 的 ERTM 可以提供相对准确的多波成像结果，如 PP、PS、SP 和 SS 成像结果。

4.4　深度学习的纵横波波场解耦方法

基于弹性波方程与基于声波方程的逆时偏移成像步骤主要差异在于：前者需要在弹性波场延拓过程中进行纵波和横波解耦，然后将分离出的纵波波场和横波波场分开来成像，

以获取最终需要的纯纵波成像剖面和纯横波成像剖面。在各向同性介质中,由于横波是无散度,纵波是无旋场,因此,目前主要存在 3 种常用的方法来实现纵横波的解耦和分离。第 1 种方法是亥姆霍兹分解法。该方法在理论上可以视为应用散度算子和旋度算子[187,208-210]分别对耦合弹性波场进行计算,从而获得解耦的纵波波场和横波波场。然而,这种方法存在两个较为严重的问题:一个是它会破坏波场分离结果的振幅和相位特征[188,211],另一个是其对应的转换波成像结果(PS 波和 SP 波)会出现极性反转问题[57],这将严重影响后续弹性逆时偏移成像结果的正确性和合理性。在过去几十年里,不同的学者分别对前者提出了相应的校正方法[57,189-190]和对后者提出了对应的解决措施[191-192],大大改善了基于亥姆霍兹分解的弹性逆时偏移成像结果。第 2 种常用的方法是基于解耦弹性波方程的纵横波波场矢量解耦方法。该方法的实质就是利用有效方法离散求解解耦弹性波方程来模拟给定弹性模型在不同时刻的解耦矢量纵波波场和矢量横波波场。该方法最早由马德堂和朱光明于 2003 年提出[207],近年来不同的学者对其进行了改进,并应用于弹性逆时偏移方法中[185,193-197],取得了不错的多波逆时偏移成像结果。与亥姆霍兹分解法相比,基于解耦弹性波方程的纵横波波场矢量解耦方法的主要优点是,该方法准确地保留了波场分离结果的物理意义、振幅和相位特征[198-199],但是只能在弹性模型足够光滑的情况下才能获得精度较高的不同类型波的矢量分解结果[212],因为当使用解耦弹性波方程时,该方法采用真实弹性模型参数来模拟解耦的矢量纵波波场和矢量横波波场会在强反射界面处产生由解耦弹性波方程本身造成的模拟低频噪声干扰,从而降低波场分解精度[185-186]。第 3 种方法是波数域矢量分解方法[188,213]。该方法可以分离获得解耦矢量纵波波场和矢量横波波场的所有分量,同时在保留波场分离结果的振幅和相位精度方面具有明显优势,但是由于该方法在计算过程中涉及大量的傅里叶变换和逆变换,因此其计算效率较差。尽管上述 3 种传统波场分解方法可以在一定程度上从耦合弹性波场中分解出纵波波场和横波波场,但它们通常依赖于精确的弹性模型参数和某些特性先验条件,因此,在实际应用中它们都具有明显的局限性。

近年来,深度学习方法[214-215]在地球物理和应用地球物理领域的应用受到了极大的关注,并取得了可喜的成果和极大的发展,如探测断层、分类地震相、衰减噪声、拾取初至时间、构建速度模型和重构地震数据等方面。受深度学习方法的启发,一些学者基于不同的神经网络提出了许多有效的从耦合弹性地震波场中分解纵波波场和横波波场的方法,如多任务学习[216]、卷积神经网络[217-218]、UNet 网络[219]、生成对抗网络[220-221]和深度卷积神经网络(deep convolutional neural networks,DCNNs)[222],以上这些方法是用于分解纵波波场和横波波场的智能化数据驱动类算法,不依赖于精确的弹性模型参数和某些特定的先验条件。然而,上述方法往往主要使用相应的神经网络从耦合的弹性地震波场中分解出两个解耦的标量纵波波场和横波波场,因此,无法获得解耦的矢量纵波波场和横波波场的所有水平分量和垂直分量,并且在振幅和相位特征的保留方面也未作更深入的研究。

本节首先介绍了亥姆霍兹分解法和波数域矢量分解法的基本原理;然后为了弥补传统波场解耦和分离方法的不足,基于自注意力深度卷积生成对抗神经网络研究了适用于弹性波场的智能化矢量波场解耦方法,其步骤主要包括:网络结构的搭建、样本标签的制作、超参数的优选以及网络的训练与测试等;最后通过建立不同的理论模型对比分析了该智能化矢量波场解耦方法与传统波场分离方法的性能,验证了本节所提的方法的有效性和可行性。

4.4.1 亥姆霍兹分解法

亥姆霍兹分解法的完整表述为：在一个有限大小的区域中，如果任意矢量场是由它的散度、旋度和边界条件唯一确定的，那么该任意矢量场可以表示为一个散度场和一个旋度场的叠加。

在地震波理论中，一个矢量场 U 可被表示为一个标量势的梯度与一个矢量势的散度之和，用方程可以表示为

$$U = \nabla A + \nabla \times B \tag{4-86}$$

式中，A 表示标量拉梅势，B 表示矢量拉梅势，∇A 和 $\nabla \times B$ 分别表示 U 的纵波分量和横波分量。在各向同性介质中，A 和 B 有如下性质：

$$\nabla \times \nabla A = 0 \tag{4-87}$$

$$\nabla \cdot \nabla \times B = 0 \tag{4-88}$$

从方程(4-87)和方程(4-88)可知，在各向同性介质中，纵波波场是典型的有散无旋场，而横波波场是典型的有旋无散场。将上述两个方程代入方程(4-86)可得

$$P = \nabla \cdot U = \nabla \cdot \nabla A \tag{4-89}$$

$$S = \nabla \times U = \nabla \times \nabla \times B \tag{4-90}$$

式中，P 和 S 分别表示只包含纵波分量和横波分量的纵波波场和横波波场。将方程(4-89)和方程(4-90)展开可以得到

$$P = \frac{\partial v_x}{\partial x} + \frac{\partial v_z}{\partial z} \tag{4-91}$$

$$S = \frac{\partial v_z}{\partial x} - \frac{\partial v_x}{\partial z} \tag{4-92}$$

式中，v_x 和 v_z 分别表示弹性波场的水平分量和垂直分量。

4.4.2 波数域矢量分解法

亥姆霍兹分解法被广泛应用于纵波和横波分离过程中，但是散度算子和旋度算子中的偏导数项会导致波场分离结果的振幅和相位发生变化。为了克服这一缺陷，Zhang 等[188]提出了一种波数域矢量分解法。质点的速度矢量可以表示为

$$U = v_x i + v_z k \tag{4-93}$$

式中，i 和 k 分别表示水平方向和垂直方向的单位矢量。对方程(4-93)进行二维傅里叶变换，变换到波数域可得：

$$\widetilde{U} = \bar{v}_x i + \bar{v}_z k \tag{4-94}$$

式中，$\widetilde{U}$ 为波数域的速度矢量；$\bar{v}_x$ 和 $\bar{v}_z$ 分别表示波数域弹性波场的水平分量和垂直分量。在波数域对纵横波进行分离，则分离后的波数域纵波波场和横波波场可以分别表示为

$$\bar{v}_x^P = K_x^2 \bar{v}_x + K_x K_z \bar{v}_z, \quad \bar{v}_z^P = K_z^2 \bar{v}_z + K_z K_x \bar{v}_x \tag{4-95}$$

$$\bar{v}_x^S = K_z^2 \bar{v}_x - K_x K_z \bar{v}_z, \quad \bar{v}_z^S = K_x^2 \bar{v}_z - K_z K_x \bar{v}_x \tag{4-96}$$

其中

$$K_x = \frac{k_x}{\sqrt{k_x^2 + k_z^2}}, \quad K_z = \frac{k_z}{\sqrt{k_x^2 + k_z^2}} \tag{4-97}$$

式中，$\tilde{v}_x^P$ 和 $\tilde{v}_z^P$ 分别表示波数域纵波速度分量的水平分量和垂直分量；$\tilde{v}_x^S$ 和 $\tilde{v}_z^S$ 分别表示波数域横波速度分量的水平分量和垂直分量；K_x 和 K_z 分别表示水平分量和垂直分量的归一化波数；k_x 和 k_z 分别表示水平分量和垂直分量的波数。对方程(4-95)和方程(4-96)实施二维傅里叶逆变换，就可以得到时空域的纵波波场和横波波场。相较于亥姆霍兹分解法，波数域波场矢量分解方法计算得到的波场分离结果具有正确的振幅、相位和量纲，而且分离后的纵横波波场都是矢量波场。

4.4.3　深度学习智能化矢量解耦法

传统波场分离方法大多基于弹性波传播理论，依据纵横波在传播特性与偏振上的差异来实现的，因此，它往往依赖于精确的弹性模型参数以及某些特定的先验条件。与此同时，传统波场分离方法也存在一些不可避免的限制，如亥姆霍兹分解法会破坏波场分离结果的矢量特性以及振幅和相位特征，基于解耦弹性波方程的纵横波矢量分解法只有在弹性模型足够平滑时才能得到较好的波场分离结果，波数域矢量分解法需要在每个时刻进行傅里叶变换和傅里叶逆变换，计算效率比较低。近年来，随着人工智能方法的快速发展，深度学习方法也被引入解决波场分离问题，初步实现了不依赖弹性模型参数的纵横波解耦和分离。本节重点研究基于自注意力深度卷积生成对抗神经网络的智能化矢量波场解耦方法，下面对其进行详细介绍。

对于二维各向同性弹性介质，耦合弹性波场(v_x，v_z)可以分解为纵波和横波的水平分量和垂直分量(v_{x_P}，v_{z_P}，v_{x_S}，v_{z_S})，用方程可以表示为

$$v_x = v_{x_P} + v_{x_S}, \quad v_z = v_{z_P} + v_{z_S} \tag{4-98}$$

式中，下标 x，z 分别表示水平分量和垂直分量；下标 P，S 分别表示纵波和横波。

纵波和横波矢量分解的实质就是根据不同类型波的波形差异，将耦合弹性波场的能量进行重新分配，因此可将其视为点对点的预测问题。为了有效地解决这个非线性预测问题，深度卷积生成对抗神经网络(deep convolutional generative adversarial networks，DCGANs)[223]可以用来形成以数据驱动的智能化矢量波场解耦方法。换句话说，基于深度卷积生成对抗神经网络的矢量波场解耦方法是一种智能化图像处理算法，因此，与传统波场分离方法相比，它不依赖于精确的弹性模型参数和某些特定的先验条件。根据方程(4-98)可知，矢量波场解耦的目标是使用深度卷积生成对抗神经网络从两个耦合弹性波场分量(v_x，v_z)中精确地分离出 4 个解耦的波场分量(v_{x_P}，v_{z_P}，v_{x_S}，v_{z_S})，因此，其网络结构在理想情况下，应该具有用于输入耦合弹性波场水平分量和垂直分量的两个通道和用于输出解耦矢量纵波波场和横波波场水平分量和垂直分量的四个通道。然而，根据上述策略，其网络结构相对复杂，这可能导致网络的训练过程出现不稳定现象，因此采用如图 4-46 所示的工作流程对纵波和横波进行智能化矢量解耦，以获得更好的训练结果。从图 4-46 中可以看出，深度卷积生成对抗神经网络在预测输入样本每个像素点的波模式后，只有两个通道用于输出解耦矢量纵波波场的水平分量和垂直分量(v_{x_P}，v_{z_P})。用方程可以表示为

$$(v_{x_P}, v_{z_P}) = f[(v_x, v_z); \theta] \tag{4-99}$$

式中，f 表示深度卷积生成对抗神经网络的网络结构；θ 表示其网络超参量。通过减少神经网络的输出通道可以尽可能地简化对应的网络结构，并进一步稳定网络的训练过程。最后，解耦矢量横波波场的水平分量和垂直分量（v_{x_S}，v_{z_S}）可以通过波场相减策略来获得，用方程可以表示为

$$v_{x_S} = v_x - v_{x_P}, \quad v_{z_S} = v_z - v_{z_P} \tag{4-100}$$

除了输入和输出通道外，深度卷积生成对抗神经网络的网络结构还有两个不同的网络模型（见图 4-46）：生成器（G）和鉴别器（D）。生成器主要用于生成近似真实的样本，以尽可能地欺骗鉴别器，鉴别器主要用于准确分类输入样本是来自真实样本，还是生成样本[224]。换句话说，生成器和鉴别器之间存在某种相互竞争关系，并且该竞争直到鉴别器无法区分生成样本和相应的真实样本为止[225]。在弹性波场解耦过程中，生成器用于输入耦合弹性波场（v_x，v_z）来生成解耦的矢量纵波波场的水平分量和垂直分量（v_{x_P}，v_{z_P}），鉴别器用于判定生成的两个矢量纵波分量是否是真实的。由于受到感受野大小的限制，固定大小的卷积核通常只能获取输入样本的局部特征；换句话说，对于基于传统深度卷积生成对抗神经网络的方法而言，输入样本的全局特征将会在很大程度上丢失。为了有效地解决这个问题，本节在传统方法中引入了自注意力机制模块，可以称之为自注意力深度卷积生成对抗神经网络（self-attention deep convolutional generative adversarial networks，SADCGANs）。通过在生成器和鉴别器中引入自注意力机制模块[226]，自注意力深度卷积生成对抗神经网络可以同时获取输入样本的局部特征和全局特征，这可以极大地稳定网络的训练过程，并进一步生成更准确的波场解耦结果。

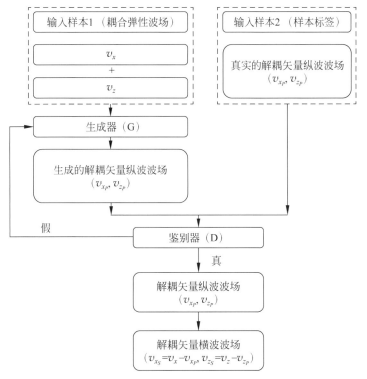

图 4-46 基于自注意力深度卷积生成对抗神经网络的智能化矢量波场解耦方法工作流程

自注意力机制模块的工作原理如图 4-47 所示。首先,来自前一个隐层的特征图 x 通过 3 个 1×1 的卷积分别被转换到特征空间 $f(x)$、$g(x)$ 和 $h(x)$,用方程可以分别表示为

$$f(x) = W_f x, \quad g(x) = W_g x, \quad h(x) = W_h x \tag{4-101}$$

式中,W_f、W_g 和 W_h 分别表示 3 个卷积层的权重系数。其次,将 $f(x)$ 的转置与 $g(x)$ 相乘,再经过 SoftMax 函数归一化处理,就可以得到注意力特征图 $\beta_{j,i}$,用方程可以表示为

$$\beta_{j,i} = \frac{\exp(s_{i,j})}{\sum_{i=1}^{N}\exp(s_{i,j})}, \quad s_{i,j} = f(x_i)^{\mathrm{T}}g(x_j) \tag{4-102}$$

再次,将注意力特征图 $\beta_{j,i}$ 与 $h(x)$ 相乘之后通过 1×1 的卷积,就可以得到全局特征图 o_j,其具体形式如下

$$o_j = v\left(\sum_{i=1}^{N}\beta_{j,i}h(x_i)\right), \quad v(x_i) = W_v x_i \tag{4-103}$$

式中,W_v 表示卷积层的权重系数。最后,进一步将注意力层的输出乘以一个比例参数,并加上最开始输入的特征图,就可以得到自注意力模块的输出,其具体形式如下:

$$y_i = \gamma o_i + x_i \tag{4-104}$$

式中,γ 是一个初始值为零的过渡参数,它可以有效地实现对局部和全局空间位置的特征获取。

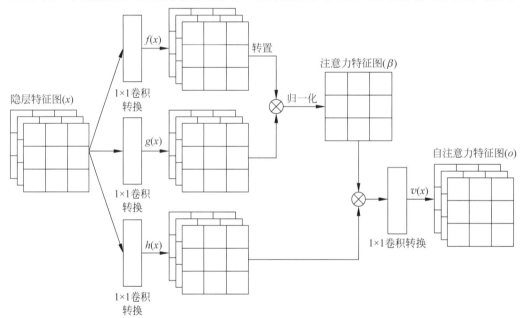

图 4-47　自注意力机制模块的工作原理

自注意力深度卷积生成对抗神经网络的生成器和鉴别器的网络结构如图 4-48 所示。根据图 4-48 可知,生成器具有 24 个转置卷积层用于从耦合弹性波场的两个样本 (v_x, v_z) 中生成解耦矢量纵波波场的两个样本 (v_{x_p}, v_{z_p}),并对除输出层之外的所有层使用 ReLU 激活函数和谱归一化模块来有效地提高网络的训练动态性,而输出层使用 Tanh 激活函数。此外,在生成器的前两层分别添加了一个自注意力机制模块,以便有效地提取输入样本的全局特征。鉴别器具有 8 个卷积层用于准确地区分生成样本和相应的真实样本,并对除输

出层之外的所有层使用 LeakyReLU 激活函数和谱归一化模块来有效地改善网络的训练动态。此外，在鉴别器的第 6 层和第 7 层分别添加了一个自注意力机制模块，以便有效地提取输入样本的全局特征。

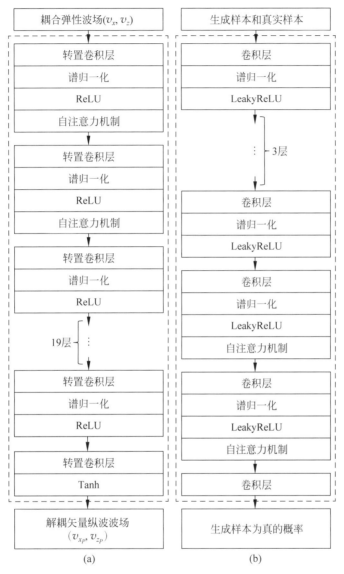

图 4-48　自注意力深度卷积生成对抗神经网络的生成器和鉴别器
(a) 生成器；(b) 鉴别器

　　稳定性是网络训练过程中的一个关键考虑因素。在实际训练过程中，传统深度卷积生成对抗神经网络的损失函数往往无法稳定训练过程。为了有效地克服这个问题，并进一步获得更好的训练结果，主要采用基于 Wasserstein 距离的损失函数，其具体形式可以表示为

$$L = \mathop{E}_{\tilde{x} \sim p_{\tilde{x}}} [D(\tilde{x})] - \mathop{E}_{x \sim p_x} [D(x)] + \lambda \mathop{E}_{\hat{x} \sim p_{\hat{x}}} [(\| \nabla_{\hat{x}} D(\hat{x}) \|_2 - 1)^2] \quad (4\text{-}105)$$

式中，$(x, \tilde{x}, \hat{x})$ 分别表示真实样本、生成样本和插值样本；$(p_x, p_{\tilde{x}}, p_{\hat{x}})$ 分别表示真实样

本、生成样本和插值样本的对应分布；λ 是一个惩罚系数。$\hat{x}=\varepsilon x+(1-\varepsilon\tilde{x})$，且 ε 是一个 0～1 的系数。方程(4-105)中的改进损失函数被称为具有梯度惩罚的 Wasserstein 生成对抗式网络(Wasserstein generative adversarial network with gradient penalty，WGAN-GP)[227]。与传统的损失函数相比，WGAN-GP 可以更有效地稳定自注意力深度卷积生成对抗神经网络的训练过程，并生成更高质量的样本。

4.4.4　模型试算

本节主要采用一个简单各向同性弹性模型和一个 Hess 各向同性弹性模型来测试和验证本节所提的智能化矢量波场解耦方法的有效性、可行性和适应性，并将其波场分离结果与两种传统波场分解算法的波场分离结果进行对比分析，包括亥姆霍兹分解法和波数域矢量分解法。

（1）简单各向同性弹性模型

采用如图 4-49 所示的简单各向同性弹性模型来验证智能化矢量波场解耦方法的有效性和可行性，该模型的密度是常数。在该模型的训练过程中，震源位于该模型的(2560 m，20 m)位置，该爆炸源主要由纵波入射能量表示。为了获得对应的训练样本和测试样本，首先，利用优化时空域交错网格有限差分法离散求解常规弹性波方程来模拟不同时刻的耦合弹性地震波场；然后，利用波数域矢量分解法将矢量纵波波场和矢量横波波场从这些耦合弹性波场中分离出来；最后，从这些耦合弹性波场和相应的解耦矢量纵波波场中随机选择 50 对时间切片来训练构建的神经网络，并且将该给定震源位置的其他剩余时间切片都用于测试训练好的神经网络。此外，每个训练样本均被随机裁剪成 100 个大小为 256×256 的小图片(patch)，因此，在训练数据集中总共有 5000 个训练样本，批次大小(batch size)定义为 32，同时使用具有 400 个训练轮次(epoch)和学习率为 0.0002 的 Adam 优化器来训练该神经网络，并且学习率在前 200 个训练轮次(epoch)保持相等，然后在接下来的 200 个训练轮次(epoch)逐渐降低到零。

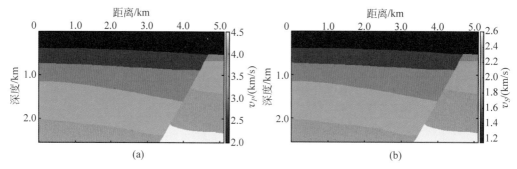

图 4-49　简单各向同性弹性模型(密度为常数)

(a) 纵波速度；(b) 横波速度

图 4-50 展示了使用不同波场分解方法从 0.9 s 时刻耦合弹性波场中分解出来的纵波波场和横波波场，此耦合弹性波场未包含在训练数据集中。图 4-50(a)、(b)分别为 0.9 s 时刻耦合弹性波场的水平分量和垂直分量，图 4-50(c)、(d)分别为基于亥姆霍兹分解法的纵波波场和横波波场，图 4-50(e)～(h)分别为基于波数域矢量分解法的矢量纵波波场和矢量横波波场的水平分量和垂直分量，图 4-50(i)～(l)分别为基于智能化矢量波场解耦法的矢量纵波波场和矢量横波波场的水平分量和垂直分量。图 4-51 分别展示了如图 4-50 所示所有波场快照对应的波数谱。从图 4-50 和图 4-51 中可以看出，亥姆霍兹分解法可以从耦合的

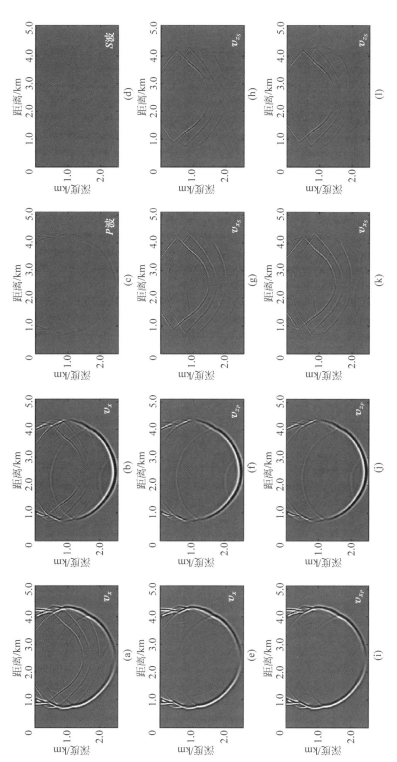

图 4-50　利用不同波场分离方法对简单各向同性弹性模型 0.9 s 时刻耦合弹性波场
（震源位置为 $x=2560$ m，$z=20$ m）的波场分离结果

(a)、(b) 耦合弹性波场的水平分量和垂直分量；(c)、(d) 基于 Helmholtz 分解法的纵波场和横波场；(e)~(h) 基于波数域矢量分解法的纵波场和
横波场的水平分量和垂直分量；(i)~(l) 基于智能化矢量波场解耦法的纵波场和横波场的水平分量和垂直分量

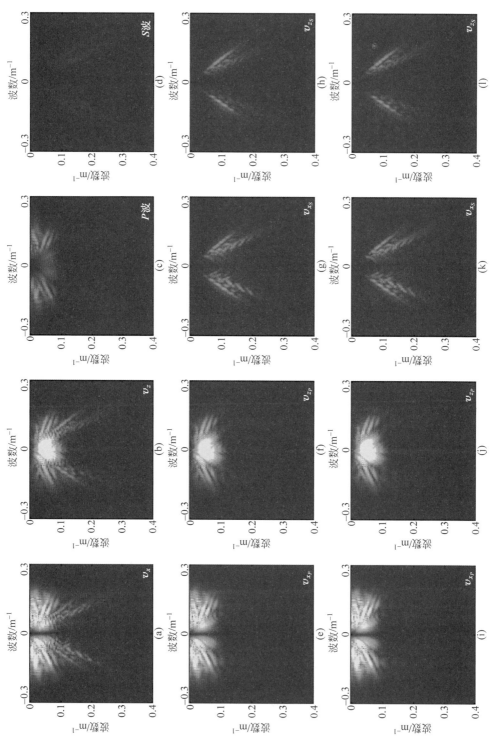

图 4-51　图 4-50 所示所有波场快照对应的波数谱，其中各子图与图 4-50 各子图一一对应

弹性地震波场中分解出纵波波场和横波波场,但它不能生成解耦纵波波场和横波波场的所有分量,并且会破坏它们的振幅和相位特征,这将严重影响后续弹性逆时偏移方法的成像质量。波数域矢量分解法可以有效地从耦合的弹性地震波场中分解出矢量纵波波场和矢量横波波场的水平分量和垂直分量,并准确地保留它们的振幅和相位特征,但是在这些解耦波场中仍存在一些微弱的其他类型波场的残余能量。智能化矢量波场解耦法可以从耦合的弹性地震波场中准确地分解出矢量纵波波场和矢量横波波场的水平分量和垂直分量,这些分解后的波场分量与波数域矢量分解法的分解结果相似,验证了该智能化方法的正确性和有效性。为了更直观地对比不同波场分解方法的性能,图 4-52 进一步比较了如图 4-50(c)～(l)所示的解耦纵波波场和横波波场在深度为 1280 m 处的振幅。从图 4-52 中可以得出相同的结论:智能化矢量波场解耦法可以有效地从耦合的弹性地震波场中实现纵波和横波的高精度矢量解耦,并准确地保留分离结果的振幅和相位特征,这与波数域矢量分解算法类似(本节中样本标签制作方法),而亥姆霍兹分解算法不能实现这一目标。

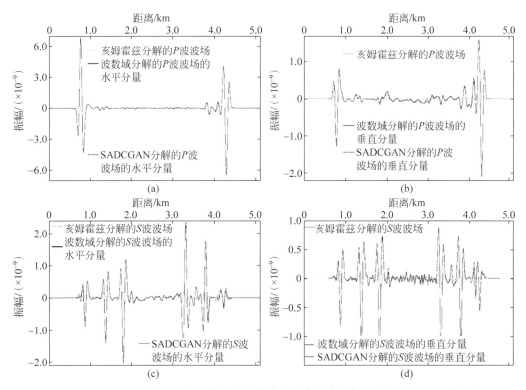

图 4-52　图 4-50((c)～(l))所示的解耦纵波波场和横波波场在深度为 1280 m 处的振幅
(a)、(b) 解耦纵波波场的水平分量和垂直分量;(c)、(d) 解耦横波波场的水平分量和垂直分量

为了进一步测试智能化矢量波场解耦方法对该简单各向同性弹性模型的适应性,将另一震源位置(2560 m,1280 m)的模拟波场也用于测试训练好的神经网络。值得注意的是,由常规弹性波方程计算模拟的该震源位置所有时刻的耦合弹性地震波场都不包括在训练数据集中。图 4-53(a)、(b)分别展示了 0.4 s 时刻耦合弹性地震波场的水平分量和垂直分量,然后使用不同波场分解方法将纵波波场和横波波场从耦合弹性波场中分离出来。图 4-53(c)、(d)分别展示了基于亥姆霍兹分解法的纵波波场和横波波场,图 4-53(e)～(h)

分别展示了基于波数域矢量分解法的矢量纵波波场和矢量横波波场的水平分量和垂直分量,图 4-53(i)~(l)分别展示了基于智能化矢量波场解耦法的矢量纵波波场和矢量横波波场的水平分量和垂直分量。图 4-54 分别展示了图 4-53 中所有波场快照对应的波数谱。从图 4-53 和图 4-54 中可以看出,即使震源位置发生变化,智能化矢量波场解耦法仍然可以有效准确地从耦合的弹性地震波场中分解出矢量纵波波场和矢量横波波场的水平分量和垂直分量,这些波场分离结果与波数域矢量分解算法(本节中样本标签制作方法)的分离结果类似。这表明,该智能化方法在震源位置发生变化时也具有良好的适应性。为了更清楚地对比不同波场分解方法的性能,图 4-55 分别展示了如图 4-53(c)~(l)所示的解耦纵波波场和横波波场在深度为 2000 m 处的振幅。从图 4-55 中可以发现,当使用某一给定震源位置的模拟波场时间切片作为训练数据集时,智能化矢量波场解耦法可以有效地将其他不同震源位置的矢量纵波波场和矢量横波波场从耦合弹性地震波场中分离出来,并准确地保留它们的振幅和相位特征。

(2)Hess 各向同性弹性模型

使用如图 4-56 所示的 Hess 各向同性弹性模型来测试智能化矢量波场解耦法在具有速度异常体的复杂弹性模型中的有效性和可行性,该模型的密度也是一个常数。Hess 各向同性弹性模型的测试过程与前一个模型基本相似。为了获得有效的训练数据集,首先,利用优化时空域交错网格有限差分法离散求解常规弹性波方程模拟不同时刻的耦合弹性地震波场,其震源子波位于该模式(3500 m,2200 m)处,主要由纵波入射能量表示。然后,利用波数域矢量分解法将矢量纵波波场和矢量横波波场从这些耦合弹性波场中分离出来。最后,从这些耦合弹性波场和相应的解耦矢量纵波波场中随机选择 50 对时间切片来训练构建的神经网络,并且将该给定震源位置的其他剩余时间切片都用于测试训练好的神经网络。此外,每个训练样本也均被随机裁剪成 100 个大小为 256×256 的小图片(patch),因此,在训练数据集中同样总共有 5000 个训练样本,批次大小(batch size)也定义为 32,同时同样使用具有 400 个训练轮次(epoch)和学习率为 0.0002 的 Adam 优化器来训练该神经网络,并且学习率在前 200 个训练轮次(epoch)保持相等,然后在接下来的 200 个训练轮次(epoch)逐渐降低到零。

图 4-57(a)和(b)分别展示了该 Hess 各向同性弹性模型在 0.6 s 时刻耦合弹性地震波场的水平分量和垂直分量,然后使用不同波场分解方法将解耦的纵波波场和横波波场从上述耦合弹性波场中分离出来,并进一步比较它们的分离结果。图 4-57(c)、(d)分别展示了基于亥姆霍兹分解法的纵波波场和横波波场,图 4-57(e)~(h)分别展示了基于波数域矢量分解法的矢量纵波波场和矢量横波波场的水平分量和垂直分量,图 4-57(i)~(l)分别展示了基于智能化矢量波场解耦法的矢量纵波波场和矢量横波波场的水平分量和垂直分量。图 4-58 展示了图 4-57 中的所有波场快照对应的波数谱。从图 4-57 和图 4-58 中可以看出,类似于之前简单各向同性弹性模型的测试过程,当使用与训练样本具有相同震源位置的模拟波场时间切片作为复杂各向同性弹性模型的测试样本时,智能化矢量波场解耦法仍然可以有效地从耦合的弹性地震波场中分解出解耦的矢量纵波波场和矢量横波波场的水平分量和垂直分量,并且这些不同类型波场的分离结果与波数域矢量分解算法(本节样本标签

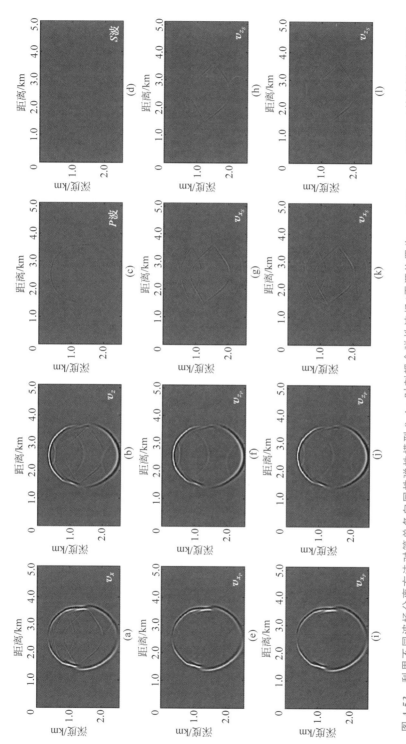

图 4-53 利用不同波场分离方法对简单各向同性弹性模型 0.4 s 时刻耦合弹性波场(震源位置为 $x=2560$ m,$z=1280$ m)的波场分离结果

(a)、(b) 耦合弹性波场的水平分量和垂直分量;(c)、(d) 基于 Helmholtz 分解法的纵波场和横波场;(e)~(h) 基于波数域矢量分解法的纵波场

和横波场的水平分量和垂直分量;(i)~(l) 基于智能化矢量波场解耦法的纵波场和横波场的水平分量和垂直分量

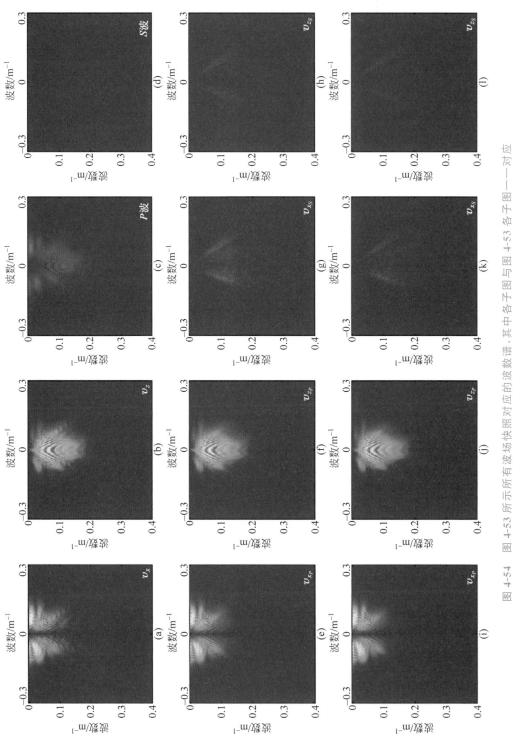

图 4-54　图 4-53 所示所有波场快照对应的波数谱，其中各子图与图 4-53 各子图一一对应

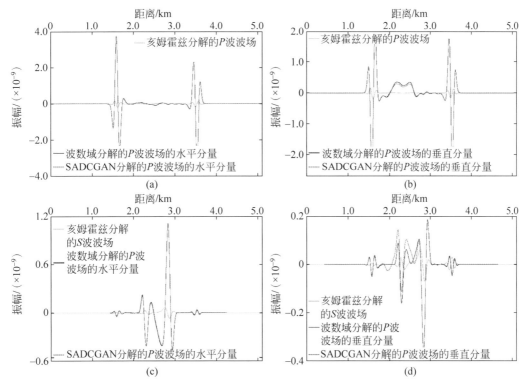

图 4-55　图 4-53((c)～(l))所示的解耦纵波波场和横波波场在深度为 2000 m 处的振幅

(a)、(b) 解耦纵波波场的水平分量和垂直分量；(c)、(d) 解耦横波波场的水平分量和垂直分量

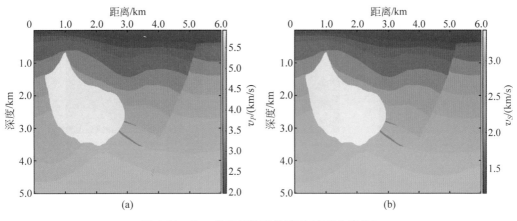

图 4-56　Hess 各向同性弹性模型(密度为常数)

(a) 纵波速度；(b) 横波速度

制作方法)的波场分离结果接近。然而,尽管亥姆霍兹分解算法可以分解出纵波波场和横波波场,但它会破坏分离结果的振幅和相位特征。图 4-59 分别展示了图 4-57(c)～(l)中的解耦纵波波场和横波波场在深度为 2500 m 处的振幅。从图 4-59 可以看出,与波数域矢量分解算法(本节样本标签制作方法)类似,智能化矢量波场解耦法在应用于复杂弹性模型时也可以准确地保留解耦矢量纵波波场和矢量横波波场的振幅和相位特征,而亥姆霍兹分解算法无法实现这一目标。

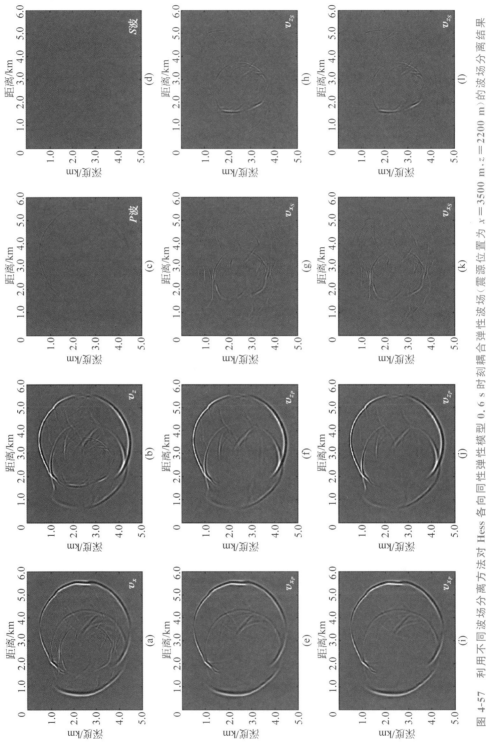

图 4-57　利用不同波场分离方法对 Hess 各向同性弹性模型 0.6 s 时刻耦合弹性波场（震源位置为 $x=3500$ m, $z=2200$ m）的波场分离结果
(a)、(b) 耦合弹性波场的水平分量和垂直分量；(c)、(d) 基于 Helmholtz 分解法分解的纵波场和横波场；(e)～(h) 基于波数域矢量分解法分解的纵波场和横波场的纵波场和横波场的水平分量和垂直分量；(i)～(l) 基于智能化矢量波场解耦法的纵波场和横波场的水平分量和垂直分量

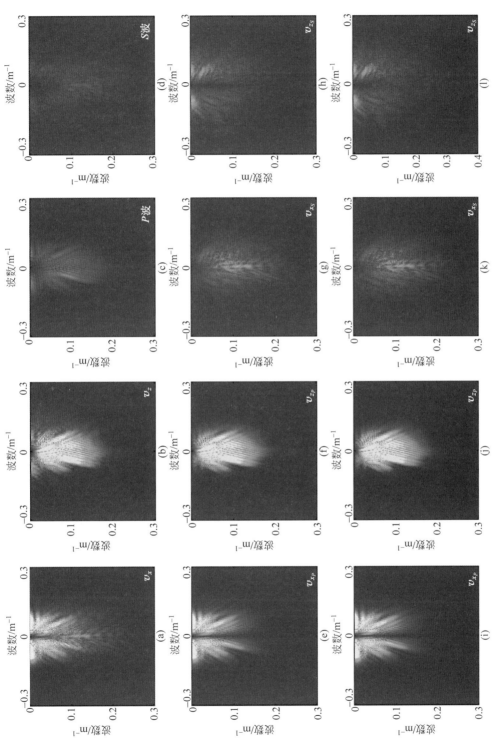

图 4-58　图 4-57 所示所有波场快照对应的波数谱，其中各子图与图 4-57 各子图一一对应

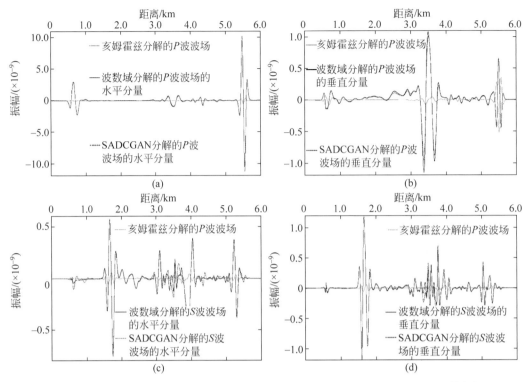

图 4-59　图 4-57((c)～(l))所示的解耦纵波波场和横波波场在深度为 2500 m 处的振幅

(a)、(b) 解耦纵波波场的水平分量和垂直分量；(c)、(d) 解耦横波波场的水平分量和垂直分量

下面使用 Hess 各向同性弹性模型的另一震源位置(3000 m,200 m)的模拟波场来进一步测试训练好的神经网络对震源位置变化的适应性。值得注意的是,该震源位置的所有模拟波场时间切片都被排除在训练数据集外。图 4-60(a)、(b)分别展示了该震源位置在 0.8 s 时刻耦合弹性地震波场的水平分量和垂直分量,图 4-60(c)、(d)分别展示了基于亥姆霍兹分解法的纵波波场和横波波场,图 4-60(e)～(h)分别展示了基于波数域矢量分解法的矢量纵波波场和矢量横波波场的水平分量和垂直分量,图 4-60(i)～(l)分别展示了基于智能化矢量波场解耦法的矢量纵波波场和矢量横波波场的水平分量和垂直分量。图 4-61 分别展示了图 4-60 中的所有波场快照对应的波数谱。根据图 4-60 和图 4-61 可知,对于复杂的各向同性弹性模型,即使震源位置发生变化,智能化矢量波场解耦法仍然可以有效准确地从耦合的弹性地震波场中分解出矢量纵波波场和矢量横波波场的水平分量和垂直分量,这进一步表明,该方法对复杂各向同性弹性模型以及震源位置变化也有很好的适应性。图 4-62 分别展示了图 4-60(c)～(l)中的解耦纵波波场和横波波场在深度为 1500 m 处的振幅。根据图 4-62 可知,当使用与训练样本具有不同震源位置的时间切片作为复杂各向同性弹性模型的测试样本时,智能化矢量波场解耦法同样可以有效地分离出解耦的矢量纵波波场和矢量横波波场的水平分量和垂直分量,并准确地保留它们的振幅和相位特征。

为了评估智能化矢量波场解耦法的性能,使用两个流行的性能指标来有效地量化神经网络输出。第一个性能指标是结构相似性指数(structural similarity index measure,SSIM)[228], 它提供了两个样本之间的感知差异,并已被证实对测量信号保真度非常有效。SSIM 的表达式可以写为

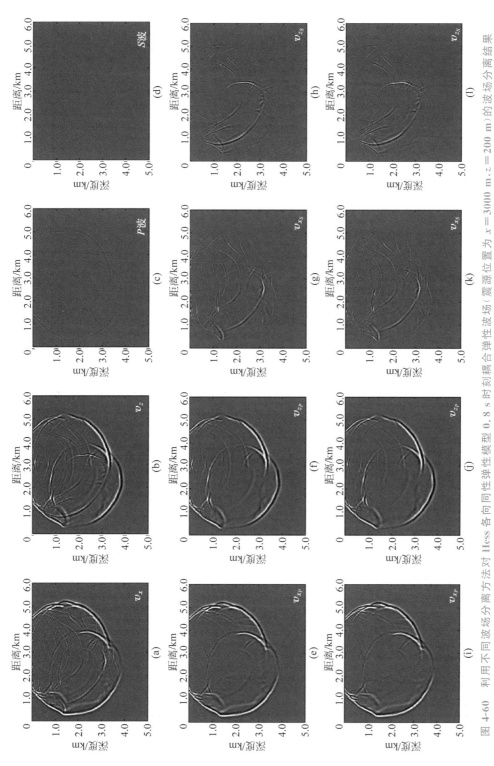

图 4-60　利用不同波场分离方法对 Hess 各向同性弹合弹性模型 0.8 s 时刻耦合弹性波场（震源位置为 $x = 3000$ m，$z = 200$ m）的波场分离结果 (a)、(b) 耦合弹性波场的水平分量和垂直分量；(c)、(d) 基于 Helmholtz 分解法的纵波场和横波场；(e)～(h) 基于波数域矢量分解法的纵波场和横波场的水平分量和垂直分量；(i)～(l) 基于智能化矢量波场解耦法的纵波场和横波场的水平分量和垂直分量

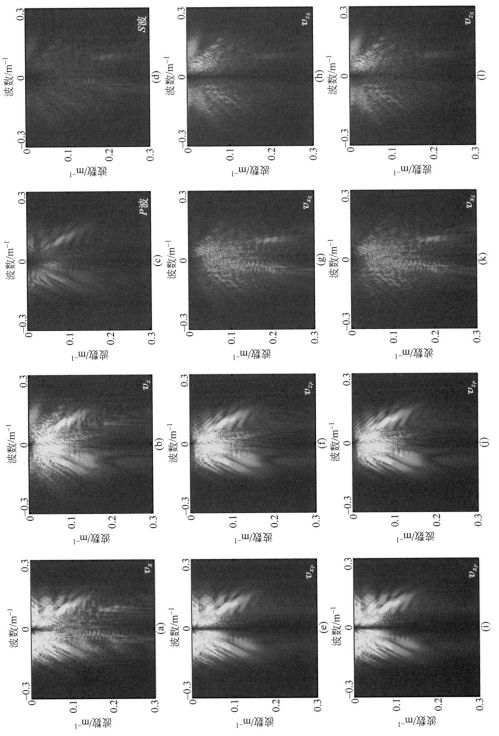

图 4-61　图 4-60 所示所有波场快照对应的波数谱，其中各子图与图 4-60 各子图一一对应

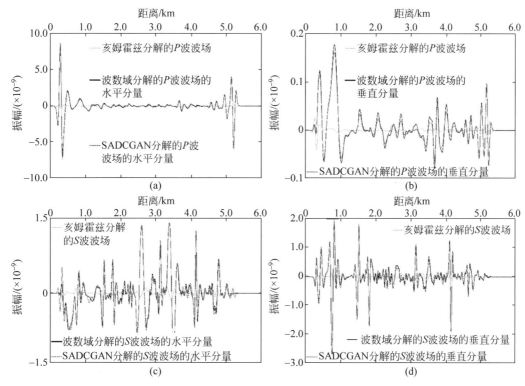

图 4-62　图 4-60((c)～(l))所示的解耦纵波波场和横波波场在深度为 1500 m 处的振幅

(a)、(b) 解耦纵波波场的水平分量和垂直分量；(c)、(d) 解耦横波波场的水平分量和垂直分量

$$\mathrm{SSIM} = \frac{(2v_x v_y + C_1)(2\sigma_{xy} + C_2)}{(v_x^2 + v_y^2 + C_1)(v_x^2 + v_y^2 + C_2)} \qquad (4\text{-}106)$$

其中，

$$C_1 = (K_1 L)^2, \quad C_2 = (K_2 L)^2 \qquad (4\text{-}107)$$

式中，v_x 和 v_y 分别为样本 x 和样本 y 的平均值；σ_{xy} 为样本 x 和样本 y 的协方差；v_x^2 和 v_y^2 分别为样本 x 和样本 y 的方差；C_1 和 C_2 分别是稳定性因子；L 是像素值的动态范围；K_1 和 K_2 分别是小于 1 且很小的常数。

第二个性能指标是相关系数(R^2)[221]，它是两个样本之间接近度的统计度量，其表达式可以描述为

$$R^2 = 1 - \frac{\displaystyle\sum_{i=1}^{N}(z^i - \tilde{z}^i)^2}{\displaystyle\sum_{i=1}^{N}(z^i - \bar{z}^i)^2} \qquad (4\text{-}108)$$

式中，z^i 和 $\tilde{z}^i$ 分别为原始样本和生成样本；$\bar{z}^i$ 为原始样本平均值；N 为样本的数目。

表 4-6 分别列出了前面两个模型 4 个测试结果的 SSIM 值和 R^2 值。根据表 4-6 可知，即使震源位置发生变化，智能化矢量波场解耦算法和波数域矢量分解算法的解耦纵波波场和解耦横波波场均非常接近，这有效地证实了智能化矢量波场解耦算法具有良好的应用性能。

表 4-6　上述两个模型 4 个测试结果的 SSIM 值和 R^2 值

模　　　型	简单模型 ($x=2560$ m, $z=20$ m)	简单模型 ($x=2560$ m, $z=1280$ m)	Hess 模型 ($x=3500$ m, $z=2200$ m)	Hess 模型 ($x=3000$ m, $z=200$ m)
v_{x_P} (SSIM)	0.999	0.985	0.997	0.978
v_{x_P} (R^2)	0.993	0.964	0.990	0.955
v_{z_P} (SSIM)	0.998	0.981	0.992	0.976
v_{z_P} (R^2)	0.990	0.963	0.984	0.953
v_{x_S} (SSIM)	0.989	0.978	0.983	0.959
v_{x_S} (R^2)	0.976	0.953	0.964	0.940
v_{z_S} (SSIM)	0.983	0.970	0.976	0.954
v_{z_S} (R^2)	0.965	0.949	0.952	0.933

4.4.5　结论

纵横波分离是弹性逆时偏移方法的关键环节,其直接决定着后续的成像精度和成像质量。本节重点研究了基于自注意力深度卷积生成对抗神经网络的智能化矢量波场解耦方法,该方法是一种以数据驱动的智能化图像处理方法,因此,它能够有效地规避传统波场分解方法的限制,如依赖于精确的弹性模型参数和某些特定的先验条件等。不同的模型测试验证了该智能化矢量波场解耦方法的有效性、可行性和适用性。不同理论模型测试结果表明:亥姆霍兹分解法会破坏波场分离结果的矢量特性以及振幅和相位特征;智能化矢量波场解耦方法能够有效地从耦合弹性波场中分离出解耦的矢量纵波波场和矢量横波波场的水平分量和垂直分量,同时,它很好地保留它们的振幅和相位特征,其波场分离结果与波数域矢量分解法(本节样本标签制作方法)的波场分离结果类似,这也说明了智能化矢量波场解耦方法的分离精度依赖于样本标签的精度。

第**5**章

双程波方程波场深度延拓及成像方法

在分析了常规地震数据采集系统无法为全声波方程求解提供充足边界条件的基础上，本章提出一种基于上下双检波器地震数据采集系统的全声波方程深度偏移方法，以实现全声波方程的深度域准确求解。该方法可以提供更加准确的反射界面的动力学信息。在这种新的地震数据采集系统中，上下双检波器地震数据用于提供在深度域准确求解全声波方程所需的边界条件。为了测试该全声波方程的保幅计算能力，本章开展了单炮地震记录和若干多炮地震记录的数值实验，通过对比计算的反射系数和理论反射系数，说明该方法比常规的基尔霍夫叠前深度偏移算法和常规的逆时偏移法能提供更加准确的振幅估计。由于该方法利用双检波器地震数据来实现全声波方程深度偏移，因此有必要研究上下双检波器的最佳距离，以便在实际生产中减少保幅偏移计算误差。通过对一套双检波器地震数据的偏移处理发现，本章所提的偏移算法相比常规的基尔霍夫叠前深度偏移算法，可获得更高的偏移质量。数值实验和实际地震数据的偏移结果表明，本章所提的偏移算法建立了全声波方程深度延拓与真振幅偏移成像的有益桥梁。

5.1　双程波方程叠前深度偏移理论

5.1.1　双程波方程的波场深度延拓边界条件

三维常密度双程波(声波)方程可写为

$$\frac{\partial^2 \tilde{p}(x,y,z;\omega)}{\partial x^2} + \frac{\partial^2 \tilde{p}(x,y,z;\omega)}{\partial y^2} + \frac{\partial^2 \tilde{p}(x,y,z;\omega)}{\partial z^2} = \frac{1}{v(x,y,z)^2}\frac{\partial^2 \tilde{p}(x,y,z;\omega)}{\partial t^2}$$

(5-1)

其中，$\tilde{p}(x,y,z;\omega)$ 为压力波场；$v(x,y,z)$ 为三维速度模型。

从偏微分数值求解的角度来看，三维常密度声波方程是关于空间变量和时间变量的二阶偏微分方程。在数学上求解该二阶偏微分方程，理论上需要两个边界条件。对于逆时偏移法，在时间域求解声波方程及其边界条件写为

$$
\begin{cases}
\dfrac{\partial^2 \tilde{p}(x,y,z;\omega)}{\partial x^2} + \dfrac{\partial^2 \tilde{p}(x,y,z;\omega)}{\partial y^2} + \dfrac{\partial^2 \tilde{p}(x,y,z;\omega)}{\partial z^2} = \dfrac{1}{v(x,y,z)^2} \dfrac{\partial^2 \tilde{p}(x,y,z;\omega)}{\partial t^2} \\
\tilde{p}(x,y,z,t_{\max}) = \phi(x,y,z) \\
\dfrac{\partial \tilde{p}(x,y,z,t_{\max})}{\partial t} = 0
\end{cases} \tag{5-2}
$$

其中，$t_{\max}$ 代表最大记录时间。

方程(5-2)在时间域求解声波方程的边界条件可知，逆时偏移中的波场外推的隐含假设条件即为 $\dfrac{\partial \tilde{p}(x,y,z,t_{\max})}{\partial t}=0$，根据上述两个假设条件，即可实现波场在时间上的反向传播。类似地，如果在空间域（如深度方向）求解该双程波方程，则相应的双程波方程及其边界条件可写为

$$
\begin{cases}
\dfrac{\partial^2 \tilde{p}(x,y,z)}{\partial z^2} = \dfrac{1}{v(x,y,z)^2} \dfrac{\partial^2 \tilde{p}(x,y,z)}{\partial t^2} - \dfrac{\partial^2 \tilde{p}(x,y,z)}{\partial x^2} - \dfrac{\partial^2 \tilde{p}(x,y,z)}{\partial y^2} \\
\tilde{p}(x,y,z=0,t) = \varphi(x,y,z) \\
\dfrac{\partial \tilde{p}(x,y,z=0,t)}{\partial z} = \psi(x,y,z)
\end{cases} \tag{5-3}
$$

其中，$\dfrac{\partial \tilde{p}(x,y,z=0,t)}{\partial z}$ 表示在 $z=0$ 处压力波场对深度的偏导数。

常规地震数据采集系统一般是在陆上地表或海水一定深度处放置检波器，也就是说，常规地震数据采集方法只能为双程波方程在深度域求解提供一个边界条件，这显然难以准确地求解双程波方程。要实现双程波方程在深度域的求解，进一步实现双程波的波场深度准确延拓，面临的第一个问题即边界条件问题。为解决该问题，本节提出了以下三种解决方案。

（1）单程波方程估计方法。在海洋地震勘探中，假设海水的速度恒定时，已知 $\tilde{p}(x,y,z=0,t)$ 时，利用常规单程波方程可估计波场对深度的偏导数，即

$$
\dfrac{\partial \tilde{p}(x,y,z=0,\omega)}{\partial z} = \mathrm{i}k_z \tilde{p}(x,y,z=0,\omega) \tag{5-4}
$$

其中，$\tilde{p}(x,y,z,\omega)$ 为压力波场的频率域形式；k_z 为垂直波数，$k_z = \sqrt{\dfrac{\omega^2}{c^2} - k_x^2 - k_y^2}$；$k_x$ 和 k_y 分别为 x 和 y 方向波数；ω 为角频率；c 为海水速度。

在陆地地震勘探中，假设浅地表的速度结构已知，利用方程(5-4)同样可以实现波场对深度的偏导数估计。但是，浅地表速度结构的准确性与估计的波场对深度的偏导数质量息息相关，进一步也会影响构造的成像精度和质量。

（2）海洋多分量数据。得益于海洋多分量采集技术的发展，目前，海底电缆（ocean bottom cable，OBC）、海底节点（ocean bottom node，OBN）和多分量拖缆（multiple-component towed-streamer）等海洋采集技术得到了广泛应用。海洋多分量数据采集地震反射波的四个分量数据，即压力波场值及三分量垂直速度分量（v_x,v_y,v_z），如图5-1所示。在已知海洋多分量采集中垂直速度分量的情况下，利用波场对深度的偏导数与垂直速度分量之间的数学关系进行计算，即

$$\frac{\partial \tilde{p}(x,y,z,\omega)}{\partial z} = \mathrm{i}\rho\omega\tilde{v}_z(x,y,z,\omega) \tag{5-5}$$

（3）陆上双检波器地震数据采集系统。为了解决常规陆上采集方式难以估计波场对深度的偏导数的问题，You 等[110]提出了陆上双检波器地震数据采集方法，即在地表和地下一定深度处放置两套检波器，该方法与海洋上下双缆采集方法类似[229]，如图 5-2 所示。利用两套检波器接收反射波的差异估计波场对深度的偏导数，即

$$\frac{\partial \tilde{p}(x,y,z=0;\omega)}{\partial z} = \frac{\tilde{p}_2(x,y,z=\Delta z;\omega) - \tilde{p}_1(x,y,z=0;\omega)}{\Delta z} \tag{5-6}$$

其中，$\tilde{p}_2(x,y,z=\Delta z;\omega)$ 和 $\tilde{p}_1(x,y,z=0;\omega)$ 分别表示在 $z=\Delta z$ 和 $z=0$ 深度处记录的频率域反射波。

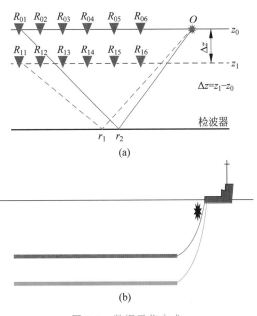

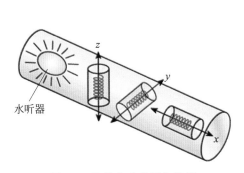

图 5-1　海洋多分量采集装置

图 5-2　数据采集方式

（a）陆上双检波器地震数据采集方式[110]；
（b）海洋上下双拖缆采集方法[229]

综上所述，在深度域求解双程波方程方面，海洋地震勘探采集方式可为在深度域求解双程波方程提供充足的边界条件。对于陆上地震数据采集方式，利用单程波方程估计方法可解决双程波方程深度域求解的边界条件问题，陆上双检波器地震数据采集方式实际操作成本比较高，对于实际的大规模应用存在巨大的挑战。

5.1.2　全声波方程叠前深度偏移基本原理

在二维情况下，基于双检波器地震数据采集系统的全声波方程及其边界条件可写为

$$\begin{cases} \dfrac{\partial^2 p}{\partial x^2} + \dfrac{\partial^2 p}{\partial z^2} = \dfrac{1}{c^2(x,z)}\dfrac{\partial^2 p}{\partial t^2} \\ p(x,z=0,t) = d(x,0,t) \\ p_z(x,z=0,t) = \dfrac{d(x,\Delta z,t) - d(x,0,t)}{\Delta z} \end{cases} \tag{5-7}$$

其中，$p(x,z,t)$ 是地震波位移场值；$c(x,z)$ 是介质速度模型；Δz 是深度方向的网格剖分间距。在方程(5-7)中，$d(x,z=0,t)$ 和 $d(x,z=\Delta z,t)$ 分别是双检波器采集系统在 $z=0$ 和 $z=\Delta z$ 处采集的地震数据，利用这两个数据可计算地震波场对深度方向的导数值 $p_z(x,z=0,t)$。上述两个边界条件为在深度域求解声波方程提供了充足的理论依据。

然而，直接利用方程(5-7)在时间空间域求解声波方程是比较困难的。可行的方式是在空间频率域求解该方程。对方程(5-7)进行时间傅里叶变换之后改写为

$$\frac{\partial^2 \tilde{p}(x,z,\omega)}{\partial z^2} = \left[-\left(\frac{2\pi f}{c(x,z)}\right)^2 - \frac{\partial^2}{\partial x^2} \right] \tilde{p}(x,z,\omega) = L\tilde{p}(x,z,\omega) \tag{5-8}$$

将方程(5-8)与双检波器地震数据采集系统提供的边界条件结合起来，则全声波方程深度偏移可以写为

$$\begin{cases} \dfrac{\mathrm{d}}{\mathrm{d}z} \begin{bmatrix} \tilde{p} \\ \tilde{p}_z \end{bmatrix} = \begin{bmatrix} 0 & 1 \\ L & 0 \end{bmatrix} \begin{bmatrix} \tilde{p} \\ \tilde{p}_z \end{bmatrix} \\ \tilde{p}(x,z=0,\omega) = \tilde{d}(x,0,\omega) \\ \tilde{p}_z(x,z=0,\omega) = \dfrac{\tilde{d}(x,\Delta z,\omega) - \tilde{d}(x,0,\omega)}{\Delta z} \end{cases} \tag{5-9}$$

其中，$\tilde{p}(x,z=0,\omega)$，$\tilde{p}_z(x,z=0,\omega)$，$\tilde{d}(x,0,\omega)$ 和 $\tilde{d}(x,\Delta z,\omega)$ 分别表示 $p(x,z=0,t)$，$p_z(x,z=0,t)$，$d(x,z=0,t)$ 和 $d(x,z=\Delta z,t)$ 在时间域上作傅里叶变换后得到的结果。

在空间-频率域求解方程(5-9)时，深度延拓过程中隐失波会影响深度延拓算法的数值稳定性，所以在深度延拓过程中，必须利用一定的手段将隐失波消除。关于消除隐失波影响的研究，Kosloff 等[107]提出了以最大速度为参考的低通滤波器算法，该算法在滤掉隐失波的前提下，也会滤掉一部分有效能量波，不利于保幅偏移计算，并且对陡倾角介质的成像效果较差。另一种方法是 Sandberg 等[108]提出来的谱投影算法，该方法可以有效地压制隐失波，但计算量比较大。关于双程波方程波场深度延拓中的隐失波产生原理及其压制方法详见 5.5 节。

在数值实验中，对比以最大速度为参考的低通滤波器算法(最大速度低通滤波算法)和谱投影算法在消除隐失波上的性能差异。根据 Sandberg 等[108]的研究发现，最大速度低通滤波算法会影响偏移算法对陡倾角构造的成像。通过数值实验，还发现最大速度低通滤波算法除了消除隐失波外，还去除了一部分有效的波场传播能量，影响了保幅成像的应用效果。而谱投影算法能很好地处理深度延拓中隐失波的传播，并保持有效波能量的完整性。综上所述，本节采用谱投影算法来消除深度延拓中的隐失波。

在全声波方程深度偏移算法中，矩阵 L 一般要写成矩阵形式。为了尽可能地保证计算的精度和压制数值频散，采用 10 阶有限差分格式来计算 $\dfrac{\partial^2 z}{\partial x^2}$ 项。由于该算法需要在每一个计算深度内的每一个采样频率点利用谱投影算法进行滤波处理，当计算量较大时，深度偏移算法的计算效率较低。因此，为了解决提高谱投影算法计算效率的问题，算法利用 GPU 技术来加速深度延拓算法的计算效率。虽然波场传播过程在物理上是不可逆的，但数值处理过程可实现可逆计算。本节所提的全声波方程深度偏移算法无假设条件地遵守了声波方程。因此，理论上，本节所提的偏移算法可以处理各种反射波信息并潜在地具备保幅偏移成像潜力。

常规的逆时偏移方法作为一种全声波方程（双程波方程）偏移方法，其在时间域内求解全声波方程。而本节所提的全声波方程深度偏移算法也是基于全声波方程，因此有必要对比两种偏移算法在保幅偏移成像上的差异。为了计算准确的成像振幅，在波场延拓中必须使用合理的成像条件。通过对比常规的逆时偏移中各种成像条件对成像振幅的影响，在本节所提的偏移算法中，使用了反射系数成像条件进行保幅计算[74]。在全声波偏移成像中，不可避免地会带来低频噪声，为解决该问题，采用梯度滤波去除低频噪声干扰。

5.1.3　数值实验

在数值实验中，建立若干理论模型来测试本节所提的偏移算法在保幅成像上的性能。理论合成地震数据通过二维声波方程的高阶交错网格有限差分技术正演模拟计算。为了对比保幅计算性能，使用三种偏移成像技术：第一种是常规的基尔霍夫叠前深度偏移方法；第二种是本节所提的偏移算法；第三种是逆时偏移方法。本节对不同偏移算法计算的反射界面的成像振幅与理论的反射系数进行对比分析。

5.1.3.1　倾斜界面的单炮成像

倾斜界面速度模型如图 5-3(a) 所示。在该模型中倾斜界面上覆地层的速度为 3000 m/s，下浮地层的速度为 4000 m/s，界面的倾角为 20°。震源位于 $x = 800$ m，$z = 10$ m 处。在正演计算中，雷克子波的主频为 90 Hz。第一列检波器依次放置在 $x_j^r = j \Delta x$ 处，第二列检波器依次放置在 $x_{1j}^r = j \Delta x + \Delta z$，$j = 0, 1, \cdots, 1000$ 处，其中 $\Delta z = 1$ m，$\Delta x = 1$ m 分别为垂直和水平方向的网格间距。图 5-3(b) 是本节所提的偏移算法对单炮地震记录的成像结果。提取水平方向范围为 $300 \sim 700$ m 时计算的成像振幅，并与理论反射系数进行对比分析，结果如图 5-3(c) 所示，其中理论反射系数是由 Aki-Richard 公式[230]计算得到。

从单炮记录成像的例子可见，即使是在大角度区域，利用本节所提的偏移算法计算的反射界面的成像振幅与理论的反射系数吻合得较好。这初步验证本节所提的偏移算法具有保幅计算特性。在多炮数值实验中，利用有限差分正演技术来模拟实际地震数据采集中的多次覆盖观测系统，然后，构建若干复杂的不整合界面模型来研究本节所提的偏移算法对

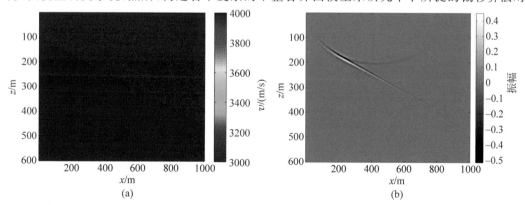

图 5-3　单炮成像模型与反射系数计算对比

(a) 速度模型；(b) 双检波器深度偏移算法计算的剖面；(c) 双检波器偏移算法计算的反射系数曲线与理论反射系数曲线对比，其中红线为理论反射系数曲线，蓝线为双检波器偏移算法计算的反射系数曲线

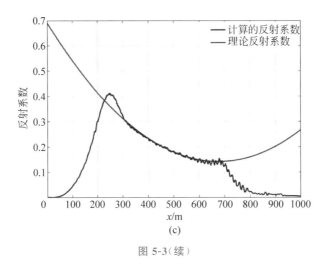

图 5-3（续）

反射界面的保幅计算性能。其中,构建不整合面模型的目的是验证本节所提的偏移算法是否可识别反射界面的岩性差异。

5.1.3.2　倾斜不整合面模型

为测试本节所提的偏移算法在利用多炮地震数据时能否对陡倾角模型提供准确的保幅计算结果,在该部分构建了一个 45°倾角的倾斜不整合面模型,速度模型如图 5-4(a)所示。在正演计算中,使用的震源函数为雷克子波,其计算主频为 60 Hz,炮点位置为 $x_i^s =$ $i \cdot 3\Delta x$, $i = 0,1,\cdots,263$,其中 $\Delta x = 1$ m。对每一炮,第一个检波器排列放置在 $x_{j,i}^r = x_i^s +$ $j\Delta x$ 处,第二个检波器排列放置在 $x_{1j,i}^r = x_i^s + j\Delta x + \Delta z$, $j = 0,1,\cdots,59$ 处,其中 $\Delta z =$ 1 m。图 5-4(b)~(d)分别是常规基尔霍夫叠前深度偏移算法、本节所提的偏移算法和逆时偏移方法成像的偏移剖面。由于模型横向宽度的限制,倾斜界面的深部区域未能成像。在三个偏移剖面中提取的成像振幅与理论反射系数分别绘制在图 5-4(e)~(g)中。虽然该不整合面的倾角较陡,但利用本节提出的偏移算法技术的成像振幅与理论反射系数吻合得较好,而利用常规基尔霍夫叠前深度偏移算法和逆时偏移方法计算的反射系数与理论反射系数存在一定的偏差。因此,可认为本节所提的偏移算法对陡倾角界面的保幅信息具有较好的恢复能力。

通过该模型的数值计算发现,本节所提的偏移算法不仅可以成像反射界面准确的位置,还可以提供比常规基尔霍夫叠前深度偏移算法和逆时偏移方法更加准确、可靠的保幅计算性能。

5.1.3.3　双层模型

本节构建了一个双层模型来研究上覆倾斜界面是否会影响第二层反射界面的成像能量,同时研究整个模型的成像保幅计算性能。速度模型如图 5-5(a)所示,在该速度模型中,倾斜界面上浮地层速度为 2000 m/s,倾斜界面下浮地层速度为 3500 m/s,所以倾斜界面两侧速度横向差异为 1500 m/s。速度模型中橘色区域速度为 4000 m/s,红色区域速度为 4500 m/s。在正演计算中,使用的震源函数为雷克子波,其计算主频为 60 Hz。炮点位置放

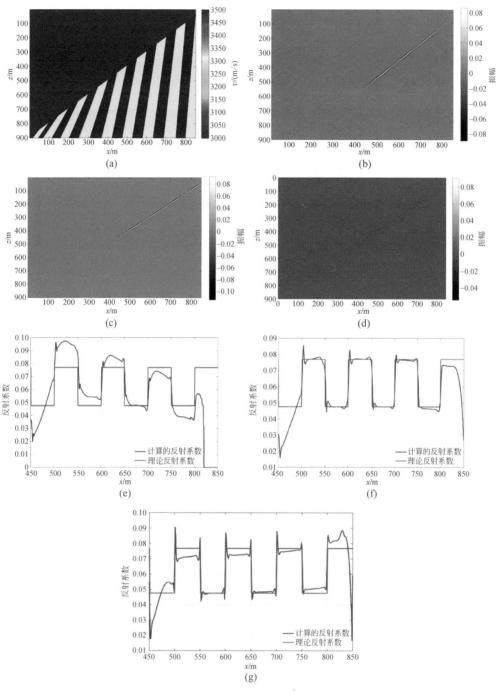

图 5-4 反射系数计算对比

（a）45°倾斜不整合面速度模型；（b）基尔霍夫叠前深度偏移算法计算的成像剖面；（c）双检波器叠前深度偏移算法计算的成像剖面；（d）逆时偏移方法计算的成像剖面；（e）基尔霍夫叠前深度偏移算法计算的倾斜界面成像振幅与理论反射系数对比；（f）双检波器叠前深度偏移算法计算的倾斜界面成像振幅与理论反射系数对比；（g）逆时偏移方法计算的倾斜界面成像振幅与理论反射系数对比。在图（e）~图（g）中，蓝线为偏移算法计算的成像振幅曲线，红线为理论反射系数曲线

在 $x_i^s = i \cdot 6\Delta x$，$i = 0, 1, \cdots, 113$ 处，其中 $\Delta x = 1$ m。对每一炮，第一列检波器依次排列放置在 $x_{j,i}^r = x_i^s + j\Delta x$ 处，第二列检波器依次排列放置在 $x_{1j,i}^r = x_i^s + j\Delta x + \Delta z$，$j = 0$，$1, \cdots, 119$ 处，其中 $\Delta z = 1$ m。利用上述三种偏移算法计算的偏移剖面如图 5-5(b)～(d)所示。然后，提取三个偏移剖面中倾斜界面和水平不整合面的成像振幅，并与理论反射系数绘制在一起进行对比分析，结果如图 5-5(e)～(g)所示。

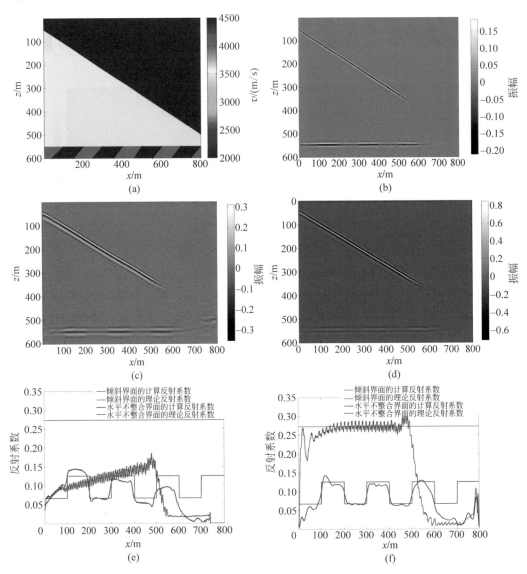

图 5-5 反射系数计算对比

（a）速度模型；（b）基尔霍夫叠前深度偏移算法计算的成像剖面；（c）双检波器叠前深度偏移算法计算的成像剖面；（d）逆时偏移方法计算的成像剖面；（e）基尔霍夫叠前深度偏移算法计算的倾斜界面成像振幅与理论反射系数对比；（f）双检波器叠前深度偏移算法计算的倾斜界面成像振幅与理论反射系数对比；（g）逆时偏移方法计算的倾斜界面成像振幅与理论反射系数对比；（h）利用最大速度低通滤波算法的双检波器叠前深度偏移算法计算的倾斜界面成像振幅与理论反射系数对比。图（e）～图（h）中蓝色虚线为偏移算法计算的倾斜界面的反射系数，蓝色实线为偏移算法计算的水平不整合界面的成像振幅，红色虚线为倾斜界面的理论反射系数，红色实线为水平不整合界面的理论反射系数

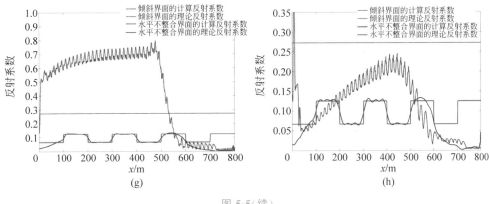

图 5-5（续）

由于本节使用了不同的偏移成像算法,所以各种偏移算法在成像振幅数量级上存在差异。因此,将计算的偏移剖面乘以一个归一化因子,使计算的成像振幅与理论反射系数处于同一个数量级,同时,保持不同反射界面成像振幅能量的整体变化趋势不变。综合分析结果如图 5-5(e)～(g)所示,可以清晰地发现,常规基尔霍夫叠前深度偏移算法和逆时偏移方法计算的成像振幅与理论反射系数存在一个较大的误差,而本节所提的双检波器偏移算法却很好地计算了两个反射界面的保幅信息。本节所提的双检波器偏移算法不仅能较好地处理成像问题中的运动学特征,还能较好地反映其动力学特性,成像问题中的动力学信息在后期 AVO 反演研究中尤为重要。常规基尔霍夫叠前深度偏移算法虽然能准确地计算反射界面的位置成像问题,但却很难保持两个反射界面成像能量的准确性。值得讨论的是,对于逆时偏移算法,虽然该算法计算的第二层反射界面的成像振幅与理论反射系数吻合得较好,但计算第一层反射界面的成像振幅与理论反射系数存在一定的偏差。这种能量的误差可以用透射波能量损失来解释:当地震波穿过第一层反射界面时,有相当一部分的能量会损失掉,如果只进行球面扩散补偿的话,在偏移剖面上会出现深部反射界面成像能量不足的问题。这种能量损失问题可以通过引入其他能量补偿形式进行补偿,如透射补偿等。

此外,本节还研究不同隐失波压制方程对成像振幅的影响,图 5-5(h)中提取的成像振幅是利用 Kosloff 等[107]提出的最大速度滤波算法计算得到。通过对比图 5-5(h)和(f),可以发现,利用 Kosloff 等[107]提出的去除隐失波的方法计算的成像振幅与理论反射也存在一定的误差。这说明了 Kosloff 等[107]提出的最大速度滤波算法不仅仅会滤掉隐失波,同时也会在一定程度上去除一定的有效波能量,从而降低保幅成像质量。

5.1.3.4　多层模型

为了验证本节所提的偏移算法对多层模型是否仍然具有较好的保幅计算能力,构建一个多层复杂模型,速度模型见图 5-6(a)。在正演计算中,使用的震源函数为雷克子波,其计算主频为 60 Hz。炮点放在 $x_i^s = i \cdot 4\Delta x$, $i = 0,1,\cdots,120$ 处,其中 $\Delta x = 4$ m。对每一炮,第一列检波器依次排列放置在 $x_{j,i}^r = x_i^s + j\Delta x$ 处,第二列检波器依次排列放置在 $x_{1j,i}^r = x_i^s + j\Delta x + \Delta z$, $j = 0,1,\cdots,119$ 处,其中 $\Delta z = 4$ m。三种偏移算法计算的偏移剖面如图 5-6所示。三种偏移算法对目标层位(H1,H2 和 H3)计算的成像振幅与其相应的理论反射系数

绘制在图 5-7、图 5-8 和图 5-9 中。为了量化比较理论反射系数与计算成像振幅的差异,提出相对误差的计算公式:

$$E = \frac{A_{理论值} - A_{计算值}}{A_{理论值}} \times 100\%$$ (5-10)

且将结果分别绘制在图 5-7、图 5-8 和图 5-9 中。

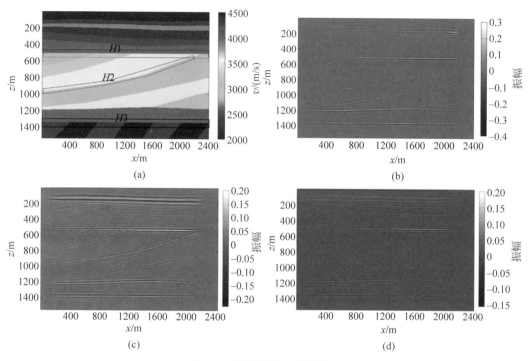

图 5-6　多层模型与成像剖面

(a)速度模型;(b)基尔霍夫叠前深度偏移算法计算的成像剖面;(c)双检波器叠前深度偏移算法计算的成像剖面;(d)逆时偏移方法计算的成像剖面

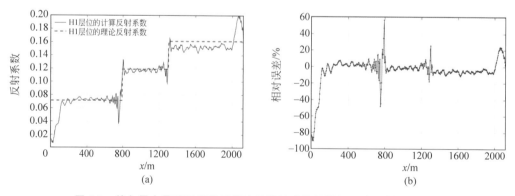

图 5-7　基尔霍夫叠前深度偏移算法计算的成像振幅与理论反射系数对比

(a)计算的 H1 层位成像振幅与理论反射系数对比;(b)计算的 H1 层位成像振幅与理论反射系数相对误差曲线;(c)计算的 H2 层位成像振幅与理论反射系数对比;(d)计算的 H2 层位成像振幅与理论反射系数相对误差曲线;(e)计算的 H1 层位成像振幅与理论反射系数对比;(f)计算的 H1 层位成像振幅与理论反射系数相对误差曲线。(a)、(c)和(e)中蓝线为计算的成像振幅曲线,红线为理论反射系数曲线

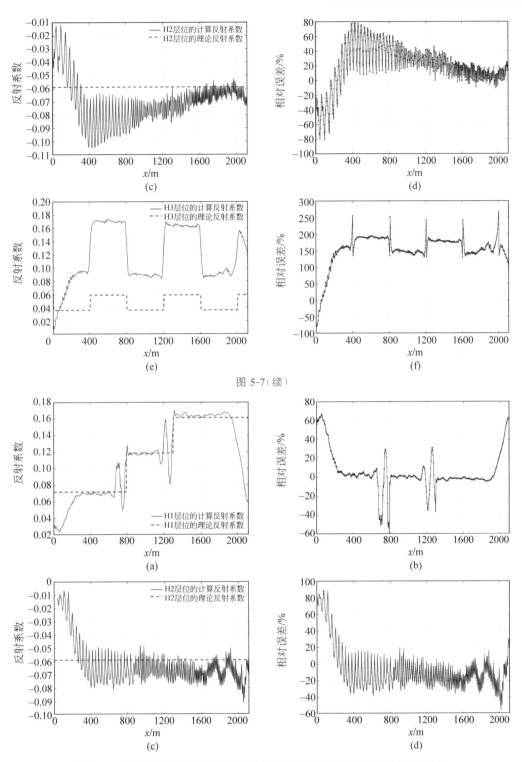

图 5-8　双检波器叠前深度偏移算法计算的成像振幅与理论反射系数对比

（a）计算的 H1 层位成像振幅与理论反射系数对比；（b）计算的 H1 层位成像振幅与理论反射系数相对误差曲线；（c）计算的 H2 层位成像振幅与理论反射系数对比；（d）计算的 H2 层位成像振幅与理论反射系数相对误差曲线；（e）计算的 H1 层位成像振幅与理论反射系数对比；（f）计算的 H1 层位成像振幅与理论反射系数相对误差曲线。（a）、（c）和（e）中蓝线为计算的成像振幅曲线，红线为理论反射系数曲线

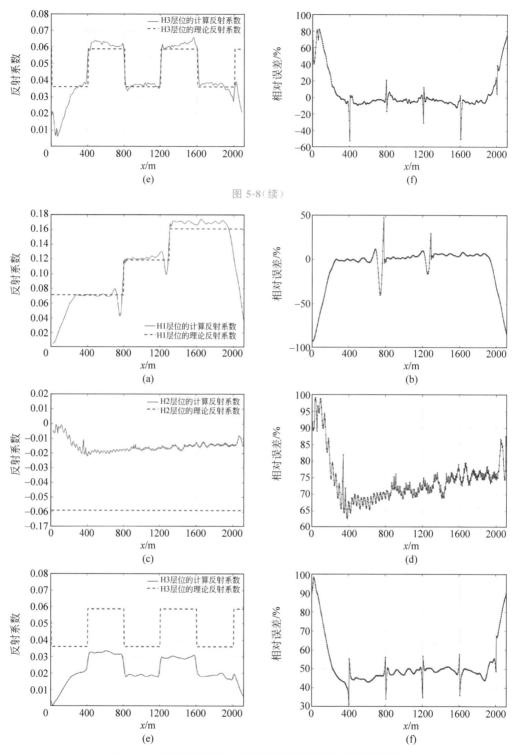

图 5-8(续)

图 5-9 逆时偏移方法计算的成像振幅与理论反射系数对比

（a）计算的 H1 层位成像振幅与理论反射系数对比；（b）计算的 H1 层位成像振幅与理论反射系数相对误差曲
线；（c）计算的 H2 层位成像振幅与理论反射系数对比；（d）计算的 H2 层位成像振幅与理论反射系数相对误
差曲线；（e）计算的 H1 层位成像振幅与理论反射系数对比；（f）计算的 H1 层位成像振幅与理论反射系数相
对误差曲线。在（a）、（c）和（e）中，蓝线为计算的成像振幅曲线，红线为理论反射系数曲线

　　观察三种偏移算法的成像剖面,可以清晰地发现,三种偏移算法在构造成像中不存在明显差异,都准确成像了反射界面的位置,但主要在目标层位计算成像振幅上体现出明显差异。为了合理地对比理论反射系数与计算成像振幅的差异,将三种偏移算法计算的偏移剖面都归一化,使其处于同一个数量级。通过对比分析三种偏移算法计算的成像振幅与理论反射系数的关系,可以明显地发现,本节所提的全声波方程偏移算法能提供更准确的成像振幅和最小的可控相对误差(除界面的交界处外),其计算的反射系数的相对误差不超过20%,而常规基尔霍夫叠前深度偏移算法和逆时偏移方法计算的成像振幅的相对误差较大。通过该数值实例,有理由相信,所提的偏移算法具有较好的保幅计算性能,并且该算法可以准确地区分岩层的岩性差异。H2 层计算的成像振幅存在较大的振幅跳动,其原因是反射界面在常规网格剖分条件下呈现阶梯状,在台阶处存在较强的能量散射效应。

5.1.3.5　双检波器间距变化对成像质量的影响

　　在数值实验中,解释了如何利用双检波器地震数据精确求解二阶空间偏导数声波方程的过程。在本小节中,一般设置双检波器间的距离等于延拓步长和模型的网格剖分间距。本节重点分析改变双检波器距离对偏移结果带来的影响。该研究结果将会有助于设计实际双检波器地震数据采集方案,使该方案在最小设计花费下提供可靠准确的波场偏导数值。

　　为了研究双检波器间距变化对成像的影响,设置双检波器距离分别为 0.1 m,0.3 m,0.5 m,0.7 m 和 1.0 m 来记录地震反射波。在速度模型中,双检波器接收区域外其他部分的网格大小依然是 1 m。构建一个 30 度倾斜不整合面模型,该速度模型如图 5-10(a)所示。为了收集在 $z=0.1$ m 处的波场,常见的规则有限差分算法明显不能满足需要。因此,采用空间可变网格有限差分技术开展波场模拟,它的结构如图 5-10(b)所示。空变交错网格高阶有限差分技术被用于正演地震波,以避免在精细网格和粗糙网格的转换区域内带来严重的人工边界反射干扰[231-232]。

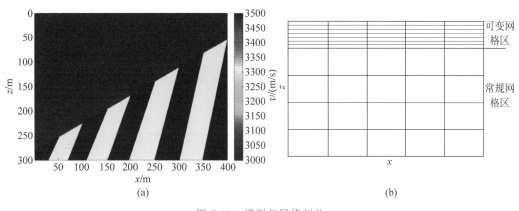

图 5-10　模型与网格剖分

(a) 速度模型;(b) 空变网格剖分示意图

　　在偏移剖面中沿反射界面拾取的成像振幅与理论反射的对比曲线及两者的相对误差曲线如图 5-11 所示。为了定量地对比双检波器间距变化对反射界面振幅的影响,统计了 $x=[160,290]$ m 区间的相对误差数据,见表 5-1。通过比较上述对比曲线和相对误差数据统计,不难发现,计算的成像振幅在检波器距离分别为 0.1 m,0.3 m,1.0 m 时与理论反射系数曲线匹配较好,而当距离分别为 $0.5\,\mathrm{m}$ 和 $0.7\,\mathrm{m}$ 时计算反射系数围绕理论值上下波动较大,表现出较强的不稳定性和波动性。造成这种现象的原因是:使用前向差分公式来预测 $z=0\,\mathrm{m}$ 处波场对深度的偏导数值引发了较大误差,进而使得理论值与预测值之间存在一定差距;当双检波器距离增大时,在开展保幅偏移中,前向差分方程会带来较大的计算错误。因此,认为最理想的双检波器距离应该是延拓步长,这样第二列检波器可以记录真实

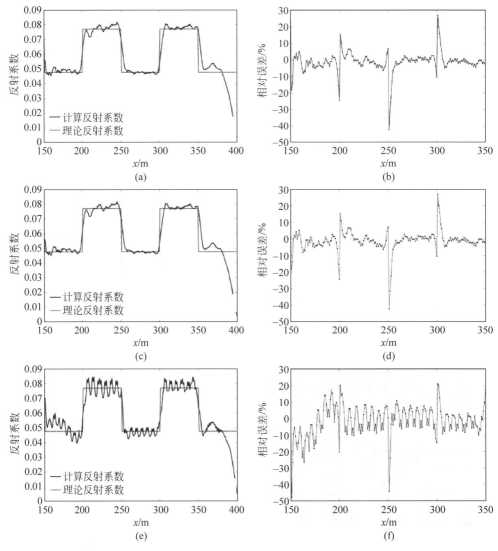

图 5-11　反射系数对比与相对误差

(a) 当双检波器间距为 $0.1\,\mathrm{m}$ 时,计算的成像振幅与理论反射系数对比;(b) 当双检波器间距为 $0.1\,\mathrm{m}$ 时,计算的成像振幅与理论反射系数的相对误差;(c) 当双检波器间距为 $0.3\,\mathrm{m}$ 时,计算的成像振幅与理论反射系数对比;(d) 当双检波器间距为 $0.3\,\mathrm{m}$ 时,计算的成像振幅与理论反射系数的相对误差;(e) 当双检波器间距为 $0.5\,\mathrm{m}$ 时,计算的成像振幅与理论反射系数对比;(f) 当双检波器间距为 $0.5\,\mathrm{m}$ 时,计算的成像振幅与理论反射系数的相对误差;(g) 当双检波器间距为 $0.7\,\mathrm{m}$ 时,计算的成像振幅与理论反射系数对比;(h) 当双检波器间距为 $0.7\,\mathrm{m}$ 时,计算的成像振幅与理论反射系数的相对误差;(i) 当双检波器间距为 $1.0\,\mathrm{m}$ 时,计算的成像振幅与理论反射系数对比;(j) 当双检波器间距为 $1.0\,\mathrm{m}$ 时,计算的成像振幅与理论反射系数的相对误差。在(a)、(c)、(e)、(g)和(i)中蓝线为计算成像振幅曲线,红线为理论反射系数曲线

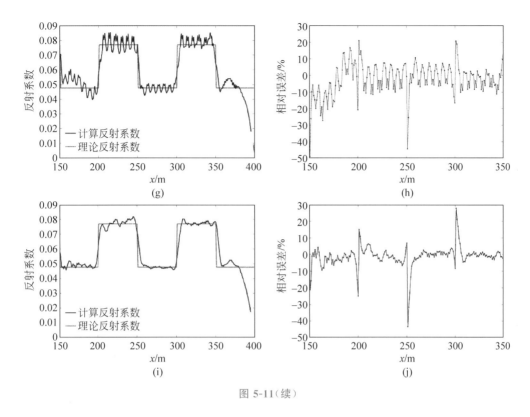

图 5-11(续)

的反射波场,然而,在实际生产中很难满足该设计需要。在技术上,当双检波器距离充分小(例如 0.1 m 或者 0.3 m)时,双检波器偏移算法计算的反射振幅值与双检波器间距为延拓步长时计算的结果类似。因此,在设计双检波器接收系统时,建议设置的距离应为延拓步长的 10%~30%,这样可以更好地成像地表结构并提供较为准确的振幅信息。

表 5-1 不同检波器间距下双检波器偏移算法计算的成像振幅与理论反射系数的相对误差

间距/m	最大值/%	最小值/%	平均值/%	方差/%
0.1	2.87	−2.52	0.13	0.0178
0.3	2.81	−2.49	0.11	0.0171
0.5	8.39	−6.11	1.65	0.25
0.7	7.62	−6.83	0.49	0.24
1.0	2.63	−2.63	0.2	0.018

5.1.4 双检实际地震资料应用

为了验证本节所提的偏移方法的实际应用效果,设计了一个陆地双检波器地震数据采集系统,采集了一套陆地双检波器地震数据,由于在实际地震数据采集中无法直接采集记录地震波场偏导数信息,因此,设计利用上下两条地震数据采集排列线来记录地震波场:一条排列线放置在地表,另外一条排列线放在地下 0.5 m 深的位置,所记录的炮集记录如图 5-12 所示。为了在深度域求解声波方程提供充足的边界条件,利用差分公式计算压力波场对深度的偏导数。经过对常规地震数据处理和速度建模后,分别使用常规基尔霍夫偏移

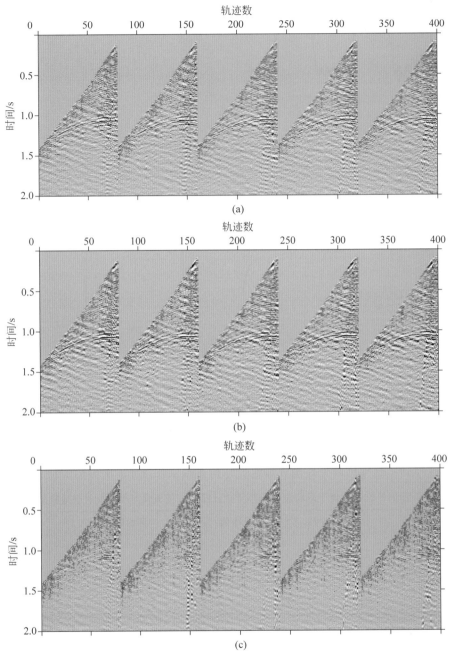

图 5-12 双检波器地震炮集记录

(a) $z=0$ m 处；(b) $z=0.5$ m；(c) 两个不同深度($z=0$ 和 $z=0.5$ m)的差剖面

方法和本节所提的偏移方法对地下构造进行偏移成像，成像结果如图 5-13。通过比较图 5-13(a)和(b)可以看出，双程波方程偏移方法提供了较高质量的成像结果。在实际地震数据采集和处理中，不可避免的是，采集的地震数据中含有一定程度的噪声，这势必会影响最终的成像质量。但通过对采集的双检波器地震数据做差，也能够起到压制部分噪声的作用，提高偏移剖面信噪比。图中红框标注区域体现了两种算法在成像上最明显的差异。在

图 5-13 中的红框内,本节所提的偏移方法计算得到的成像效果比常规基尔霍夫偏移方法得到的更为清晰,并且图 5-13(b)中地层上下接触关系更明显,因此,它能够更直观地解释地层不整合面位置。

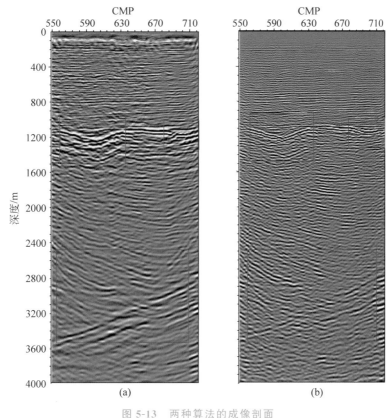

图 5-13 两种算法的成像剖面

(a) 常规基尔霍夫偏移算法计算的成像剖面;(b) 双检波器偏移算法计算的成像剖面

5.1.5 小结

由于边界条件不充足,且仅用一个初值条件来求解二阶波动方程是不稳定的、病态的,因此常规单程波动方程偏移方法不能正确地计算真振幅信息,需要对常规单程波动方程进行深度延拓。本节的目标是通过设计一个新的地震数据采集系统,建立一个新的、高效的计算真振幅的偏移方法。为了使全声波方程能准确地描述波场传播,设计了一个双检波器地震采集系统,该系统分别在 $z=0$ 和 $z=\Delta z$ 处记录地震数据。双检波器地震数据为在深度域求解全声波方程提供了充足的边界条件,建立了波场深度延拓的全声波方程偏移算法。本节通过建立若干数值实例来验证本节所提的偏移方法是否可以获得反射界面准确的真振幅信息,与常规偏移算法计算结果相比,本节所提的偏移方法计算的反射系数与理论反射系数吻合得更好、更准确。在实际数据例子中,本节所提的偏移方法计算的反射同相轴比常规基尔霍夫偏移方法的更加清晰,更加有利于指导实际应用。由于双检波器地震采集系统的使用,必须要设置一个合理的双检波器距离来恢复真振幅信息,并且减少设计花费,因此对双检波器间距变化对成像质量的影响进行了研究。通过对比利用不同的检波器间距计算的反射系数与理论反射系数,发现设计合理距离可具有更好的振幅估计值,成像的反射系数更能反应实际岩性变化。

5.2 基于单程波传播算子的双程波叠前深度偏移方法

常规的单程波偏移算法是以地下一定深度处记录的波场值为边界条件进行波场深度延拓的一种深度域偏移算法。利用单一的边界条件求解二阶声波方程的方法必须使用一些假设条件进行近似处理,这将会导致单程波偏移算法存在成像角度的限制和振幅估计不准确的问题。为了克服求解声波方程边界条件不足的问题,引入双检波器地震数据采集系统,该系统能提供在深度域求解二阶声波方程充足的边界条件。基于双检波器地震数据采集系统和单程波偏移算子的概念,本节提出基于单程波传播算子的双程波深度偏移算法。由于该深度偏移算法是基于双程波方程的,理论上,该算法可以处理单程波偏移算法无法处理的大角度成像问题。在数值实验上,该算法利用了双检波器地震数据采集的双层波场值和单程波传播算子,因此,该双程波深度偏移算法可结合当前单程波偏移算法的发展优势。本节在双程波深度偏移算法中引入了常规的傅里叶有限差分传播算子和高阶广义屏传播算子,从而形成双程波傅里叶有限差分偏移算法和双程波高阶广义屏偏移算法。

5.2.1 基本原理

二维介质下的常密度声波方程可以写为

$$\frac{\partial^2 \tilde{p}(x,z,t)}{\partial x^2} + \frac{\partial^2 \tilde{p}(x,z,t)}{\partial z^2} = \frac{1}{c^2(x,z)} \frac{\partial^2 \tilde{p}(x,z,t)}{\partial t^2} \tag{5-11}$$

其中,x 和 z 分别表示水平和垂直方向的坐标;$\tilde{p}(x,z,t)$ 为压力波场;$c(x,z)$ 为介质速度。

对方程(5-11)中的时间变量进行傅里叶变换,则得到频率-空间域的声波方程为

$$\frac{\partial^2 \tilde{p}(x,z,\omega)}{\partial z^2} + \left(\frac{\omega^2}{c^2(x,z)} + \frac{\partial^2}{\partial x^2} \right) \tilde{p}(x,z,\omega) = 0 \tag{5-12}$$

其中,ω 为角频率,$\tilde{p}(x,z,\omega)$ 为频率域的压力波场值。

利用双检波器地震数据提供的边界条件,则频率-空间域的声波方程的求解问题可以写为

$$\begin{cases} \dfrac{\partial^2 \tilde{p}(x,z,\omega)}{\partial z^2} + k_z^2 \tilde{p}(x,z,\omega) = 0 \\ \tilde{p}(x,z=0,\omega) = \tilde{d}(x,z=0,\omega) \\ \tilde{p}(x,z=\Delta z,\omega) = \tilde{d}(x,z=\Delta z,\omega) \end{cases} \tag{5-13}$$

其中,$k_z^2 = \dfrac{\omega^2}{c^2(x,z)} + \dfrac{\partial^2}{\partial x^2}$ 为垂直波数;Δz 为垂直方向网格间距;$\tilde{d}(x,z=0,\omega)$ 和 $\tilde{d}(x, z=\Delta z,\omega)$ 分别为双检波器地震数据采集系统在 $z=0$ 和 $z=\Delta z$ 处采集的波场数据的频率域表示。

根据偏微分方程理论,假设在均匀介质条件下,方程(5-13)具有如下通解形式:

$$\tilde{p}(x,z,\omega) = C_1 e^{ik_z z} + C_2 e^{-ik_z z} \tag{5-14}$$

其中，C_1 和 C_2 为待定系数，该系数的值可以根据方程(5-13)中的两个边界条件计算。在常规的地震数据采集系统中，由于其只是在地下或海面下一定深度内放置检波器接收地震反射波信息，因此常规的地震数据采集系统只能提供一个边界条件。由于这种不完备的边界条件，通常的做法是，舍弃方程(5-14)中的一项，形成常规的上行波或下行波单程波偏移算法。显然，由于双检波器地震数据系统能提供求解方程(5-14)中两个待定系数的边界条件，因此，本节提出的双程波深度偏移算法包含了上行波和下行波波场，具有双程波偏移的特点。

利用方程(5-13)中提供的边界条件，可得方程(5-14)中的系数为

$$\begin{cases} C_1 = \dfrac{\tilde{p}(x,0,\omega)e^{-ik_z\Delta z} - \tilde{p}(x,\Delta z,\omega)}{-2i\sin k_z\Delta z} \\[4mm] C_2 = \dfrac{\tilde{p}(x,0,\omega)e^{ik_z\Delta z} - \tilde{p}(x,\Delta z,\omega)}{2i\sin k_z\Delta z} \end{cases} \tag{5-15}$$

在得到了方程(5-14)中的系数之后，计算 $z=2\Delta z$ 处的波场值：

$$
\begin{aligned}
\tilde{p}(x,2\Delta z,\omega) &= \frac{\tilde{p}(x,0,\omega)e^{-ik_z\Delta z} - \tilde{p}(x,\Delta z,\omega)}{-2i\sin k_z\Delta z}e^{2ik_z\Delta z} + \frac{\tilde{p}(x,0,\omega)e^{ik_z\Delta z} - \tilde{p}(x,\Delta z,\omega)}{2i\sin k_z\Delta z}e^{-2ik_z\Delta z} \\[3mm]
&= \frac{\tilde{p}(x,0,\omega)e^{ik_z\Delta z} - \tilde{p}(x,\Delta z,\omega)e^{2ik_z\Delta z}}{-2i\sin k_z\Delta z} + \frac{\tilde{p}(x,0,\omega)e^{-ik_z\Delta z} - \tilde{p}(x,\Delta z,\omega)e^{-2ik_z\Delta z}}{2i\sin k_z\Delta z} \\[3mm]
&= \frac{\tilde{p}(x,0,\omega)\left[e^{-ik_z\Delta z} - e^{ik_z\Delta z}\right] + \tilde{p}(x,\Delta z,\omega)\left[e^{2ik_z\Delta z} - e^{-2ik_z\Delta z}\right]}{2i\sin k_z\Delta z} \\[3mm]
&= \frac{-2i\sin(k_z\Delta z)\tilde{p}(x,0,\omega) + 2i\sin(2k_z\Delta z)\tilde{p}(x,\Delta z,\omega)}{2i\sin k_z\Delta z} \\[3mm]
&= \frac{-2i\sin(k_z\Delta z)\tilde{p}(x,0,\omega) + 4i\sin(k_z\Delta z)\cos(k_z\Delta z)\tilde{p}(x,\Delta z,\omega)}{2i\sin k_z\Delta z} \\[3mm]
&= -\tilde{p}(k_x,z=0,\omega) + 2\cos(k_z\Delta z)\tilde{p}(x,\Delta z,\omega)
\end{aligned}
\tag{5-16}
$$

根据欧拉公式 $e^{ix} = \cos x + i\sin x$，方程(5-16)可以进一步写为

$$
\begin{aligned}
\tilde{p}(x,z=2\Delta z,\omega) &= -\tilde{p}(x,z=0,\omega) + \left[e^{-ik_z\Delta z} + e^{ik_z\Delta z}\right]\tilde{p}(x,z=\Delta z,\omega) \\[3mm]
&= \underbrace{-\tilde{p}(x,z=0,\omega) + e^{-ik_z\Delta z}\tilde{p}(x,z=\Delta z,\omega)}_{\text{I}} + \underbrace{e^{ik_z\Delta z}\tilde{p}(x,z=\Delta z,\omega)}_{\text{II}}
\end{aligned}
$$

$$\tag{5-17}$$

在推导方程(5-17)时，假设介质是各向同性的。在这种情况下，第 I 项的结果为零，这样方程(5-17)就退化为常规的单程波算子。实际的地球介质并不满足各向同性介质的假设，而是各向异性的。为了在实际的各向异性介质中也能应用本节提出的偏移算法进行数据处理，将方程(5-17)作进一步的推广，得到一般形式的双程波深度偏移算子：

$$\tilde{p}(x,z=2\Delta z,\omega) = \underbrace{-\tilde{p}(x,z=0,\omega) + P^-(k_z)\tilde{p}(x,z=\Delta z,\omega)}_{\text{I}} + \underbrace{P^+(k_z)\tilde{p}(x,z=\Delta z,\omega)}_{\text{II}}$$

$$\tag{5-18}$$

其中，$P(k_z)$ 代表单程波偏移算子，"+" 和 "-" 分别表示对检波器波场的反向延拓和正演计

算。对比方程(5-17)和方程(5-18),发现在均匀介质条件下的相移算子被单程波传播算子替代。在常规的单程波偏移算法的推导中也使用了这种类似的推广。例如,首先得到了均匀介质假设前提下的单程波相移算法,然后为了适应速度变化介质的波场计算,在傅里叶有限差分偏移算法中引入裂步项和有限差分项来修正大角度的波场值。

在利用双程波深度偏移算法进行波场延拓时,对于检波器波场和震源波场,都需要双层波场数据。对于检波器波场,可以设置上下双缆进行地震数据采集。对于震源波场,采用常规的单程波算子来估算震源在第二个网格点深度的波场值,即可满足双程波深度偏移需要的边界条件。

将方程(5-18)的深度延拓方法称为双程波深度延拓算法,同样是基于全声波方程的逆时偏移方法与双程波深度延拓算法存在明显的差异。本节提出的双程波深度延拓算法只涉及深度延拓计算,不会像逆时偏移在复杂构造中产生新的边界反射和新层间多次波。由于在方程(5-18)中涉及单程波传播算子,当计算的波场遇到强反射边界时,相较于基于全波方程的逆时偏移方法,双程波深度延拓算法将产生更少的成像噪声。基于上述分析,本节提出的双程波深度偏移方法比逆时偏移方法的成像效果可能会涉及更少的成像噪声。

本节以检波器波场为例详细说明方程(5-18)的物理含义。对检波器波场而言,在方程(5-18)中的 Ⅱ 项即为常规的单程波深度延拓算子。$P^-(k_z)\tilde{p}(x,z=\Delta z,\omega)$ 表示以检波器波场 $\tilde{p}(x,z=\Delta z,\omega)$ 为震源计算 $z=0$ 处的波场 $\tilde{p}_1(x,z=0,\omega)$,该过程为上行波的正演传播。在 $z=0$ 深度处,将单程波正演计算的波场 $\tilde{p}_1(x,z=0,\omega)$ 与记录的波场 $\tilde{p}(x,z=0,\omega)$ 相减,即为方程(5-18)中的 Ⅰ 项,该项用于调整单程波算子在大角度计算上的相位误差,如图 5-14 所示。

为了更加详细地说明方程(5-18)的物理含义,利用图 5-15 说明方程(5-18)是如何利用单程波传播算子克服大角度区域的传播误差的。众所周知,常规的单程波算子在大角度上存在不准确的相位信息,如图 5-15 中黑色虚线所示。假设记录的波场具备准确的波场信息,如图 5-15 中红色曲线所示。方程(5-18)中记录的波场与单程波算子计算的波场的差表示为 Ⅰ 项,即为图 5-15 中的阴影区域。在 Ⅱ 项的单程波算子中仍然存在大角度计算误差,如果将该阴影区域的计算误差补偿给 Ⅱ 项,这样即可实现补偿单程波传播算子中相位误差,实现双程波传播算子的大角度计算,其实质是,正传误差与反传误差相消,实现上下行波的耦合相互作用。

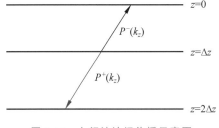

图 5-14　上行波波场传播示意图　　　　图 5-15　单程波波场与记录波场的相位差异

5.2.2　双程波深度偏移算法具体实施

根据之前的介绍,在方程(5-18)中涉及一个单程波传播算子,该单程波传播算子是双程波深度偏移算法的关键。经过数十年的发展,众多研究者发展了各种单程波传播算子计算波场在复杂介质中的传播,例如,裂步傅里叶偏移算法、傅里叶有限差分偏移算法和高阶广义屏偏移算法等[15-17,133,233-235]。本节主要介绍如何将单程波算子引入到本节提出的双程波深度偏移算法中,并进一步提出具体的双程波深度偏移算法。

5.2.2.1 双程波裂步傅里叶深度偏移算法

单程波裂步傅里叶方法最初是由 Stoffa 提出来[15]并应用于地震偏移成像中的,主要是为了适应波场在速度横向变化介质中的计算。该算法的主要原理是根据摄动理论,将速度分解为背景速度和扰动速度,然后再进行相移和时移计算。下面从泰勒级数理论上进行推导计算。

任意速度变化介质中的单平方根算子可以写为

$$P = \sqrt{\frac{\omega^2}{c^2(x,z)} + \frac{\partial^2}{\partial x^2}} \tag{5-19}$$

其中,$c(x,z)$为介质速度。

参考速度介质中的单平方根算子可以写为

$$P_0 = \sqrt{\frac{\omega^2}{c_r^2} + \frac{\partial^2}{\partial x^2}} \tag{5-20}$$

其中,c_r 为介质背景速度。

当介质中存在横向速度变化时,实际介质中的单平方根算子与参考速度介质中的单平方根算子的误差表示为

$$d = \sqrt{\frac{\omega^2}{c^2(x,z)} + \frac{\partial^2}{\partial x^2}} - \sqrt{\frac{\omega^2}{c_r^2} + \frac{\partial^2}{\partial x^2}} \tag{5-21}$$

在频率-波速域对方程(5-21)进行泰勒级数展开,并省去高阶级数项时有

$$P = \sqrt{\frac{\omega^2}{c^2(x,z)} - k_x^2}$$

$$= \frac{\omega}{c(x,z)}\sqrt{1 - \frac{c^2(x,z)}{\omega^2}k_x^2} \approx \frac{\omega}{c(x,z)} + \sum_{n=1}^{\infty}(-1)^n \binom{1/2}{n}\left(\frac{c(x,z)}{\omega}k\right)^{2n}$$

$$\tag{5-22}$$

$$P_0 = \sqrt{\frac{\omega^2}{c_r^2} - k_x^2} = \frac{\omega}{c_r}\sqrt{1 - \frac{c_r^2}{\omega^2}k_x^2} \approx \frac{\omega}{c_r} + \sum_{n=1}^{\infty}(-1)^n \binom{1/2}{n}\left(\frac{c_r}{\omega}k\right)^{2n} \tag{5-23}$$

其中,$\binom{m}{n} = \frac{m(m-1)\cdots(m-n+1)}{n!}$;$k_x$ 为水平方向波数。

$$d = \sqrt{\frac{\omega^2}{v^2(x,z)} - k_x^2} - \sqrt{\frac{\omega^2}{c_r^2} - k_x^2} \approx \omega\left(\frac{1}{c(x,z)} - \frac{1}{c_r}\right) \tag{5-24}$$

则实际介质中的单平方根算子可以近似地表示为

$$\sqrt{\frac{\omega^2}{c^2(x,z)} + \frac{\partial^2}{\partial x^2}} \approx \sqrt{\frac{\omega^2}{c_r^2} - k_x^2} + \omega\left(\frac{1}{c(x,z)} - \frac{1}{c_r}\right) \tag{5-25}$$

利用裂步傅里叶偏移算法来表示单程波算子可以写为

$$\begin{cases} P^{\mathrm{SSF}} = \mathrm{e}^{\mathrm{i}k_z^{\mathrm{SSF}}} \Delta z \\ k_z^{\mathrm{SSF}} = \dfrac{\omega}{c(x,z)} - \dfrac{\omega}{c_r} + \sqrt{\dfrac{\omega^2}{c_r^2} - k_x^2} \end{cases} \tag{5-26}$$

如果利用方程(5-26)中的算式修改方程(5-18)中的单程波算子,则可得到双程波裂步傅里叶偏移算子。

5.2.2.2　双程波傅里叶有限差分深度偏移算法

单程波傅里叶有限差分偏移算法是 Ristow 等[16]为改善单程波偏移算法在大角度的偏移成像而提出的。在之前的介绍中,对单平方根算子只做了一阶泰勒级数近似,这使得单程波裂步傅里叶偏移算法对强横向速度变化介质的适应能力有限。为了解决该问题,单程波傅里叶有限差分偏移算法在单程波裂步傅里叶偏移算法的基础上对单平方根算子进行了高阶泰勒级数展开,从而引入了一个有限差分校正项,使单程波傅里叶有限差分偏移算法能适应复杂介质和强横向速度变化介质的成像。

在方程(5-24)中,采用高阶泰勒级数展开式对实际介质中的单平方根算子与参考速度介质中的单平方根算子的误差进行计算

$$d = \sqrt{\frac{\omega^2}{c^2(x,z)} - k_x^2} - \sqrt{\frac{\omega^2}{c_r^2} - k_x^2} \approx \frac{\omega}{c_r}\left(\frac{c_r}{v} - 1\right) - \frac{1}{2}\left(\frac{k_x c_r}{\omega}\right)^2 \frac{\omega}{c_r} \frac{c_r}{c(x,z)}\left[1 - \frac{c_r}{c(x,z)}\right] +$$
$$\sum_{n=2}^{\infty} (-1)^n \left[\frac{k_x c(x,z)}{\omega}\right]^{2n} \frac{\omega}{c_r} \frac{c_r}{c(x,z)}\left\{1 - \left[\frac{c_r}{c(x,z)}\right]^{2n-1}\right\} \tag{5-27}$$

在接下来的计算中,为简便表示,令 $p = \dfrac{c_r}{c(x,z)}$,则 $p = \dfrac{c_r}{c(x,z)} \leqslant 1$,同时

$$1 - \left[\frac{c_r}{c(x,z)}\right]^{2n-1} = (1 - p^{2n-1}) = (1-p)\delta_n \tag{5-28}$$

其中,$\delta_n = \displaystyle\sum_{i=0}^{2n-2} p^i$。

将方程(5-28)代入方程(5-27),则有

$$d \approx \frac{\omega}{c_r}(p-1) - \frac{1}{2}\left(\frac{k_x c_r}{\omega}\right)^2 \frac{\omega}{c_r} p(1-p) +$$
$$\sum_{n=2}^{\infty} (-1)^n \left[\frac{k_x c(x,z)}{\omega}\right]^{2n} \frac{\omega}{c_r} p(1-p)\delta_n \tag{5-29}$$

在方程(5-29)中加减 $\dfrac{\omega}{c_r}p(1-p)$ 项,则有

$$d \approx \frac{\omega}{c_r}(p-1) + \frac{\omega}{c_r}p(1-p)\left\{1 - \frac{1}{2}\left(\frac{k_x c_r}{\omega}\right)^2 \frac{\omega}{c_r}p(1-p) +\right.$$
$$\left.\sum_{n=2}^{\infty} (-1)^n \left[\frac{k_x c(x,z)}{\omega}\right]^{2n} \delta_n\right\} - \frac{\omega}{c_r}p(1-p) \tag{5-30}$$

令 $u = \dfrac{k_x c(x,z)}{\omega}$,则上式可以写为

$$d \approx \frac{\omega}{c_r}(p-1) + \frac{\omega}{c_r}p(1-p)\left\{1 - \frac{1}{2}(u)^2\frac{\omega}{c_r}p(1-p) + \right.$$

$$\left. \sum_{n=2}^{\infty}(-1)^n(u)^{2n}\delta_n\right\} - \frac{\omega}{c_r}p(1-p) \tag{5-31}$$

取方程(5-31)中的二阶展开式,得

$$d \approx \frac{\omega}{c_r}(p-1) - \frac{\omega}{c_r}p(1-p)\left(\frac{1}{2}u^2 + \frac{\delta_2}{8}u^4\right) \tag{5-32}$$

对于方程(5-32)中的$\frac{1}{2}u^2 + \frac{\delta_2}{8}u^4$项,采用如下的分式进行近似计算:

$$\frac{u^2}{a_1 - b_1 u^2} \approx \frac{1}{a_1}u^2 + \frac{b_1}{a_1^2}u^4 \tag{5-33}$$

对比$\frac{1}{2}u^2 + \frac{\delta_2}{8}u^4$与方程(5-33)中的系数,可以确定$a_1$和$b_1$分别为

$$\begin{cases} a_1 = 2 \\ b_1 = 0.5(p^2 + p + 1) \end{cases} \tag{5-34}$$

利用傅里叶有限差分偏移算法近似地表示单程波算子,则其可以写为

$$\begin{cases} P^{\text{FFD}} = e^{ik_z^{\text{FFD}}\Delta z} \\ k_z^{\text{FFD}} = \frac{\omega}{c(x,z)} - \frac{\omega}{c_r} + \sqrt{\frac{\omega^2}{c_r^2} - k_x^2} + \dfrac{\dfrac{c(x,z)-c_r}{\omega}\dfrac{\partial^2}{\partial x^2}}{a_1 + b_1\dfrac{c^2(x,z)}{\omega^2}\dfrac{\partial^2}{\partial x^2}} \end{cases} \tag{5-35}$$

如果利用方程(5-35)中的算式修改方程(5-18)中的单程波算子,则可得到双程波傅里叶有限差分偏移算子。

5.2.2.3 双程波高阶广义屏深度偏移算法

为了准确地描述地震波场在复杂介质中的传播,吴如山[25]、De Hoop 等[236]在相位屏传播算子研究的基础上,发展了单程波高阶广义屏传播算子。经过不同的近似处理,现在形成了不同的广义屏传播算子,其中包括 Pade 屏算子、拟屏算子等。本节采用类似于傅里叶有限差分算子的方式推导了高阶广义屏传播算子。

方程(5-18)和方程(5-19)分别描述了实际介质情况和背景介质情况下的单平方根算子,将方程(5-19)代入方程(5-18),则有

$$k_z = k_{z0}\sqrt{1 - \frac{\omega^2(s_0^2 - s^2)}{k_{z0}^2}} \tag{5-36}$$

其中,$s = \frac{1}{c(x,z)}$,$s_0 = \frac{1}{c_r}$。

对方程(5-36)的根式进行泰勒级数展开,则有

$$k_z = k_{z_0} + k_{z_0}\sum_{n=1}^{\infty}(-1)^n\binom{\frac{1}{2}}{n}\left(\frac{\omega^2 s_0^2}{\omega^2 s_0^2 - k_x^2}\frac{s_0^2 - s^2}{s_0^2}\right)^n \tag{5-37}$$

单程波传播算子可写为

$$
e^{ik_z \Delta z} = e^{ik_{z_0} \Delta z} \cdot e^{i\left[k_{z_0} \sum\limits_{n=1}^{\infty} (-1)^n \binom{\frac{1}{2}}{n} \left(\frac{\omega^2 s_0^2}{\omega^2 s_0^2 - k_x^2} \frac{s_0^2 - s^2}{s_0^2}\right)^n\right] \Delta z}
$$

(5-38)

对方程(5-38)中的第二个 e 指数在其幂小于 1 时作进一步的泰勒级数展开,则有

$$
e^{i\left[k_{z_0} \sum\limits_{n=1}^{\infty} (-1)^n \binom{\frac{1}{2}}{n} \left(\frac{\omega^2 s_0^2}{\omega^2 s_0^2 - k_x^2} \frac{s_0^2 - s^2}{s_0^2}\right)^n\right] \Delta z} \approx 1 + i\left[k_{z_0} \sum\limits_{n=1}^{\infty} (-1)^n \binom{\frac{1}{2}}{n} \left(\frac{\omega^2 s_0^2}{\omega^2 s_0^2 - k_x^2} \frac{s_0^2 - s^2}{s_0^2}\right)^n\right] \Delta z
$$

(5-39)

将方程(5-39)重新代入方程(5-38)则有

$$
e^{ik_z \Delta z} = e^{ik_{z_0} \Delta z}\left\{1 + i\left[k_{z_0} \sum\limits_{n=1}^{\infty} (-1)^n \binom{\frac{1}{2}}{n} \left(\frac{\omega^2 s_0^2}{\omega^2 s_0^2 - k_x^2} \frac{s_0^2 - s^2}{s_0^2}\right)^n\right] \Delta z\right\}
$$

(5-40)

从方程(5-40)中可以发现,泰勒级数展开的项越多,单程波算子计算就越精确,对复杂介质中的波场计算也越准确。下面给出 $n=1 \sim 4$ 时的展开式。

① 当 $n=1$ 时,单程波一阶广义屏传播算子可以表示为

$$
e^{ik_z \Delta z} = e^{ik_{z_0} \Delta z} + \frac{e^{ik_{z_0} \Delta z}}{k_{z_0}}\left\{\frac{i\omega^2 \Delta z}{2}\left[\frac{1}{c^2(x,z)} - \frac{1}{c_r^2}\right]\right\}
$$

(5-41)

② 当 $n=2$ 时,单程波二阶广义屏传播算子可以表示为

$$
e^{ik_z \Delta z} = e^{ik_{z_0} \Delta z} + \frac{e^{ik_{z_0} \Delta z}}{k_{z_0}}\left\{\frac{i\omega^2 \Delta z}{2}\left[\frac{1}{c^2(x,z)} - \frac{1}{c_r^2}\right]\right\} - \frac{e^{ik_{z_0} \Delta z}}{k_{z_0}^{\frac{3}{2}}}\left\{\frac{i\omega^4 \Delta z}{8}\left[\frac{1}{c^2(x,z)} - \frac{1}{c_r^2}\right]^2\right\}
$$

(5-42)

③ 当 $n=3$ 时,单程波三阶广义屏传播算子可以表示为

$$
e^{ik_z \Delta z} = e^{ik_{z_0} \Delta z} + \frac{e^{ik_{z_0} \Delta z}}{k_{z_0}}\left\{\frac{i\omega^2 \Delta z}{2}\left[\frac{1}{c^2(x,z)} - \frac{1}{c_r^2}\right]\right\} - \frac{e^{ik_{z_0} \Delta z}}{k_{z_0}^{\frac{3}{2}}}\left\{\frac{i\omega^4 \Delta z}{8}\left[\frac{1}{c^2(x,z)} - \frac{1}{c_r^2}\right]^2\right\} +
$$

$$
\frac{e^{ik_{z_0} \Delta z}}{k_{z_0}^{\frac{5}{2}}}\left\{\frac{i\omega^6 \Delta z}{32}\left[\frac{1}{c^2(x,z)} - \frac{1}{c_r^2}\right]^3\right\}
$$

(5-43)

④ 当 $n=4$ 时,单程波四阶广义屏传播算子可以表示为

$$
e^{ik_z \Delta z} = e^{ik_{z_0} \Delta z} + \frac{e^{ik_{z_0} \Delta z}}{k_{z_0}}\left\{\frac{i\omega^2 \Delta z}{2}\left[\frac{1}{c^2(x,z)} - \frac{1}{c_r^2}\right]\right\} - \frac{e^{ik_{z_0} \Delta z}}{k_{z_0}^{\frac{3}{2}}}\left\{\frac{i\omega^4 \Delta z}{8}\left[\frac{1}{c^2(x,z)} - \frac{1}{c_r^2}\right]^2\right\} +
$$

$$
\frac{e^{ik_{z_0} \Delta z}}{k_{z_0}^{\frac{5}{2}}}\left\{\frac{i\omega^6 \Delta z}{32}\left[\frac{1}{c^2(x,z)} - \frac{1}{c_r^2}\right]^3\right\} - \frac{e^{ik_{z_0} \Delta z}}{k_{z_0}^{\frac{7}{2}}}\left\{\frac{i\omega^8 \Delta z}{128}\left[\frac{1}{c^2(x,z)} - \frac{1}{c_r^2}\right]^4\right\}
$$

(5-44)

如果利用方程(5-41)~方程(5-44)中的算式修改方程(5-18)中的单程波算子,则可得到相应的双程波高阶广义屏偏移算子。

根据上面的介绍,本节利用单程波裂步傅里叶传播算子、傅里叶有限差分传播算子和高阶广义屏传播算子对双程波延拓算子中的单程波算子进行修改,以便对复杂介质情况进

行准确的波场描述。除了上述三种单程波传播算子,其他的单程波传播算子同样可以应用在本节提出的双程波延拓算子中,如利用单程波相移加插值传播算子[14]。因此,本节提出的双程波深度偏移算子是一个开源的结构,研究者可以根据自己的需要采用不同的单程波传播算子,并设计相应的双程波深度偏移算法。

在常规的单程波算子中,一般将实际速度分为背景速度和扰动速度。背景速度常常取全局的最小速度。当实际介质的速度变化较大时,只用一个全局最小速度作为背景速度来描述介质速度的强扰动情况较为困难,这也导致了常规的单程波算子存在有限的成像角度问题。因此,本节进一步提出采用局部扰动理论来描述双程波传播算子中的单程波算子,以便获得更为准确的波场描述[237-238]。

5.2.3　数值实验

在接下来的数值实验中,分别采用了双程波傅里叶有限差分偏移算法和双程波高阶广义屏偏移算法进行成像计算。考虑到单程波裂步傅里叶算法本身对复杂介质和强横向速度变化介质下的波场传播的计算误差较大,所以在本实验中并没有采用双程波裂步傅里叶算法。作为深度偏移算法,本节提出的双程波偏移算法同样面临着隐失波对成像算法稳定性的影响。结合3.1.1节中的介绍,我们仍然采用谱投影算法来消除传播过程中的隐失波。

5.2.3.1　各向同性介质中脉冲响应测试

在数值实验中,分别利用单程波傅里叶有限差分算法、单程波高阶广义屏算法、双程波傅里叶有限差分偏移算法和双程波高阶广义屏偏移算法计算在均匀介质中的脉冲响应曲线并进行对比分析。在强横向速度变化介质中,单程波偏移算法存在一个成像角度限制的问题,这也影响单程波偏移算法在复杂介质下的应用。因此,有必要对比上述四种偏移算法在大角度情况下的脉冲响应差异。

均匀介质的速度为 2000 m/s,模型大小为 1500 m×1500 m。计算脉冲响应的震源为 30 Hz 的雷克子波,位于 $x = 750$ m,$z = 0$ m 的位置。在计算脉冲响应的四种偏移算法中,都设置参考速度为 1000 m/s,为真实速度的一半。这样设置的目的是假设在速度介质中存在一个强横向速度扰动。

四种偏移算法计算的脉冲响应如图 5-16 所示。从图 5-16 中可以清晰地发现,当超过一定的角度之后,单程波算法计算的脉冲响应曲线与理论的脉冲响应曲线之间存在一个明显的相位误差,其脉冲响应曲线向内弯曲。但利用单程波传播算子的双程波算法计算的脉冲响应曲线突破了常规的单程波算法的角度限制,与理论的脉冲曲线吻合得更好。在图 5-16(b)和(d)中存在一个较为明显的转折点,如图中红色箭头所示。该转折点是常规单程波算法计算的脉冲响应曲线偏离理论曲线的拐点,同时也是单程波算法最大的有效成像角度拐点。超过该拐点,本节提出的双程波算法展示了其在大角度成像上的优势。在方程(5-18)中的Ⅱ项为常规的单程波传播算子,超过该拐点,Ⅱ项计算的相位信息也是不准确的;但是在Ⅰ项的校正下使得本节提出的算法实现了波场传播在大角度上的准确计算。

5.2.3.2　双层介质下的脉冲响应测试

在数值实验中,设计了一个双层介质模型测试单程波传播算子和双程波传播算子计算

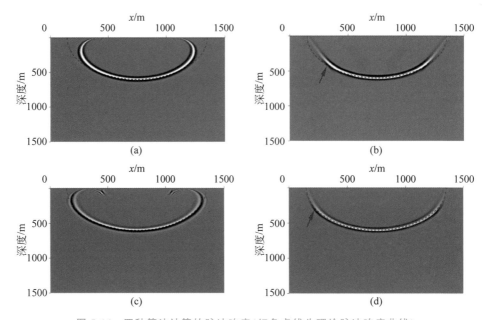

图 5-16　四种算法计算的脉冲响应(红色虚线为理论脉冲响应曲线)

(a) 单程波高阶广义屏算法计算的脉冲响应；(b) 双程波高阶广义屏算法计算的脉冲响应；(c) 单程
波傅里叶有限差分算法计算的脉冲响应；(d) 双程波傅里叶有限差分算法计算的脉冲响应

的脉冲响应差异。速度模型的大小为 2500 m×1500 m，速度模型如图 5-17 所示。在脉冲
响应计算中，震源为主频为 30 Hz 的雷克子波，其位于 $x=1250$ m，$z=0$ m 的位置。

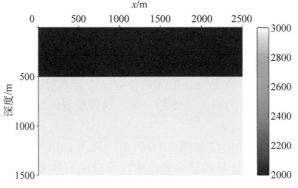

图 5-17　双层速度模型

　　利用单程波傅里叶有限差分算法、单程波高阶广义屏算法、双程波傅里叶有限差分算
法和双程波高阶广义屏算法分别计算在双层介质模型下的脉冲响应曲线。为了进行对比分
析，将有限差分正演技术计算的理论脉冲响应作为参考标准。偏移算法计算的脉冲响应曲线
和理论的脉冲响应曲线对比如图 5-18 所示，图中右半部分的脉冲响应是有限差分正演计算的
结果。由于有限差分算法是一种全波方程算法，所以在图的右半部分中存在反射波。

　　在利用单程波算子和双程波算子计算脉冲响应的过程中，仍然设置参考速度为真实速
度的一半，假设在每一个延拓深度中存在比较大的速度扰动变化。对比分析图 5-18 中各种
传播算子计算的脉冲响应与有限差分算法计算的脉冲响应可以发现，虽然本节提出的双程

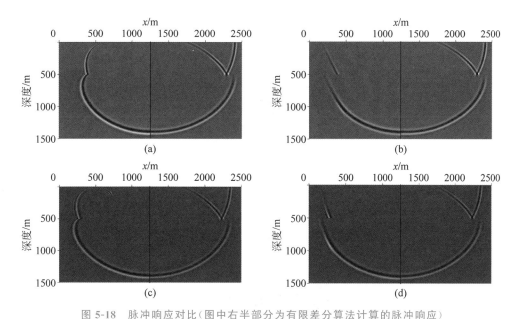

图 5-18　脉冲响应对比(图中右半部分为有限差分算法计算的脉冲响应)

(a)单程波高阶广义屏算法计算的脉冲响应与有限差分算法计算的脉冲响应对比;(b)双程波高阶广义屏算法计算的脉冲响应与有限差分算法计算的脉冲响应对比;(c)单程波傅里叶有限差分算法计算的脉冲响应与有限差分算法计算的脉冲响应对比;(d)双程波傅里叶有限差分算法计算的脉冲响应与有限差分算法计算的脉冲响应对比

波传播算子中使用了单程波算子,但利用单程波算子修改的双程波传播算子比常规的单程波算子能提供更加准确的波前面,特别是在大角度区域。一般来说,常规的傅里叶有限差分算法比常规的高阶广义屏算法有更大的成像角度,因此,相应地,双程波傅里叶有限差分算法比双程波高阶广义屏算法能计算更加准确的波前面信息。

5.2.3.3　盐丘模型

　　盐丘模型成像,特别是盐丘下方构造成像是地震成像研究的难点问题。盐丘模型中存在一个速度较大的盐丘体,其速度为周边介质速度的 2 倍,所以盐丘模型是一个横向速度变化较大的模型。该盐丘模型常常用来测试偏移算法在强横向速度变化介质中的成像效果。盐丘速度模型如图 5-19 所示。速度模型的大小为 1340 m×4400 m,网格剖分间距为 20.0 m×20.0 m。在正演计算过程中使用主频为 8 Hz 的雷克子波,正演计算时长为 5.0 s,时间采样间隔为 0.001 s。双检波器地震数据采集系统为:震源的位置为 $x_j^s = j \times 3\Delta x, j = 0, 1, \cdots, 223$,共计算 224 炮;对每一炮,上检波器依次放置在 $x^r(j,i) = x_j^s + i\Delta x$ 处,下检波器依次放置在 $x_1^r(j,i) = x_j^s + i\Delta x + \Delta z, i = 0, 1, \cdots, 239$ 处,其中 $\Delta x = 20.0$ m, $\Delta z = 20.0$ m。

　　在图 5-19 中,构建了两个盐丘模型,图 5-19(a)中的速度模型是原始速度模型,用于波场正演计算产生炮集记录;图 5-19(b)中的速度模型是修改的速度模型,主要删除了盐丘下方的一些断层,用于偏移计算。为了对比分析各种偏移算法对复杂模型的成像效果,利用单程波高阶广义屏偏移算法、逆时偏移方法、双程波高阶广义屏偏移算法和双程波傅里叶有限差分偏移算法对炮集记录进行处理,相应的成像结果如图 5-20 所示。

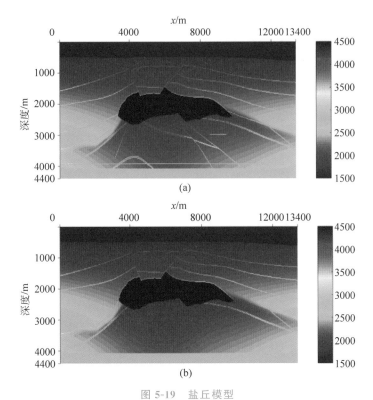

图 5-19　盐丘模型

（a）原始速度模型；（b）修改之后的速度模型

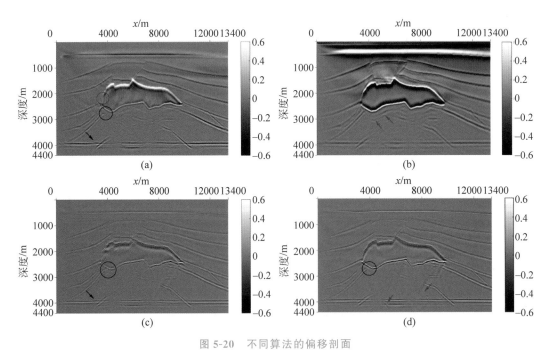

图 5-20　不同算法的偏移剖面

（a）单程波高阶广义屏算法计算的偏移剖面；（b）逆时偏移方法计算的偏移剖面；（c）双程波高阶广义屏算法计算的偏移剖面；（d）双程波傅里叶有限差分算法计算的偏移剖面

由于高速盐丘体的存在,对盐丘下部构造的成像一直是偏移算法研究的重点,因此,本节也主要关注各种偏移算法对盐丘下部构造的成像差异。对比单程波高阶广义屏偏移算法(图 5-20(a))和双程波高阶广义屏偏移算法(图 5-20(c))、双程波傅里叶有限差分偏移算法(图 5-20(d))计算的偏移剖面,可以清晰地发现,单程波高阶广义屏偏移算法对陡倾角构造的成像效果较差,而双程波偏移算法对陡倾角构造的成像更加清晰,例如,图 5-20(a)、(c)和(d)中黑色圆圈所示断层和图 5-20(a)中红色圆圈所示断层及图 5-20(c)和(d)中相对应的构造。由于单程波高阶广义屏偏移算法对强横向速度扰动介质中的波场计算不准确,造成盐丘下部的构造成像计算存在一定的误差,例如,图 5-20(a)中黑色箭头所指示的构造成像并不平整,而在双程波高阶广义屏偏移算法计算的成像剖面中对相应的构造成像比较清晰,较好地克服了单程波偏移算法的缺点。由于单程波高阶广义屏偏移算法对复杂构造中波场计算的不准确性,导致了该偏移算法在盐丘下方的区域存在较多的成像干扰,不利于构造解释分析。

由于逆时偏移方法是一种基于全声波方程的偏移算法,该算法对于一个散射点的波场计算是全方位、全空间的,这也导致了逆时偏移方法在波场穿过盐丘底部时容易形成新的反射波,进而在盐丘下方形成层间多次波成像,例如,图 5-20(b)中红色箭头所指示的同相轴,然而,在双程波高阶广义屏偏移算法和双程波傅里叶有限差分偏移算法计算的成像剖面中只存在一个非常微弱的多次波成像的同相轴。图 5-21 说明两种偏移算法在波场传播的差异。在利用逆时偏移方法计算波场正向传播和反向逆时延拓的过程中,当入射波到达盐丘顶界面和底界面时,会在传播空间中产生上行波和下行波,形成非常复杂的波场现象,在盐丘内部层间多次反射的能量增强了多次波成像的能量;而双程波偏移算法计算的是一种深度延拓波场,在深度延拓过程中几乎不产生上行波能量,所以双程波偏移算法在盐丘下部的多次波成像能量较弱。这是本节提出的双程波偏移算法相较于逆时偏移方法的一个明显的优势。逆时偏移方法和本节提出的双程波算法都是基于双程波声波方程的偏移方法,当利用互相关成像原理进行振幅计算时,在两种偏移算法计算的成像剖面中会产生低频噪声。本节采用常规的梯度滤波办法消除低频噪声干扰。对比图 5-20(b)~(d),可以明显地发现即使采用了梯度滤波算法消除了一部分低频噪声,但逆时偏移方法计算的偏移剖面中顶部仍然存在一定的低频干扰,而本节提出的双程波偏移算法计算的成像剖面中低频干扰更少,构造成像更加清晰。由于正演计算采用的是主频为 8 Hz 的雷克子波,相应的逆时偏移方法计算的成像剖面呈现低频现象,而在双程波方程深度偏移计算中采样 1~20 Hz 的频段进行延拓计算,体现了双程波深度偏移的高分辨率特点,而且本节提出的双程波深度偏移算法在对某些构造的成像质量上要优于逆时偏移方法,例如,对图 5-20(d)中蓝色箭头所指示的断层构造,本节提出的双程波深度偏移算法要比逆时偏移计算得更加清晰,这对于地震的高分辨率勘探和后期的构造分析与解释有重要意义。

对比分析双程波高阶广义屏偏移算法和双程波傅里叶有限差分偏移算法计算的成像剖面发现,双程波傅里叶有限差分偏移算法计算的成像质量要比双程波高阶广义屏偏移算法的更高,具体体现在图 5-20(d)中蓝色箭头所指断层构造的成像。通过对比分析图 5-16 中均匀介质的脉冲响应曲线可以说明,双程波傅里叶有限差分偏移算法比双程波高阶广义屏偏移算法的计算精度更高一些,相应地,对复杂构造的成像效果也明显更好一点。这也说明了引进更精确的单程波算子对本节提出的双程波偏移算法具有十分重要的意义。

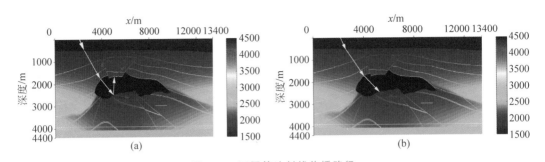

图 5-21　不同算法射线传播路径

（a）逆时偏移方法中射线传播路径；（b）本节提出的双程波算法中射线传播路径

通过对比分析各种偏移算法对盐丘模型的成像结果发现，本节提出的双程波深度偏移算法体现了对陡倾角构造和复杂速度介质成像的优势，而且在深度延拓过程中使得计算波场的传播角度更大。从这一点而言，本节提出的双程波深度偏移算法融合了双程波方程大角度计算能力和单程波偏移算法弱多次波计算的优点，因此，本节提出的双程波深度偏移算法具有提供高分辨率、少噪声干扰的高质量成像结果的能力。

在图 5-19 中使用的盐丘模型的特点是，高速盐丘体只存在于模型的中间。在接下来的例子中使用一个速度变化更加剧烈的盐丘模型。该盐丘模型的特点是高速盐丘体贯穿整个速度模型。由于高速度盐丘体对波场能量的屏蔽作用和盐丘体与背景介质的速度相差较大的原因，对盐丘体下部的构造成像一直是偏移成像的难点问题。在本实验中使用的盐丘速度模型如图 5-22 所示，其中，图 5-22（a）为原始盐丘速度模型；图 5-22（b）为利用平滑函数处理的盐丘速度模型，采用平滑速度模型的目的是由于目前速度反演算法还很难反演准确的盐丘精细结构，经过平滑处理的盐丘速度模型与目前全波形反演的结果较为接近，这也便于测试本节提出的偏移算法在不准确速度模型的情况下成像的计算性能。基于对图 5-20 的对比分析发现，常规单程波深度偏移算法对横向速度变化介质的成像能力有限，而双程波傅里叶有限差分偏移算法在某些构造位置的成像效果要优于双程波高阶广义屏偏移算法。因此，在本实验中，只对比双程波傅里叶有限差分偏移算法和逆时偏移方法对该模型的成像效果，结果如图 5-23 所示。

对比分析逆时偏移方法和双程波傅里叶有限差分偏移算法计算的成像剖面，不难发现，逆时偏移方法计算的成像剖面中存在明显的多次波虚假成像，如图 5-23（a）中的黑色箭头指示的同相轴，而在双程波傅里叶有限差分偏移算法计算的成像剖面中多次波形成的同相轴要弱很多。精细对比两个偏移算法计算的成像剖面，不难发现双程波傅里叶有限差分偏移算法对某些构造的成像效果要比逆时偏移方法清晰，如图 5-23 中的蓝色箭头和红色指示的成像结果。同时，不可否认，双程波傅里叶有限差分算法对盐丘下部构造的成像产生了比逆时偏移方法更多的成像噪声，这可能是由于单程波传播算子仍然存在一定的计算误差造成的，这也是以后改进的研究方向之一。

5.2.4　结论

本节在分析了双程波方程在深度域求解的难点后，结合双检波器地震数据采集系统提

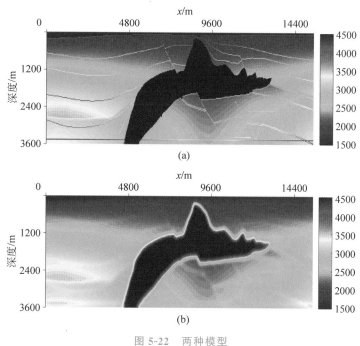

图 5-22　两种模型

（a）原始速度模型；（b）平滑处理之后的速度模型

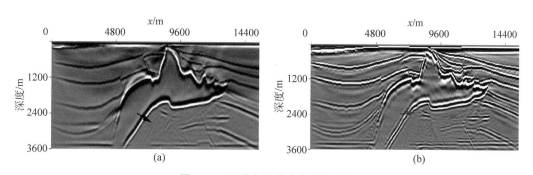

图 5-23　两种方法的成像剖面对比

（a）逆时偏移方法计算的成像剖面；（b）双程波傅里叶有限差分算法计算的成像剖面

供的两个边界条件,推导了一种利用单程波传播算子的双程波深度偏移算法。在本节提出的双程波深度偏移算法中,引入了三种常规的单程波传播算子,即单程波裂步傅里叶传播算子、单程波傅里叶有限差分传播算子和单程波高阶广义屏传播算子,从而形成相应的双程波裂步傅里叶偏移算法、双程波傅里叶有限差分偏移算法和双程波高阶广义屏偏移算法。在数值实验中,对比分析了常规单程波深度偏移算法、逆时偏移方法和本节提出的双程波深度偏移算法在构造成像上的差异,结果显示,本节提出的双程波偏移算法在对复杂构造的成像上要比单程波偏移算法更加准确;相较于逆时偏移方法,本节提出的双程波偏移算法会产生更少的多次波虚假成像和更少的低频干扰,因而它具有广泛的应用前景。

5.3 基于矩阵分解理论的双程波方程叠前深度偏移方法

由于叠前深度偏移技术能在深度域为油气资源勘探提供地下构造的准确信息,叠前深度偏移一直是地震成像中研究的热点问题。对基于单程波方程的深度偏移方法,学术界和工业界开展了深入的研究,但对基于双程波方程的深度偏移方法的研究还鲜有报道,究其原因在于以常规的地震数据采集系统,利用双程波方程开展波场深度延拓的边界条件不足。本节以地表记录的波场值为基础,利用单程波传播算子来估计波场对深度的偏导数,这为在深度域中求解双程波方程提供了充分的边界条件,并创新性地提出利用矩阵分解理论实现双程波方程的波场深度延拓。

5.3.1 基本原理

在二维情况下,频率域声波动方程可以表示为

$$\left(\frac{\partial^2}{\partial x^2} + \frac{\partial^2}{\partial z^2} + \frac{\omega^2}{v^2(x,z)}\right)\tilde{p}(x,z,\omega) = 0 \tag{5-45}$$

其中,x 和 z 分别表示水平坐标轴和垂直坐标轴;$v(x,z)$ 是介质的速度;$\tilde{p}(x,z,\omega)$ 是频率域的波场表示;ω 是角频率。

从方程(5-45)可以看到,频率域声波动方程是空间变量的二阶偏微分方程,从理论上讲,需要提供两个边界条件方能求解二阶偏微分声波方程,即地表处记录的波场值及其偏导数,频率域声波动方程及其边界条件可以写为

$$\begin{cases} \left(\dfrac{\partial^2}{\partial x^2} + \dfrac{\partial^2}{\partial z^2} + \dfrac{\omega^2}{v^2(x,z)}\right)\tilde{p}(x,z,\omega) = 0 \\ \tilde{p}(x,z=0,\omega) = \varphi_1 \\ \dfrac{\partial \tilde{p}}{\partial z}(x,z=0,\omega) = \varphi_2 \end{cases} \tag{5-46}$$

其中,φ_1,φ_2 为已知值,分别为记录在地表处的波场及其导数值。

在均匀介质中,方程(5-46)有其通解形式,其通解可表示为

$$\begin{cases} \tilde{p}(k_x,z,\omega) = C_1 \mathrm{e}^{\mathrm{i}k_z z} + C_2 \mathrm{e}^{-\mathrm{i}k_z z} \\ \dfrac{\partial \tilde{p}(k_x,z,\omega)}{\partial z} = \mathrm{i}k_z C_1 \mathrm{e}^{\mathrm{i}k_z z} - \mathrm{i}k_z C_2 \mathrm{e}^{-\mathrm{i}k_z z} \end{cases} \tag{5-47}$$

其中,C_1,C_2 为两个待定系数;$k_z = \sqrt{k_x^2 - \dfrac{\omega^2}{c^2}}$;$k_x$ 是水平波数;c 是均匀介质中的常速度。

在传统的单程波偏移算法中,由于只能提供一个边界条件,因此只能求解一个待定系数,这样就形成了单程波传播算子。利用方程(5-46)中的两个边界条件确定两个系数 C_1,C_2,则波场延拓公式为

$$\begin{cases}
\tilde{p}_z(k_x,\Delta z,\omega) = \dfrac{1}{2}\Big\{ \big[\mathrm{i}k_z\tilde{p}(k_x,0,\omega) + \tilde{p}_z(k_x,0,\omega)\big]\mathrm{e}^{\mathrm{i}k_z\Delta z} + \\
\qquad\qquad\qquad\qquad \big[-\mathrm{i}k_z\tilde{p}(k_x,0,\omega) + \tilde{p}_z(k_x,0,\omega)\big]\mathrm{e}^{-\mathrm{i}k_z\Delta z}\Big\} \\
\tilde{p}(k_x,\Delta z,\omega) = \dfrac{1}{2}\Big\{ \Big[\tilde{p}(k_x,0,\omega) + \dfrac{\tilde{p}_z(k_x,0,\omega)}{\mathrm{i}k_z}\Big]\mathrm{e}^{\mathrm{i}k_z\Delta z} + \\
\qquad\qquad\qquad\qquad \Big[\tilde{p}(k_x,0,\omega) - \dfrac{\tilde{p}_z(k_x,0,\omega)}{\mathrm{i}k_z}\Big]\mathrm{e}^{-\mathrm{i}k_z\Delta z}\Big\}
\end{cases} \tag{5-48}$$

从方程(5-48)可以发现,新的波场延拓方程包含两个单程波传播算子 $\mathrm{e}^{\mathrm{i}k_z\Delta z}$ 和 $\mathrm{e}^{-\mathrm{i}k_z\Delta z}$,用来根据当前深度的波场值及波场偏导数值计算下一个深度的波场值及波场偏导数值。由于两个单程波传播算子的存在,方程(5-48)实现了波场的正向传播和反向传播,并将正向传播和反向传播的波场求和而得到下一个深度的总波场值,具有波场双向传播的特点,因此,本节所提的波场深度延拓算法属于双程波波场延拓范畴。

继续将欧拉公式应用于方程(5-48),可得

$$\begin{cases}
\tilde{p}_z(k_x,\Delta z,\omega) = \tilde{p}(k_x,0,\omega)\big[-k_z\sin(k_z\Delta z)\big] + \tilde{p}_z(k_x,0,\omega)\cos(k_z\Delta z) \\
\tilde{p}(k_x,\Delta z,\omega) = \tilde{p}(k_x,0,\omega)\cos(k_z\Delta z) + \tilde{p}_z(k_x,0,\omega)\,\dfrac{\sin(k_z\Delta z)}{k_z}
\end{cases} \tag{5-49}$$

在方程(5-49)中,本节构建的双程波波场延拓算法涉及垂直波数及其三角函数的计算。方程(5-49)中的波场深度延拓公式仍然是在速度为常数的均匀介质中推导建立的,将方程(5-49)推广到非均匀介质的一般性波场延拓,可表示为

$$\begin{cases}
\tilde{p}_z(x,z+\Delta z,\omega) = \tilde{p}(x,z,\omega)\big[-k_z\sin(k_z\Delta z)\big] + \tilde{p}_z(x,z,\omega)\cos(k_z\Delta z) \\
\tilde{p}(x,z+\Delta z,\omega) = \tilde{p}(x,z,\omega)\cos(k_z\Delta z) + \tilde{p}_z(x,z,\omega)\,\dfrac{\sin(k_z\Delta z)}{k_z}
\end{cases} \tag{5-50}$$

其中,$k_z = \sqrt{\dfrac{\partial^2}{\partial x^2} + \dfrac{\omega^2}{v^2(x)}}$。使用方程(5-46)中提供的两个边界条件,实现了对波场及其偏导数从深度 $z \sim z+\Delta z$ 的延拓计算。如何精确求解垂直波数和三角函数,是解决双程波波场延拓问题的核心。

5.3.2　利用矩阵分解理论实现深度波场延拓

本节将详细分析如何准确地解出方程(5-50),以实现波场的深度延拓。假设速度模型为各向同性或与层状速度介质,则可以采用相移法进行数值求解[13]。然而,实际情况很难满足上述假设。一般而言,速度模型在水平和垂直方向上均有变化,在某些情况下(如盐模型),这种速度变化还非常剧烈。求解的目标是寻找一种数学方法来更准确地求解方程(5-50)。

为了解决波场准确延拓的问题,以亥姆霍兹算子为出发点,将具有任意速度变化的介质的亥姆霍兹算子(用符号 L 表示)以矩阵形式离散表示为

$$L = \frac{\omega^2}{v^2(x)} + \frac{\partial^2}{\partial x^2} \tag{5-51}$$

其中

$$\frac{\omega^2}{v^2(x)} = \begin{bmatrix} \dfrac{\omega^2}{v^2(x_1)} & 0 & \cdots & 0 \\ 0 & \dfrac{\omega^2}{v^2(x_2)} & \cdots & 0 \\ \vdots & \vdots & & \vdots \\ 0 & 0 & \cdots & \dfrac{\omega^2}{v^2(x_n)} \end{bmatrix}$$

$$\frac{\partial^2}{\partial x^2} = \frac{1}{\Delta x^2} \begin{bmatrix} -2 & 1 & 0 & \cdots & 0 & 0 & 0 \\ 1 & -2 & 1 & \cdots & 0 & 0 & 0 \\ 0 & 1 & -2 & \cdots & 0 & 0 & 0 \\ \vdots & \vdots & \vdots & & \vdots & \vdots & \vdots \\ 0 & 0 & 0 & \cdots & -2 & 1 & 0 \\ 0 & 0 & 0 & \cdots & 1 & -2 & 1 \\ 0 & 0 & 0 & \cdots & 0 & 1 & -2 \end{bmatrix}$$

在 L 算子的离散化中,采用二阶有限差分算子。根据有限差分数值模拟的经验,采用高阶有限差分算子可以获得较高的精度和更稳健的频散压制。

显然,L 算子是一个对称矩阵,根据矩阵分解理论,L 算子可以进行特征值-特征向量分解[149,240],则可以表示为

$$L = Q \Lambda Q^{\mathrm{T}} \tag{5-52}$$

其中,对角矩阵 Λ 包含 L 算子的特征值;Q 表示其特征向量;上标 T 表示转置操作。进一步,根据矩阵分解理论,在矩阵函数特征值-特征向量的分解中,矩阵函数的特征值为原矩阵特征值的函数,其特征向量保持不变,则 L 算子函数的特征值及其特征向量可以表示为

$$f(L) = Q f(\Lambda) Q^{\mathrm{T}} \tag{5-53}$$

因此,方程(5-50)中 k_z 及其三角函数可以写成

$$k_z = Q \Lambda^{1/2} Q^{\mathrm{T}} \tag{5-54}$$

$$\cos(k_z \Delta z) = Q \cos(\Lambda^{1/2} \Delta z) Q^{\mathrm{T}} \tag{5-55}$$

$$\frac{\sin(k_z \Delta z)}{k_z} = Q \frac{\sin(\Lambda^{1/2} \Delta z)}{\Lambda^{1/2}} Q^{\mathrm{T}} \tag{5-56}$$

$$k_z \sin(k_z \Delta z) = Q \left\{ \Lambda^{1/2} \sin(\Lambda^{1/2} \Delta z) \right\} Q^{\mathrm{T}} \tag{5-57}$$

在矩阵分解方程(5-53)中,对角化矩阵 Λ 包含有负特征值和正特征值。由于负特征值的平方根产生虚数,对应的是波场传播中的隐失波,隐失波在波场深度延拓过程中会使振幅呈现指数增长,导致波场深度延拓的不稳定问题,因此,在波场深度延拓过程中必须滤掉负特征值。

5.3.3 数值实验

在数值实验部分,设计了一系列的理论模型,并对比分析了本节提出的双程波深度偏

移算法与传统的单程广义屏算法和逆时偏移方法在成像性能上的差异。

5.3.3.1 倾斜界面中的脉冲响应

该实验设计了倾角为 $30°$ 的倾斜界面。界面上下速度分别为 2000 m/s 和 4000 m/s,倾斜界面两侧表现出较强的横向速度变化,速度模型如图 5-24 所示,其垂直方向和水平方向的网格间隔分别为 20 m。计算脉冲响应的震源位于 $x=4000$ m,$z=0$ m 的位置,子波采用主频率为 10 Hz 的雷克子波。本节使用有限差分算法、单程波广义屏偏移算法和基于矩阵分解理论的双程波偏移算法计算脉冲响应,记录 $t=2.5$ s 时刻的波场快照,如图 5-25 所示,并以有限差分法计算的波场快照作为参考标准。当波通过倾斜界面时,由于界面两侧的速度差异,入射波和透射波发生分离,如图 5-25(a)中的红色箭头所示。本节提出的偏移方法计算的下行波与有限差分法计算的下行波的结果相同。利用单程波广义屏算法计算的波场快照中,入射波和透射波在界面处不发生分离,而是黏合在一起的,如图 5-25(b)中的红色箭头所示。显然,利用常规的广义屏偏移方法计算的波场与理论分析存在明显的差异。从刻画波场传播的精度上考虑,本节所提的方法计算的准确波场为地震成像中波场深度延拓奠定了基础。

图 5-24 倾斜界面速度模型(界面倾斜角度是 $30°$)

5.3.3.2 强速度变化介质中波场计算

对强速度变化介质中的波现象的描述一直是地震速度建模和成像研究的重点。准确地描述波场的传播是地震成像和反演的基础,因此,有必要对波场计算进行深入研究,特别是对复杂介质中波场的刻画显得尤为重要。在数值实验中,使用有限差分法、传统的单程波广义屏方法和本节提出的偏移算法计算盐丘模型中的波场传播。在波场计算中,采用了两个速度模型:一个速度模型是原始速度模型,如图 5-26(a)所示;另一个速度模型是使用 $5×5$ 窗口的高斯滤波器生成的平滑速度模型,如图 5-26(b)所示。使用平滑速度模型的目的是,测试不同方法在速度不准确的情况下计算波场的准确性。

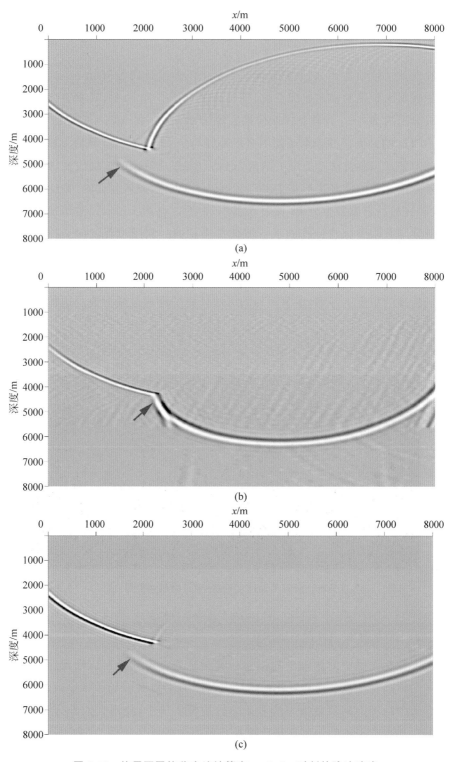

图 5-25　使用不同偏移方法计算在 $t = 2.5$ s 时刻的脉冲响应

（a）常规的有限差分法；（b）单程波广义屏方法；（c）本节提出的基于矩阵分解的双程波波场深度延拓方法

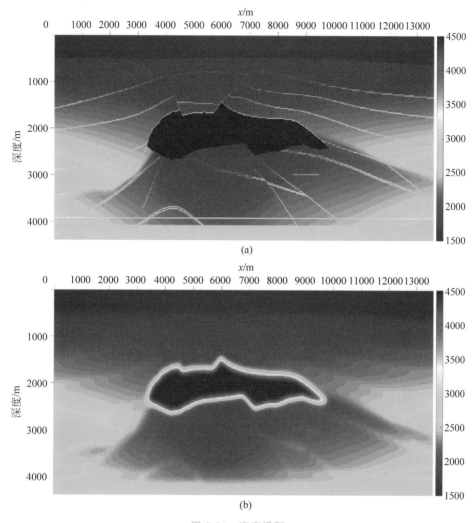

图 5-26　速度模型
（a）原始速度模型；（b）平滑速度模型

在本次实验中，在 $z=0$ m，$x=6800$ m 的位置放置了一个雷克子波作为激发震源，其主频为 10 Hz。速度模型在水平方向和垂直方向的网格间距均为 20.0 m。本节使用上述三种方法在盐丘模型中产生脉冲响应，并在原始速度模型的基础上分别记录了 $t=1.0$ s、$t=1.5$ s、$t=2.0$ s 时刻的波场快照，结果如图 5-27～图 5-29 所示。

在精确速度模型的基础上，本节比较了三种偏移算法计算的波场快照。当波没有传播到盐丘体（$t=1.0$ s）时，由于浅层速度扰动不大，三种偏移方法计算的下行波波场快照是相当一致的，如图 5-27 所示。当波传播到盐丘（$t=1.5$ s）时，由于盐丘的速度大于周围沉积层的速度，盐丘中的透射波传播速度大于入射波在沉积层中的传播速度，入射波场和透射波场发生明显的波场分离，如图 5-28(a) 中利用有限差分算法计算的波场快照中红色箭头所示，在本节提出的偏移方法计算的波场快照中观察到了相同的波现象。然而，传统的广义屏方法在波前计算上与有限差分算法有较大的差异，如图 5-28(b) 中红色箭头所示。当波通过盐丘时，单程波广义屏方法计算的波场与有限差分法相比，将产生较大的相位误差，单程

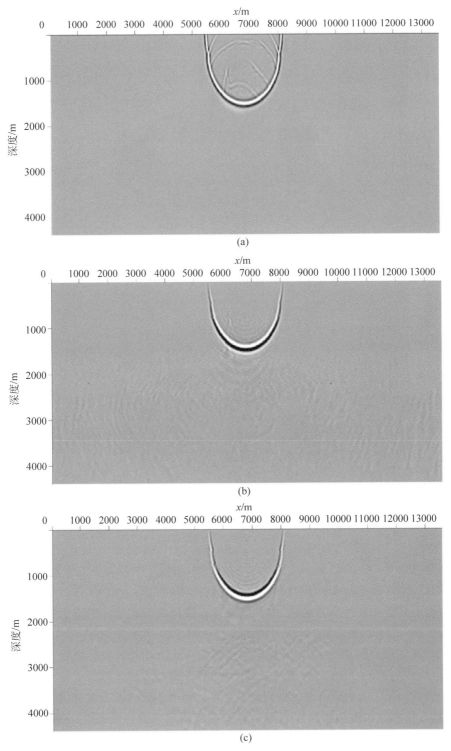

图 5-27 基于准确速度模型，使用不同偏移方法计算 $t=1.0$ s 时刻的波场快照

（a）常规的有限差分法；（b）单程波广义屏方法；（c）基于矩阵分解的双程波深度延拓方法

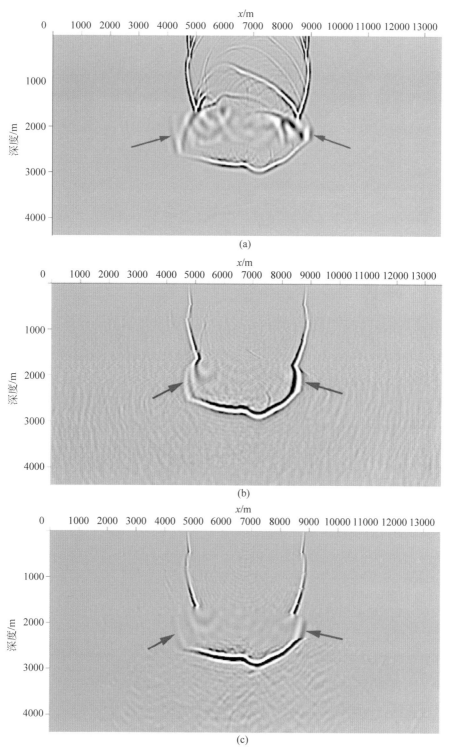

图 5-28 基于准确速度模型,使用不同偏移方法计算 $t=1.5$ s 时刻的波场快照
(a)常规的有限差分法;(b)单程波广义屏方法;(c)基于矩阵分解的双程波深度延拓方法

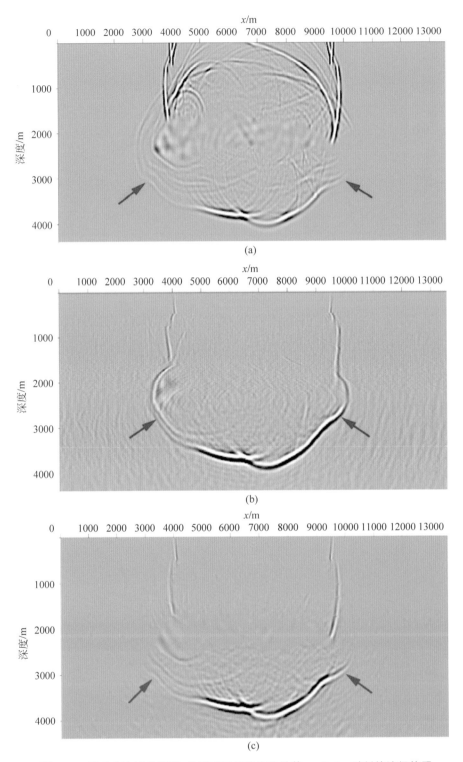

图 5-29 基于准确速度模型,使用不同偏移方法计算 $t = 2.0$ s 时刻的波场快照
(a) 常规的有限差分法;(b) 单程波广义屏方法;(c) 基于矩阵分解的双程波深度延拓方法

波广义屏方法已经不能精确计算波场的传播,这将不利于盐丘体下方构造的成像;而本节提出的偏移算法对下行波的计算与有限差分法计算的结果比较一致,如图 5-28(c)所示。通过与有限差分法和单程波偏移算法计算的波场相比,本节提出的偏移方法在强速度变化介质中波场计算方面表现出显著的优势。

在速度反演研究中,如全波形反演,即使使用理论数据也很难反演一个如准确速度模型的高分辨率的速度剖面。一般地,速度反演方法得到的是一个相对平滑的速度模型。因此,利用偏移算法开展波场在平滑速度模型中传播规律的研究,对偏移成像也至关重要。在平滑速度模型中,采用上述三种偏移算法分别计算了 $t=1.0$ s,$t=1.5$ s 和 $t=2.0$ s 处的波场快照,如图 5-30~图 5-32 所示。由于采用了平滑的速度模型,平滑速度模型中的断层与围岩的速度差异变小,使得在有限差分法计算的波场快照中反射波几乎不可见。同时,在平滑速度模型情况下,本节提出的偏移方法计算的波场快照与有限差分法计算的波场快照相吻合,而单程波广义屏偏移算法计算的波场快照和理论解释有一定差异,特别是图 5-30~图 5-32 中红色箭头所指示的波场。此外,与基于准确的速度模型计算的波场快照相比,当采用平滑的速度模型时,本节所提的偏移算法计算的波场快照似乎含有更少的干扰噪声。

5.3.3.3　SEAM 模型的叠前深度偏移

SEAM 模型包含一个典型的盐丘体,该盐丘模型具有精细的层位信息和充满流体的储层,因此,SEAM 模型对于油气资源勘探具有重要意义[241]。由于盐丘体与周围沉积层的速度差异较大,盐丘体对地震波的散射作用较强,因此,对盐丘体及其构造的准确成像一直是地震偏移研究的难点问题。本节尝试采用单程波广义屏方法、常规逆时偏移方法和本节提出的深度偏移方法对 SEAM 模型正演的炮集进行偏移成像处理。在数值实验中,利用了两种速度模型,一种是用于生成炮集记录的原始速度模型;另一种是利用 5×5 窗口高斯平滑的速度模型,用于偏移成像,速度模型如图 5-33 所示。速度模型的大小为 24 km×15 km。SEAM 模型在水平方向和垂直方向的网格间距分别为 20 m 和 40 m。采用有限差分技术模拟计算了 150 炮的地震记录,炮间距为 160 m。在每一炮的计算中,采集器均匀分布于 $x=0$~24000 m 的范围内,检波器间距 20 m。

从单程波广义屏偏移方法计算的成像结果可以看出,单程波广义屏偏移方法对盐丘体的整体成像比较模糊,特别是对盐丘体底界面的成像几乎不可见,如图 5-34(a)中红色箭头所示,并且该偏移结果中存在明显的成像噪声。从整体构造成像效果来看,基于双程波的偏移方法(包括逆时偏移方法)比单程波偏移方法在成像复杂模型或速度变化剧烈介质时具有明显的优势。对比逆时偏移和本节所提偏移算法计算的成像结果不难发现,在相同的参数下,逆时偏移方法计算的成像结果出现了较明显的频散噪声,而利用本节所提的偏移算法计算的成像结果更加稳定、清晰。尽管可以通过使用更小的网格间隔来压制逆时偏移方法中产生的频散问题,但这将带来更大的计算成本,并需要更多的存储空间。为了进行详细的对比分析,局部放大了图 5-34 中红色虚线框内的成像剖面,如图 5-35 所示。图 5-35(a)为速度模型中的层位结构,对比逆时偏移方法和本节所提偏移算法计算的局部成像结果(图 5-35(b)和(c))可见,本节所提偏移算法提供了更加清晰的层位位置和层位接触关系。由于逆时偏移方法和本节提出的偏移算法都是基于双程波动方程的,在结构成像中很难看出两种方法的明显区别。本实验的目的是为了证实本节所提的双程波偏移算法可以和逆

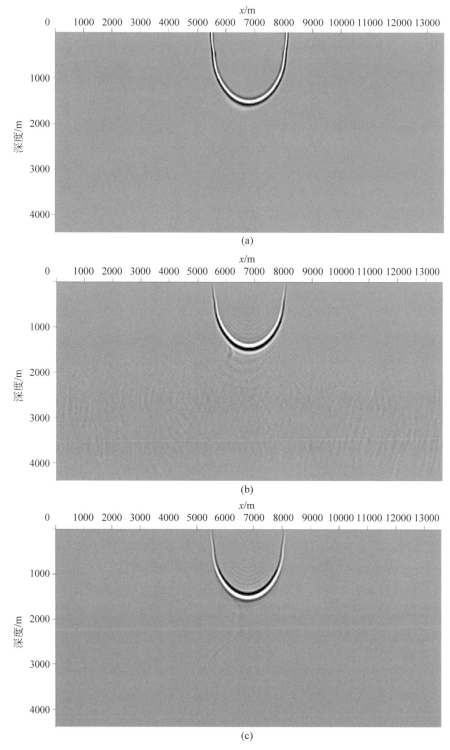

图 5-30　基于平滑速度模型,使用不同偏移方法计算 $t=1.0$ s 时刻的波场快照

（a）常规的有限差分法；（b）单程波广义屏方法；（c）基于矩阵分解的双程波深度延拓方法

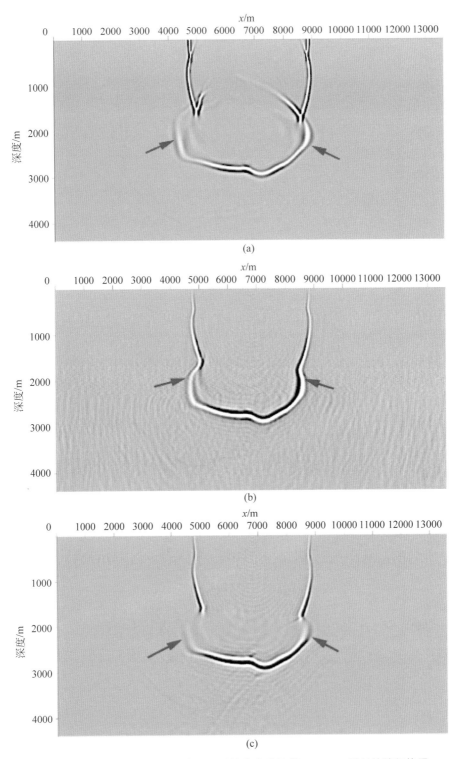

图 5-31　基于平滑速度模型,使用不同偏移方法计算 $t=1.5\ s$ 时刻的波场快照

(a) 常规的有限差分法;(b) 单程波广义屏方法;(c) 基于矩阵分解的双程波深度延拓方法

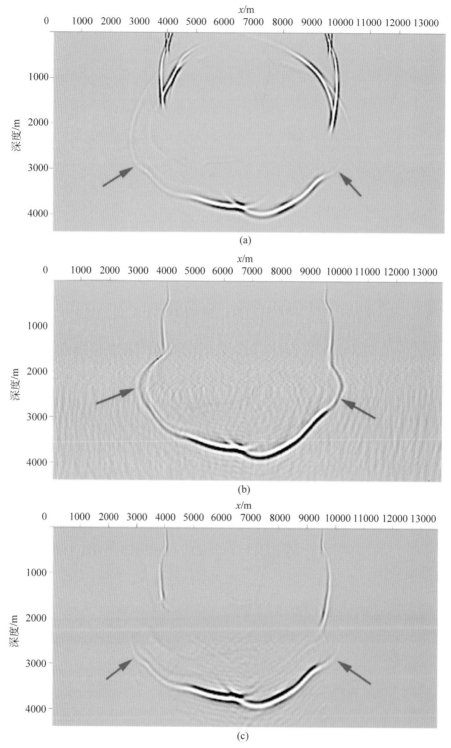

图 5-32　基于平滑速度模型，使用不同偏移方法计算 $t=2.0$ s 时刻的波场快照

（a）常规的有限差分法；（b）单程波广义屏方法；（c）基于矩阵分解的双程波深度延拓方法

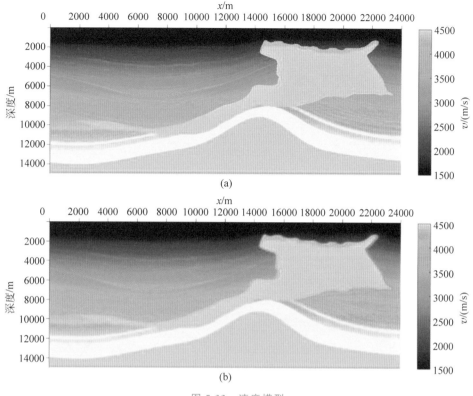

图 5-33　速度模型

（a）原始速度模型；（b）平滑速度模型

时偏移方法一样，对复杂介质进行准确的成像，为基于双程波方程的偏移方法提供另一种选择，而不是代替逆时偏移方法。此外，由于本节提出的偏移方法仅在深度方向进行波场延拓，因此，几乎不对某些特殊结构（如图 5-34（c）中的红色圆圈）进行成像，但这种垂直结构可以通过回转波进行成像[242-243]；而逆时偏移方法能在整个速度模型范围内对包括回转波在内的各种波场进行传播，这使垂直结构能部分被成像，如图 5-34（b）中的红色圆圈所示。这也是双程波深度偏移成像需要继续开展研究的方向之一。

5.3.4　结论

本节从在深度域求解双程波方程所需的边界条件入手，利用单程波偏移算法来估计波场对深度的偏导数。基于地表记录的波场及其估计的偏导数波场，建立了基于垂直波数及其三角函数的双程波场深度延拓方程。基于亥姆霍兹算子与垂直波数之间的数学联系，创新性地提出使用矩阵分解理论实现双程波方法的波场深度延拓。通过利用单程波广义屏方法、有限差分法和本节所提的方法对倾斜界面速度模型和盐丘模型中脉冲响应的计算，证实了本节所提方法与有限差分法计算的下行波场精度相同，而常规单程波广义屏方法在强变化介质中计算的波场与理论分析存在一定误差。利用常规的逆时偏移方法、单程波广义屏方法和本节所提的偏移方法对 SEAM 模型开展叠前深度偏移成像研究，与单程波广义屏算法计算的结果相比，双程波深度偏移算法在复杂介质成像方面具有很强的优势。此

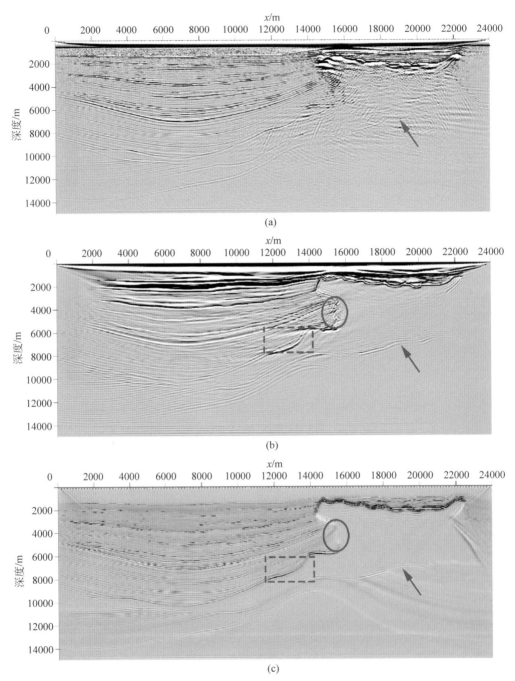

图 5-34　使用不同的偏移方法计算的成像结果

(a) 单程波广义屏方法；(b) 逆时偏移方法；(c) 本节提出的双程波深度偏移方法

外，在相同的参数下，本节提出的偏移方法比逆时偏移方法获得了更清晰的成像结果，频散噪声更小，但逆时偏移方法比双程波深度偏移方法具有了一些特殊特征，如能实现回转波成像。总而言之，双程波深度偏移方法相较于单程波偏移方法具有成像复杂构造的能力，而相较于逆时偏移方法具有自己的特色和不足，这些不足还有待进行深度的研究。

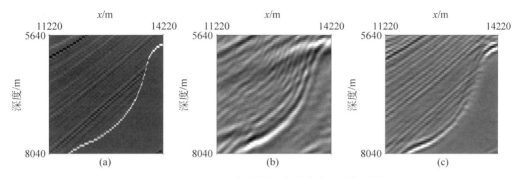

图 5-35　图 5-34 中红色虚线框中成像剖面局部放大图

（a）速度模型；（b）逆时偏移方法；（c）本节所提双程波深度偏移算法

5.4　基于矩阵乘法的双程波方程波场深度延拓及成像

为研究利用双程波方程开展波场深度延拓及成像的问题，本节建立了一套新的利用垂直波数及其函数进行波场深度延拓的方案。同时，为了对双程波方程波场深度延拓方程进行准确求解，提出一套完全基于矩阵乘法运算的方法，计算垂直波数及其相关的数学函数，并实现仅使用矩阵乘法运算进行波场深度延拓。由于本节提出的深度延拓算法只涉及矩阵乘法运算，所以该方法自然而然地适用于并行计算。

5.4.1　基本原理

在二维介质中，常密度频率域声波方程可以写为如下形式

$$\left[\frac{\partial^2}{\partial x^2}+\frac{\partial^2}{\partial z^2}+\frac{\omega^2}{v^2(x,z)}\right]\tilde{p}(x,z,\omega)=0 \tag{5-58}$$

其中，x 和 z 分别为水平和垂直坐标轴；$v(x,z)$ 为介质速度；$\tilde{p}(x,z,\omega)$ 为压力波场的频率域形式；ω 为角频率。

为了实现波场的深度延拓及成像，将方程（5-58）写为如下关于深度变量的一阶偏微分方程系统：

$$\frac{\mathrm{d}\widetilde{P}}{\mathrm{d}z}=H\widetilde{P} \tag{5-59}$$

其中，$\widetilde{P}=\begin{bmatrix}\tilde{p}\\\tilde{p}_z\end{bmatrix}$；$H=\begin{bmatrix}0 & I\\-\dfrac{\partial^2}{\partial x^2}-\dfrac{\omega^2}{v^2(x)} & 0\end{bmatrix}$。

如上所述，利用双程波方程开展波场深度延拓需要地表处的波场及其偏导数作为边界条件。这不仅仅只表现在双程波方程的深度偏移方法中，对其他偏移方法也存在类似的结论，如非均匀介质中的基尔霍夫积分偏移方法，在该积分解中同样需要压力波场及其偏导数值作为边界条件。

Sandberg 等[108] 和 Kosloff 等[107] 提出采用四阶龙格-库塔方法求解方程（5-59）实现波

场的深度延拓计算。本节从另外一个角度推导建立一套双程波方程波场深度延拓的计算方式。方程(5-59)中 H 矩阵的特征值-特征向量分解可以写为如下形式

$$H = \frac{1}{2} \begin{bmatrix} I & I \\ \lambda & -\lambda \end{bmatrix} \begin{bmatrix} \lambda & 0 \\ 0 & -\lambda \end{bmatrix} \begin{bmatrix} I & \lambda^{-1} \\ I & -\lambda^{-1} \end{bmatrix} \tag{5-60}$$

其中，I 为单位矩阵；λ 为矩阵 H 的特征值矩阵，$\lambda = \mathrm{i}k_z$，$k_z = \sqrt{\dfrac{\omega^2}{v^2(x)} + \dfrac{\partial^2}{\partial x^2}}$。需要说明的是，特征值矩阵 λ 是关于 $v(x)$ 的函数。

方程(5-59)的一个数学通解形式可以写为

$$\widetilde{P}(x, z+\Delta z, \omega) = \mathrm{e}^{H\Delta z} \widetilde{P}(x, z, \omega) \tag{5-61}$$

其中，$\widetilde{P}(x, z+\Delta z, \omega) = \begin{bmatrix} \tilde{p}(x, z+\Delta z, \omega) \\ \tilde{p}_z(x, z+\Delta z, \omega) \end{bmatrix}$；$\widetilde{P}(x, z, \omega) = \begin{bmatrix} \tilde{p}(x, z, \omega) \\ \tilde{p}_z(x, z, \omega) \end{bmatrix}$。

基于方程(5-60)的矩阵分解形式，指数函数矩阵 $\mathrm{e}^{H\Delta z}$ 可以进一步写为

$$\begin{aligned}
\mathrm{e}^{H\Delta z} &= \frac{1}{2} \begin{bmatrix} I & I \\ \lambda & -\lambda \end{bmatrix} \begin{bmatrix} \mathrm{e}^{\lambda\Delta z} & 0 \\ 0 & \mathrm{e}^{-\lambda\Delta z} \end{bmatrix} \begin{bmatrix} I & \lambda^{-1} \\ I & -\lambda^{-1} \end{bmatrix} \\
&= \begin{bmatrix} \cos(k_z\Delta z) & \dfrac{\sin(k_z\Delta z)}{k_z} \\ -k_z\sin(k_z\Delta z) & \cos(k_z\Delta z) \end{bmatrix}
\end{aligned} \tag{5-62}$$

对指数函数矩阵 $\mathrm{e}^{H\Delta z}$ 进行相关的矩阵运算后，即可根据在深度 z 的波场及其偏导数计算深度 $z+\Delta z$ 处的波场及其偏导数，基于双程波方程的波场深度延拓方程可以写为

$$\begin{bmatrix} \tilde{p}(x, z+\Delta z, \omega) \\ \tilde{p}_z(x, z+\Delta z, \omega) \end{bmatrix} = \begin{bmatrix} \cos(k_z\Delta z) & \dfrac{\sin(k_z\Delta z)}{k_z} \\ -k_z\sin(k_z\Delta z) & \cos(k_z\Delta z) \end{bmatrix} \begin{bmatrix} \tilde{p}(x, z, \omega) \\ \tilde{p}_z(x, z, \omega) \end{bmatrix} \tag{5-63}$$

利用方程(5-63)，即实现了波场延拓的递归运算。

将欧拉公式代入方程(5-63)后，方程(5-63)的波场深度延拓方程可以修改为如下形式

$$\begin{cases}
\tilde{p}_z(x, z+\Delta z, \omega) = \dfrac{1}{2}\left\{ \left[\mathrm{i}k_z\tilde{p}(x, z, \omega) + \tilde{p}_z(x, z, \omega)\right]\mathrm{e}^{\mathrm{i}k_z\Delta z} + \left[-\mathrm{i}k_z\tilde{p}(x, z, \omega) + \right.\right. \\
\qquad\qquad \left.\left. \tilde{p}_z(x, z, \omega)\right]\mathrm{e}^{-\mathrm{i}k_z\Delta z} \right\} \\
\tilde{p}(x, z+\Delta z, \omega) = \dfrac{1}{2}\left\{ \left[\tilde{p}(x, z, \omega) + \dfrac{\tilde{p}_z(x, z, \omega)}{\mathrm{i}k_z}\right]\mathrm{e}^{\mathrm{i}k_z\Delta z} + \left[\tilde{p}(x, z, \omega) - \dfrac{\tilde{p}_z(x, z, \omega)}{\mathrm{i}k_z}\right]\mathrm{e}^{-\mathrm{i}k_z\Delta z} \right\}
\end{cases} \tag{5-64}$$

正如方程(5-64)所示，在利用深度 z 的波场及其偏导数进行波场延拓计算时，波场延拓方程中存在两个单程波传播算子 $\mathrm{e}^{\mathrm{i}k_z\Delta z}$ 和 $\mathrm{e}^{-\mathrm{i}k_z\Delta z}$，这就意味着在波场的深度延拓计算中实现了波场及其偏导数的正向传播和反向传播，再将这种正向传播和反向传播的波场求和，得到的结果即为下一个延拓深度 $z+\Delta z$ 的全波场信息。与传统的单程波偏移方程只是处理波场一个方向上的传播(正向传播或反向传播)不同，本节所提的偏移方法在一个延拓步长内同时包含两个方向的传播算子，因此，本节所提的偏移方法是一种双程波的波场深度延拓算法。

5.4.2　基于矩阵乘法的波场深度延拓计算

在推导建立基于双程波方程的波场深度延拓方程之后,本节重点阐述如何准确地求解方程(5-63),进而实现双程波方程的波场深度延拓计算。

假设介质的速度为常数或速度为层状变化 $v=v(z)$ 时,则可利用相移法在频率-波数域求解方程(5-63),其波场深度延拓的计算方程可以写为

$$
\begin{bmatrix} \tilde{p}(k_x, z+\Delta z, \omega) \\ \tilde{p}_z(k_x, z+\Delta z, \omega) \end{bmatrix} = \begin{bmatrix} \cos(\bar{k}_z \Delta z) & \dfrac{\sin(\bar{k}_z \Delta z)}{k_z} \\ -\bar{k}_z \sin(\bar{k}_z \Delta z) & \cos(\bar{k}_z \Delta z) \end{bmatrix} \begin{bmatrix} \tilde{p}(k_x, z, \omega) \\ \tilde{p}_z(k_x, z, \omega) \end{bmatrix} \tag{5-65}
$$

其中, $\bar{k}_z = \sqrt{\dfrac{\omega^2}{v^2(z)} - k_x^2}$ 。

但是,在实际的地球介质中,很难满足上述假设条件。实际的地球介质的速度变化是非常剧烈的,而且在水平方向和垂直方向都存在速度的扰动,如盐丘模型。因此,本节的目标是寻找一种更适用于一般非均匀介质的计算思路。

观察方程(5-63)不难发现,求解方程(5-63)的核心是如何准确地计算垂直波数及三角函数。为了解决该问题,从亥姆霍兹算子 L 出发,在任意横向速度变化介质中,将亥姆霍兹算子 L 写为矩阵形式:

$$
L = \frac{\omega^2}{v^2(x)} + \frac{\partial^2}{\partial x^2} \tag{5-66}
$$

其中

$$
\frac{\omega^2}{v^2(x)} = \begin{bmatrix} \dfrac{\omega^2}{v^2(x_1)} & 0 & \cdots & 0 \\ 0 & \dfrac{\omega^2}{v^2(x_2)} & \cdots & 0 \\ \vdots & \vdots & & \vdots \\ 0 & 0 & \cdots & \dfrac{\omega^2}{v^2(x_n)} \end{bmatrix},
$$

$$
\frac{\partial^2}{\partial x^2} = \frac{1}{\Delta x^2} \begin{bmatrix} -2 & 1 & 0 & \cdots & 0 & 0 & 0 \\ 1 & -2 & 1 & \cdots & 0 & 0 & 0 \\ 0 & 1 & -2 & \cdots & 0 & 0 & 0 \\ \vdots & \vdots & \vdots & & \vdots & \vdots & \vdots \\ 0 & 0 & 0 & \cdots & -2 & 1 & 0 \\ 0 & 0 & 0 & \cdots & 1 & -2 & 1 \\ 0 & 0 & 0 & \cdots & 0 & 1 & -2 \end{bmatrix}.
$$

为了实现亥姆霍兹算子的离散计算,采用了二阶差分算子。在数学上,单程波方程中的垂直波数是亥姆霍兹算子的矩阵平方根,即 $k_z = \sqrt{L}$ 。为了计算方程(5-63)中垂直波数的三角函数,需要采用泰勒级数展开式近似计算。这些展式表示如下

$$\cos y = I - \frac{1}{2}y^2 + \frac{1}{4!}y^4 + \cdots \tag{5-67}$$

$$y\sin y = y^2 - \frac{1}{3!}y^4 + \frac{1}{5!}y^6 + \cdots \tag{5-68}$$

$$\frac{\sin y}{y} = I - \frac{1}{3!}y^2 + \frac{1}{5!}y^4 + \cdots \tag{5-69}$$

其中,$y = k_z \Delta z$。

利用泰勒级数展开式近似计算垂直波场的三角函数时,不难发现,这些计算方程中只包含变量 y 的偶数项。这就意味着:在计算垂直波数的三角函数时,不必首先计算垂直波数,再计算其三角函数,而可直接根据垂直波数与亥姆霍兹算子的关系,利用亥姆霍兹算子直接计算垂直波数的三角函数。根据该理论基础可在一定程度上节约计算时间,提高计算效率,即

$$\cos y = I - \frac{1}{2}L + \frac{1}{4}L^2 + \cdots \tag{5-70}$$

$$y\sin y = L - \frac{1}{3!}L^2 + \frac{1}{5!}L^3 + \cdots \tag{5-71}$$

$$\frac{\sin y}{y} = I - \frac{1}{3!}L + \frac{1}{5!}y^2 + \cdots \tag{5-72}$$

在波场深度延拓计算中,不能避免的一个问题是隐失波的压制问题。与单程波偏移方法中的隐失波问题不同,基于双程波方程的波场深度延拓中隐失波问题更加复杂。

为了保证本节所提的波场深度延拓算法的稳定性,首先在进行波场延拓计算之前,必须将隐失波进行有效地压制。基于对第 2 章中单程波偏移算法的介绍,仍然采用谱投影算法对波场深度延拓中的隐失波进行处理。需要说明的是,在第 2 章中介绍的谱投影算法也是完全基于矩阵乘法运算的。再结合方程(5-67)~方程(5-69)中利用矩阵乘法计算垂直波数的三角函数,本节所提的利用双程波方程开展波场深度延拓的策略是完全基于矩阵运算成像的,这是本节所提的偏移方法的一个特色。该特色使得该方法非常适合利用大型并行计算框架开展快速计算,如 GPU 的并行框架[137,244]。

为了更好地理解本节提出的深度偏移所涉及的计算步骤,对叠前地震记录的偏移成像详细描述如下。

1)初始化成像剖面 $I(x,z) = 0$。

2)执行深度循环 $z_i (i = 1, 2, \cdots, N)$。

3)执行频率循环 $\omega_j (j = 1 : M)$:

(1)利用方程(5-66)计算亥姆霍兹算子 L。

(2)利用谱投影算子对亥姆霍兹算子 L 进行隐失波的压制,得到一个新的矩阵算子 $\hat{L}$。

(3)利用方程(5-67)~方程(5-69)计算垂直波数的三角函数,并储存计算的矩阵。描述如下:

① 对每一个震源波场$(s_i = 1 : N_s)$:利用方程(5-63)根据波场 $\tilde{p}^s(x_{s_i}, z_i, \omega_j)$ 和 $\tilde{p}_z^s(x_{s_i}, z_i, \omega_j)$ 延拓计算下一个深度的波场 $\tilde{p}^s(x_{s_i}, z_{i+1}, \omega_j)$ 和 $\tilde{p}_z^s(x_{s_i}, z_{i+1}, \omega_j)$;

② 对所有的检波器$(r_j = \{1 : N_r\})$:利用方程(5-63)根据波场 $\tilde{p}^r(x_{r_j}, z_i, \omega_j)$ 和

$\tilde{p}_z^r(x_{r_j},z_i,\omega_j)$ 延拓计算下一个深度的波场 $\tilde{p}^r(x_{r_j},z_{i+1},\omega_j)$ 和 $\tilde{p}_z^r(x_{r_j},z_{i+1},\omega_j)$；

③ 利用互相关成像条件根据成像剖面计算 $I(x,z_{i+1})=I(x,z_{i+1})+\tilde{p}^s(x,z_{i+1},\omega_j)\cdot$ $\tilde{p}^{r*}(x,z_{i+1},\omega_j)$，其中 $*$ 表示共轭计算。

在双程波方程波场深度策略中，本节提出的策略是在每一个延拓深度中计算垂直波数的三角函数，并储存在计算机内存中，即计算并储存双程波方程波场深度传播算子，再开展震源波场和检波器波场的双程波场深度延拓计算。这种策略可以避免重复计算延拓深度的双程波传播算子，从而提高计算效率。

5.4.3　数值实验实例分析

本节将通过若干个数值实验验证所建立的双程波方程波场深度延拓及成像方法的准确性和稳定性，并与常规的单程波广义屏偏移算法和逆时偏移方法对比，分析其在复杂构造中的成像性能差异。

5.4.3.1　均匀介质中的脉冲响应

在数值实验中，构建一个深度为 750 m、宽度为 1000 m 的均匀介质模型。该模型的速度为 2000 m/s，速度模型的水平和垂直网格间隔为 5.0 m。在计算脉冲响应中，将主频 30 Hz 的雷克子波作为震源，该震源函数在 $x=500$ m、$z=0$ m 的位置。Le Rousseau 和 de Hoop[133] 在研究利用高阶泰勒级数展开式近似计算单程波算子时发现，当使用四阶泰勒级数展开式表示单程波传播算子可以取得比较满意的结果，进一步采用更高阶的泰勒级数似乎影响不大。基于此，在利用泰勒级数展开式计算垂直波数的三角函数时，也建议采用四阶泰勒级数展开式，以便获取计算效率和计算精度的平衡。在均匀介质速度模型中，将本节所提的偏移方法计算的波场与使用经典的单程波广义屏传播算子计算的波场进行对比，如图 5-36 所示。由于均匀介质的简单性，两种偏移方法都取得了相同的结果。该数值实验验证了本节所提的偏移算法的稳定性。

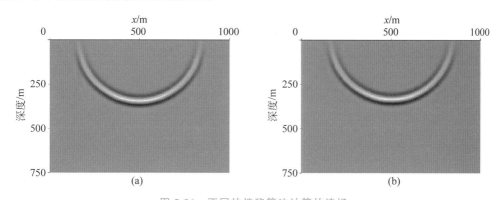

图 5-36　不同的偏移算法计算的波场
（a）本节所提的偏移方法；（b）常规的单程波广义屏偏移方法

为了进一步了解本节提出的基于矩阵乘法的波场深度延拓策略的计算效率，设计了一系列水平尺度不断增加的速度模型，并分别对比了基于 CPU 平台框架的算法和基于 GPU 平台框架的算法在计算效率上的差异。实验平台是一款带有 Intel Xeon Platinum 8180 处理器和一块 GP100 显卡的工作站。在实验中,算法总共计算的频率范围为 $1\sim30$ Hz,大约有 60 个计算频率采样点。为保证计算的稳定性,在利用谱投影算法压制隐失波的迭代计算中设置迭代次数为 30 次。基于 CPU 平台框架和基于 GPU 平台框架的算法计算时间统计见表 5-2。从表 5-2 分析可知,相较于 CPU 串行执行框架,本节所提的偏移算法使用 GPU 并行加速时取得了显著的加速效果,特别是对大维度的矩阵运算。对于三维地震勘探而言,计算效率一直是三维偏移算法面对的核心问题。基于本节的分析,对于三维偏移成像,建议采用并行计算架构,例如,多 GPU 并行计算,以充分发挥本节所提的偏移算法中矩阵乘法计算的特性的优势。

表 5-2　基于 CPU 框架和 GPU 框架的计算时间统计

模 型 维 度	CPU 计算时间/s	GPU 计算时间/s
50 m×5000 m	246.08	24.4
50 m×10000 m	1640.15	78.71
50 m×15000 m	7456.48	245.17

5.4.3.2　强横向速度变化介质中的脉冲响应

在数值实验中设计一个梯度速度模型,分别使用单程波广义屏偏移方法、本节所提的偏移方法和有限差分法计算该速度模型中的脉冲响应。在进行波场对比分析时,将有限差分法计算的波场作为参考标准。该速度模型的维度大小为 1000 m×2000 m,模型在水平方向和垂直方向的网格间隔为 5.0 m。该模型的速度值根据 $v(z_i,x_j)=1500+20z_i+4x_j$ 计算,其中 $i=1,2,\cdots,n_z$,$j=1,2,\cdots,n_x$,n_z 和 n_x 分别为模型在水平方向和垂直方向的网格采样点。速度模型如图 5-37(a)所示。

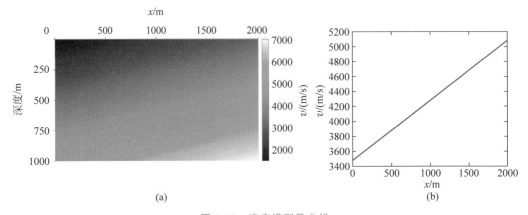

图 5-37　速度模型及曲线
(a) 速度模型;(b) $Z=500$ m 处的速度曲线

由于该速度模型在水平方向上存在较大的速度变化,而本节所提的偏移方法是利用泰勒级数展开式近似计算垂直波数的三角函数,因此,首先需要回答一个问题:采用有限阶数的泰勒级数展开式能否取得满意的计算精度? 为了回答该问题,提取了图 5-37(a)中 $z=500$ m 处的速度,如图 5-37(b)所示,分别采用矩阵分解方法和本节提出的矩阵乘法方法分别计算当频率为 20 Hz 时的 $\cos y$，$y \sin y$ 和 $\dfrac{\sin y}{y}$ 矩阵。利用上述两种方法计算的矩阵图像
如图 5-38 所示。由于矩阵分解算法是一种经典的算法，因此，将利用矩阵分解算法计算的
矩阵作为参考标准，统计两种方法计算垂直波数相关矩阵的相关系数和均方根误差。利用
两种方法计算的矩阵相关系数约为 1.0，其最小均方根误差见图 5-38 中的第 3 列。从
图 5-38(c)、(f) 和 (i) 可知，两种算法计算的垂直波数的三角函数矩阵均方根误差较小。通
过对图 5-38 中的第 3 列中均方根误差曲线的定量分析，证实利用有限阶泰勒级数展开近似
计算垂直波数的三角函数是准确的、可靠的。

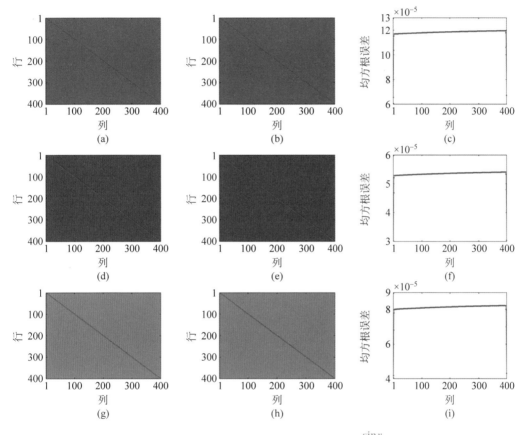

图 5-38　利用不同的方法计算的 $\cos y$，$y \sin y$ 和 $\dfrac{\sin y}{y}$ 矩阵

图中的第 1 行、第 2 行和第 3 行分别是计算的 $\cos y$，$y \sin y$ 和 $\dfrac{\sin y}{y}$ 矩阵；第 1 列和第 2 列分别是利
用矩阵分解算法和本节提出的矩阵乘法算法计算的垂直波数三角函数矩阵；第 3 列为两种算法计
算三角函数矩阵的均方根误差曲线

　　在脉冲响应的计算中，使用的震源是主频 30 Hz 的雷克子波，该震源位于模型 $x =$
1000 m、$z = 0$ m 的位置。利用不同方法计算的脉冲响应如图 5-39 所示。由于该速度模型
中的速度在水平方向和垂直方法都存在扰动变化，因此，利用有限差分法计算的波前面是
弯曲的，本节所提的偏移方法计算的波场与有限差分法计算的波场较为吻合，而利用单程
波偏移方法计算的波场与有限差分法计算的结果存在明显差异。

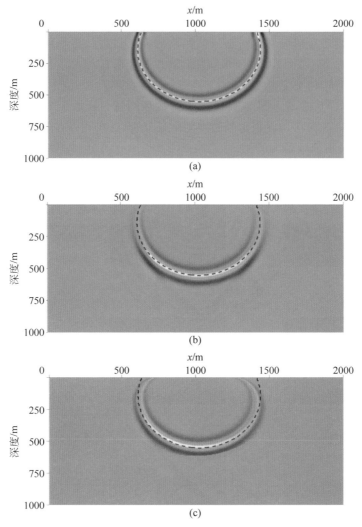

图 5-39　利用不同的方法计算的波场

（a）有限差分法；（b）本节所提的偏移方法；（c）单程波广义屏偏移方法

5.4.3.3　盐丘模型成像

　　二维盐丘模型是一个经典的测试偏移算法成像性能的标准模型。在盐丘模型中，由于盐丘体的速度是围岩速度的 2 倍，因此，当传播波场经过盐丘体时，盐丘体对传播的波场会产生强烈的散射作用，这将不利于地表处的检波器接收盐丘体底下构造的反射波信息。因此，对盐丘体下方构造进行准确的成像一直是偏移成像研究的重点问题。盐丘模型的观测系统设计为：总共计算 325 炮，每炮设计 176 个检波器，采用单边放炮的形式，左边放炮，右边接收，每道地震数据记录时长为 5.0 s，时间采样率为 0.008 s；炮间距和道间距分别为48.0 m 和 24.0 m。速度模型在水平方向和垂直方向的网格间距都为 24.0 m。

　　由于高速盐丘体的存在，盐丘模型的速度反演对全波形反演也是巨大的挑战。由于反演一个准确的、高精度的盐丘速度模型比较困难，利用一个平滑的速度模型替代一个准确的速度模型开展偏移成像性能的研究是一个比较合理的近似处理,这也符合实际应用现状。因此,对准确的速度模型进行了一定程度的平滑处理。平滑的速度模型是利用 $3×3$ 高斯窗滤波产生的,原始的速度模型和平滑的速度模型如图 5-40 所示。

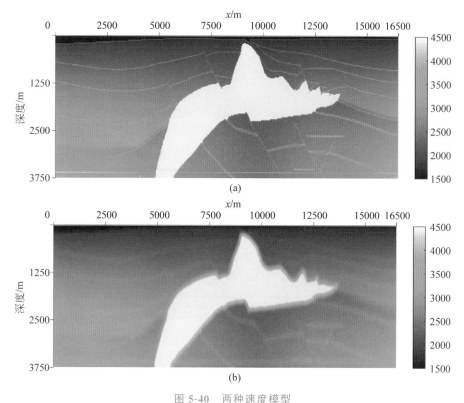

图 5-40 两种速度模型

(a) 原始速度模型;(b) 利用 $3×3$ 高斯窗平滑的速度模型

在盐丘模型成像中,使用常规的单程波广义屏偏移方法、逆时偏移方法和本节提出的偏移方法开展叠前深度偏移成像,并利用图 5-40(b)中平滑的速度模型开展炮集数据叠前偏移成像。用于偏移成像的炮集记录是利用声波方程的有限差分技术对原始速度模型正演模拟计算得到的。上述三种偏移算法的成像剖面如图 5-41 所示。

在成像剖面图 5-41 中,常规的单程波广义屏偏移方法对盐丘体底边界及其下方的构造难以进行准确的成像。这是由于当速度模型中横向速度扰动较大时,单程波广义屏偏移方法在大角度传播上会出现明显的误差,因此,利用单程波广义屏偏移方法对盐丘模型进行波场传播的计算时,该偏移方法比较难以准确地描述波场的传播规律。而且,常规的单程波广义屏偏移方法似乎产生了更多的成像噪声,如图 5-41(a)所示。高速盐丘体对逆时偏移方法也是一个巨大的挑战。由于盐丘体的存在,基于有限差分法的逆时偏移技术容易在盐丘体内形成多次散射,形成层间多次波,从而在盐丘体下方形成层间多次波的虚假成像。作为基于双程波方程的偏移方法,逆时偏移和本节所提的偏移方法都对盐丘模型中大部分构造提供了清晰的成像。但对比逆时偏移方法和本节所提的偏移方法计算的成像结果发现,本节所提的偏移方法计算的成像剖面比逆时偏移方法计算的成像结果对构造的接触关系描述得更加清晰,并且成像噪声更少。

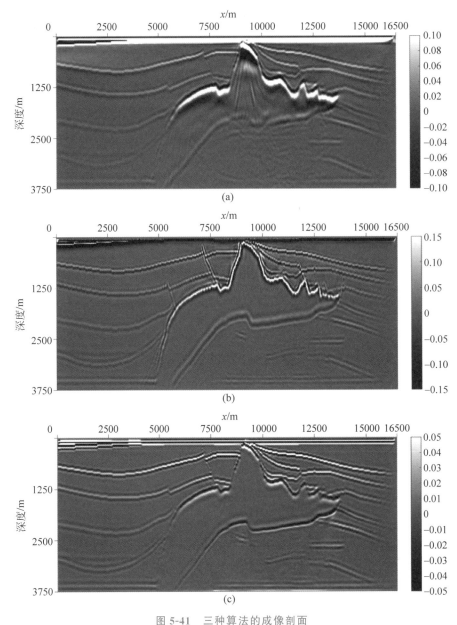

图 5-41　三种算法的成像剖面

（a）单程波广义屏偏移方法计算的成像剖面；（b）逆时偏移方法计算的成像剖面；（c）本节所提偏移
方法计算的成像剖面

　　需要进一步说明的是，在利用该偏移方法进行波场深度延拓计算时，算法对震源波场和检波器波场都提供了波场及其偏导数参数，即(p, p_z)。因此，可利用震源的压力波场和检波器的压力波场进行互相关成像；同时，也可利用震源压力波场的偏导数和检波器压力波场的偏导数进行互相关成像。在实际应用中，一般都是采用压力波场数据进行互相关成像，然而，如果使用压力波场的偏导数进行互相关成像时，成像结果会出现一个相位旋转的问题，这是由压力波场与压力波场的偏导数之间的相位差异引起的。如果将压力波场看作一个单极源，以雷克子波为例，那么压力波场的偏导数就是对压力波场的梯度运算，其结果为一个偶极源,如图 5-42 所示。从图中可见,单极源和偶极源之间存在一个明显的相位旋转。

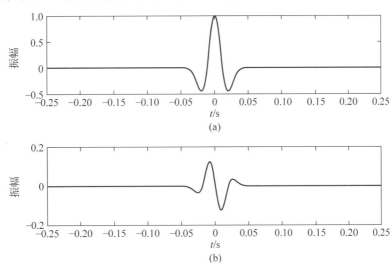

图 5-42　单极源和偶极源

(a) 压力波场对应于一个单极源;(b) 压力波场的偏导数对应于一个偶极源

在数值实验中,除了对比不同算法之间的成像质量之外,也对比单程波广义屏偏移方法、逆时偏移方法和本节所提的偏移方法在计算时间上的差异。本节统计的计算时间是计算完所有炮集记录的计算运行时间。本节所提的偏移方法和单程波偏移方法都是频率域的偏移方法,这两种偏移方法的计算频率范围为 1~40 Hz,计算的频率采样点为 197 个。由于单程波偏移算法本身具有了比较高的计算效率,因此,单程波广义屏偏移算法是基于 CPU 平台框架。而逆时偏移方法和本节所提的偏移方法都涉及密集型计算,因此,逆时偏移方法和本节所提的偏移方法都是基于单 GPU 平台框架的。在数值实验中使用的 CPU 信息和 GPU 信息见表 5-3 和表 5-4。对逆时偏移方法,波场计算的时长为 5.0 s,时间采样率为 0.008 s。三种偏移方法的计算时间统计见表 5-5。从表 5-5 统计的计算时间来看,不使用谱投影算子进行隐失波压制时,本节所提的偏移算法的计算时间介于单程波广义屏偏移方法和逆时偏移方法之间。因为单程波偏移方法只涉及一个指数函数运算,而本节所提的偏移方法涉及 4 个指数函数的运算,但当该偏移方法涉及谱投影算子的计算时,本节所提的偏移方法的计算时间是最长的。从该项数据统计可见,在进行双程波方程波场深度延拓计算中,对隐失波的压制问题是限制本节所提的偏移算法的关键因素。因此,有必要对隐失波的压制问题进行更深入的研究。

表 5-3　CPU 和内存信息

部 件 名 称	参数或规格	部 件 名 称	参数或规格
CPU	Intel Xeon Platinum 8180 @2.5 GHz	内存	64 GB DDR4

表 5-4　GPU 等信息

部 件 信 息	参数或规格	部 件 信 息	参数或规格
GPU	NVIDIA Quadro GP100	主频	1328-1480 (Boost) MHz
CUDA 核数	3584	显卡内存	16 GB

表 5-5 不同偏移方法成像盐丘模型时计算时间统计

偏 移 方 法	计算时间/h	偏 移 方 法	计算时间/h
单程波广义屏	1.9	本节所提方法[1]	4.5
逆时偏移	5.4	本节所提方法[2]	6.4

注：1 指不使用谱投影算法；2 指包含谱投影算法。

5.4.4 结论

利用双程波方程开展地震偏移成像和速度反演的研究是一项非常具有挑战性的研究。本节以声波方程为基础,推导建立了基于垂直波数及其三角函数的波场深度延拓方程,并利用有限阶次的泰勒级数展开式计算垂直波数的三角函数矩阵,实现了基于双程波方程的波场深度延拓计算。在算法执行中,本节提出的计算策略只涉及矩阵乘法运算,因此,将先进的并行计算硬件和方法应用于矩阵乘法运算可以提高本节所提的偏移方法的计算效率。在均匀介质和梯度变化介质中,分别对比了常规的单程波偏移方法和本节所提的偏移方法计算波场的差异,通过对波场传播规律的描述,验证本节所提的偏移方法比常规的单程波偏移方法具有更高的计算精度,特别是对陡倾角构造和复杂地质模型。对盐丘模型的成像说明,即使在速度模型不准确的情况下,本节所提的偏移方法也能取得比逆时偏移方法更少噪声的成像质量,在成像清晰度方面具有一定的优势。数值实验结果验证了在利用双程波方程开展波场深度延拓计算中压制隐失波的重要性,合理地压制隐失波不仅对成像质量有重要意义,与偏移算法的计算效率也密切相关。数值实验结果进一步说明,压制隐失波占偏移算法的计算时间比重较大,严重制约偏移算法的计算效率,特别是对于三维地震偏移成像而言,这种影响可能会更为严重。

5.5 双程波方程波场深度延拓隐失波压制研究

地震深度偏移是地震勘探中的一个重要研究领域[245]。理论上,深度偏移包括了震源波场正向延拓和检波器波场反向延拓,然后再使用互相关成像条件来得到成像剖面[246]。深度偏移的主要目的是为了确定油气资源分布,并提供一个高质量的地下构造剖面[247]。一般而言,深度偏移方法大致可以分为三类：单程波方程深度偏移方法[133,248,250]、逆时偏移方法(RTM)[12,41,105,243,249,251-252]和全声波方程波场深度延拓及成像方法[107,110-111,113,115]。

全声波方程波场深度延拓及成像方法和 RTM 均基于全声波方程,而传统单程波方程深度偏移方法基于单程波方程,其中单程波方程是对全声波方程的一种近似。因此,与其他两种深度偏移方法相比,单程波偏移方法难以有效地描述波场传播中的动力学特征。全声波方程波场深度延拓及成像方法和 RTM 在算法方面都有着各自的特点：虽然 RTM 和全声波方程波场深度延拓及成像方法都基于全声波方程,均是对声波方程进行求解,但两者的内涵完全不一样。RTM 是在时间域求解声波方程,波场延拓是沿着时间轴展开；而全声波方程波场深度延拓及成像方法是在深度域求解声波方程,波场延拓是沿着深度轴展开,如图 5-43 所示。

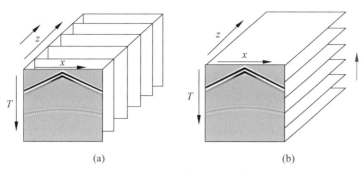

图 5-43　两种波场延拓示意图

（a）波场深度延拓；（b）波场逆时间延拓。逆时偏移从数据体底部的(x,z)平面开始，按时间向
$t=0$反推，计算出不同时间的(x,z)平面快照，这些地下快照在图中用一系列水平面来表示，反
推方向按红色箭头所示。深度偏移从地面$z=0$的地震剖面(x,t)向最大深度方向延拓获得各
个离散深度上的时间剖面，用粗黑箭头指示延拓方向

　　在单程波方程深度偏移中，对于二维情况，当水平波数$k_x^2 > \omega^2/v^2$时，垂直波数k_z为虚数，这将导致单程波传播算子计算的波场随着延拓深度指数增加，这一部分波场称为隐失波。类似地，在全声波方程波场深度延拓及成像方法中，当垂直波数是虚数或者亥姆霍兹算子具有负特征值时，就会在深度延拓计算中产生隐失波。如果在波场延拓过程中隐失波不能得到有效地压制，就会引起全声波方程波场深度延拓的数值不稳定。在单程波方程深度偏移方法中，通过舍弃频率-波数域中的虚部，就可以实现快速隐失波压制。但在全声波方程的波场深度延拓及成像方法中，由于亥姆霍兹算子的引入，全声波方程波场深度延拓及成像方法难以像单程波深度偏移方法那样，通过舍弃频率-波数域垂直波速中的虚数成分来快速实现隐失波压制，理论上，需要设计一些更加复杂和有效的算法来对隐失波进行有效地压制。Kosloff 等[107]提出了在每个波场深度延拓过程中通过最大速度值构建低通滤波器实现对隐失波的压制。该方法可以有效地去除隐失波，但也会消除一些有效的高波数分量，因此，它无法对一些陡倾角构造进行有效的成像。理论上，隐失波的产生与亥姆霍兹算子中的负特征值有关，因此，Sandberg 等[108]提出了一种谱投影方法，通过矩阵乘法递归计算的方式来压制全声波方程波场深度延拓过程中的隐失波。数值实验表明，该方法能有效压制隐失波，但不足之处是：谱投影方法的计算成本很高，计算效率较低。高效、合理地压制隐失波，对于全声波方程波场深度延拓及成像的计算精度和计算效率是至关重要的。

5.5.1　基本原理

5.5.1.1　双程波方程波场深度延拓策略

二维情况下常密度频率域声波方程可以表示为

$$\left(\frac{\partial^2}{\partial x^2}+\frac{\partial^2}{\partial z^2}+\frac{\omega^2}{v^2(x,z)}\right)\bar{p}(x,z,\omega)=0 \tag{5-73}$$

其中，$\bar{p}(x,z,\omega)$为频率域压力波场；ω 和$v(x,z)$分别为介质的角频率和速度。

　　由于方程（5-73）是关于空间变量（例如深度变量）的二阶偏微分方程，理论上，需要两个

边界条件来求解该方程。假设在地表处估计或记录的压力波场为 $\tilde{p}(x,z=0,\omega)$，其偏导数

波场为 $\dfrac{\partial \tilde{p}(x,z=0,\omega)}{\partial z}$。基于上述两个边界条件，构建一个全声波方程波场深度延拓策略，

具体计算方程如下

$$\begin{cases} \tilde{p}_z(x,z+\Delta z,\omega) = \tilde{p}(x,z,\omega)\big[-k_z\sin(k_z\Delta z)\big] + \tilde{p}_z(x,z,\omega)\cos(k_z\Delta z) \\ \tilde{p}(x,z+\Delta z,\omega) = \tilde{p}(x,z,\omega)\cos(k_z\Delta z) + \tilde{p}_z(x,z,\omega)\dfrac{\sin(k_z\Delta z)}{k_z} \end{cases} \tag{5-74}$$

其中，$k_z = \sqrt{\dfrac{\partial^2}{\partial x^2} + \dfrac{\omega^2}{v^2(x)}}$ 是垂直波数。基于方程(5-74)，根据初始条件即可实现逐层的波

场深度延拓。

为了便于波场分解计算，引入了一个新波场 $\tilde{q}(x,z,\omega)$，其定义形式如下

$$\tilde{q}(x,z,\omega) = \frac{\tilde{p}_z(x,z,\omega)}{\mathrm{i}k_z} \tag{5-75a}$$

或

$$\tilde{q}(x,z,\omega) = \left(\frac{\rho\omega}{k_z}\right)\tilde{v}_z(x,z,\omega) \tag{5-75b}$$

关于在波场深度延拓中引入的新波场的含义，详见附录 D。通过引入新波场 $\tilde{q}(x,z,\omega)$，可以在波场深度延拓过程中通过简单的加、减运算，即可实现快速的上、下行波场分解。

根据新定义的波场 $\tilde{q}(x,z,\omega)$，基于全声波方程波场深度延拓策略方程(5-74)可以重新写为如下形式

$$\begin{bmatrix} \tilde{p}(x,z+\Delta z,\omega) \\ \tilde{q}(x,z+\Delta z,\omega) \end{bmatrix} = \begin{bmatrix} \cos y & \mathrm{i}\sin y \\ \mathrm{i}\sin y & \cos y \end{bmatrix} \begin{bmatrix} \tilde{p}(x,z,\omega) \\ \tilde{q}(x,z,\omega) \end{bmatrix} \tag{5-76}$$

其中，$y = k_z\Delta z$；i 为虚数，即 $\mathrm{i}^2 = -1$。

5.5.1.2 隐失波的产生原理

为了引出隐失波，下面以二维情况下声波方程为例，其表示式为

$$\begin{cases} p_{zz} = \left(-\dfrac{4\pi^2\omega^2}{v^2} - D^2\right)p, \quad x \in (0,2\pi) \\ p(0,z) = p(2\pi,z) \\ p(x,0) = \displaystyle\sum_{k \to -\infty}^{\infty} \alpha_k \mathrm{e}^{\mathrm{i}kx} \\ p_z(x,0) = \displaystyle\sum_{k \to -\infty}^{\infty} \beta_k \mathrm{e}^{\mathrm{i}kx} \end{cases} \tag{5-77}$$

$$p(x,z) = \frac{1}{2}\sum_{k \to -\infty}^{\infty}\left(\alpha_k - \frac{\mathrm{i}\beta_k}{k_z}\right)\mathrm{e}^{\mathrm{i}(kx+k_zz)} + \left(\alpha_k + \frac{\mathrm{i}\beta_k}{k_z}\right)\mathrm{e}^{\mathrm{i}(kx+k_zz)} \tag{5-78}$$

其中，$k_z = \sqrt{\dfrac{4\pi^2\omega^2}{v^2} - k_x^2}$。

因为当 $k > 2\pi\omega/v$ 时，k_z 为虚数，可以观察到，方程(5-78)中的一部分函数呈指数增长，导致方程的解也呈指数增长，呈指数增长的这一部分函数所对应的波场就是隐失波。对于特征值 λ_k，隐失波由 $\lambda_k = -4\pi^2\omega^2/v^2 + k^2 (k = 0, 1, \cdots)$ 给出；当 $k > 2\pi\omega/v$ 时，特征值 λ_k 为正，对应着隐失波的产生。隐失波会使得双程波深度偏移算法出现不稳定，甚至会导致双程波深度偏移方法难以有效地成像。从方程(5-78)可知，隐失波的产生是与特征值密切相关，在实际应用中，特征值的计算是一个比较费时费力的过程，特别是对于大型矩阵，因此，开发一种快速、准确的隐失波压制技术，对于双程波方程波场深度延拓及成像是一个亟待解决的关键问题。

5.5.1.3　全声波方程波场深度延拓中的隐失波压制

对基于全声波方程波场深度延拓而言，其要面临一个特殊的挑战：如何准确、高效地压制隐失波。目前，针对全声波方程波场深度延拓中的隐失波压制问题，有两种解决方案：第一种解决方案是利用最大速度值来构建低通滤波器。该方法计算效率高，但也会去除一些对陡倾角构造成像有价值的高波数分量[107]，详见附录 E；第二种解决方案是谱投影法[108]。它可以去除亥姆霍兹算子中与隐失波相关的负特征值成分，但该方法计算效率低，不利于实际应用，详见附录 F。

基于本节所建立的新波场深度延拓策略即方程(5-76)，提出两种新的隐失波压制策略，即策略 I：广义低通滤波器和策略 II：能量守恒滤波器。

5.5.1.4　策略 I：广义低通滤波器

为了更好地介绍广义低通滤波器，下面首先证明单程波深度偏移算子和上述全声波方程深度延拓算子之间的相似性。然后在此基础上，开发一种新策略来压制隐失波，该策略由经典低通滤波器的扩展形成[107]，更适用于强横向速度变化介质模型的准确波场延拓计算。

根据欧拉公式，方程(5-76)中的 $\cos y$ 和 $i\sin y$ 函数可以写为

$$\begin{cases} \cos y = \dfrac{e^{iy} + e^{-iy}}{2} \\ i\sin y = \dfrac{e^{iy} - e^{-iy}}{2} \end{cases} \tag{5-79}$$

基于方程(5-79)，全声波方程波场深度延拓即方程(5-76)可以修改为

$$\begin{bmatrix} \tilde{p}(x, z+\Delta z, \omega) \\ \tilde{q}(x, z+\Delta z, \omega) \end{bmatrix} = \frac{1}{2} \begin{bmatrix} e^{iy} + e^{-iy} & e^{iy} - e^{-iy} \\ e^{iy} - e^{-iy} & e^{iy} + e^{-iy} \end{bmatrix} \begin{bmatrix} \tilde{p}(x, z, \omega) \\ \tilde{q}(x, z, \omega) \end{bmatrix} \tag{5-80}$$

从方程(5-80)中可以发现，双程波方程中的波场深度延拓可表示为两个指数函数的线性组合。在方程(5-80)中，当使用欧拉公式将三角函数转化为指数函数形式时，可以发现波场深度延拓能由指数函数线性表示。通过这种转变，由方程(5-76)表示的矩阵算子可等效地由指数函数表示，其中，指数函数与隐失波具有直接关系。与单程波方程深度偏移方法类似，本节提出利用指数函数在频率-波数域中开展隐失波的识别与压制工作，其算法可以进一步描述为

$$\exp\left(\pm\,\mathrm{i}\Delta z\sqrt{\left(\frac{\omega}{v(x)}\right)^2-k_x^2}\right)=\begin{cases}\exp\left(\pm\,\mathrm{i}\Delta z\sqrt{\left(\frac{\omega}{v(x)}\right)^2-k_x^2}\right),&k_x^2<\left(\frac{\omega}{v(x)}\right)^2\\[3mm]0,&k_x^2\geqslant\left(\frac{\omega}{v(x)}\right)^2\end{cases}$$

$$(5\text{-}81)$$

在方程(5-81)中,当速度在横向(x 方向)上发生变化时,仅用一个速度值很难精确地解决隐失波压制问题,特别是在横向速度变化剧烈的情况下。因此,在延拓深度的每一个横向速度上利用方程(5-81)开展隐失波压制。为了应对在速度横向变化情况下隐失波的压制问题,本节提出一种新的隐失波压制算法,该算法具有以下关键操作——在每个角频率 ω(或频率)和每个延拓深度 z,对 x 方向(横向)上每个速度进行独立的隐失波识别与压制。具体算法策略如下。

(1) 在 x 方向应用傅里叶变换将波场 $\tilde{p}(x,z,\omega)$ 变换为 $\tilde{p}(k_x,z,\omega)$。

(2) 对 x 方向上的 n 个独立速度 $v(x)$,利用经典的低通频率-波数域滤波器开展波场 $\tilde{p}(k_x,z,\omega)$ 隐失波压制。

(3) 在 k_x 方向上应用傅里叶逆变换(在去除与隐失波相关的高波数后)将 $\tilde{p}(k_x,z,\omega)$ 转换回为 $\tilde{p}(x,z,\omega)$。

从算法的执行策略上看,本节所提的新算法是对经典低通频率-波速域滤波器方法的扩展,特别适用于并行计算。

5.5.1.5 策略Ⅱ：能量守恒滤波器

能量守恒滤波器是以能量守恒定律为基础的,方程(5-76)可以等价地表示为如下形式

$$\begin{bmatrix}\tilde{p}(x,z+\Delta z,\omega)+\tilde{q}(x,z+\Delta z,\omega)\\\tilde{p}(x,z+\Delta z,\omega)-\tilde{q}(x,z+\Delta z,\omega)\end{bmatrix}=A\begin{bmatrix}\tilde{p}(x,z,\omega)+\tilde{q}(x,z,\omega)\\\tilde{p}(x,z,\omega)-\tilde{q}(x,z,\omega)\end{bmatrix}\quad(5\text{-}82)$$

其中,$A=\begin{bmatrix}\mathrm{e}^{\mathrm{i}y}&0\\0&\mathrm{e}^{-\mathrm{i}y}\end{bmatrix}$。

从方程(5-82)可以看出,本节的传播算子 A 是一个相移矩阵,在深度延拓中,它仅改变波场的相移量,而不改变波场的能量(波场矢量范数)。因此,对于正常的波场传播过程,能量在传播过程中会根据能量守恒定律而保持不变;但对于隐失波,因为其能量不遵守能量守恒定律而出现振幅指数增长情况,导致波场深度延拓算法的不稳定。

基于这一原理,本节提出使用能量范数表达式($(\tilde{p}+\tilde{q})^2$ 或 $(\tilde{p}-\tilde{q})^2$)作为准则在频率-波数域中识别和压制隐失波,其算法可以写为如下形式

$$\begin{bmatrix}\tilde{p}(k_x,z+\Delta z,\omega)\\\tilde{q}(k_x,z+\Delta z,\omega)\end{bmatrix}=\begin{cases}\begin{bmatrix}\tilde{p}(k_x,z+\Delta z,\omega)\\\tilde{q}(k_x,z+\Delta z,\omega)\end{bmatrix},&其他\\[5mm]\begin{bmatrix}\tilde{p}(k_x,z,\omega)\\\tilde{q}(k_x,z,\omega)\end{bmatrix},&\begin{aligned}&(\tilde{p}(k_x,z+\Delta z,\omega)+\tilde{q}(k_x,z+\Delta z,\omega))^2>\\&\alpha(\tilde{p}(k_x,z,\omega)+\tilde{q}(k_x,z,\omega))^2\end{aligned}\end{cases}$$

$$(5\text{-}83)$$

其中,α 是比例因子。在数值实验中,比例因子设置为 $1.02\sim1.03$。

基于上述描述,提出一种"能量守恒滤波器"方法,为了描述该算法的实现,在每个频率

和每个延拓深度都使用以下步骤来压制隐失波：

① 在 x 方向上应用傅里叶变换将 $\tilde{p}(x,z,\omega)$ 和 $\tilde{q}(x,z,\omega)$ 转变为 $\tilde{p}(k_x,z,\omega)$ 和 $\tilde{q}(k_x,z,\omega)$。

② 应用方程(5-76)或方程(5-80)来计算延拓波场 $\tilde{p}(k_x,z+\Delta z,\omega)$ 和 $\tilde{q}(k_x,z+\Delta z,\omega)$。

③ 应用方程(5-83)中表示的能量范数方法在频率-波数域中识别并压制隐失波。

④ 在 k_x 方向上应用傅里叶逆变换，将 $\tilde{p}(k_x,z+\Delta z,\omega)$ 和 $\tilde{q}(k_x,z+\Delta z,\omega)$ 逆变换为 $\tilde{p}(x,z+\Delta z,\omega)$ 和 $\tilde{q}(x,z+\Delta z,\omega)$。

对于策略 I，在实际应用中可对 x 方向上每一速度点都使用该策略进行隐失波的识别和压制，但是在采用"逐点"策略的情况下，如果速度模型的横向速度维度很大（x 方向的速度点很多），会影响算法的执行效率。为了解决该问题，采用"群组"或者"逐点-群组"的方式来提高算法的执行效率。其中"群组"算法可以理解为：将每个深度延拓的速度曲线分为 k 组，数据点总数为 N，每一组具有 N/k 个数据点。在每一组速度中，用局部最大速度来表示这一组数据，再采用插值法实现对群组内每一个速度点的波场计算。而"逐点-群组"策略算法可以理解为一种混合算法，即在横向速度变化较弱的区域采用"群组"算法策略，在横向速度变化较强的区域采用"逐点"算法策略。因为在实际应用中，偏移过程中使用的速度模型的分辨率受速度分析精度的影响，通过速度分析方法得到的速度模型相当于是对精确模型进行平滑处理后所得到的结果，因此，在本节中使用的"群组"策略是合理的，后面的数值实验也证实了该策略执行的有效性。

此外，因为本节所提的隐失波压制策略对每一个速度点都进行波场计算，因此可以进一步采用线程并行化的方式来提高计算效率。其中，对指数函数的并行化计算示意图如图 5-44 所示。在并行化实现过程中，给每一个内核分配一个并行化池来处理横向速度变化中的一个速度值及该速度值对应的指数函数。在后面的数值实验中，还将深入讨论并行化计算对偏移成像处理计算效率的影响。

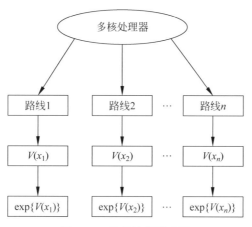

图 5-44　并行计算模式图

针对双程波方程波场深度延拓中的隐失波压制问题，得益于新波场 $\tilde{q}(x,z,\omega)$ 的引入，使得双程波方程波场深度延拓的传播矩阵可表示为三角函数形式（方程(5-76)）。由于三角函数与指数函数之间的线性关系，发展了广义低通滤波器；基于该三角函数矩阵形式的能量恒定特征,发展了能量守恒滤波器。本节发展的方法都避免常规隐失波压制中的矩阵特征值分解计算,因而更具有实际应用价值。

5.5.2 数值实验

本节通过建立若干个理论速度模型来研究所提策略在压制隐失波上的计算效果。为了更好地对比不同算法的计算性能,将所提算法与若干个常规偏移方法进行性能对比,这些常规偏移方法包括:单程波广义屏传播算子(GSP)、基于低通滤波器的全声波方程深度偏移方法和基于谱投影方法的全声波方程深度偏移方法。

5.5.2.1 梯度速度模型中的脉冲响应

为了测试各种偏移方法对横向速度变化模型的适应性,构建了一个梯度速度模型,如图 5-45 所示。该速度模型的维度大小为 $1500 \text{ m} \times 3000 \text{ m}$,其水平和垂直网格间距均为 5.0 m。用于计算脉冲响应的震源位于 $x=750 \text{ m}$、$z=0 \text{ m}$ 的位置,波场模拟使用的震源是主频 20 Hz 的雷克子波。

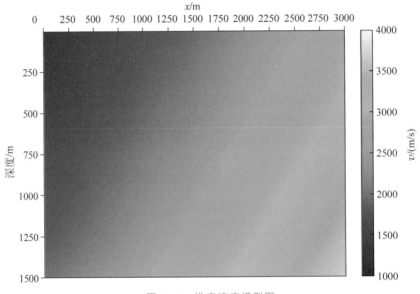

图 5-45　梯度速度模型图

为了对比不同偏移方法计算脉冲响应的差异,使用经典有限差分法(FD)、单程波广义屏方法(GSP)和本节所提的策略来计算波场传播,结果如图 5-46 所示。在计算的波场中,由于有限差分法能适应任意横向速度变化的介质,因此将有限差分法计算的结果作为参考标准。同时,将由有限差分法计算的波前面提取出来,与单程波广义屏方法和本节所提策略计算出的波前面绘制在一起,便于进行对比研究。

从图 5-46 可以清晰地观察到,除了在非常大的传播角度区域外,本节所提的策略计算出的波前面与有限差分法计算出的波前面吻合良好,而单程波广义屏方法所计算出的波前面仅在一定角度内与有限差分法所计算出的波前面拟合较好。由于该速度模型具有较强烈的速度变化,对于单程波偏移方法而言,在传播角度非常大的情况下难以准确描述波场

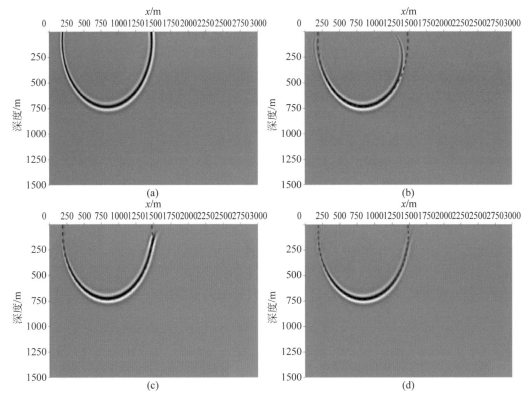

图 5-46　不同方法计算的脉冲响应图

（a）FD 方法；（b）单程波广义屏方法；（c）基于策略Ⅰ的全声波方程深度偏移方法；（d）基于策略Ⅱ的全声波方程深度偏移方法

传播，这也是单程波偏移方法面临的一个难题。至于在非常大的传播角度（接近 90°）处出现本节所提的策略计算的波前面与有限差分法计算出的波前面不一致的情况，认为在此处 k_z 接近于零，此时将部分有用波场当成隐失波进行了去除，导致出现两个波前面吻合不好的情况。

　　在该梯度速度模型中，也对本节所提的策略开展了并行化性能测试。在该并行化测试中，分别设置了 4、8、16 和 28 个 CPU 内核来并行化计算波场传播并统计其运行时间。并行化计算时间见表 5-6 和表 5-7。显然，随着并行计算核心数的逐步增加，波场计算的运行时间也相应减少。

表 5-6　基于策略Ⅰ的全声波方程深度偏移方法在不同 CPU 内核数的运行时间

内核数/个	4	8	16	28
时间/s	569	372	340	283

表 5-7　基于策略Ⅱ的全声波方程深度偏移方法在不同 CPU 内核数的运行时间

内核数/个	4	8	16	28
时间/s	387	238	179	122

表 5-6 和表 5-7 展示了本节设计的算法能充分地发挥多核 CPU 的并行化计算能力。利用并行计算能力，甚至可以将本节所提的策略移植到 Cuda GPU 上并行运行。从统计的运行时间上不难发现，本节提出的策略 Ⅱ 比策略 Ⅰ 所需运算时间更少，也体现了本节所提的能量守恒滤波器方法在压制隐失波中的优越性。

5.5.2.2　盐丘模型成像

在数值实验中，使用盐丘模型来比较不同策略在压制隐失波方面的性能，因为盐丘模型中有一个高速陡倾角盐丘体，其速度大约是围岩的 2 倍，所以它是评价成像性能的经典模型。本节使用两种盐丘模型：第一种是准确的盐丘模型，用于产生偏移成像的炮道集；第二种是使用 3×3 高斯滤波窗口产生的平滑速度模型，用于偏移成像。两种速度模型如图 5-47 所示。速度模型大小为 4400 m(z)×14000 m(x)，水平和垂直方向网格间距均为 20.0 m。在波场模拟中，采用左边放炮、右边接收的观测系统，共计算 224 个炮记录，炮间距 60.0 m，每炮设置 240 个检波器，检波器间距 20.0 m，最小偏移距 0 m。波场模拟使用的震源为主频为 10 Hz 的雷克子波，时间采样间隔为 0.001 s，最长记录时间为 5.0 s。

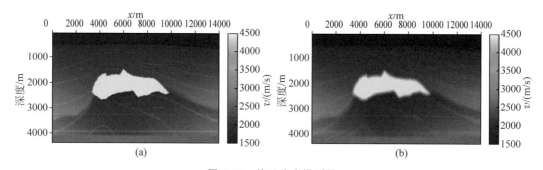

图 5-47　盐丘速度模型图

(a) 原始模型；(b) 利用 3×3 高斯滤波窗口平滑的速度模型

在偏移成像处理中，对比了 5 种偏移方法的成像性能，其中包括经典的单程波广义屏方法、基于低通滤波器方法的全声波方程深度偏移方法、基于谱投影方法的全声波方程深度偏移方法、基于策略 Ⅰ 和策略 Ⅱ 的全声波方程深度偏移方法。使用不同偏移方法计算的成像剖面如图 5-48 所示。

由于盐丘模型的横向速度变化较大，因此单程波广义屏方法在波场计算中的能力有限，尤其是对于大角度传播的波场，更无法清晰地成像，这一现象可以在图 5-48(a) 中清晰地观察到。因此，单程波广义屏方法无法对盐丘模型下的一些断层进行有效成像，如图 5-48(c) 和(d) 中红色箭头所示。并且，单程波广义屏方法对于水平构造的成像不如其他偏移成像方法那样准确，会出现弯曲的情况，如图 5-48(a) 中黑色箭头所示。此外，在图 5-48(a) 中也能观察到盐丘下方出现了一些虚假成像轴。当使用经典的低通滤波器方法压制隐失波时，一些有用的高波数域成分也被去除，这样会导致难以对盐丘模型中的一些陡倾角构造结构进行有效的成像，如图 5-48(b) 中的蓝色箭头所示。

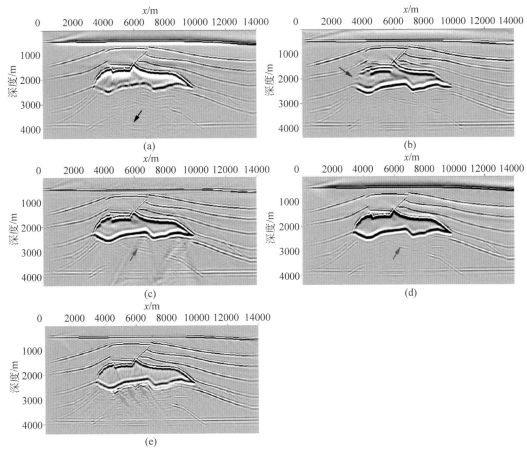

图 5-48　利用不同偏移方法计算得到的成像剖面

（a）单程波广义屏偏移方法；（b）基于经典低通滤波器的全声波方程深度偏移方法；（c）基于谱投影方法的全声波方程深度偏移方法；（d）基于策略Ⅰ的全声波方程深度偏移方法；（e）基于策略Ⅱ的全声波方程深度偏移方法

相反地，谱投影方法可以有效地压制隐失波，从而可以很好地保留有效波场。然而，由于谱投影方法涉及密集矩阵的乘法运算，因此谱投影方法的计算效率限制了其广泛运用。本节使用的策略Ⅰ和策略Ⅱ在每一个水平方向的速度值上对隐失波进行准确的识别和压制。因此，本节所提的策略比经典的低通滤波器方法保留了更多有用的高波数域信息。如图 5-48(d) 和 (e) 所示，本节所提策略可以成功地压制隐失波并对盐丘模型进行准确成像。与低通滤波器成像的结果（图 5-48(b)）相比，不难发现本节所提策略计算得出的剖面质量远高于经典低通滤波器方法。

然而，在对比本节所提策略Ⅰ和策略Ⅱ计算得出的成像剖面时可以发现，在速度急剧变化的构造位置，策略Ⅱ计算的偏移结果比策略Ⅰ计算的偏移结果会产生更多的虚假成像，如图 5-48(e) 中的绿色箭头所示。对于速度横向变化不剧烈的介质，如图 5-47(a) 中 1500 m 以上的构造，策略Ⅱ表现出良好的成像性能。

除了关注成像质量之外，还关注基于不同隐失波压制策略的全声波方程深度偏移方法的计算效率。在数值实验中，使用了 16 个 CPU 计算内核来完成单炮记录的深度偏移，并统计不同偏移方法的计算时间，如表 5-8 所示。

表 5-8　不同偏移方法的计算时间

偏 移 方 法	方法♯1	方法♯2	本节所提的策略 I	本节所提的策略 II
时间/s	501	10736	1262	825

注：方法♯1表示基于经典低通滤波器的全声波方程深度偏移方法；方法♯2表示基于谱投影方法的全声波方程深度偏移方法。

从表 5-8 中可以明显地发现，基于低通滤波器的全声波方程深度偏移方法比基于谱投影方法的全声波方程深度偏移方法的计算时间要少得多。显然，基于密集的递归矩阵乘法运算是相当费时的，因此基于谱投影方法的全声波方程深度偏移方法需要更多的计算时间来识别和压制隐失波。

与这两种经典的隐失波压制方法相比，本节所提的策略 I 和策略 II 比谱投影方法所需要的计算时间更少，同时实现了与谱投影方法相似的计算精度；与策略 I 相比，本节所提的策略 II 由于操作简单，因此，它具有更少的计算时间和更高的计算效率。

为了进一步验证本节所提的策略在压制隐失波方面的可行性，提取了深度为 $z = 2000$ m 处用随机函数所生成的随机波场，然后分别使用低通滤波器、谱投影方法和本节所提的策略来延拓该随机波场，图 5-49(a)为深度 $z = 2000$ m 的盐丘速度曲线。为了便于对比分析，将经过谱投影方法处理得到的波场作为参考标准。为了进行定量地对比分析，计算由谱投影方法生成的波场与由低通滤波器和本节所提的策略生成的波场之间的均方根误差，如图 5-49(b)所示。通过观察这些曲线可以很清晰地发现，与低通滤波器和策略 II 相比，由本节所提的策略 I 计算的曲线具有最低的均方根误差。对于图中的高速部分（图 5-49(a)中的盐丘位置），策略 I 和低通滤波器方法计算的曲线非常接近。这是因为低通滤波器方法使用速度模型中最大的速度来进行滤波。策略 II 在高速部分（盐丘体）显示出相对较高的均方根误差，这也解释了策略 II 为什么会在图 5-48(e)中盐丘部分产生噪声。

除了关注在盐丘模型的成像精度和质量，本节还关注所提的策略在实际应用中的计算效率。在数值实验中，发现"群组"策略不仅在计算精度上与"逐点"策略类似，同时还具有更高的计算效率。在对盐丘模型的偏移成像实验中，速度模型的水平方向共有 14000 个速度样本点，分别将速度样本点分成 40、60 和 80 个"群组"进行测试，然后对同一炮的偏移结果，统计了各自的计算时间，如表 5-9 所示。

表 5-9　基于策略 I 的不同"群组"大小的计算时间

群组大小	40	60	80	混合
时间/s	134	95	75	127

图 5-50(a)～(c)分别是采用不同"群组"大小的成像结果。

将图 5-50 的这些成像结果与"逐点"（图 5-48(d)）策略计算得出的成像结果进行对比，可以清楚地发现，采用"群组"策略算法显著提高了"逐点"策略算法的计算效率，如表 5-8 所示；但是，在采用"群组"策略算法时，如果"群组"太大，会导致在横向速度变化剧烈位置的成像不准确，如图 5-50 中的红色箭头所示。同时，对于横向速度变化较弱的区域，"群组"策略可以在保持较高成像精度的情况下，有效地提高计算效率。为了进行更深入的对比研究，对混合"逐点-群组"策略算法开展了成像性能和效率测试，成像得到的结果如图 5-50(d)

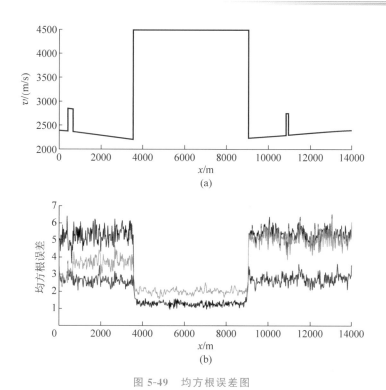

图 5-49　均方根误差图

（a）深度 $z=2000$ m 时的速度曲线；（b）分别利用谱投影方法和低通滤波器方法（黑色）、策略 I 方法（蓝色）、策略 II 方法（绿色）延拓计算的波场之间的均方根误差

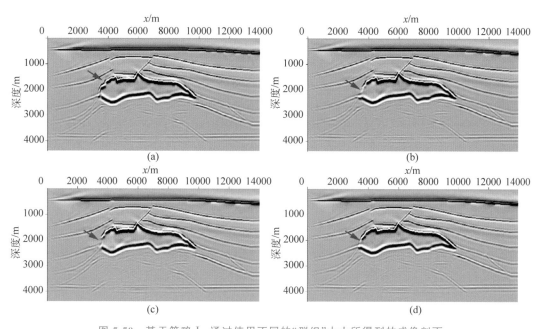

图 5-50　基于策略 I，通过使用不同的"群组"大小所得到的成像剖面

（a）$N_k=40$；（b）$N_k=60$；（c）$N_k=80$；（d）混合

所示，计算时间见表 5-8。通过对比成像结果和计算精度发现，本节所提的混合"逐点-群组"策略算法也能对盐丘模型进行准确的成像，同时也具有较高的计算效率，从而达到计算精

度与计算效率的平衡。

5.5.3　结论

双程波方程波场深度延拓及成像是地震成像中的重要研究领域,相较于其他偏移方法,隐失波问题是双程波方程波场深度延拓中面临的特殊挑战之一,严重制约该方法在实际生产中的应用,为实现高效、准确的隐失波压制,本节发展了广义低通滤波器(策略Ⅰ)和能量守恒滤波器(策略Ⅱ)。由于上述两种发展策略均可单独地处理横向变化的每一个速度值,因此,建立了上述两种策略的并行程序,为实际应用提供基础工具。通过对盐丘模型的成像发现,本节所发展的策略克服了基于经典低通滤波器方法难以对陡倾角构造成像的缺点,可实现与谱投影方法相当的隐失波压制精度,而且计算效率更高。进一步深入开展对盐丘模型的成像质量和成像效率的对比,发现策略Ⅰ的成像质量要优于策略Ⅱ的成像质量,但是策略Ⅱ计算效率要高于策略Ⅰ。为了进一步提高策略Ⅰ的计算效率,提出了混合"逐点-群组"策略算法,通过对该算法的数值实验,发现混合"逐点-群组"策略算法能对计算精度和计算效率做到更好的平衡,具有更加广阔的应用前景。

5.6　黏声介质的双程波方程深度偏移

众所周知,真实的地球介质不是完全的弹性介质,但可以近似地表示为黏弹性介质[253]。当波在非弹性介质中传播时,可以观察到包含振幅衰减和相位频散的波场,通常引入品质因子(Q)来定量描述这一现象。常规声波方程深度偏移方法往往忽略了介质的黏弹性,导致在衰减效应强的介质中出现成像质量差、地震分辨率低的情况。因此,学者们对波场模拟和偏移中的衰减与吸收效应进行了彻底研究,以提供更准确的成像剖面[254]。

准确描述波场在黏弹性介质中传播的衰减和吸收效应是波场延拓和偏移的基础。岩石物理实验表明,品质因子(Q)在超声波频率范围内与频率密切相关,但在地震勘探频段内与频率呈线性关系[255-257]。换句话说,在地震勘探频段内,与频率无关的 Q 模型是可行的[258]。因此,许多不同的基于线性衰减理论的黏性声波方程被提出,包括 Kelvin-Voigt 理论[259]、标准线性固体(SLS)理论[260]、广义标准线性固体(GSLS)理论[261]和常 Q 理论[151,262]。这些理论通过基于带有弹簧和缓冲器的物理仪器的思路来模拟黏弹性机理[263]。

在衰减补偿策略的开创性工作中,反 Q 滤波器和补偿 Q 值单程波方程深度偏移被广泛研究。反 Q 滤波器是在一维情况下设计的,被使用于叠后偏移剖面,由于实际传播的地震波射线是复杂的,所以其对复杂构造实现精确衰减补偿的能力有限[264-266]。通过在垂直波数中引入衰减补偿因子,Zhang 等[267]和 Mittet[268]提出了带衰减补偿的单程波方程深度偏移方法。常规带衰减补偿的单程波偏移方法具有计算效率高的优点,但是其在复杂结构中补偿衰减的能力有限[38]。

为了提高黏性声波方程的波场模拟效率,Zhu 等[269]通过频率-波数近似将分数阶时间导数算子转化为解耦分数阶拉普拉斯算子,建立了一种新型黏声波方程。Zhu 等[269]基于解耦分数阶拉普拉斯算子的黏性声波方程,发展了一种补偿 Q 值逆时偏移(QRTM),用于补偿波场时间延拓过程中的振幅衰减和相位频散。与早期基于衰减补偿的成像技术研究相比,QRTM 是一种在时间域内求解双程波动方程的精确波场延拓方法[40-42]。由于 QRTM 的这一优点,许多与其相关的研究工作已经通过不同的方法展开,如低秩近似、矩阵变换和复值速度等[270-272]。在进行波场逆时延拓时,QRTM 通过使用指数函数 $e^{+\alpha L}$ 来补偿沿射线路径的振幅衰减(其中 α 是一个正系数,L 表示射线路径),因此该算子可能遭受振幅爆炸并导致其具有不稳定性[273-274]。为了解决这个问题,Zhu 等[273]提出了一种低频滤波器来消除高频噪声;Sun 等[275]提出使用仅有速度离散的波场和黏性声波的波场的划分来稳定波场振幅;Wang 等[276]使用经验公式来设置波场时间传播中的稳定因子;Chen 等[277]在波场延拓方案中提出了时变滤波器;Yang 等[278]提出了稳定的空间-波数滤波器;Wang 等[279]利用窗函数控制时间传播算子的振幅放大。

目前,大多数基于黏性声波方程的衰减补偿方案都是使用传统的时间步长进行延拓。然而,很少有相关研究注意到原始时间分数阶导数黏性声波方程可以在深度域中自然求解,且无需任何近似。根据近年来基于声波方程的波场深度延拓的成像成果[113,115],本节建立了基于时间分数阶导数黏性声波方程的补偿 Q 值波场深度延拓方案,并进一步建立了相应的振幅损失波场深度延拓和相位频散波场深度延拓方案。与时间域 QRTM 方法相比,深度域方案更加直截了当,后续的数值实验证实了本节所提的深度域方案的有效性和可行性。

5.6.1　基本原理

5.6.1.1　基于黏性声波方程的波场深度延拓方法

Carcione 等[262]基于常 Q 模型[151]提出二维情况下具有常密度的时间分数阶导数黏性声波方程为

$$\frac{\partial^{2-2r}}{\partial t^{2-2r}}\tilde{p}(x,z,t)=c^{2}\omega_{0}^{-2r}\,\nabla^{2}\tilde{p}(x,z,t) \tag{5-84}$$

其中,$\tilde{p}(x,z,t)$ 为压力波场;$\nabla^{2}=\dfrac{\partial^{2}}{\partial x^{2}}+\dfrac{\partial^{2}}{\partial z^{2}}$;$r=\arctan(1/Q)/\pi$;$c=c_{0}\cos(\pi r/2)$;$c_{0}$,$\omega_{0}$ 分别是参考速度和角频率。

在时间域计算时间分数阶导数并不容易,因为它需要存储更多的时间-空间域波场。为了解决这个问题,Zhu 等[269]发展了分数阶拉普拉斯黏性声波方程。

在方程(5-84)中,需要注意的是,时间分数阶导数黏性声波方程是关于空间变量的二阶导数微分方程,自然适用于深度域的波场深度延拓。

对方程(5-84)中的时间变量进行傅里叶变换可得:

$$\left[-\omega^{2}\cdot\left(\frac{\omega}{\omega_{0}}\right)^{-2r}\cdot\mathrm{i}^{-2r}\frac{1}{c^{2}}\right]\tilde{p}(x,z,\omega)=\nabla^{2}\tilde{p}(x,z,\omega) \tag{5-85}$$

式中,$\tilde{p}(x,z,\omega)$ 为频率域压力波场。

在空间-频率域中,方程(5-85)平滑地解决了时间分数阶导数的计算。将 $\mathrm{i}^{-2r}=\cos(\pi r)-\mathrm{i}\sin(\pi r)$ 代入方程(5-85)并化简,可进一步得到

$$\frac{\partial^2}{\partial z^2}\tilde{p}(x,z,\omega) = -\tilde{k}_z^2 \tilde{p}(x,z,\omega) \tag{5-86}$$

其中，$\tilde{k}_z^2 = \left(a\dfrac{\omega^2}{c^2} + \dfrac{\partial^2}{\partial x^2}\right) - \left(\mathrm{i}b\dfrac{\omega^2}{c^2}\right)$；$a = \left(\dfrac{\omega}{\omega_0}\right)^{-2r}\cos(\pi r)$；$b = \left(\dfrac{\omega}{\omega_0}\right)^{-2r}\sin(\pi r)$。

假设为波场深度延拓提供了包括波场及其深度导数在内的边界条件，则方程（5-86）可改写为

$$\begin{bmatrix} \tilde{p}(x,z+\Delta z,\omega) \\ \tilde{p}_z(x,z+\Delta z,\omega) \end{bmatrix} = \begin{bmatrix} \cos(\tilde{k}_z \Delta z) & \dfrac{\sin(\tilde{k}_z \Delta z)}{\tilde{k}_z} \\ -\tilde{k}_z \sin(\tilde{k}_z \Delta z) & \cos(\tilde{k}_z \Delta z) \end{bmatrix} \begin{bmatrix} \tilde{p}(x,z,\omega) \\ \tilde{p}_z(x,z,\omega) \end{bmatrix} \tag{5-87}$$

其中，$\tilde{p}_z(x,z,\omega)$ 是关于深度方向的频率域波场压力导数，定义为 $\tilde{p}_z(x,z,\omega) = \dfrac{\mathrm{d}\tilde{p}(x,z,\omega)}{\mathrm{d}z}$。方程（5-87）的详细推导见附录 G。

为了有效地进行偏移的波场深度延拓，引入一个新的压力波场 $\tilde{q}(x,z,\omega) = \tilde{p}_z(x,z,\omega)/\mathrm{i}\tilde{k}_z$，则方程（5-87）可以进一步表示为

$$\begin{bmatrix} \tilde{p}(x,z+\Delta z,\omega) \\ \tilde{q}(x,z+\Delta z,\omega) \end{bmatrix} = \begin{bmatrix} \cos(\tilde{k}_z \Delta z) & \mathrm{i}\sin(\tilde{k}_z \Delta z) \\ \mathrm{i}\sin(\tilde{k}_z \Delta z) & \cos(\tilde{k}_z \Delta z) \end{bmatrix} \begin{bmatrix} \tilde{p}(x,z,\omega) \\ \tilde{q}(x,z,\omega) \end{bmatrix} \tag{5-88}$$

其中

$$\tilde{k}_z = \sqrt{\underbrace{\left(a\frac{\omega^2}{c^2} + \frac{\partial^2}{\partial x^2}\right)}_{\text{I}} - \underbrace{\left(\mathrm{i}b\frac{\omega^2}{c^2}\right)}_{\text{II}}} \tag{5-89}$$

由于本节所提的波场深度延拓方案是基于双程波方程的，其解包含了震源波场和检波点波场的下行波和上行波，当使用常规互相关成像条件时，会产生低频噪声。由于引入了新的压力波场 $\tilde{q}$，本节所提的方法的一个优点是，可以实现有效的波场分离并减少低频噪声对成像质量的影响。附录 H 给出了如何利用波场 $\tilde{p}$ 和 $\tilde{q}$ 实现波场分离[115]。

与基于声波方程的波场深度延拓方案相比[112]可以发现，方程（5-89）将振幅衰减和相位频散效应联系起来。从黏性声波介质中的垂直波数来看（垂直波数的第 1 项和第 2 项在方程（5-89）中分别描述为 I 和 II），I 项与声波介质中的垂直波数类似，但乘以一个与振幅衰减有关的因子 a，该项表征相位频散。II 项是虚数，与振幅衰减效应有关。为了研究振幅衰减和相位频散效应，定义垂直波数如下

$$\tilde{k}_z = \begin{cases} \sqrt{a\dfrac{\omega^2}{c^2} + \dfrac{\partial^2}{\partial x^2}}, & \text{仅有相位频散} \\[2ex] \sqrt{\dfrac{\omega^2}{c^2} + \dfrac{\partial^2}{\partial x^2} - \left(\mathrm{i}b\dfrac{\omega^2}{c^2}\right)}, & \text{仅有振幅衰减} \\[2ex] \sqrt{a\dfrac{\omega^2}{c^2} + \dfrac{\partial^2}{\partial x^2} - \left(\mathrm{i}b\dfrac{\omega^2}{c^2}\right)}, & \text{同时具有振幅衰减和相位频散} \end{cases} \tag{5-90}$$

5.6.1.2　补偿 Q 值波场深度延拓的自适应稳定策略

在逆时波场延拓方法中,QRTM 的振幅呈指数($e^{+\alpha L}$)增长以补偿频散,但由于高频噪声的影响而导致其振幅不稳定。为了解决该问题,研究人员开发了许多方法,如低通滤波器方法。

将欧拉公式应用于方程(5-88),则方程(5-88)可改写为

$$\begin{bmatrix} \bar{p} \\ \bar{q} \end{bmatrix} = \frac{1}{2} \begin{bmatrix} e^{i\tilde{k}_z \Delta z} + e^{-i\tilde{k}_z \Delta z} & e^{i\tilde{k}_z \Delta z} - e^{-i\tilde{k}_z \Delta z} \\ e^{i\tilde{k}_z \Delta z} - e^{-i\tilde{k}_z \Delta z} & e^{i\tilde{k}_z \Delta z} + e^{-i\tilde{k}_z \Delta z} \end{bmatrix} \begin{bmatrix} \bar{p} \\ \bar{q} \end{bmatrix} \tag{5-91}$$

一般而言,在声波介质中,声波垂直波数是实数($k_z = k_R$),而在黏性声波介质中,它是复数($\tilde{k}_z = \tilde{k}_R + i\tilde{k}_I$)。对于波场深度延拓,黏性声波垂直波数的虚部与振幅补偿和隐失波有关,如果不加以合理地处理,两者都会导致出现振幅呈指数增长的问题。

根据常 Q 模型[151],给出与品质因子(Q)相关的频散相速度和衰减因子,分别为

$$c_p = c_0 \left(\frac{\omega}{\omega_0} \right)^{\gamma} \tag{5-92}$$

$$\alpha = \tan\left(\frac{\pi\gamma}{2} \right) \frac{\omega}{c_p} \tag{5-93}$$

Zhu 等[273]证明了衰减系数在地震频带内是线性的,最大衰减系数出现在最高频率处。附录 I 证明了黏声波垂直波数 $\tilde{k}$ 的实部($\tilde{k}_R$)和虚部($\tilde{k}_I$)分别表示频散相速度和衰减因子。在此基础上,在进行频率域波场深度延拓时,本节设计了一种滤波策略来正则化黏声波垂直波数。为了压制振幅的指数增长,对于给定的频率 ω、速度 c_0 和 γ,可以利用方程(5-92)和方程(5-93)估算最大频率下的最大衰减因子,则自适应稳定滤波器可以表示为

$$\tilde{k}_I(c_0,\gamma,\omega) = \begin{cases} \tilde{k}_I(c_0,\gamma,\omega), & |\tilde{k}_I(c_0,\gamma,\omega)| \leqslant \max(\alpha(c_0,\gamma,\omega)) \\ 0, & |\tilde{k}_I(c_0,\gamma,\omega)| > \max(\alpha(c_0,\gamma,\omega)) \end{cases} \tag{5-94}$$

声波介质中的单程波动方程深度偏移包含一个垂直波数 k_z,它具有实部和虚部。然而,虚部与隐失波有关,这可能导致振幅呈指数增长。为了稳定单程波传播算子,一种策略是将 k_z 的虚部设置为零。这个想法促使本节在所提的补偿 Q 值波场深度延拓方案中使用方程(5-94)。

为了清晰地进行补偿 Q 值波场深度延拓,本节所提的方法可以总结如下。

(1) 初始化成像部分 Im=0。

(2) 初始化边界条件 $\bar{p}(x,z=0;\omega)$ 和 $\bar{q}(x,z=0;\omega)$。

(3) 用于延拓深度的循环 $z_i(i=1:N)$,步骤如下:

① 对于给定的速度和 Q 值,基于方程(5-90)、方程(5-92)和方程(5-93)在频率波数域中计算 $\tilde{k}_z$ 和 α;

② 应用方程(5-94)去除复数垂直波数中的异常波数 $\tilde{k}_z$,并计算 $\cos(k_z\Delta z)$ 和 $i\sin(k_z\Delta z)$;

③ 通过使用方程(5-88)对震源和检波器波场进行波场深度延拓;

④ 使用方程(M-6)和互相关成像条件来生成图像。

(4) 输出最终成像截面 Im。

为了验证方程(5-89)中的垂直波数定义,使用方程(5-88)在各向同性介质中进行了简单的波场模拟。速度和品质因子(Q)分别设置为 2000 m/s 和 20,参考角频率设置为 $\omega_0 = 2\pi f_0 (f_0 = 1.0$ Hz)。使用不同的垂直波数进行波场深度延拓,包括声波介质、仅具有振幅衰减的黏声波介质、仅具有相位频散的黏声波介质和全黏声波介质的波数,然后比较得到的波场。计算出的波场在图 5-51 中以相同的振幅比例给出。此外,图 5-51 还计算并显示了仅具有振幅衰减的黏声介质、仅具有相位频散的黏声介质以及高参考频率下的全黏声介质的波场。传统的双程波动方程深度延拓方案仅沿着主延拓方向,即深度方向精确地传播波场振幅。然而,从图 5-51 可以观察到,波场的振幅随传播角度的增加而减小。沿着波场传播方向的波数($k = \omega/c$)与水平波数和垂直波数之间的关系可以使用双程波动方程表示为 $(\omega/c)^2 = k_x^2 + k_z^2$。使用该方程,深度延拓波场($\tilde{p}_{kz}$)和全波场($\tilde{p}_k$)之间的关系可以表示为 $\tilde{p}_{kz} = \tilde{p}_k \cos(\theta)$,其中 θ 是波传播方向和深度轴之间的角度。因此,当波场的传播角度接近 $90°$ 时,波场的振幅急剧衰减,如图 5-51 所示。这是波场深度延拓和时间延拓方案之间的区别之一。

为了便于更好地比较,进行了水平波场延拓,然后在垂直方向和水平方向进行波场组合。如图 5-52(a)所示,为了公平比较,将得到的四个模拟波场合并。在这个例子中,基于方程(5-92)和方程(5-93),图 5-52(b)和(c)分别显示了速度离散和衰减与频率的关系曲线。由于在低参考频率($f_0 = 1.0$ Hz)情况下黏声介质中具有较高的相速度和衰减,波场仅在具有相位频散的黏声介质中传播得更快,并且振幅仅在考虑振幅衰减效应的波场中衰减。如图 5-52(a)所示,在全黏声介质中可以观察到这两种现象,而声波波场没有表现出这些现象的任何效应。在高参考频率($f_0 = 200.0$ Hz)情况下,图 5-52(e)和(f)分别显示了速度离散和衰减与频率的关系曲线。黏声介质中可以观察到类似的波场现象,但它们比声波介质中的波场传播得更慢,这与理论预期一致,如图 5-52(d)所示。这些结果与理论预测一致,并证实本节所提的黏声波介质的垂直波数对于波场深度延拓的定义是正确的,为深度成像提供了坚实的基础。

5.6.2 数值实验

为了测试本节所提的基于黏声波方程偏移的波场深度延拓方案能否正确地恢复振幅,引入了三个模拟模型和一个真实的野外数据进行验证,并通过利用有限差分法分别求解低参考频率($f_0 = 1.0$ Hz)处的时间分数阶黏性声波方程和声波方程产生黏声波和声波炮集。为了公平比较,将 You 等[115]提出的算法作为声波成像结果的参考。基于声波方程和黏声波方程偏移的波场深度延拓分别被称为声波方程深度偏移和黏声波方程深度偏移,而不是 RTM 或 QRTM。在实际的应用场景中,分配给水层的 Q 因子应该是无穷大,表明没有吸收衰减,但是,在开展的数值实验中,设置水层有限 Q 值,主要是为了验证所提的方法是否能够精确地补偿黏声介质中的波场衰减。

5.6.2.1 三层模型

第一个示例是三层模型。图 5-53 中展示了速度模型和品质因子模型。这个模型的尺寸为 1500 m(z)×4000 m(x),水平和垂直方向网格间距为 5.0 m。在地震模拟中,设置了

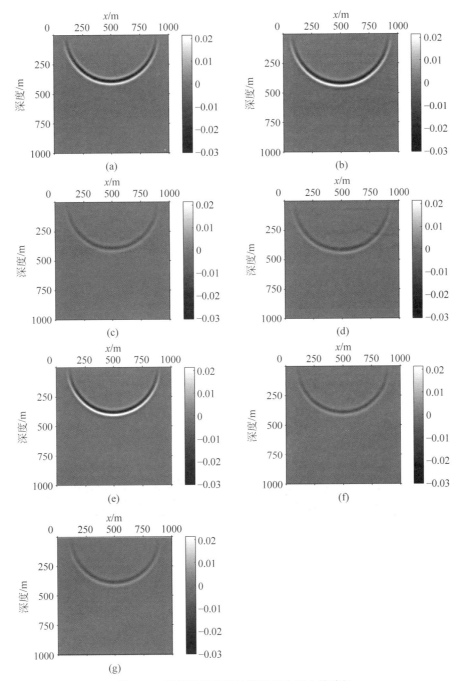

图 5-51　利用垂直波数计算不同介质中的波场

（a）声波介质；（b）仅有速度离散的黏声介质（参考频率为 1 Hz）；（c）仅有振幅衰减的黏声介质（参考频率为 1 Hz）；（d）具有振幅衰减和速度离散的全黏声介质（参考频率为 1 Hz）；（e）仅有速度离散的黏声介质（参考频率为 200 Hz）；（f）仅有振幅衰减的黏声介质（参考频率为 200 Hz）；（g）具有振幅衰减和速度离散的全黏声介质（参考频率为 200 Hz）

一个 800 道的炮集。在地震采集系统中，检波器间隔为 5.0 m，最大记录时间为 2.0 s，采样时间为 0.0005 s。最小和最大偏移距分别为 −2000 m 和 2000 m。使用主频为 20 Hz 的雷克子波，在模型地面的中间设置一个单一的震源。

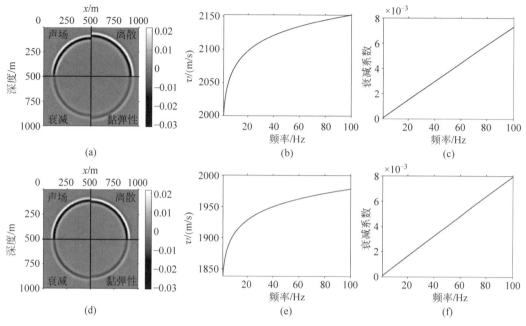

图 5-52 不同参考频率的情况

(a) 声波介质和不同情况下的黏声介质的波场(参考频率为 1 Hz)；(b) 随频率变化的速度离散曲线(参考频率为 1 Hz)；(c) 随频率变化的衰减曲线(参考频率为 1 Hz)；(d) 声波介质和不同情况下的黏声介质的波场(参考频率为 200 Hz)；(e) 随频率变化的速度离散曲线(参考频率为 200 Hz)；(f) 随频率变化的衰减曲线(参考频率为 200 Hz)[273]

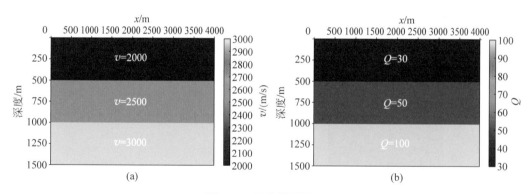

图 5-53 两种模型展示

(a) 速度模型；(b) 品质因子模型

为了比较有衰减补偿和无衰减补偿偏移方法的成像性能,本节基于黏声波方程补偿的炮集记录,分别进行了声波和黏声波深度偏移,并将基于无衰减效应炮集的声波方程深度偏移成像结果作为参考。有、无衰减效应的炮集如图 5-54 所示。观察有衰减和无衰减的单炮道集,可以观察到明显的振幅衰减和速度相位频散效应。图 5-54(b)显示了不同速度下的频散相速度曲线,这证实了黏声介质中的波场比声波介质中的波场传播得更快。图 5-55 显示了在相同振幅标度情况下的成像结果。对比基于无衰减和有衰减影响炮集的声波方程深度偏移成像结果(图 5-55(b)和(c)),使用基于黏声数据的声波方程深度偏移方案获得的成像结果显示,黏声数据的波场比声学数据的波场传播得更快,表现为速度频散现象。当声波方程深度偏移方案使用精确的声速来偏移黏声数据时,会导致不精确的波场深度延拓和不正确的成像现象。在图 5-55(a)和(c)中,存在具有强振幅的成像现象,用黑色箭头表示。为了分析这些成像现象,计算了第一层的反射系数与偏移距的关系,如图 5-55(d)所示。显然,当入射波超过临界角时,会产生折射波,如图 5-55(d)所示,其反射系数达到 1。除了反射波成像之外,图 5-55(a)和(c)中具有强振幅的成像现象也是由折射波引起的。

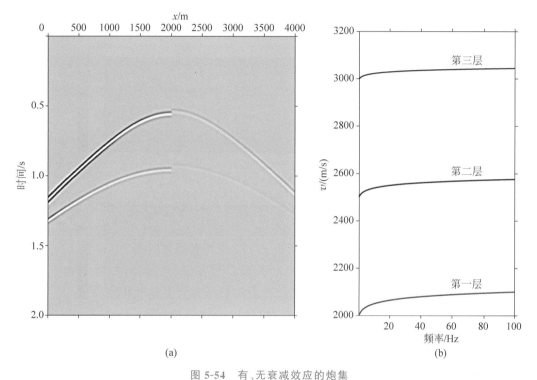

(a)　　　　　　　　　　　　　　(b)

图 5-54　有、无衰减效应的炮集

(a) 具有声波介质(左)和黏声介质(右)的地震数据;(b) 不同层的速度离散曲线

为了比较对成像振幅的影响,提取了 $x = 2000$ m 处的振幅,并将其绘制在图 5-56 中。结果清楚地表明,本节所提的基于黏声数据的黏声偏移恢复了和基于声波数据的声波偏移一样的成像振幅。相反地,基于衰减数据的声波偏移不能产生正确地恢复成像振幅。有限的成像孔径导致由远炮检距处的反射数据引起的可见成像弧现象,这在图 5-55(a)中用黑色箭头标出。这就是在声波偏移中深度大约为 250 m 处出现虚反射现象的原因。然而,在使用黏声数据的黏声偏移中,由于黏声介质中在远炮检距处反射数据的相对剧烈的衰减,虚假反射现象是不存在的。在有限的成像孔径内,成像弧现象看得不太真切。此外,声波介质和不同情况下的黏声介质的归一化平均波数谱如图 5-57 所示。由于衰减频率的恢复,图像也显示出更好的分辨率。

在该数值实验中,将本节所提的自适应稳定化策略引入到基于黏性声波方程的波场深度延拓中,成像剖面和振幅曲线证实了本节所提的策略的可行性。并且,这是一种解决振幅爆炸问题的简单而稳定的方法。

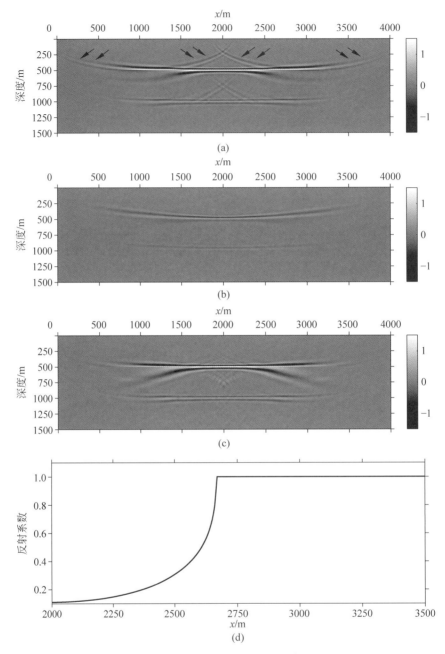

图 5-55　使用不同方法获得的成像结果

（a）基于声波数据的声波方程深度偏移；（b）基于黏声数据的声波方程深度偏移；（c）基于黏声数据的
黏声波方程深度偏移；（d）第一层的反射系数随偏移距的变化

5.6.2.2　Marmousi 模型

　　三层模型成像的数值实验初步证实了本节所提策能够准确地恢复衰减振幅。但是对于一个复杂的结构，需要对其恢复振幅值的性能进行测试。因此，采用经典的 Marmousi 模型进行数值模拟，其速度模型和品质因子（Q）模型如图 5-58 所示，Q 模型采用经验公式

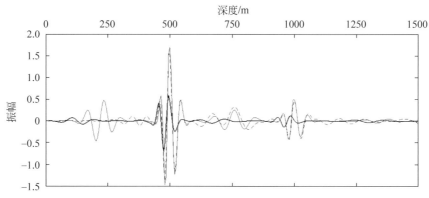

图 5-56　$x=2000$ m 处的成像振幅比较。红、黑、蓝线分别由基于声波数据的声波方程深度偏移、
基于黏声波数据的声波方程深度偏移和基于黏声波数据的黏声波方程深度偏移得到

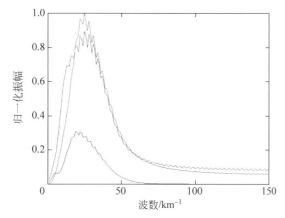

图 5-57　成像图像沿垂直方向的归一化平均波数谱。红线、蓝线和黑线分别代表来自基于声波
数据的声波方程深度偏移、基于黏声波数据的补偿黏声波方程深度偏移和声波方程深度偏移

$Q=9.73v^{2.85[280]}$ 进行构建。模型尺寸为 4480 m(z)×9600 m(x)，垂直方向和水平方向网格间距均为 8.0 m。在地震模拟中，模拟 120 个炮集，每个炮集有 240 条道。在地震采集系统中，震源和检波器间距分别为 64.0 m 和 8.0 m，最大记录时间为 2.5 s，采样时间为 0.0005 s。最小和最大偏移距分别为 0 m 和 1920 m。

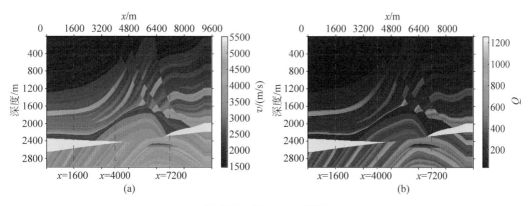

图 5-58　Marmousi 模型

（a）速度模型图；（b）品质因子模型图

在对 Marmousi 模型的成像中，包括基于声波数据的声波方程深度偏移、基于黏声波数据的声波方程深度偏移和黏声波方程深度偏移这三种偏移方法。图 5-59 显示了在相同振幅

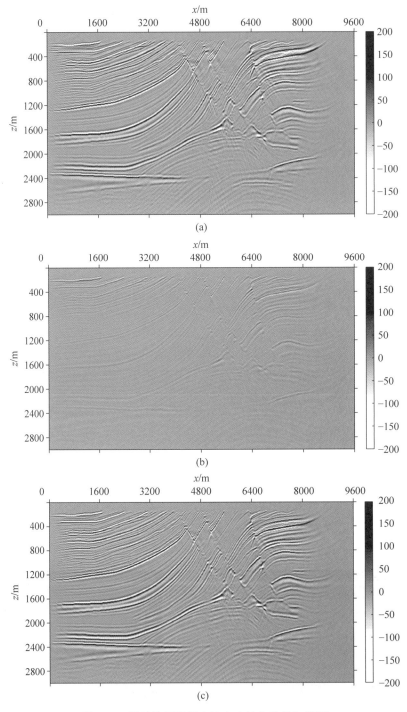

图 5-59　通过使用不同方法产生的偏移叠加剖面

（a）基于声波数据的声波方程深度偏移；（b）基于黏声数据的声波方程深度偏移；（c）基于黏声波数据的黏声波方程深度偏移

标度的偏移结果。观察成像剖面可知,似乎所有三种方法都为复杂模型提供了正确的结构图像。为了展示振幅恢复的性能,在 $x = 1600\ m$、$4000\ m$ 和 $7200\ m$ 处提取了 3 条道的数据,它们的位置由图 5-58 中的红色虚线表示。其中,将所提取的利用声波数据进行声波方程深度偏移的振幅曲线作为参考值,因为该方法不考虑衰减。成像振幅如图 5-60 所示。对比基于不同类型地震数据的不同波动方程的成像振幅曲线可以发现,本节所提的黏声波方程深度偏移成功地补偿了衰减振幅,并正确地恢复了成像振幅。而利用黏声波数据进行声波方程深度偏移会得到虚假的成像振幅和相位,容易导致较差的地震解释结果。图 5-61 显示了不同偏移剖面的归一化平均波数谱,表明所提的黏声波偏移补偿了衰减的频率,并与声波偏移的频率匹配良好。

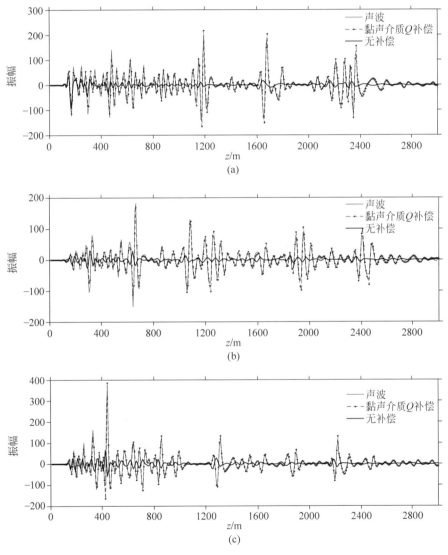

图 5-60　不同位置成像振幅对比

(a) $x = 1600\ m$;(b) $x = 4000\ mm$;(c) $x = 7200\ m$。红线是根据基于声波数据的声波方程深度偏移计算出来的,用作参考。黑色实线和蓝色虚线分别是基于黏声波数据的声波方程深度偏移和黏声波方程深度偏移获得的

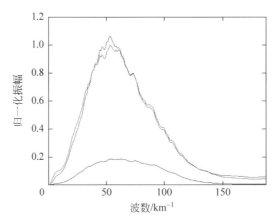

图 5-61　成像图像沿垂直方向的归一化平均波数谱。红线、蓝线和黑线分别代表来自基于声波数据的
声波方程深度偏移、基于黏声波数据的补偿黏声波方程深度偏移和声波方程深度偏移

5.6.2.3　BP 气藏模型

　　本节采用 BP 气藏模型进行数值模拟实验以测试本节所提的黏声波方程深度偏移对 BP 气藏模型成像的可行性。速度模型和品质因子模型如图 5-62 所示。其中,图 5-62(a)和(b)为原始模型被用于生成模拟的黏声数据,图 5-62(c)和(d)为 2×2 高斯滤波窗口创建的平滑后模型被用于偏移。该模型的主要特征是:位于模型中央的"烟囱"形状气体(气烟囱),其被解释

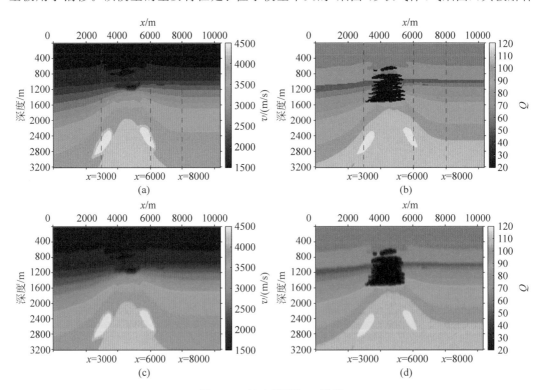

图 5-62　速度模型和 Q 模型

(a) 速度模型；(b) Q 模型；(c) 平滑速度模型；(d) 平滑 Q 模型

为具有强衰减效应的气藏。模型尺寸为 3200 m(z)×10360 m(x)，垂直方向和水平方向网格间距均为 20.0 m。在地震模拟中，模拟了 195 个炮集，每个炮集有 120 道。在地震采集系统中，震源和检波器间隔分别为 40.0 m 和 20.0 m，最大记录时间为 4.0 s，采样时间为 0.0001 s，最小和最大偏移距分别为 0 m 和 2400 m。

通过利用不同波动方程深度偏移方案得到的偏移图像如图 5-63 所示，偏移图像使用相同的振幅标度。利用基于声波数据的声波方程深度偏移得到的成像结果如图 5-63(a)所示，以此作为参考。由于气烟囱的强衰减性，与其他两种方法相比，基于黏性声波数据进行无补偿声波方程深度偏移对其下方的反射体振幅较弱。为了进行振幅对比，图 5-64 分别显示了 $x=3000$ m、6000 m 和 8000 m 处的单道振幅曲线，其位置如图 5-62 中红色虚线所示。在这些振幅曲线中，本节所提的偏移方法的重建成像振幅与参考值吻合得很好，这表明本节所提的方法可以产生与频率相关的补偿，并获得与声波方程深度偏移相当的成像振幅。图 5-65 的归一化平均波数谱还表明，与基于声波数据的声波偏移和基于黏声数据的声波偏移的波数谱相比，本节所提的基于黏声数据的声波偏移补偿了衰减的频率，并与声波偏移的频率匹配良好。

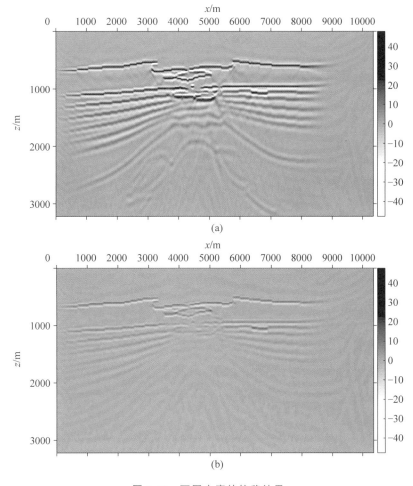

图 5-63　不同方案的偏移结果

(a)基于声波数据的声波方程深度偏移；(b)基于黏声数据的声波方程深度偏移；(c)基于黏声波数据的黏声波方程深度偏移

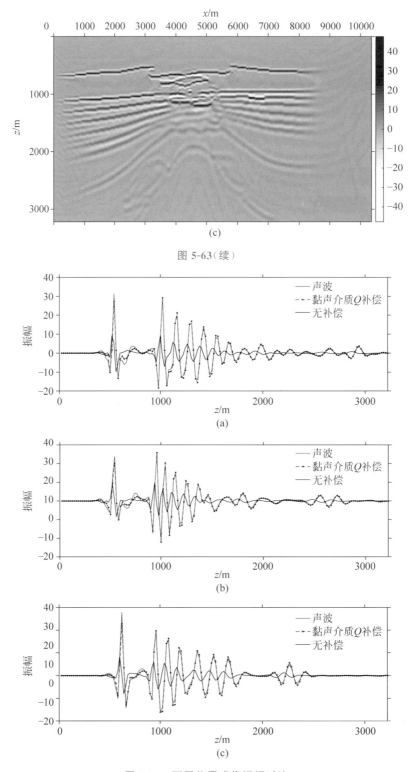

图 5-63（续）

图 5-64 不同位置成像振幅对比

（a）$x = 3000$ m；（b）$x = 6000$ m；（c）$x = 8000$ m。红线是根据基于声波数据的声波方程深度偏移计算出来的，用作参考。黑色实线和蓝色虚线分别是基于黏声波数据的声波方程深度偏移和黏声波方程深度偏移获得的

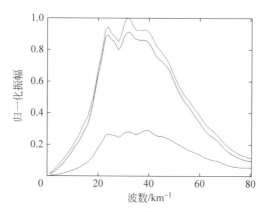

图 5-65 成像图像沿垂直方向的归一化平均波数谱。红线、蓝线和黑线分别代表来自基于声波
数据的声波方程深度偏移、基于黏声波数据的补偿黏声波方程深度偏移和声波方程深度偏移

5.6.2.4 对真实数据的成像

为了进一步研究本节所提的黏性声波方程深度偏移在实际情况下的振幅恢复能力,收集了天然气水合物相关的真实海洋地震数据。在海洋采集系统中,有 100 个炮集,每个炮集有 120 道。震源和检波器间隔分别为 50.0 m 和 25.0 m,最大记录时间为 6.0 s,采样时间为 0.004 s。最小和最大偏移距分别为 150 m 和 3125 m。沉积物中存在的天然气水合物会引起强烈的振幅衰减效应,这部分是因为水合物颗粒成为岩石骨架或孔隙的一部分[281-282]。正因为如此,一些研究者建议通过估算 Q 值或衰减比来预测天然气水合物分布[283-284]。为了实现地震深度偏移,使用常规速度分析流程来反演深度域速度模型,并使用经验公式 $Q = 9.73 v^{2.85}$ 来估计 Q 模型,如图 5-66 所示。一般来说,应该利用测井资料来估算更准确的 Q 值。遗憾的是,该地区没有可利用的测井资料。因此,更倾向于使用已被广泛运用的经验公式来估算 Q 模型。有、无衰减补偿的波动方程深度偏移成像结果如图 5-64 所示。从图中可以清楚地观察到,使用本节所提的具有衰减补偿的方法比常规没有衰减补偿的波动方程深度偏移得到的成像剖面产生了更强的成像振幅,特别是,当一些精细成像同相轴更加清晰和连续时。天然气水合物存在最明显的特征是海底似反射层

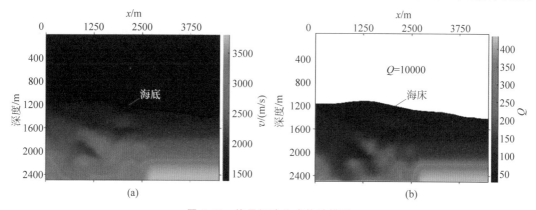

图 5-66 使用经验公式估计模型

(a) 速度模型;(b) Q 模型

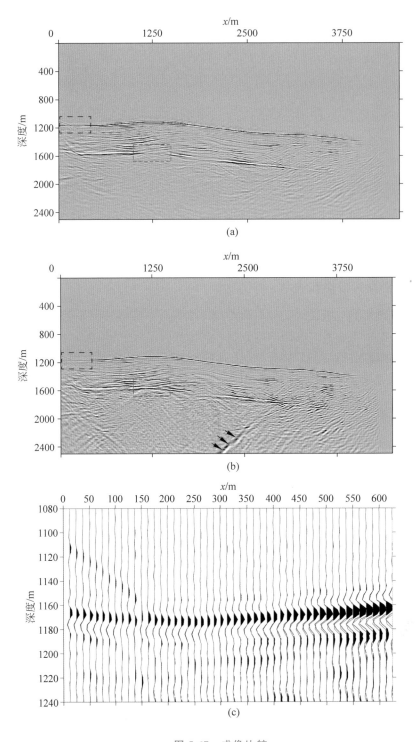

图 5-67　成像比较

（a）声波方程深度偏移；（b）黏声波方程深度偏移；（c）使用声波方程深度偏移（黑线）和黏声波方程深度偏移（红线）的黑色虚线框内的波形比较

(bottom simulating reflector,BSR),其走向与海底反射层平行,但相位相反。如图 5-67 中的红色虚线框所示,没有衰减补偿的常规波动方程深度偏移无法清晰地成像 BSR,而本节所提具有衰减补偿的偏移方法得到了连续的 BSR 同相轴。此外,在结果的较深部分可以观察到明显较大的振幅。由于成像振幅在更深的部分得到补偿,与声波偏移的结果相比,可以清楚地观察到一些真实的反射体,但是一些成像低频噪声也被放大了,例如,图 5-67 中黑色箭头标记的强烈倾斜效应。虽然可以直接观察到可能发生了水底振幅/相位的变化,如图 5-67(a)和(b)中的黑框所示,但与图 5-67(c)中的详细波形比较,表明它们之间没有显著变化。本节将此归因于与声波深度偏移结果相比,黏声深度偏移结果的能谱更宽。同样地,如图 5-68 所示,使用声波和黏声波偏移方法获得的成像结果的波数谱在补偿后变宽。这证实了所提的方法在实际应用中的稳健性和可行性,即使在速度和 Q 模型估计有误差时也是如此。

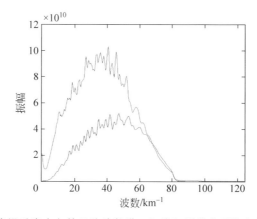

图 5-68　成像图像沿垂直方向的平均波数谱。红线和黑线分别代表基于黏声波数据的补偿黏声波方程深度偏移和声波方程深度偏移

在实际地震成像中,有两个问题值得进一步讨论:①深度域的速度反演。在这种情况下,精确的速度模型是必要的,全波形反演(full waveform inversion,FWI)是实现高分辨率速度模型的一种有前景的方法[285,287]。然而,FWI 需要高质量的地震数据和大量的计算资源,在现场数据实验中获取和处理这些数据可能具有挑战性。因此,方法的选择取决于数据的可用性和质量,以及地下结构的复杂性。②噪声衰减。所提的用于改善成像同相轴连续性的方法可以增强地震数据中的噪声水平。去除不必要的噪声,提高地震图像的信噪比是地震处理中的一个重要步骤。各种噪声衰减技术,如频率滤波,可以帮助降低不必要的噪声。由于地震数据具有显著的噪声水平,在实施所提的方法之后,可能有必要应用噪声衰减技术,以确保用于解释的准确和获得可靠的地震图像。

5.6.3　讨论

计算成本是算法的重要评价参数,为此我们比较了声波和黏声偏移方案的计算成本。这个比较涉及两个方面:理论计算内存开销和计算时间。由于黏声 RTM 方案在时域中求解黏声波动方程时,传统的黏声 RTM 方案需要至少存储震源和检波器波场中的一个,以产生互相关成像结果。因此,黏声 RTM 方案需要存储二维情况下的 $N_x \times N_z \times T_n$ 波场矩阵,其中,N_x,N_z 分别表示水平方向和垂直方向上速度模型的采样点数,T_n 表示时间采样数。然而,本节所提的算法在深度域中求解黏声波方程,并执行递归波场深度延拓。因此,所提算法只需要存储一个 $N_z \times \omega_n$ 波场矩阵,其中 ω_n 表示频率采样点的数量(通常 $\omega_n <$ T_n)。在这方面,本节所提的方法在计算存储成本方面具有明显的优势,潜在地使其对 3D 地震数据成像更具吸引力,其中大量的存储负担是 RTM 的重大挑战。为了比较黏声 RTM 和本节所提出的方案的计算时间,将 Zhu 等[273] 开发的基于频率-波数策略的黏声 RTM 算法作为基准。在 BP 气藏示例中对此进行了评估,其中使用了纯声波深度偏移、黏声波 RTM 和黏声波深度偏移算法来偏移同一次炮集,并将计算时间列在表 5-10 中。从表中可知,黏声波 RTM 方案比波场深度延拓方案花费的时间略少。当分析黏声介质中振幅衰减的补偿时,本节所提的算法将独立地处理每个速度值,这不可避免地导致较高的计算负担。然而,算法的计算效率并不是本节关注的重点。与黏声 RTM 方案相比,本节主要为黏声偏移提供一个平行的替代解决方案。当然,更复杂的策略,如采用多核并行计算,可以进一步提高效率。

表 5-10　不同偏移算法对 BP 气藏模型的计算时间比较

模　　型	黏声 RTM	声波深度延拓算子	黏声波深度延拓算子
BP 气藏模型	298 s	363 s	325 s

5.6.4　结论

在衰减补偿偏移方面,本节提出在深度域求解时间分数阶导数黏声波方程,发展了考虑振幅衰减和相位频散效应的波场深度偏移方法。在本节所提的方法中,关键在于处理黏性声波垂直波数,然后可以将其解耦为两个方面:振幅衰减和相位频散。脉冲响应测试表明,本节所提的方案与理论预测一致。本节所提的方法的主要特点是:基于时间分数阶导数黏性声波方程,不需要像在 QRTM 的实现中那样将其转化为分数阶拉普拉斯黏声波方程。为了处理波场传播的振幅爆炸问题,在频率-波数域设计衰减因子来过滤黏声波垂直波数。综合数值实验的成像结果证实了本节所提的方法和在复杂结构中进行衰减补偿的稳定策略的可行性。在真实海洋地震数据中,本节所提的方法对天然气水合物的成像产生了清晰、连续的 BSR 同相轴,并进行了有效的衰减补偿,显示了其在实际应用中的潜力。

第**6**章

复杂波场成像

6.1 回转波成像

在时间延拓或深度延拓的双程波动方程偏移成像中,由于涉及双程波场互相关运算产生的低频噪声等因素,通常需开展高效的波场分离,即将双程波场分离为它们对应的单程波场(下行波和上行波),以实现高质量成像目标。对于双程波方程的深度延拓方案,常规双程波方程波场深度延拓通常利用压力波场及其导数波场,由于两种波场类型的量纲存在差异,直接利用压力及其偏导数波场开展波场分解对计算精度和计算成本提出了巨大挑战。针对该问题,本节引入一个新的压力波场来代替常规公式中边界条件和传播算子中的压力导数波场,利用该重构边界条件发展了一种新的双程波方程波场深度延拓策略,提出了一种新的波场分离方案。由于常规压力波场表示下行波和上行波之和,而新引入的压力波场表示下行波和上行波之差,因此新发展的算法使得波场分离变得非常简单和高效——只需在每个深度步进行简单的加减法运算。最后,对阶跃模型、盐丘模型和 BP 盐丘模型这三种复杂速度模型进行了回转波偏移实验,进一步验证和展示了新算法在波场分离中的精度和效率以及其在复杂速度结构成像中的性能和潜在应用。

6.1.1 双程波方程深度偏移中波场分解

RTM 和双程波场深度延拓方法求解的是一个完整的声波方程,所以这两种方法面临一个共同的挑战:当将常规成像条件直接应用于(震源和检波器)双程波场时,最终图像中会产生严重的低频高幅值噪声和低频噪声。为了解决该问题,在过去的 20 年里,许多方法被开发和提出并应用于 RTM:Mulder 等[60]应用带通滤波器去除低频噪声;Yoon 等[64]提出了一种基于坡印亭(Poynting)矢量的成像条件来消除低波数低频噪声;Liu 等[288]提出了一种改进的互相关成像条件来压制高振幅低频噪声;Wang 等[289]发展了一种基于希尔伯特(Hilbert)变换的方法将全波场分解为上行波场、下行波场、左行波场和右行波场;Chauris 等[290]提出了一种伪逆算子方法来去除低频噪声等。波场分离的许多应用也得到了开发[291-295]。

在常密度声波介质中,RTM 通过求解声波波动式实现波场外推,其表达式为

$$\frac{1}{v^2(\boldsymbol{x})}\frac{\partial^2}{\partial t^2}p(t,\boldsymbol{x}) = \nabla^2 p(t,\boldsymbol{x}) \tag{6-1}$$

其中,$p(t,\boldsymbol{x})$ 为空间位置 $\boldsymbol{x}=(x,y,z)$ 的压力场;t 为时间;$v(\boldsymbol{x})$ 为介质速度场。震源波场与检波点波场的零延迟互相关成像条件为:

$$I(\boldsymbol{x}) = \int_0^{T_{\max}} s(t,\boldsymbol{x})r(t,\boldsymbol{x})\mathrm{d}t \tag{6-2}$$

其中,$s(t,\boldsymbol{x})$ 和 $r(t,\boldsymbol{x})$ 分别为震源正传波场与检波点反传波场;$T_{\max}$ 为波场延拓最大时间。当存在强烈的背向散射时,互相关成像条件会在炮检波场传播方向相同时产生严重的强振幅、低频偏移噪声,如图 6-1 所示。

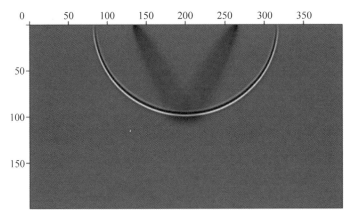

图 6-1　常规互相关成像结果

从图 6-1 可见,利用常规的互相关成像得到的结果不仅包括常规的构造成像结果,还包括成像低频噪声。为了压制成像中的低频噪声,Liu 等[296]提出通过构建新的 RTM 成像条件实现对偏移噪声的压制,将炮点与检波点波场进行上下行波场分解:

$$\begin{cases} s(t,\boldsymbol{x}) = s_\mathrm{d}(t,\boldsymbol{x}) + s_\mathrm{u}(t,\boldsymbol{x}) \\ r(t,\boldsymbol{x}) = r_\mathrm{d}(t,\boldsymbol{x}) + r_\mathrm{u}(t,\boldsymbol{x}) \end{cases} \tag{6-3}$$

式中,$s_\mathrm{d}(t,\boldsymbol{x})$ 和 $s_\mathrm{u}(t,\boldsymbol{x})$ 分别为炮点的下行波与上行波(下标 u 和 d 分别表示上和下);$r_\mathrm{d}(t,\boldsymbol{x})$ 和 $r_\mathrm{u}(t,\boldsymbol{x})$ 分别为检波点的下行波和上行波。将式(6-3)代入式(6-2),则新的 RTM 成像条件为

$$I(\boldsymbol{x}) = I_1(\boldsymbol{x}) + I_2(\boldsymbol{x}) + I_3(\boldsymbol{x}) + I_4(\boldsymbol{x}) \tag{6-4}$$

且

$$\begin{cases} I_1(\boldsymbol{x}) = \int_0^{T_{\max}} s_\mathrm{d}(t,\boldsymbol{x})r_\mathrm{u}(t,\boldsymbol{x})\mathrm{d}t \\ I_2(\boldsymbol{x}) = \int_0^{T_{\max}} s_\mathrm{u}(t,\boldsymbol{x})r_\mathrm{d}(t,\boldsymbol{x})\mathrm{d}t \\ I_3(\boldsymbol{x}) = \int_0^{T_{\max}} s_\mathrm{d}(t,\boldsymbol{x})r_\mathrm{d}(t,\boldsymbol{x})\mathrm{d}t \\ I_4(\boldsymbol{x}) = \int_0^{T_{\max}} s_\mathrm{u}(t,\boldsymbol{x})r_\mathrm{u}(t,\boldsymbol{x})\mathrm{d}t \end{cases} \tag{6-5}$$

其中,$I_1(\boldsymbol{x})$和$I_2(\boldsymbol{x})$分别为传播方向相反波场的成像结果,反映了地下界面成像信息;$I_3(\boldsymbol{x})$和$I_4(\boldsymbol{x})$分别为传播方向相同波场的成像结果,对地下构造成像结果不产生贡献,是低频偏移噪声产生的根本原因。

若只选择有贡献的项作为最终的成像结果,则消除低频噪声项后的波场分解互相关成像条件为

$$I(\boldsymbol{x}) = \int_0^{T_{\max}} s_{\mathrm{d}}(t,\boldsymbol{x}) r_{\mathrm{u}}(t,\boldsymbol{x}) \mathrm{d}t + \int_0^{T_{\max}} s_{\mathrm{u}}(t,\boldsymbol{x}) r_{\mathrm{d}}(t,\boldsymbol{x}) \mathrm{d}t \tag{6-6}$$

由式(6-6)可知,得到理想的 RTM 结果的关键是:求得炮点与检波点传播方向相反的波场,并沿时间进行互相关。若能在时间-空间域通过求解一次波动方程,便可显式(或隐式)地对波场进行分解,得到式(6-7)所示的成像结果,则可大幅减少存储容量以及计算量。将波场分解互相关成像条件推广到频率域,其表达式为

$$I(x,y,z) = \int_0^{T_{\max}} \left[\overline{s_{\mathrm{d}}}^{*}(w,z)\overline{r_{\mathrm{u}}}(w,z) + \overline{s_{\mathrm{u}}}^{*}(w,z)\overline{r_{\mathrm{d}}}(w,z) \right] \mathrm{d}w \tag{6-7}$$

其中,w 表示频率。且

$$\begin{cases} \overline{s}_{\mathrm{u,d}}(w,z) = \displaystyle\int_{-\infty}^{+\infty} s_{\mathrm{u,d}}(t,z) \mathrm{e}^{-itw} \mathrm{d}t \\[2mm] \overline{r}_{\mathrm{u,d}}(w,z) = \displaystyle\int_{-\infty}^{+\infty} r_{\mathrm{u,d}}(t,z) \mathrm{e}^{-itw} \mathrm{d}t \end{cases} \tag{6-8}$$

其中,上标 $*$ 表示复共轭。在 f-k 域,下行波场分解表达式为

$$S_{\mathrm{d}}(w,k_z) = \begin{cases} S(w,k_z); & wk_z \leqslant 0 \\ 0, & wk_z > 0 \end{cases} \tag{6-9}$$

且上行波场分解表达式如下

$$S_{\mathrm{u}}(w,k_z) = \begin{cases} S(w,k_z), & wk_z > 0 \\ 0, & wk_z \leqslant 0 \end{cases} \tag{6-10}$$

其中,$S(w,k_z)$为震源波场沿时间方向和深度方向的傅里叶正变换。为讨论方便,仅以震源正传波场为例进行理论推导,检波点反传波场与其类似。为实现波场的隐式分解,定义

$$S_{+}(w,k_z) = \begin{cases} S(w,k_z), & k_z \geqslant 0 \\ 0, & k_z < 0 \end{cases} \tag{6-11}$$

和

$$S_{-}(w,k_z) = \begin{cases} 0, & k_z \geqslant 0 \\ S(w,k_z), & k_z < 0 \end{cases} \tag{6-12}$$

联立式(6-11)与式(6-12)得

$$S_{\mathrm{d}}(w,k_z) = \begin{cases} S_{+}(w,k_z), & w < 0 \\ S_{-}(w,k_z), & w \geqslant 0 \end{cases} \tag{6-13}$$

和

$$S_{\mathrm{u}}(w,k_z) = \begin{cases} S_{+}(w,k_z), & w \geqslant 0 \\ S_{-}(w,k_z), & w < 0 \end{cases} \tag{6-14}$$

由式(6-11)~式(6-14)可知,广义分解波场方向隐式存在,其取决于当前频率符号。将式(6-13)和式(6-14)进行傅里叶逆变换并代入式(6-7),此时无论当前频率的符号为正或负,恒有

$$I(x,y,z) = \int_0^{T_{max}} \left[s_+^*(t,z)r_-(t,z) + s_-^*(t,z)r_+(t,z) \right] dt$$
$$= \mathrm{Re}\left\{ \int_0^{T_{max}} \left[s_+(t,z)r_+(t,z) \right] dt \right\} \tag{6-15}$$

式(6-15)即为时间-空间域,基于上、下行波场隐式分解的 RTM 成像条件,由此成像条件得到的偏移成像结果与式(6-7)等效,不再包含偏移噪声。由式(6-13)和式(6-14)可知,如果广义分解波场 $s_+(w,k_z)$ 的波数成分恒大于零,则可以在时间-空间域用 $s_+(t,z)$ 实现波场方向的隐式表达,其波场传播方向仅由频率的符号决定。当频率 $w>0$ 时,$s_+(t,z)$ 代表震源波场的上行波;当频率 $w<0$ 时,$s_+(t,z)$ 则代表震源波场的下行波,检波点端与此类似。上下行波分解主要针对水平地层,为了提升垂直地层的偏移成像质量,在此基础上进行了左右行波场分解,仅需将垂直波数替换为水平波数,与上述推导过程类似,当频率 $w>0$ 时,$s(t,z)_+$ 代表震源波场的上行波;当频率 $w<0$ 时,$s(t,z)_+$ 则代表震源波场的下行波,检波点端与此类似。

设计如图 6-2 所示的速度模型,其中纵向有 200 个采样点,横向有 400 个采样点,采样间隔为 10 m,上层速度 2000 m/s,下层速度 4000 m/s。

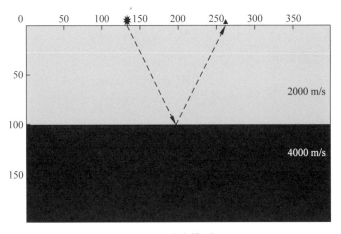

图 6-2　速度模型

图 6-3 为 50 ms 炮检点波场分解结果:图 6-3(a)为 50 ms 炮检点原始波场,图 6-3(b)为分解的下行波,图 6-3(c)为分解的上行波。

图 6-4 为 100 ms 炮检点波场分解结果:图 6-4(a)为 100 ms 炮检点原始波场,图 6-4(b)为分解的下行波,图 6-4(c)为分解的上行波。图 6-5(a)为某个地震数据常规 RTM 结果,由于在网格点 100 处存在一个强的反射界面,震源正传波场与检波器反传波场在延拓过程中存在强的背向反射,正、反传波场在射线路径上传播方向相同,且满足互相关成像条件,形成了低频偏移噪声。图 6-6 为常规 RTM 过程中 4 个方向波场的偏移结果。

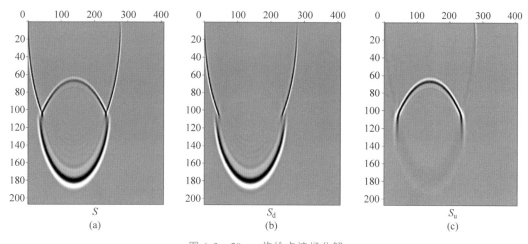

图 6-3 50 ms 炮检点波场分解

（a）原始波场；（b）分解的下行波；（c）分解的上行波

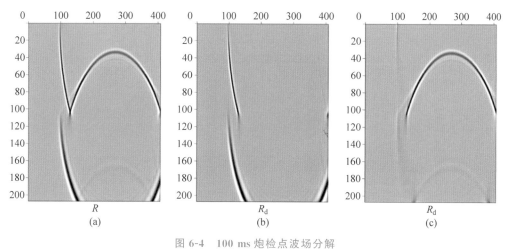

图 6-4 100 ms 炮检点波场分解

（a）原始波场；（b）分解的下行波；（c）分解的上行波

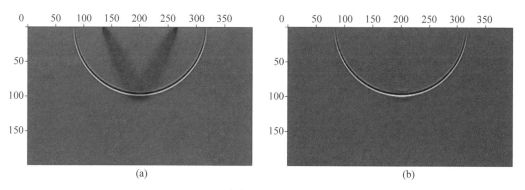

图 6-5 单道数据偏移结果对比

（a）常规 RTM 结果；（b）宽频 RTM 结果

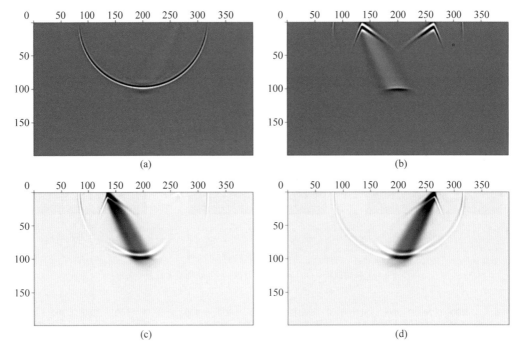

图 6-6　常规 RTM 不同方向波场互相关成像结果

(a) $I_1(\boldsymbol{x})$；(b) $I_2(\boldsymbol{x})$；(c) $I_3(\boldsymbol{x})$；(d) $I_4(\boldsymbol{x})$

6.1.2　基本理论

6.1.2.1　常规双程波方程波场深度延拓方案

二维频率-空间域常密度声波全波方程可以表示为

$$\left(\frac{\partial^2}{\partial x^2} + \frac{\partial^2}{\partial z^2} + \frac{\omega^2}{v^2(x,z)}\right)\tilde{p}(x,z,\omega) = 0 \tag{6-16}$$

其中，$\tilde{p}(x,z,\omega)$ 是压力波场；ω 和 $v(x,z)$ 分别为介质的角频率和速度。由于方程(6-16)是关于空间变量(x 和 z)的二阶微分方程，理论上需要两个边界条件方可唯一准确地求解该方程。

双程波方程波场深度延拓方案，通常利用压力波场 $\tilde{p}(x,z,\omega)$ 及其在 $z=z_0$ 处导数 $\tilde{p}_z(x,z,\omega)$ 作为边界条件求解方程(6-16)。基于双程波方程的波场深度延拓方案可由以下方程表示[109]：

$$\begin{cases} \tilde{p}(x,z+\Delta z,\omega) = \tilde{p}(x,z,\omega)\cos(k_z\Delta z) + \tilde{p}_z(x,z,\omega)\dfrac{\sin(k_z\Delta z)}{k_z} \\ \tilde{p}_z(x,z+\Delta z,\omega) = \tilde{p}(x,z,\omega)(-k_z\sin(k_z\Delta z)) + \tilde{p}_z(x,z,\omega)\cos(k_z\Delta z) \end{cases} \tag{6-17}$$

其中，$k_z = \sqrt{(\partial^2/\partial x^2) + (\omega^2/v^2(x))}$ 是垂直波数；Δz 是波场深度延拓步长。

进一步，方程(6-17)也可以写成如下矩阵形式

$$\begin{bmatrix} \tilde{p}(x,z+\Delta z,\omega) \\ \tilde{p}_z(x,z+\Delta z,\omega) \end{bmatrix} = \begin{bmatrix} \cos(k_z\Delta z) & \dfrac{\sin(k_z\Delta z)}{\cdot\ k_z} \\ -k_z\sin(k_z\Delta z) & \cos(k_z\Delta z) \end{bmatrix} \begin{bmatrix} \tilde{p}(x,z,\omega) \\ \tilde{p}_z(x,z,\omega) \end{bmatrix} \tag{6-18}$$

在边界条件已知情况下,利用方程(6-17)或方程(6-18),可从初始深度 $z=z_0$ 开始到最大深度 $z=z_{max}$ 结束,实现递归式波场深度延拓。You 等[113]详细阐述利用纯矩阵运算策略开展该波场深度延拓的方案及其在频率-空间域的数值实现应用效果。

对于双程波成像,由于涉及检波器波场和震源波场的双向传播,利用常规互相关成像条件时易形成成像中低频噪声,需开展双程波场的波场分离。然而,当需要开展下行波场和上行波场分离时,由于压力波场及其偏导数波场两者量纲存在差异,常规经典深度延拓方案和公式并不能提供准确和高效的解决方案。一般来说,利用压力波场及其偏导数波场开展波场分离处理涉及两方面计算挑战。首先,利用压力 $\tilde{p}(x,z,\omega)$ 及其导数 $\tilde{p}_z(x,z,\omega)$ 数值计算双程波场的下行波和上行波比较直接和简便,特别是对于横向速度变化的介质。其次,利用压力 $\tilde{p}(x,z,\omega)$ 及其导数 $\tilde{p}_z(x,z,\omega)$ 开展波场分离通常需要在所有延拓步长中的每一个深度步中开展相关计算,这将涉及相当大的计算量。为了解决这个问题,本节发展一种新的双程波场深度延拓方案的算法,以期在波场深度延拓中实现高效、简便的波场分解。

6.1.2.2　基于重构边界条件的双程波方程波场深度延拓方案

鉴于上述分析,本节通过对方程(6-17)和方程(6-18)的重新推导,提出了一种全新的双程波方程波场深度延拓方案。

首先引入一个新的压力波场 $\tilde{q}(x,z,\omega)$,定义为

$$\tilde{q}(x,z,\omega)=\frac{\tilde{p}_z(x,z,\omega)}{\mathrm{i}k_z} \tag{6-19}$$

基于新定义的压力波场,利用方程(6-19)中 $\tilde{q}(x,z,\omega)$ 替换方程(6-17)和方程(6-18)中 $\tilde{p}_z(x,z,\omega)$。通过该波场替换,可得到重新构造的双程波场深度延拓格式为

$$\begin{cases} \tilde{p}(x,z+\Delta z,\omega)=\tilde{p}(x,z,\omega)\cos(k_z\Delta z)+\tilde{q}(x,z,\omega)\mathrm{i}\sin(k_z\Delta z) \\ \tilde{q}(x,z+\Delta z,\omega)=\tilde{p}(x,z,\omega)\mathrm{i}\sin(k_z\Delta z)+\tilde{q}(x,z,\omega)\cos(k_z\Delta z) \end{cases} \tag{6-20}$$

该方程的矩阵表示形式如下

$$\begin{bmatrix} \tilde{p}(x,z+\Delta z,\omega) \\ \tilde{q}(x,z+\Delta z,\omega) \end{bmatrix} = \begin{bmatrix} \cos y & \mathrm{i}\sin y \\ \mathrm{i}\sin y & \cos y \end{bmatrix} \begin{bmatrix} \tilde{p}(x,z,\omega) \\ \tilde{q}(x,z,\omega) \end{bmatrix} \tag{6-21}$$

其中, $y=k_z\Delta z$。由方程(6-20)和方程(6-21)可知,在重新构造的深度延拓格式中, $z=z_0$ 处的边界条件由波场 $\tilde{p}(x,z_0,\omega)$ 和 $\tilde{q}(x,z_0,\omega)$ 定义,代替常规双程波方程中波场 $\tilde{p}(x,z_0,\omega)$ 和 $\tilde{p}_z(x,z_0,\omega)$。

利用方程(6-20),可以进一步推导并得到如下重要方程(相关证明参见附录J):

$$\begin{cases} \tilde{p}_d(x,z,\omega)=\frac{1}{2}(\tilde{p}(x,z,\omega)+\tilde{q}(x,z,\omega)) \\ \tilde{p}_u(x,z,\omega)=\frac{1}{2}(\tilde{p}(x,z,\omega)-\tilde{q}(x,z,\omega)) \end{cases} \tag{6-22}$$

其中, $\tilde{p}_d(x,z,\omega)$ 和 $\tilde{p}_u(x,z,\omega)$ 分别为下行波场和上行波场。

值得注意的是,在重新构造的深度延拓方案中,双程压力波场 $\tilde{p}(x,z,\omega)$ 和 $\tilde{q}(x,z,\omega)$ 与其对应的单程波 $\tilde{p}_d(x,z,\omega)$ 和 $\tilde{p}_u(x,z,\omega)$ 之间的数学关系(如方程(6-22)所示)非常简单——仅在每个深度步涉及简单的加法和减法运算;因此,由于新定义的压力波场使得整个波场分离处理变得比常规方案更容易、更高效。

重新构造的深度延拓方案(如方程(6-20)和方程(6-21)所示)的另一个特性在于:新方案涉及的唯一变化是使用波场 p 和 q 代替传播算子和边界条件中的波场 p 和 p_z,因此新方案可以充分保留常规深度延拓方案的精度和特点。显然,方程(6-22)也可表示为

$$\begin{cases} \bar{p}(x,z,\omega) = \bar{p}_d(x,z,\omega) + \bar{p}_u(x,z,\omega) \\ \bar{q}(x,z,\omega) = \bar{p}_d(x,z,\omega) - \bar{p}_u(x,z,\omega) \end{cases} \tag{6-23}$$

方程(6-23)提供了双程波场 $\bar{p}(x,z,\omega)$ 和 $\bar{q}(x,z,\omega)$ 与其对应单程波场 $\bar{p}_d(x,z,\omega)$ 和 $\bar{p}_u(x,z,\omega)$ 之间的另一种数学关系形式和表达式。

6.1.2.3 重构边界条件的双程波方程波场深度延拓实施方案

基于上述讨论,将重构边界条件的双程波方程深度延拓方法应用于实际偏移成像处理可以总结为以下主要步骤。

(1) 根据方程(6-19)在采集面 $z=z_0$ 处由 $\bar{p}_z(x,z_0,\omega)$ 计算 $\bar{q}(x,z_0,\omega)$。

(2) 利用方程(6-21),从地表 $z=z_0$ 开始,到最大深度 $z=z_{max}$ 结束,对所有深度步进行波场深度延拓。

(3) 基于方程(6-22)在每个深度步中分解双程波场 $\bar{p}(x,z,\omega)$ 和 $\bar{q}(x,z,\omega)$ 为下行波和上行波 $\bar{p}_d(x,z,\omega)$ 和 $\bar{p}_u(x,z,\omega)$。

(4) 利用互相关成像条件对检波器波场和震源波场分解的上下行波进行成像处理。

需要特别说明的是,由 $\bar{p}_z(x,z_0,\omega)$ 计算 $\bar{q}(x,z_0,\omega)$ 只需在地表 $z=z_0$ 处进行一次,无需在每一个深度延拓步长中重复计算。当采集的地震数据中含有多分量数据时,$\bar{q}(x,z_0,\omega)$ 通常由以下方程计算:

$$\bar{q}(k_x,z_0,\omega) = \left(\frac{\rho\omega}{k_z}\right)\bar{v}_z(k_x,z_0,\omega) \tag{6-24}$$

其中,ρ 是介质的密度;ω 是角频率;k_z 是垂直波数;$\bar{q}(k_x,z_0,\omega)$ 和 $\bar{v}_z(k_x,z_0,\omega)$ 分别是 $q(x,z_0,t)$ 和 $v_z(x,z_0,t)$ 在频率-波数域的对应项;$v_z(x,z_0,t)$ 为地表 $z=z_0$ 处获取的垂向质点速度数据。附录 K 给出了方程(6-24)的证明。

6.1.2.4 双程波方程波场深度延拓的回转波成像方案

由于常规双程波方程波场深度延拓方法主要是将波场传播能量集中在深度方向,常规方法的局限性在于难以对陡倾角构造实现真正意义上的准确成像,而时间延拓的逆时偏移是在整个空间域开展波场模拟计算,易于实现诸如棱柱波或回转波等复杂波场成像。为了解决该问题,本节提出双重波场深度延拓技术,以期实现在复杂介质中回转波等复杂模型的模拟和成像[9]。

新算法的双重波场深度延拓技术实现的主要步骤可概括如下。

(1) 实现从 z_0 到 z_{max} 的向下波场深度延拓,计算并保存双程波场 $\bar{p}(x,z,\omega)$ 和 $\bar{q}(x,z,\omega)$,同样分离相应的单程波场 $S_d(x,z,\omega)$(下行源波场)和 $R_u(x,z,w)$(上行接收波场)。此为第一重波场深度延拓,即常规波场深度延拓。

(2) 实现从 z_{max} 到 z_0(即下行源波场继续向前传播,而上行接收波场继续向后传播)的二次向上延拓,计算并获得了双程转向波场 $\bar{p}'(x,z,\omega)$ 和 $\bar{q}'(x,z,\omega)$,并分离出在每个深度步的相应的单程波场 $S_d'(x,z,\omega)$ 和 $R_u'(x,z,\omega)$。此为第二重波场深度延拓,即波场向

上深度延拓。

（3）通过对双重延拓的每个深度延拓步中分离波场施加成像条件进行成像。值得注意的是，在新算法的每个深度延拓步上，通过简单的加法与减法运算（利用方程（6-22））即可非常高效地完成波场分离。

在深度延拓方案的第一重波场深度延拓实现中，可得到分离的连续波场 $S_d(x,z,\omega)$ 和 $R_u(x,z,\omega)$，而在第二重波场深度延拓实现中，也可得到分离的转向波场 $S_d'(x,z,\omega)$（先向下再向上传播的震源波场）和 $R_u'(x,z,\omega)$（先向下再向上传播的检波器波场）。因此，通过本节提出的新双重波场深度延拓技术，可以获得四个分离的波场 S_d、R_u、S_d' 和 R_u'，它们分别对应于下行和上行波场 (S_d,R_u)、(S_d',R_u)、(S_d,R_u') 和 (S_d',R_u') 的四种组合。因此在应用成像条件时，可以获得四种不同的成像结果。

下行波场和上行波场的第一个组合 (S_d,R_u) 对应：

$$\mathrm{mig}_1 = S_d(x,z,\omega) * R_u(x,z,\omega) \tag{6-25}$$

其中，mig_1 为常规偏移，不涉及波场转向；"$*$"表示互相关运算（在时间域中）或乘法运算（在频率域中），在本节中，$*$ 表示乘法运算。为简便起见，方程（6-25）～方程（6-28）中省略了积分（或求和）符号。

下行波场和上行波场的其他三种组合 (S_d',R_u)、(S_d,R_u') 和 (S_d',R_u') 分别对应如下：

$$\mathrm{mig}_2 = S_d'(x,z,\omega) * R_u(x,z,\omega) \tag{6-26}$$

$$\mathrm{mig}_3 = S_d(x,z,\omega) * R_u'(x,z,\omega) \tag{6-27}$$

$$\mathrm{mig}_4 = S_d'(x,z,\omega) * R_u'(x,z,\omega) \tag{6-28}$$

其中，mig_2、mig_3 和 mig_4 是至少包含一个转向波场分量的成像结果。

6.1.3　数值实验

在双程波方程深度偏移中对检波器波场和震源波场直接施加互相关成像条件，在成像结果中容易形成低频和高振幅噪声，对上述两种波场开展波场分解是解决该问题的有效手段之一。在数值实验中，下面通过若干理论模型展示本节所提方法在分离双程波场方面的性能和优势。

6.1.3.1　水平层状模型

本节通过建立一个简单的层状模型来说明和展示新算法在检波器波场分离中的性能。该速度模型中第一层和第二层的速度分别为 1500 m/s 和 2000 m/s；模型尺寸为 1 km×1 km；模型水平方向和垂直方向网格间距均为 5 m；反射界面位于深度为 500 m 的位置。震源位于模型中部，波场模拟采用主频为 20 Hz 的雷克子波，时间采样间隔为 0.001 s。利用有限差分法生成双程波场 p 和 q，然后利用本节所提算法分别在深度为 10 m 和 100 m 位置开展波场分离实验（转化为它们对应的单程波场）。图 6-7(a)～(d) 是模拟在海上拖缆深度为 10 m 位置采集的地震反射波数据，图 6-7(e)～(h) 是深度为 100 m 位置深度延拓计算的波场分离数据。从图中可以观察到，对于每一组双程波场 p 和 q（图 6-7(a)、(b)、(e)、(f)），无论是采集数据（在 10 m 处）还是向下深度延拓数据（在 100 m 处），都包含两个波分量：一个是向后传播的上行波（在时间上），如图 6-7(c) 和 (g) 所示；另一个是向前传播的下行波（在时间上），如图 6-7(d) 和 (h) 所示。

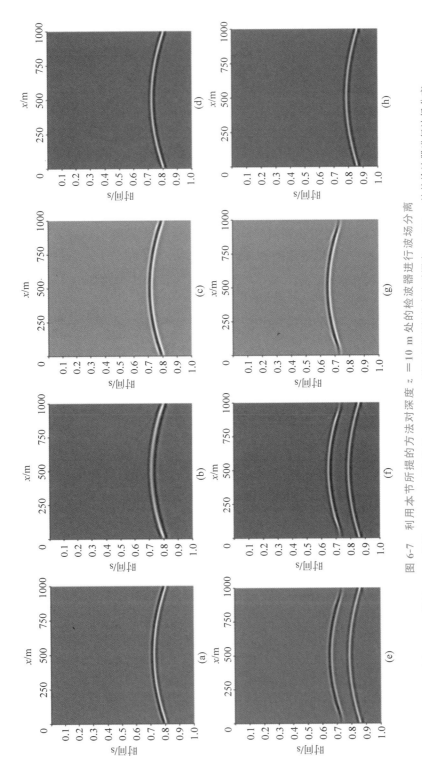

图 6-7 利用本节所提的方法对深度 $z_r = 10$ m 处的检波器进行波场分离。利用本节所提的方法对深度 $z = 100$ m 处的检波器进行波场分离；

(a) 波场 p；(b) 波场 q；(c) 波场 p_u；(d) 波场 p_d；$p-q$；(d) 波场 p_d：$p+q$。
(e) 波场 p；(f) 波场 q；(g) 波场 p_u：$p-q$；(h) 波场 p_d：$p+q$

值得注意的是,在深度为 10 m 位置的下行波和上行波之间的时间差很小(图 6-7(c)和(d)),这导致上行波和下行波混叠在一起(图 6-7(a)和(b));而在深度为 100 m 位置的下行波和上行波之间的时间差较大(图 6-7(g)和(h)),可见上行波和下行波分离得比较明显(图 6-7(e)和(f))。正如理论预测的一样,在图 6-7(c)、(d)、(g)和(h)中,还可以看到下行波和上行波之间明显相反的极性。这个实验充分说明和验证了通过使用本节所提的方法,可以比较简单和有效地完成波场分离。在这个例子中,对双程波场 p 和 q 进行简单的相加和相减,即可实现检波器的波场分离,并成功地获得了所需的对应单程波场:上行波 $p_u(p-q)$ 和下行波 $p_d(p+q)$。

利用非波场分离的常规双程波成像方法和本节所提的基于波场分离的双程波成像方法得到的炮集偏移成果结果分别如图 6-8(a)和(b)所示。正如理论预测的一样,当直接使用双程波场(非波场分离)进行成像时,常规方法在偏移结果中产生了显著的低频成像噪声,本节所提的方法由于使用了波场分离的单程波场进行成像,从而获得更清晰的图像。

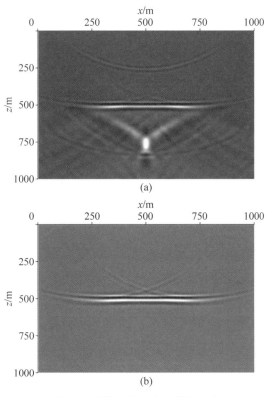

图 6-8 采用不同深度延拓方法得到的成像结果
(a)常规方法;(b)本节所提的方法

6.1.3.2 一维速度模型

在本实验中,建立了一个一维速度模型,并使用该速度模型说明如何使用本节所提的方法将震源波场分离为下行波和上行波。速度模型如图 6-9 所示,震源是主频为 20 Hz 的雷克子波,图 6-10(a)和(b)分别为震源的 p 波场和 q 波场。与检波器波场类似,对于双程

波场 p 和 q,在震源的向下延拓中涉及两个波场分量:一个是在时间上向前传播的下行波(从 $t=0$ 时刻开始,沿 $t>0$ 时间传播),其为因果波场;另一个是在时间上向后传播的上行波(从 $t=0$ 时刻开始,沿 $t<0$ 时间传播),其为非因果波场。由于非因果波场在成像中对应的是成像噪声,在偏移成像实践中需对其进行压制,以获得高质量成像结果。通过使用本节所提的方法对波场 p 和 q 进行简单求和,可以成功且高效地完成震源波场的波场分离。图 6-10(c)显示分离出的下行波场 p_d 即 $p+q$。在此偏移实验中,只使用震源的因果波场参与成像。

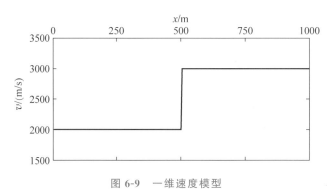

图 6-9 一维速度模型

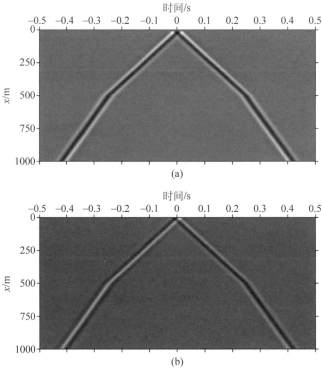

(a)

(b)

图 6-10 利用本节所提的方法对震源进行波场分离

(a)波场 p;(b)波场 q;(c)波场 p_d:$p+q$

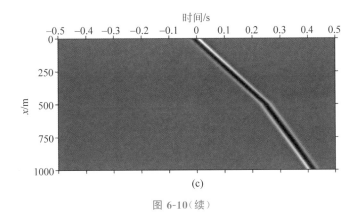

(c)

图 6-10（续）

6.1.3.3　阶跃模型的回转波成像

由于常规双程波方程波场深度延拓波场传播方向的局限性,难以对垂直构造或超过 90°倾角构造进行成像。根据波场成像原理(图 6-7),为对垂直构造或超过 90°倾角构造进行有效成像,检波器波场和震源波场至少应有一个涉及回转波。因此,本数值实验采用双重波场深度延拓技术实现双程波方程的回转波成像。在对阶跃模型进行回转波成像时,使用到 $\text{mig}_2(S'_\text{d} * R_\text{u})$ 和 $\text{mig}_3(S_\text{d} * R'_\text{u})$,而没有使用 $\text{mig}_4(S'_\text{d} * R'_\text{u})$。这是因为来自 S'_d 和 R'_u 组合的反射与向下传播的震源和检波器波场无法直接反映到垂直结构。

阶跃模型的速度模型如图 6-11 所示。模型大小为 5 km(z)×52 km(x),垂直和水平方向的网格间距为 20 m,共生成 180 个炮集,每个炮集有 800 个检波器。震源和检波器间隔分别为 200 m 和 20 m。震源函数是主频为 10 Hz 的雷克子波。利用梯度函数 $v(z)=1500+0.33z$ 构建背景速度,从而产生回转波。炮集记录时间为 16 s,时间采样间隔为 0.002 s。

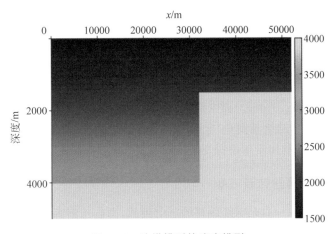

图 6-11　阶梯模型的速度模型

为了进行成像效果比较,本实验使用了 3 种深度偏移方法:单程波相移加插值偏移(PSPI)、RTM 和本节所提的深度成像方法。单程波 PSPI 偏移和 RTM 成像结果分别如图 6-12(a)和(b)所示,本节所提的深度成像方法结果如图 6-13 所示。由于单程波 PSPI 偏移仅使用常规反射波场,未能对阶跃模型进行有效成像,如图 6-12(a)所示。与此相反,RTM 作为一种全声波方程偏移方法,对阶跃模型的成像结果非常清晰,如图 6-12(b)所示。

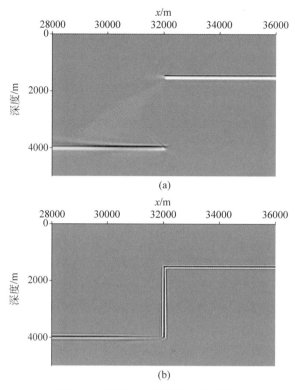

图 6-12　不同方法得到的成像结果
(a) 常规单程波 PSPI 方法;(b) RTM 方法

从图 6-13(a)可以观察,利用本节所提的深度成像方法产生的 mig_1 成像结果与单程波 PSPI 方法成像结果(图 6-12(a))非常相似,这两种方法都无法偏移陡倾体(倾角在 90°左右及以上),无法对垂直结构进行有效成像。如图 6-13(b)所示,利用本节所提的深度成像方法的双重波场深度延拓技术产生的 mig_2 和 mig_3 能够对垂直结构进行有效成像,这是由于无论是震源波场(mig_2),还是检波器波场(mig_3)中均涉及一个回转波场。本节所提的深度成像方法的组合结果($\text{mig}_1 + \text{mig}_2 + \text{mig}_3$)提供阶跃模型完整的成像图像,如图 6-13(c)所示。值得注意的是,图 6-13(c)的成像结果与图 6-12(b)的 RTM 成像结果相似且具有可比性。为解决成像中低频干扰,本数值实验利用希尔伯特变换波场分离的 RTM 方法进行成像[296]。

6.1.3.4　盐丘侧翼回转波成像

对盐丘侧翼进行成像一直是深度偏移的一个挑战,该盐丘侧翼构造倾角超过 90°,常规的反射波场难以对其进行有效刻画。在对盐丘侧翼模型的成像实验中,使用了 6.1.2 节中所描述的全部 4 种分离波场组合。盐丘模型如图 6-14 所示。模型大小为 6 km(z)×48 km(x),垂直方向和水平方向网格间距均为 20 m,共生成 320 个炮集,每个炮集有 800 个检波器。震源间隔和检波器间隔分别为 100 m 和 20 m。其他采集参数与阶跃模型实验相同,包括雷克子波、记录时间长度、时间内采样率、背景速度函数。

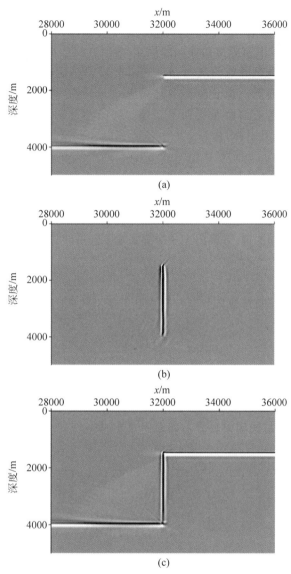

图 6-13　本节所提的方法得到的成像结果

(a) mig_1；(b) $\text{mig}_2 + \text{mig}_3$；(c) $\text{mig}_1 + \text{mig}_2 + \text{mig}_3$

为了比较不同偏移方法对盐丘模型侧翼成像的性能,本实验应用了单程波 PSPI 方法、RTM 和本节所提的成像方法。单程波 PSPI 和 RTM 方法的成像结果如图 6-15 所示。如图 6-15(a)所示,由于盐丘侧翼的倾角接近并超过 90°,采用单程波深度偏移(如本实验中的 PSPI 方法)难以对这些倾斜和倾覆构造进行有效成像。然而,与此相反,基于全声波方程的 RTM 方法对盐丘模型的陡倾和倾覆结构进行了有效成像,如图 6-15(b)所示。

本节所提的方法的成像结果如图 6-16 所示。从图中可以观察到,与单程波 PSPI 方法类似,mig_1(图 6-16(a))无法对陡倾和倾覆体进行有效成像,而 $\text{mig}_2 + \text{mig}_3$(图 6-16(b))产生了清晰的盐丘侧翼图像,$\text{mig}_4$(图 6-16(c))由于有效地进行了回转波场模拟和波场分离,因此产生了清晰的陡倾和倾覆体成像。通过叠加所有成像结果($\text{mig}_1 + \text{mig}_2 + \text{mig}_3 + \text{mig}_4$),

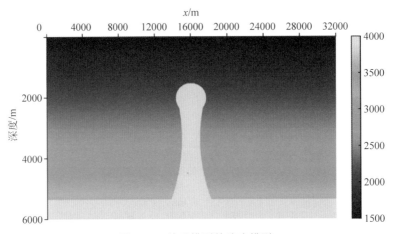

图 6-14　盐丘模型的速度模型

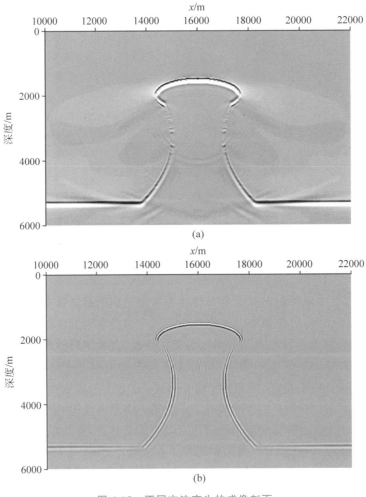

图 6-15　不同方法产生的成像剖面

（a）常规单程波 PSPI 方法；（b）RTM 方法

本节所提的方法获得了盐丘模型的完整图像,其中盐丘体边界描述清晰,信噪比较高,如图 6-16(d)所示。值得注意的是,使用本节所提的方法对盐丘模型的整体成像结果与使用 RTM 方法的成像结果效果一致,充分说明本节所提的偏移成像方法和技术的有效性。

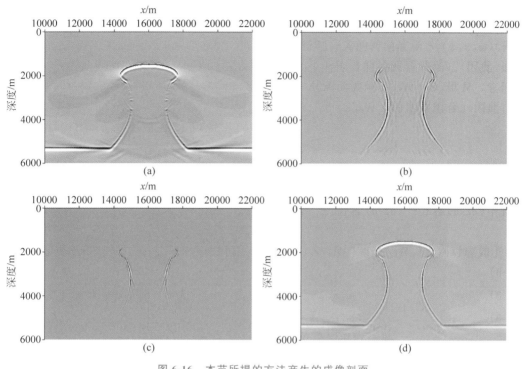

图 6-16　本节所提的方法产生的成像剖面

(a) mig_1；(b) $mig_2 + mig_3$；(c) mig_4；(d) $mig_1 + mig_2 + mig_3 + mig_4$

6.1.3.5　BP 盐丘模型回转波成像

为测试复杂介质的成像性能,在本数值实验中开展 BP 盐丘模型的回转波成像测试。BP 盐丘模型成像的一个巨大挑战是利用常规的反射波波场难以有效地对陡倾角盐岩侧翼和悬垂结构进行成像。模型的真实速度和平滑速度模型分别如图 6-17(a)和(b)所示。真实速度用于生成炮集,而平滑速度(采用 3 × 3 高斯滤波器对真实速度进行滤波)用于进行偏移成像。在水平方向和垂直方向网格间距均为 20 m,震源是主频为 10 Hz 的雷克子波。地震数据采集系统为单边放炮,震源置于左端,接收阵列(共有 800 个检波器)位于右侧,炮间距为 200 m。每个炮集的接收间隔为 20 m。在波场模拟中,共计算了 120 炮道集;每道的记录时间约为 16 s,采样率为 0.002 s。

利用本节所提的偏移方法分别绘制 mig_1、mig_2 和 mig_3 的成像剖面,如图 6-18(a)～(c)所示。基于常规波场向下延拓的 mig_1 成像剖面仅成功成像盐丘模型的基本轮廓,但未能对盐丘侧翼构造包括陡倾和倾覆体进行有效成像。然而,基于波场向下和向上延拓的 mig_2 和 mig_3 成像结果分别对陡倾体和悬垂体进行了成像,而这些结构在 mig_1 中大多未能成像。所提的方法的成像组合结果($mig_1 + mig_2 + mig_3$)如图 6-19(a)所示,与单独使用 mig_1 相比,该结果图像效果更好、更完整。mig_4 同时利用检波器和震源波场中回转波信

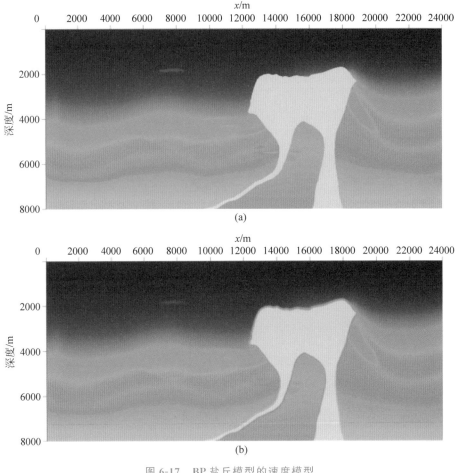

图 6-17　BP 盐丘模型的速度模型

(a) 真实速度；(b) 平滑速度

息，该成像能量较弱且容易受复杂构造波场影响，因而本数值实验并未利用该成像结果。作为对比，RTM 方法的成像剖面如图 6-19(b)所示。从图中可以再次观察到，如果将波场分离应用于两种方法，本节所提的方法的偏移结果总体上与 RTM 方法的偏移结果精度相当。

由于本节的主要目的是在双程波场深度延拓方案中发展一种有效的波场分离算法，在上述所有数值实验中，下行波场和上行波场的分离处理都是利用本节所提的方法在深度延拓过程中以非常有效和高效的方式完成的。这些数值实验在理论模型上取得了良好的应用效果，验证和展示了本节所提的方法在波场分离中的精度和计算效率。

6.1.4　结论

为实现双程波方程波场深度延拓中的快速波场分解，本节引入压力波场(q)代替边界条件中压力的偏导数(p_z)，提出了一种新的双程波方程波场深度延拓方案。基于该重构的边界条件，为双程波场深度延拓方案发展了一种新的波场分离方法，通过将其转换为每个深度步上的简单加、减法运算，可以显著简化波场分离处理的复杂度。同时，新方法充分保

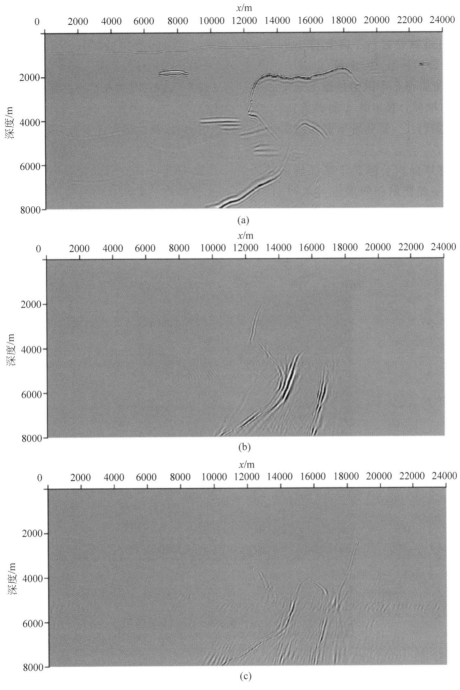

图 6-18　在 BP 模型上使用本节所提的方法产生的成像剖面

(a) mig$_1$；(b) mig$_2$；(c) mig$_3$

留了原双程波场深度延拓方案的精度和特点，例如，矩阵乘法策略和并行化计算等。为验证本节所提的方法的性能，开展了丰富的数值实验，包括简单模型中震源波场和检波器波场的波场分离实验、阶跃模型、盐丘侧翼模型、BP 盐丘模型等复杂速度模型回转波成像等。

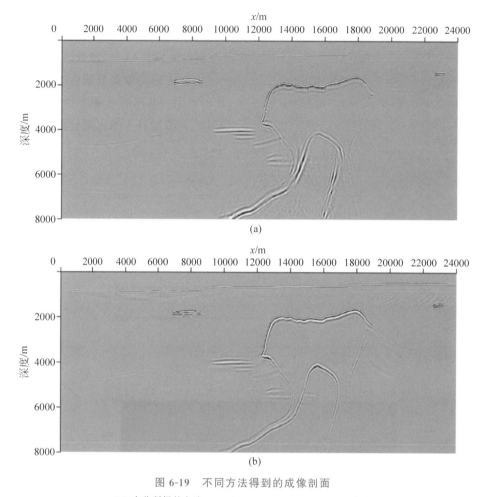

图 6-19　不同方法得到的成像剖面

（a）本节所提的方法（$\text{mig}_1+\text{mig}_2+\text{mig}_3$）；（b）RTM 方法

数值实验充分验证本节所提的方法在波场分离中的有效性和高效性，也展示了本节所提的方法提高双程波动方程深度偏移中的性能的优势和潜在应用。

6.2　多次波成像

在地震勘探的历史上，多次波长期以来被认为是噪声，因此在进行地震数据处理、偏移和解释之前，通常会将其消除[297]。然而，在最近的 20 年中，人们普遍认识到，多次波也可以被当作有效信号，并且多次波偏移在提高图像照明度和实现更广泛的地下成像覆盖方面发挥着特殊作用[91,298-301]。已知存在两种类型的多次波：自由表面多次波和层间多次波，两者都可以用作偏移成像的有效信号。然而，在实践中，自由表面多次波偏移比层间多次波偏移研究得更深入，利用得更加广泛[302]，这是因为自由表面多次波通常在性质上更具全局性，并且振幅更强。本节重点关注自由表面多次波的偏移成像，因此在本节中，"多次波"一词仅指自由表面多次波，此处对层间多次波不作深入讨论。

在进行多次波偏移成像时,主要面临两个挑战:成像串扰噪声干扰和计算成本增加。当多次波同时存在于下行震源波场和上行反射波场时,使用互相关成像条件进行成像会产生串扰噪声[296,299,303]。为解决这个问题,在工业界中广泛使用两种不同的策略:一种策略是通过使用反卷积成像条件[304-305]、角度聚集域[306]和全波场偏移[300,307-308]等方法,在多次波成像结果中消除或减轻串扰噪声影响。另一种策略是在多次波偏移之前,将上行波场分解为一次波和不同阶数的多次波反射,将下行波场分解为不同阶数的多次波虚震源,然后以可控的方式偏移一次波和不同阶数的多次波[93,299,306]。比较这两种不同的策略,如果仅关注串扰噪声干扰问题,第二种策略通常比第一种策略更具优势。但第二种策略因为需要进行更多次的多次波偏移成像处理,通常会显著增加计算成本。因此在基于双程波方程的深度偏移方法中——无论是基于时间延拓(RTM)还是基于深度延拓的方法,计算成本都会大大增加。为了缓解多次波成像的计算成本增加问题,同时保持双程波方程偏移方法的准确性,一些更为精妙的技术被引入和应用于多次波偏移,例如同源方法[309-311]和相位编码方案[93,312-314]等。

关于自由表面多次波分离与预测方面,涉及多次波的波场分解的理论有三种:反馈模型[315-316],逆散射级数(inverse scattering series,ISS)[317],上下反褶积方法[318-320]。虽然这些方法是通过不同的数学方法推导出来的,但是为一次波和不同阶次的多次波建立的基本关系方程是相似的,所以在某些假设下是等效的。不过,就自由表面反射系数算子而言,使用两个边界条件比使用一个边界条件更有优势。当只使用一个物理量(例如,在海洋情况下使用的压力 p)作为边界条件时,(全波场、一次波和不同次数的多次波之间的)关系方程通常需要和包含一个未知的自由表面反射系数算子;而本节所提的方法,在应用两个物理量作为边界条件时(例如,在本节改进的方案中使用的压力 p 和 q 时),将不涉及自由表面反射系数算子。因此,本节提出的广义波场分离算法是基于重构的边界条件 (p,q)(或等效的上/下行波场)的,进一步将上/下行数据分解为一次波和不同阶次的多次波。本节采用"广义上/下行波场分离"来区分它与 (p,q) 的初始上/下行波场分离。

6.2.1　常规自由表面多次波压制方法回顾

自由表面多次波是由于一次反射波传播到自由表面而反射下来的一阶多次波和由一阶多次波传播到自由表面反射下来的二阶多次波等形成的各阶多次波的总和。

Berkhout[321]提出的理论预测多次波可以由波场与非稳态褶积算子的空间褶积来描述,其中非稳态是指不同点处对应的褶积算子不同,如图 6-20 所示,将预测的表层多次波表示为

$$M_0(x_r,x_s,f) = -\int_{x_k} X_0(x_r,x_k,f)P(x_k,x_s,f)\mathrm{d}x_k \qquad (6\text{-}29)$$

其中,负号表示海面的反射;x_s 和 x_r 分别表示炮点和检波点位置;x_k 表示进行求和的横向坐标量;$X_0(x_r,x_k,f)$ 被称为一次波反射响应,表示由 x_k 激发到 x_r 接收的脉冲响应;$P(x_k,x_s,f)$ 表示由 x_s 激发到 x_k 接收的地震子波响应。

Berkhout[321]指出可以通过数据矩阵表示观测地震数据的几何关系,并提出了用数据矩

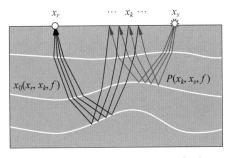

图 6-20　表层多次波预测示意[322]

阵表示地震波传播过程的 WRW 模型,而多次波预测理论正是在构建数据矩阵基础上基于 WRW 模型推导得出的。因此,我们需要首先了解描述叠前数据的数据矩阵以及 WRW 模型的构建过程。

(1) WRW 模型构建(频率域)

震源波场下行波波场可以表示为

$$S^+(z_m, z_0) = W^+(z_m, z_0)S^+(z_0) \tag{6-30}$$

其中,"$+$"代表下行的波场("$-$"代表上行的波场);$S^+(z_0)$ 表示地表的震源;$W^+(z_m, z_0)$ 表示由深度 $z_0 \sim z_m$ 的地下结构的脉冲响应(下行波算子),所以可以得到深度为 z_m 的地震记录为 $S^+(z_m, z_0)$。

地表接收到的地震记录(上行波)可以由震源波场在地下某一层(z_m)的反射经过一系列的地下结构的影响后在地表接收,由卷积理论可得

$$P^-(z_0) = \sum_{m=1}^{\infty} W^-(z_0, z_m)R(z_m)S^+(z_m, z_0) \tag{6-31}$$

其中,$W^-(z_0, z_m)$ 代表由深度 $z_m \sim z_0$ 的地下结构的脉冲响应;$R(z_m)$ 代表深度为 z_m 的反射系数;令 $D^-(z_0)$ 代表地表的检波器排列,则实际地表接收到波场可以表示为

$$P(z_0) = D^-(z_0)P^-(z_0) \tag{6-32}$$

根据上述公式可得

$$P(z_0) = D^-(z_0)\left(\sum_{m=1}^{\infty} W^-(z_0, z_m)R(z_m)W^+(z_m, z_0)\right)S^+(z_0) \tag{6-33}$$

可以看出,$\sum_{m=1}^{\infty} W^-(z_0, z_m)R(z_m)W^+(z_m, z_0)$ 为地表接受的地下结构的脉冲响应,不妨令

$$X(z_0, z_0) = \sum_{m=1}^{\infty} W^-(z_0, z_m)R(z_m)W^+(z_m, z_0) \tag{6-34}$$

在不考虑自由表面反射的情况下,总的上行波波场可以表示为

$$P^-(z_0) = \sum_{m=1}^{\infty} W^-(z_0, z_m)R(z_m)S^+(z_m, z_0) \tag{6-35}$$

但在考虑自由表面的情况下,一阶上行波(反射波)会经过自由表面反射形成新的下行波,再经过地下结构,形成二阶上行波(一阶多次波)而被接收到,所以反射波场的总的上行波波场可以表示为

$$\mathbf{Pz}^-(z_0) = \sum_{m=1}^{M} W^-(z_0, z_m)R^+(z_m)\mathbf{Pz}^+(z_m, z_0) \tag{6-36}$$

其中,$\mathbf{Pz}^+(z_m, z_0)$ 表示由深度 $z_0 \sim z_m$ 的总的下行波波场;$R^+(z_m)$ 为 z_m 层的下行波的反射系数,二者卷积则为 z_m 层的上行波,即

$$\mathbf{Pz}^-(z_m) = R^+(z_m)\mathbf{Pz}^+(z_m, z_0) \tag{6-37}$$

所以

$$\mathbf{Pz}^-(z_m) = R^+(z_m)W^+(z_m, z_0)(S^+(z_0) + P^+(z_0)) \tag{6-38}$$

可得

$$\mathbf{Pz}^-(z_0) = \sum_{m=1}^{M} W^-(z_0, z_m)\mathbf{Pz}^-(z_m) \tag{6-39}$$

$$\mathbf{Pz}^{-}(z_0) = \mathbf{P}^{-}(z_0) + \mathbf{Pz}^{+}(z_0)\sum_{m=1}^{\infty}\mathbf{W}^{-}(z_0,z_m)\mathbf{R}(z_m)\mathbf{W}^{+}(z_m,z_0) \tag{6-40}$$

$$\mathbf{Pz}^{-}(z_0) = \mathbf{P}^{-}(z_0) + \mathbf{Pz}^{-}(z_0)\mathbf{R}^{-}(z_0)\sum_{m=1}^{\infty}\mathbf{W}^{-}(z_0,z_m)\mathbf{R}(z_m)\mathbf{W}^{+}(z_m,z_0) \tag{6-41}$$

由上述多次波理论可知

$$\mathbf{Pz}^{-}(z_0) = \mathbf{P}^{-}(z_0) + \mathbf{M}(z_0) \tag{6-42}$$

其中

$$\mathbf{M}(z_0) = \mathbf{Pz}^{-}(z_0)\mathbf{R}^{-}(z_0)\sum_{m=1}^{\infty}\mathbf{W}^{-}(z_0,z_m)\mathbf{R}(z_m)\mathbf{W}^{+}(z_m,z_0) \tag{6-43}$$

$$\mathbf{M}(z_0) = \mathbf{Pz}^{-}(z_0)\mathbf{R}^{-}(z_0)\mathbf{X}(z_0,z_0) \tag{6-44}$$

再考虑到地表检波器的因素,所以接收到的总上行波波场可以表示为

$$\mathbf{P}(z_0) = \mathbf{D}^{-}(z_0)\mathbf{X}_0(z_0,z_0)\mathbf{S}^{+}(z_0) + \mathbf{D}^{-}(z_0)\mathbf{X}_0(z_0,z_0)\mathbf{R}^{-}(z_0)\mathbf{Pz}^{-}(z_0) \tag{6-45}$$

$$\mathbf{P}(z_0) = \Delta\mathbf{P}(z_0) + \mathbf{M}(z_0) \tag{6-46}$$

其中,

$$\Delta\mathbf{P}(z_0) = \mathbf{D}^{-}(z_0)\mathbf{X}_0(z_0,z_0)\mathbf{S}^{+}(z_0) \tag{6-47}$$

$$\mathbf{M}(z_0) = \mathbf{D}^{-}(z_0)\mathbf{X}_0(z_0,z_0)\mathbf{R}^{-}(z_0)\mathbf{Pz}^{-}(z_0) \tag{6-48}$$

$$\mathbf{M}(z_0) = \mathbf{D}^{-}(z_0)\mathbf{P}^{-}(z_0)(\mathbf{S}^{+}(z_0))^{-1}\mathbf{R}^{-}(z_0)\mathbf{Pz}^{-}(z_0) \tag{6-49}$$

令 $\mathbf{A}(z_0) = \mathbf{D}^{-}(z_0)(\mathbf{S}^{+}(z_0))^{-1}\mathbf{R}^{-}(z_0)$ 为地表因子,则有

$$\mathbf{M}(z_0) = \mathbf{P}^{-}(z_0)\mathbf{A}(z_0)\mathbf{Pz}^{-}(z_0) \tag{6-50}$$

由上述表达式并结合最小二乘法,可以在不知道地表因子的情况下求取多次波即 L_1、L_2 范数。

（2）L_1 范数求解

针对有效波和多次波同相轴正交的假设条件,基于 L_1 范数拟多道匹配滤波方法,同最小二乘匹配滤波方法相比,有效地改善了多次波压制效果。利用 L_1 范数对大的异常值具有鲁棒性的特点,有效地克服了基于 L_2 范数自身大值条件的约束。通过对理论模型的处理,基于 L_1 范数拟多道匹配方法能保护多次波能量不被削弱,同时有效地压制多次波。

基于 L_1 范数的匹配滤波方程可以写为

$$P_0(t) = P(t) - \sum_{i=1}^{N}a_i(t) * m_i(t) \tag{6-51}$$

根据 L_1 范数最小准则,通过最小化式(6-51),可求取自适应滤波器 $a_i(t)$。将公式(6-51)自适应匹配后的多次波模型表示成矩阵形式,则压制多次波后能量最小化的 L_1 范数目标函数可表示为

$$E_{\min} = \left| P - \sum_{i=1}^{k}M_i a_i \right|_1 \tag{6-52}$$

由于目标函数是一个奇异函数,其在原点处是不可导的,常规的线性方程求解法,如高斯消去法、牛顿迭代法等,都无法对该方程求解。因此,采用了 Bube 等[323]提出的 L_1/L_2 混合的迭代重加权最小平方方法求解,将公式(6-52)的目标函数转化为

$$E_{\min} = \| \boldsymbol{W}(P - \sum_{i=1}^{k} M_i a_i) \|_2^2 \tag{6-53}$$

式中,加权矩阵 $\boldsymbol{W} = \mathrm{diag}\left[\dfrac{1}{(1+r_j^2/\varepsilon^2)^{1/4}}\right]$,其中 $\varepsilon = \dfrac{\max|p|}{100}$;为防止在计算时分母过小而发散,$r_j(j=1,2,\cdots,n)$ 为第 j 个采样点压制多次波后的剩余值,即

$$r_j = p_j - \sum_{i=1}^{k} M_i a_{ij} \tag{6-54}$$

对 a_i 求导可得

$$\boldsymbol{W}^{\mathrm{T}} \boldsymbol{M}_i^{\mathrm{T}} \boldsymbol{W} \boldsymbol{M}_i a_i = \boldsymbol{W}^{\mathrm{T}} \boldsymbol{M}_i^{\mathrm{T}} \boldsymbol{W} P_i, \quad i = 1,2,\cdots,N \tag{6-55}$$

求解上述的线性方程组即可求得第 i 道的地表因子,将其代入

$$P_0(t) = P(t) - \sum_{i=1}^{N} a_i(t) * m_i(t) \tag{6-56}$$

即可求出压制多次波后的一次反射波数据。

在对 L_1 范数进行迭代时,迭代的是滤波因子 a_i,在第一轮迭代时往往设 $a_i=(1,0,0,\cdots,0)$(长度为 $2t_n-1$,其中 t_n 为时间长度),来求取 r_j 来进行下一步的计算,最终在获得合适的 a_i 时停止迭代。

(3)L_2 范数求解

多次波在数学表达式中可以表示为矩阵相乘的形式,用 P 表示原始数据,P_0 是不含地表相关多次波的地震响应,用 X_0 表示不含多次波的脉冲响应,在多维情况下,一次波和多次波之间的关系式可以表示为

$$P = P_0 + X_0 P \tag{6-57}$$

$$M = X_0 P = A(f) P_0 P \tag{6-58}$$

如果 $A(f)$ 表示为地表算子,根据上述推导,那么在频率域可以将一次波和多次波表示为

$$P = P_0 + A(f) P_0 P \tag{6-59}$$

首先将初始数据 $M^* = PP$ 作为预测多次波,即

$$M(x_r, x_s, f) = -\int_{x_k} P(x_r, x_k, f) P(x_k, x_s, f) \mathrm{d}x_k \tag{6-60}$$

利用迭代思想,最初值设为

$$P_0^{(0)}(\omega, x_\gamma, x_s) = P(\omega, x_k, x_s) \tag{6-61}$$

则第 n 次的预测多次波为

$$M^{(n)}(\omega, x_r, x_s) = \sum P_0^{(n-1)}(\omega, x_r, x_k) \times P(\omega, x_k, x_s) \tag{6-62}$$

$$P_0^{(n)}(\omega, x_\gamma, x_s) = P(\omega, x_k, x_s) - A(\omega) M^{(n)}(\omega, x_k, x_s) \tag{6-63}$$

通过自适应匹配滤波(维纳滤波)方法即可计算出式(6-63)中的滤波因子 $A(\omega)$。

由于所获得的数据为时间域,所以在时间域自适应匹配滤波方程可以表示为

$$P_0(t) = P(t) - \sum_{i=1}^{N} a_i(t) * m_i(t) \tag{6-64}$$

其中,$P_0(t)$ 是有效波地震数据道;$P(t)$ 是原始数据道;N 为多次波模型道的道数;$m_i(t)$ $(i=1,2,\cdots,N)$分别表示预测多次波道。

对于求解的地表因子 $a_i(t)$，令压制多次波后的地震数据道的能量最小，则有

$$\left\| P(t) - \sum_{i=1}^{N} a_i(t) * m_i(t) \right\|^2 = \min \tag{6-65}$$

上述方法利用了最小能量准则，可以将卷积表示为矩阵相乘的形式，则目标函数可以表示为

$$E = \left\| P - \sum_{i=1}^{N} M_i a_i \right\|^2 \tag{6-66}$$

在这里使用单道计算即每一道能量最小，则

$$\sum_{i=1}^{N} E_i = \sum_{i=1}^{N} \| P_i - M_i a_i \|^2 \tag{6-67}$$

将 M_i 扩充为长度为 $2N-1$ 的 m_i 的托普利兹(Toeplitz)矩阵，然后对 a_i 求导可得

$$M_i^{\mathrm{T}} M_i a_i = M_i^{\mathrm{T}} P_i, \quad i = 1, 2, \cdots, N \tag{6-68}$$

方程可简化为 $Ax = b$，$A = M_i^{\mathrm{T}} M_i$，$x = a_i$，$b = M_i^{\mathrm{T}} P_i$，所以有

$$\begin{bmatrix} r_{mm}(0) & r_{mm}(1) & \cdots & r_{mm}(m) \\ r_{mm}(1) & r_{mm}(0) & \cdots & r_{mm}(m-1) \\ \vdots & \vdots & & \vdots \\ r_{mm}(m) & r_{mm}(m-1) & \cdots & r_{mm}(0) \end{bmatrix} \begin{bmatrix} A(0) \\ A(1) \\ \vdots \\ A(m) \end{bmatrix} = \begin{bmatrix} r_{\mathrm{dx}}(0) \\ r_{\mathrm{dx}}(1) \\ \vdots \\ r_{\mathrm{dx}}(m) \end{bmatrix} \tag{6-69}$$

式中，r_{mm} 是同一道多次波的互相关系数；r_{dx} 为相同道号的原始数据和多次波之间的互相关系数；A 表示滤波因子。求出滤波因子 A 后代入

$$P_0^{(n)}(\omega, x_\gamma, x_s) = P(\omega, x_k, x_s) - A(\omega) M^{(n)}(\omega, x_k, x_s) \tag{6-70}$$

即可求出压制多次波后的一次反射波数据。

6.2.2　基于重构边界条件的双程波深度延拓方案简述

二维声波方程在频率-空间域中可写为

$$\left(\frac{\partial^2}{\partial x^2} + \frac{\partial^2}{\partial z^2} + \frac{\omega^2}{v^2(x,z)} \right) \tilde{p}(x, z, \omega) = 0 \tag{6-71}$$

其中，$\tilde{p}(x, z, \omega)$ 表示压力波场；ω 为角频率；x 和 z 分别是水平坐标和竖直坐标；$v(x,z)$ 表示二维速度介质。

为了求解由方程(6-71)定义的二阶微分方程，在深度延拓方案中，通常需要在初始深度 $z = z_0$ 处定义两个边界条件：压力波场 $\tilde{p}(x, z, \omega)$ 及其导数 $\tilde{p}_z(x, z, \omega)$。因此，从 $z = z_0$ 开始的双程波深度延拓方案可以用以下矩阵-向量形式表示

$$\begin{bmatrix} \tilde{p}(x, z+\Delta z, \omega) \\ \tilde{p}_z(x, z+\Delta z, \omega) \end{bmatrix} = \begin{bmatrix} \cos(k_z \Delta z) & \dfrac{\sin(k_z \Delta z)}{k_z} \\ -k_z \sin(k_z \Delta z) & \cos(k_z \Delta z) \end{bmatrix} \begin{bmatrix} \tilde{p}(x, z, \omega) \\ \tilde{p}_z(x, z, \omega) \end{bmatrix} \tag{6-72}$$

其中，$k_z = \sqrt{\dfrac{\partial^2}{\partial x^2} + \dfrac{\omega^2}{v^2(x)}}$ 表示垂直波数；z 是深度；Δz 是深度延拓间距。

为了进行有效的上/下行波场分离，本节提出一种重构的双程波深度延拓方案[115]，通

过引入压力波场 $\tilde{q}(x,z,\omega)$ 来代替方程(6-30)中的压力导数 $\tilde{p}_z(x,z,\omega)$。新压力波场 $\tilde{q}(x,z,\omega)$ 定义为

$$\tilde{q}(x,z,\omega) = \frac{\tilde{p}_z(x,z,\omega)}{\mathrm{i}k_z} \tag{6-73}$$

进一步,方程(6-72)中的矩阵向量形式可以重新表述如下

$$\begin{bmatrix} \tilde{p}(x,z+\Delta z,\omega) \\ \tilde{q}(x,z+\Delta z,\omega) \end{bmatrix} = \begin{bmatrix} \cos\gamma & \mathrm{i}\sin\gamma \\ \mathrm{i}\sin\gamma & \cos\gamma \end{bmatrix} \begin{bmatrix} \tilde{p}(x,z,\omega) \\ \tilde{q}(x,z,\omega) \end{bmatrix} \tag{6-74}$$

与方程(6-72)相比,基于重构边界条件的方程(6-74)表示的矩阵-向量形式使上/下行波场分离更加高效,仅需要加法与减法运算即可,即

$$\begin{cases} \tilde{p}_{\mathrm{d}}(x,z,\omega) = \dfrac{1}{2}(\tilde{p}(x,z,\omega) + \tilde{q}(x,z,\omega)) \\ \tilde{p}_{\mathrm{u}}(x,z,\omega) = \dfrac{1}{2}(\tilde{p}(x,z,\omega) - \tilde{q}(x,z,\omega)) \end{cases} \tag{6-75}$$

其中,$\tilde{p}_{\mathrm{u}}(x,z,\omega)$ 和 $\tilde{p}_{\mathrm{d}}(x,z,\omega)$ 分别是上行和下行的波场。

类似地,基于方程(6-75),双程波压力参数 $\tilde{p}(x,z,\omega)$ 和 $\tilde{q}(x,z,\omega)$ 可以通过对 $\tilde{p}_{\mathrm{u}}(x,z,\omega)$ 和 $\tilde{p}_{\mathrm{d}}(x,z,\omega)$ 的加法与减法运算进行换算,即

$$\begin{cases} \tilde{p}(x,z,\omega) = \tilde{p}_{\mathrm{d}}(x,z,\omega) + \tilde{p}_{\mathrm{u}}(x,z,\omega) \\ \tilde{q}(x,z,\omega) = \tilde{p}_{\mathrm{d}}(x,z,\omega) - \tilde{p}_{\mathrm{u}}(x,z,\omega) \end{cases} \tag{6-76}$$

在海洋多分量数据采集中,在垂直速度分量已知的情况下,利用该分量数据 $v_z(x,z,\omega)$ 可用于计算新定义的压力波场 $\tilde{q}(x,z,\omega)$,具体公式如下

$$\tilde{q}(x,z,\omega) = \rho\,\frac{\omega}{k_z}v_z(x,z,\omega) \tag{6-77}$$

为了描述算法的简便,本节的其余部分除非另有说明,在式中或量的形式上均省略了所有函数和运算符中涉及时空(或时空频率)的自变量 (x,z,ω) 符号。

6.2.3 广义上/下行波场分离方法

6.2.3.1 多次波成像中串扰噪声问题

一次波和多次波的波场传播模式如图 6-21 所示。总波场由两个部分组成:下行的震源波场 $\tilde{p}_{\mathrm{d}}$ 和上行的反射波场 $\tilde{p}_{\mathrm{u}}$,在本节的背景下,两者都包含多次波。在数学上,下行和上行波场 $\tilde{p}_{\mathrm{d}}$ 和 $\tilde{p}_{\mathrm{u}}$ 可以分别表示如下

$$\tilde{p}_{\mathrm{d}} = \tilde{p}_{\mathrm{d}}^{0} + \underbrace{\tilde{p}_{\mathrm{d}}^{1} + \tilde{p}_{\mathrm{d}}^{2} + \cdots + \tilde{p}_{\mathrm{d}}^{N}}_{D} \tag{6-78}$$

$$\tilde{p}_{\mathrm{u}} = \tilde{p}_{\mathrm{u}}^{0} + \underbrace{\tilde{p}_{\mathrm{u}}^{1} + \tilde{p}_{\mathrm{u}}^{2} + \cdots + \tilde{p}_{\mathrm{u}}^{N}}_{M} \tag{6-79}$$

其中,$\tilde{p}_{\mathrm{d}}$ 表示广义的震源,由真震源 $S(\tilde{p}_{\mathrm{d}}^{0}=S)$ 和自由表面多次波的虚震源 D 组成;而 $\tilde{p}_{\mathrm{u}}$ 由一次波 $\tilde{p}_{\mathrm{u}}^{0}$ 和多次波 M 组成;$\tilde{p}_{\mathrm{d}}^{i}$(或 D_i)和 $\tilde{p}_{\mathrm{u}}^{i}$(或 M_i)($i=1,2,\cdots,N$)分别是第 i 阶下行和上行的多次波;N 是多次波的最高阶数。

方程(6-78)和方程(6-79)通常以如下简洁形式表示

$$\tilde{p}_{\mathrm{d}} = S + D \tag{6-80}$$

$$\tilde{p}_{\mathrm{u}} = \tilde{p}_{\mathrm{u}}^{0} + M \tag{6-81}$$

其中，

$$D = \tilde{p}_{\mathrm{d}}^{1} + \tilde{p}_{\mathrm{d}}^{2} + \cdots + \tilde{p}_{\mathrm{d}}^{N} \tag{6-82}$$

$$M = \tilde{p}_{\mathrm{u}}^{1} + \tilde{p}_{\mathrm{u}}^{2} + \cdots + \tilde{p}_{\mathrm{u}}^{N} \tag{6-83}$$

如果将互相关成像条件直接应用于包含多次波的 $\tilde{p}_{\mathrm{u}}$ 和 $\tilde{p}_{\mathrm{d}}$ 波场时，得到的结果如下

$$\sum_{\omega} \tilde{p}_{\mathrm{d}} \tilde{p}_{\mathrm{u}} = \sum_{\omega} \tilde{p}_{\mathrm{d}}^{i} \tilde{p}_{\mathrm{u}}^{i} + \sum_{\omega} \tilde{p}_{\mathrm{d}}^{i} \tilde{p}_{\mathrm{u}}^{j}, \quad i,j=1,2,\cdots,N; \ i \neq j \tag{6-84}$$

式(6-84)中不仅包括真正所需的偏移结果(方程(6-84)右侧的第一项)，还包括成像中串扰噪声(方程(6-84)右侧的第二项)。

针对多次波成像中串扰噪声问题，已经有许多学者提出一系列策略来消除偏移中的串扰噪声。本节采取的策略是在地震数据采集面将上行波场 $\tilde{p}_{\mathrm{u}}$ 分解为一次波 $\tilde{p}_{\mathrm{u}}^{0}$ 和不同阶数的多次波反射，且在测量面将下行波场 D 分解为不同阶数的多次波虚震源；并且，在广义上/下行波场分离的基础上，以可控的方式完成一次波和不同阶数的多次波的偏移，避免了成像中的串扰噪声。

下面将在 6.2.3.2 节和 6.2.3.3 节详细介绍如何通过使用两个边界条件($\tilde{p}$ 和 $\tilde{q}$)有效和高效地实现广义的上/下行波场分离。但需要特别说明的是：本方法须假设震源波场 $\tilde{p}_{\mathrm{d}}^{0}$ (或 S)是已知的。

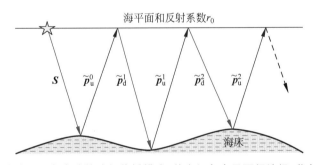

图 6-21 一次波波场和多次波的波场传播模式,其中红色表示下行波场,蓝色表示上行波场

6.2.3.2 上行波场分离原理

根据波场传播理论，震源 S、大地响应 G 和上下行波场($\tilde{p}_{\mathrm{u}}$ 和 $\tilde{p}_{\mathrm{d}}$)的关系如下

$$\tilde{p}_{\mathrm{u}} = G \cdot \tilde{p}_{\mathrm{d}} = G \cdot (S + D) = \tilde{p}_{\mathrm{u}}^{0} + M \tag{6-85}$$

其中，

$$\tilde{p}_{\mathrm{u}}^{0} = G \cdot S \tag{6-86}$$

$$M = G \cdot D \tag{6-87}$$

根据方程(6-82)、方程(6-83)和方程(6-87)，可得

$$\tilde{p}_{\mathrm{u}}^{i} = G \cdot \tilde{p}_{\mathrm{d}}^{i}, \quad i \geqslant 1 \tag{6-88}$$

根据方程(6-88)，地球响应 G 可以通过如下的四个方程之一来表示和计算

$$\begin{cases} G = \dfrac{\tilde{p}_{\mathrm{u}}}{\tilde{p}_{\mathrm{d}}} \\[2mm] G = \dfrac{\tilde{p}_{\mathrm{u}}^{0}}{\tilde{p}_{\mathrm{d}}^{0}} \\[2mm] G = \dfrac{M}{D} \\[2mm] G = \dfrac{\tilde{p}_{\mathrm{u}}^{i}}{\tilde{p}_{\mathrm{d}}^{i}}, \quad i \geqslant 1 \end{cases} \tag{6-89}$$

根据方程(6-89)的第一个等式和方程(6-86),可以推导出 $\tilde{p}_{\mathrm{u}}^{0}$ 和 $\tilde{p}_{\mathrm{u}}$ 之间的关系如下

$$G = \frac{\tilde{p}_{\mathrm{u}}}{S + D} = \frac{\tilde{p}_{\mathrm{u}}}{S\left(1 + \dfrac{D}{S}\right)} \tag{6-90}$$

$$\tilde{p}_{\mathrm{u}}^{0} = G \cdot S = \frac{\tilde{p}_{\mathrm{u}}}{1 + \dfrac{D}{S}} = \frac{\tilde{p}_{\mathrm{u}}}{1 + D'} \tag{6-91}$$

其中,

$$D' = \frac{D}{S} = A \cdot D \tag{6-92}$$

$$A = \frac{1}{S} \tag{6-93}$$

其中,算子 A 表示震源的逆。

为了将 $\tilde{p}_{u}$ 分解为一次波和不同阶数的多次波,将方程(6-91)的右侧利用泰勒级数展开为级数形式

$$\tilde{p}_{\mathrm{u}}^{0} = \tilde{p}_{\mathrm{u}} - D' \cdot \tilde{p}_{\mathrm{u}} + D'^{2} \cdot \tilde{p}_{\mathrm{u}} + \cdots + (-1)^{N} D'^{N} \cdot \tilde{p}_{\mathrm{u}} \tag{6-94}$$

$$M = \tilde{p}_{\mathrm{u}} - \tilde{p}_{\mathrm{u}}^{0} = D' \cdot \tilde{p}_{\mathrm{u}} - D'^{2} \cdot \tilde{p}_{\mathrm{u}} + \cdots + (-1)^{N-1} D'^{N} \cdot \tilde{p}_{\mathrm{u}} \tag{6-95}$$

方程(6-94)、方程(6-95)表示 $\tilde{p}_{\mathrm{u}}^{0}$ 和 $\tilde{p}_{\mathrm{u}}$ 之间的关系,与使用一个边界条件(压力波场 p)的其他方法推导的关系类似。使用两个边界条件的一个优点是, $\tilde{p}_{\mathrm{d}}$ 和 $\tilde{p}_{\mathrm{u}}$ 在上述波场分离方程中不再涉及自由表面反射系数算子 r_{0},因为它已隐含在下行波场 D 和 D' 中。

为了使符号更简单,方程(6-95)可以重写为

$$M = C_{1} + C_{2} + C_{3} + \cdots + C_{i} \tag{6-96}$$

其中, $C_{1} = D' \cdot \tilde{p}_{\mathrm{u}}$; $C_{2} = -D'^{2} \cdot \tilde{p}_{\mathrm{u}}$; $C_{3} = D'^{3} \cdot \tilde{p}_{\mathrm{u}}$; $\cdots$; $C_{i} = (-1)^{N-1} D'^{N} \cdot \tilde{p}_{\mathrm{u}}$。

附录 L 证明方程(6-79)中定义的上行波场 $\tilde{p}_{\mathrm{u}}^{i}(i=1,2,\cdots,N)$ 的分解形式(图 6-21)可以表示为简单的 $C_{i}(i=1,2,\cdots,N)$ 线性组合。对于 $N=3$ 的情况, $\tilde{p}_{\mathrm{u}}^{i}$ 和 C_{i} 的关系方程可表示为如下形式

$$\begin{cases} \tilde{p}_{\mathrm{u}}^{1} = M_{1} = C_{1} + 2C_{2} + 3C_{3} \\[1mm] \tilde{p}_{\mathrm{u}}^{2} = M_{2} = -C_{2} - 3C_{3} \\[1mm] \tilde{p}_{\mathrm{u}}^{3} = M_{3} = C_{3} \end{cases} \tag{6-97}$$

如方程(6-97)所示,不同阶数上行多次波的分解可以通过 C_{1}、C_{2} 和 C_{3} 之间简单的加

法与减法运算来表示,这些算子在一次波 $\tilde{p}_u^0$ 和多次波 M 的分离过程中获得,如方程(6-94)和方程(6-95)所示。

6.2.3.3 下行波场分离原理

当 $\tilde{p}_u$ 分解为一次波和不同阶数的上行多次波时,下行波场 $\tilde{p}_d$ 就可以相应地以类似的方式分解为多个虚震源。附录 M 证明了一阶和高阶下行波场(多个虚震源)可以用以下方程表示

$$D_1 = \frac{D}{1+D'} = D - [D' \cdot D - D'^2 \cdot D + D'^3 \cdot D + \cdots + (-1)^{N-1} D'^N \cdot D] \quad (6\text{-}98)$$

$$D_i = (-G')^{i-1} D_1, \quad i = 2,3,\cdots,N \quad (6\text{-}99)$$

其中,

$$-G' = \frac{D'}{1+D'}$$

根据方程(6-98)和方程(6-99),可以计算任一阶下行波场。例如,当 i 等于 2 和 3 时,可得

$$\begin{cases} D_2 = -G'D_1 \\ D_3 = (-G')^2 D_1 \end{cases} \quad (6\text{-}100)$$

将方程(6-95)~方程(6-97)描述的上行波场分解与方程(6-98)~方程(6-100)描述的下行波场分解相结合,利用上行波场 $\tilde{p}_u$ 和下行波场 $\tilde{p}_d$ 可分离一次波、不同阶数上行多次波和下行多次波虚震源,以可控(无串扰低频噪声)和高效(不会显著增加计算成本)的方式同时偏移一次波和多次波,即

$$\begin{cases} \tilde{p}_d^1 = K_1 + 2K_2 + 3K_3 \\ \tilde{p}_d^2 = -K_2 - 3K_3 \\ \tilde{p}_d^3 = K_3 \end{cases} \quad (6\text{-}101)$$

从方程(6-101)可见, $\tilde{p}_d^2$、$\tilde{p}_d^3$ 和 $\tilde{p}_d^4$ 的计算可表示为 K_1、K_2 和 K_3 的简单加法与减法运算。详细推导过程见附录 M。

6.2.4 一次波和不同阶数的多次波同时成像

通常情况下,当分别单独偏移不同阶数的多次波时,由于需要进行多次偏移计算,会导致计算成本显著增加。这对基于双程波方程的深度偏移提出了新挑战。为此,本节提出一种基于重构边界条件的双程波方程深度延拓新方法,该方法能够以非常有限的计算成本和高效的方式同时完成一次波和不同阶数多次波的同时偏移。该方法包括 4 个步骤:重组、延拓、分解和成像。下面进行详细介绍。

1) 将分解的不同阶多次波重组为双程波压力波场对 $(\tilde{p}_i,\tilde{q}_i)$

对分离的上行和下行波场进行重新组合:使用方程(6-76)(在地震数据采集面)将 $\tilde{p}_d^i(i=0,1,\cdots,N+1)$ 和 $\tilde{p}_u^i(i=0,1,\cdots,N)$ 重组为相关的双程波压力波场对 $\tilde{p}_i,\tilde{q}_i(i=0,1,\cdots,N)$,即

$$\begin{cases} \tilde{p}_i = \tilde{p}_d^i + \tilde{p}_u^i \\ \tilde{q}_i = \tilde{p}_d^i - \tilde{p}_u^i, \quad i=0,1,\cdots,N+1 \end{cases} \tag{6-102}$$

图 6-21 展示了波场分解与重组的物理内涵。从图中可以看出,波场重组是将分解的波场简单地重新组合成它们对应的双程波场。由于该过程只涉及简单的加法/减法运算,因此可以忽略波场分解与重组过程的计算成本。值得注意的是,当 $i=0$ 时,p_d^0 代表震源。

2) 延拓一次波和不同阶数的多次波($\tilde{p}_j$,$\tilde{q}_j$)

重组后的双程波波场对($\tilde{p}_i$,$\tilde{q}_i$)($i=0,1,\cdots,N+1$)可共享相同的双程波传播矩阵(如方程(6-74)所示)进行深度延拓,其中方程(6-32)中的一维向量 $\tilde{p}$ 和 $\tilde{q}$ 现被扩展成多维向量(矩阵):($\tilde{p}_j$,$\tilde{q}_j$)($j=0,1,\cdots,N+1$)。扩展的矩阵向量形式表示如下

$$\begin{bmatrix} \tilde{p}_1(x,z+\Delta z,\omega) & \cdots & \tilde{p}_j(x,z+\Delta z,\omega) & \cdots & \tilde{p}_N(x,z+\Delta z,\omega) \\ \tilde{q}_1(x,z+\Delta z,\omega) & \cdots & \tilde{q}_j(x,z+\Delta z,\omega) & \cdots & \tilde{q}_N(x,z+\Delta z,\omega) \end{bmatrix}$$

$$= \begin{bmatrix} \cos y & i\sin y \\ i\sin y & \cos y \end{bmatrix} \begin{bmatrix} \tilde{p}_1(x,z,\omega) & \cdots & \tilde{p}_j(x,z,\omega) & \cdots & \tilde{p}_N(x,z,\omega) \\ \tilde{q}_1(x,z,\omega) & \cdots & \tilde{q}_j(x,z,\omega) & \cdots & \tilde{q}_N(x,z,\omega) \end{bmatrix} \tag{6-103}$$

由于双程波传播算子的计算成本在双程波方程波场深度延拓的计算成本中占比最大,因此,相比于通常的一次波成像,对多次波进行额外的矩阵向量计算所增加的计算成本是非常有限的。

3) 将双程波波场对($\tilde{p}_i$,$\tilde{q}_i$)分解为一次波和不同阶数的多次波($\tilde{p}_d^i$,$\tilde{p}_u^i$)

在每个深度延拓步骤中,用方程(6-75)将进行双程波方程波场深度延拓后的双程波波场($\tilde{p}_i$,$\tilde{q}_i$)($i=0,1,\cdots,N$)分解为上行波和下行波($\tilde{p}_d^i$,$\tilde{p}_u^i$)($i=0,1,\cdots,N+1$),即

$$\begin{cases} \tilde{p}_d^i = \dfrac{1}{2}(\tilde{p}_i + \tilde{q}_i) \\ \tilde{p}_u^i = \dfrac{1}{2}(\tilde{p}_i - \tilde{q}_i) \end{cases}, \quad i=0,1,\cdots,N+1 \tag{6-104}$$

由方程(6-102)表示的上/下行波场分离仅需要简单的加法与减法运算,因此处理过程的额外计算(涉及多维向量)可以忽略不计。

4) 一次波和不同阶多次波成像

经过方程(6-104)分解的上行波和下行波($\tilde{p}_d^i$,$\tilde{p}_u^i$)($i=0,1,\cdots,N+1$)以可控方式实现一次波和多次波成像,即

$$\begin{cases} I_0 = S * \tilde{p}_u^0 \\ I_i = \tilde{p}_d^i * \tilde{p}_u^i, \quad i=0,1,\cdots,N \\ I_m = \sum_i I_i, \quad i=0,1,\cdots,N \end{cases} \tag{6-105}$$

其中,"$*$"表示互相关运算(时域)或乘法运算(频域);I_0 是一次波成像,与传统偏移相同,需要延拓震源波场;I_i 是不同阶数的多次波的成像;I_m 是总共 N 阶多次波的成像。由于应用成像条件的计算成本远小于延拓波场的计算成本,因此,将成像条件应用于多次波,增加的额外计算成本非常有限。

从上面的描述中可以看出,本节所提的方法和方案,由于实现多次波成像而导致的额外计算成本非常有限。当最高阶数 N 较小时(针对本节的数值实验 $N \leqslant 3$),所提的方法可

以同时高效地完成一次波和不同阶数的多次波的成像,与一次波成像的效率几乎相同。

基于上述章节所述的方法和原理,本节所提的方法的数值实施方案的步骤可以概括如下。

(1) 使用方程(6-75)在 $z=z_0$ 的采集面将双边界条件波场数据 $(\tilde{p},\tilde{q})$ 分解为下行和上行的波场 $(D,\tilde{p}_u)$ 数据;

(2) 在 $z=z_0$ 的采集面分别使用方程(6-96)、方程(6-97)和方程(6-98)~方程(6-100)将 $\tilde{p}_u$ 和 D 分解为一次波和不同阶数的多次波;

(3) 使用方程(6-102)对分解的一次波和不同阶数的多次波 $\tilde{p}_u$ 和 D 进行重组 $(\tilde{p}_i,\tilde{q}_i)$ $(i=0,1,\cdots,N+1)$;

(4) 基于共享的双程波方程波场传播矩阵算子,使用方程(6-103)进行波场深度延拓 $(\tilde{p}_i,\tilde{q}_i)(i=0,1,\cdots,N+1)$,并使用相同的传播算子矩阵;

(5) 使用方程(6-104)在每个深度延拓步骤中将波场 $(\tilde{p}_i,\tilde{q}_i)$ 分解为上下行波波场 $(\tilde{p}_d^i,\tilde{p}_u^i)(i=0,1,\cdots,N+1)$;

(6) 将成像条件应用于震源波场 S 和由方程(6-105)分离的波场 $(\tilde{p}_d^i,\tilde{p}_u^i)(i=0,1,\cdots,N+1)$,并在每个深度同时完成一次波和不同阶数多次波的成像。

6.2.5 数值实验

为了验证了本节所提的理论和方法的可行性,在若干个理论模型上开展数值实验,并利用重构的双程波深度延拓方案,验证广义上/下行波场分离算法的性能以及一次波和不同阶数的多次波同时偏移的效率。在数值实验中,采用有限差分技术模拟计算在自由表面边界情况下一次波和不同阶数的多次波的炮集记录。本节在吸收边界条件下利用有限差分技术也生成相应的炮集记录(即一次波),以对比和验证多次波压制效果。

6.2.5.1 一维速度模型的广义上/下行波场分离

本节使用仅含一个速度不连续面的一维速度模型(图 6-22),来阐述上/下行波场分离方法,并使用本节所提的方法在多次波偏移中消除串扰噪声的干扰。如图 6-23 所示,在自由表面边界处模拟了检波器波场 (p,q),其中图 6-23(a)为 p 波,图 6-23(b)为 q 波。通过使用上/下行波场分离方程(6-33),将双程波波场 (p,q) 分解为下行和上行波场;分离后的上/下行波场分别如图 6-24(a)和(b)所示。从图中可以看到,上行波场 p_u 包括一次波 p_u^0 和不同阶次的多次波 p_u^1、p_u^2,而下行波场则包括多个虚震源 p_d^1、p_d^2。源波场 $S(p_d^0)$ 在预处理中就已在炮集中被压制,因此未在图 6-23 中出现。由于震源波场以与传统的一次波波场相同的方式向下延拓,因此此处不讨论震源波场。

为了消除偏移过程中的串扰噪声影响,将上行波场(图 6-24(a))进一步分解为一次反射波和不同阶次的多次反射波 p_u^0、p_u^1、p_u^2(图 6-25(a));将下行波场(图 6-24(b))分解为不同阶次的虚震源 p_d^1、p_d^2(图 6-25(b))。从图 6-25 中可以看出,成功地分离了一次反射波和不同阶次的多次反射波以及不同阶次的虚震源。高阶次多次反射波的振幅通常比一次反射波和低阶次多次反射波要小得多,因此,在偏移实践中通常忽略高阶次多次反射波。对于本实验,为了说明其目的,应用的最高阶次取 $N=2$。

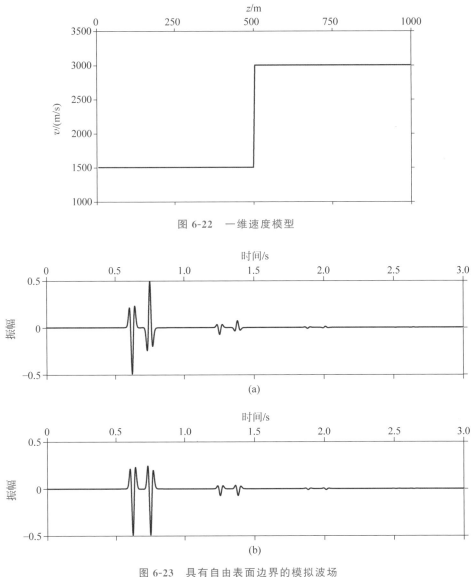

图 6-22　一维速度模型

图 6-23　具有自由表面边界的模拟波场

（a）p 波；（b）q 波

　　把成像条件应用到分解的一次反射波和不同阶次的多次反射波及其对应的震源——真震源和分解的不同阶次的多次虚震源，可以大幅提高偏移质量，消除（或减轻）串扰噪声并更好地照亮地下区域。一次波及不同阶多次波成像结果如图 6-26 所示，该成像结果验证了本节提出的广义上/下行波场分离方法成功实现了一次、不同阶次的多次波和虚震源的波场分解。广义上/下行波场分离的精确性和有效性为高质量的一次波、不同阶次的多次波同时偏移提供了坚实的基础。

6.2.5.2　二维双层模型

　　下面建立一个具有单一水平界面的二维模型，验证本节所提的方法在一次波和多次波同时偏移中的有效性和高效性。速度模型如图 6-27 所示，模型的尺寸为 $1000\ \mathrm{m}(z)\times1000\ \mathrm{m}(x)$，

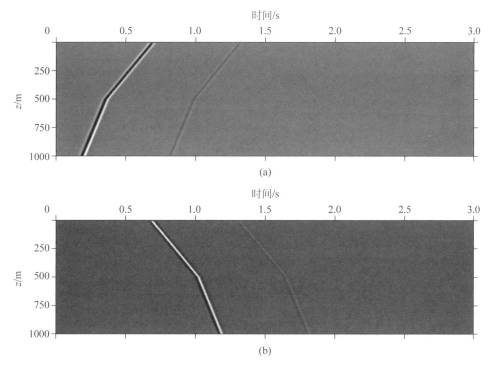

图 6-24 分离后的上/下行波场

（a）上行波场；（b）下行波场

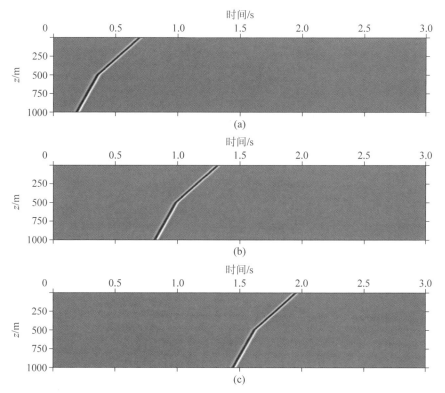

图 6-25 不同阶次的反射波和虚震源

（a）u_0；（b）u_1；（c）u_2；（d）d_1；（e）d_2

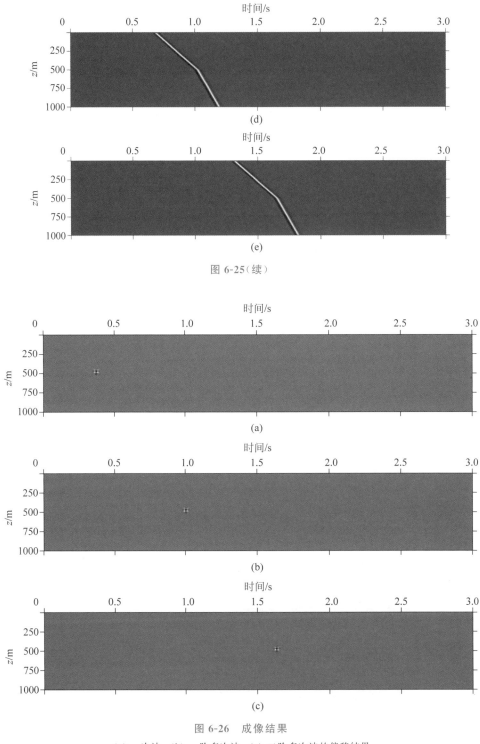

图 6-25(续)

图 6-26　成像结果

(a) 一次波；(b) 一阶多次波；(c) 二阶多次波的偏移结果

垂直方向和水平方向的网格间距均为 5.0 m。震源是主频为 20 Hz 的雷克子波。最大记录时间为 4.0 s，采样率为 0.001 s。真震源放置在 $x=500$ m，$z=5.0$ m 的位置，检波器位于

$x=0\sim1000$ m 的位置,检波器间距为 5.0 m。

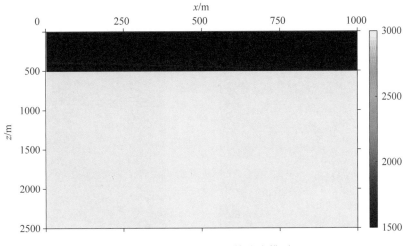

图 6-27　单一水平界面的速度模型

使用方程(6-75)将模拟的炮集记录(p,q)做上/下行波场分离后得到炮集记录(p_u,p_d),如图 6-28(a)~(d)所示。如图 6-28(a)和(b)所示,炮集记录(p,q)涉及双程波波场,包括下行波场 p_d 和上行波场 p_u,分别如图 6-28(c)和(d)所示。炮集 p_u 仅由向上传播的一次波和不同阶数的多次波组成,而炮集 p_d 仅由向下传播的不同阶数的多次波虚震源组成。为了将多次波成像的串扰噪声消除,波场 p_u、p_d 通过广义的上/下行波场分离进一步分解为不同阶数的上行波场和下行波场,如图 6-29 所示。从图 6-29 可以看出,一次波、不同阶数的上行多次波和不同阶数的下行多次波(虚震源)被成功分离,这验证基于重构的双边界方案及本节所提的广义上/下行波场分离方法的正确性和有效性。然而,由于长路径传播和多次反射,高阶多次波的振幅通常会快速减小,在实践中通常很难使用高阶多次波进行偏移成像,所以用于此实验的(多次波)最高阶数 N 等于 2。

为了验证本节所提的方法在一次波和不同阶多次波同时成像方面的性能,首先将经过广义上/下行波场分离的上下行波场(p_u^i,p_d^i)进行重新组合得到新双程波波场对(p_i,q_i)($i=0,1,\cdots,N$)。假设当 $N=2$ 时,本数值实验以 p_u^0、p_u^1 和 p_u^2 及 p_d^1、p_d^2 和 p_d^3 为基础,利用方程(6-76)重新组成对应的新波场对(p_u^{i-1},p_d^i)($i=1,2,3$)。

接下来在每个深度使用相同的传播算子矩阵对重组的双程波波场对(p^i,q^i)($i=1,2,3$)进行深度延拓,再使用方程(6-75)进一步分解为它们的单程波对应项(p_u^0、p_u^1 和 p_u^2)与(p_d^1、p_d^2 和 p_d^3)。最后,将成像条件应用于相应的下行和上行波场对:一次波偏移 $I_0=S*p_u^0$,一阶多次波偏移 $I_1=p_d^1*p_u^1$,二阶多次波偏移 $I_2=p_d^2*p_u^2$。在双程波深度延拓方案和多次波阶数索引中,为了得到二阶多次波的偏移成像结果,下行波场的最高阶数是三(而不是二),因此需要 p_d^3 来构造双程波波场(p^3,q^3)。成像结果如图 6-30 所示。全波场的传统偏移的成像结果由于包含强多次波而具有明显的串扰噪声。这些串扰噪声通常位于成像的更深部分,如图 6-30(a)中的黑色箭头所示。使用本节所提的方法获得的一次波、一阶和二阶多次波的成像结果分别如图 6-30(b)~(d)所示。与图 6-30(a)相比,图 6-30(b)的成

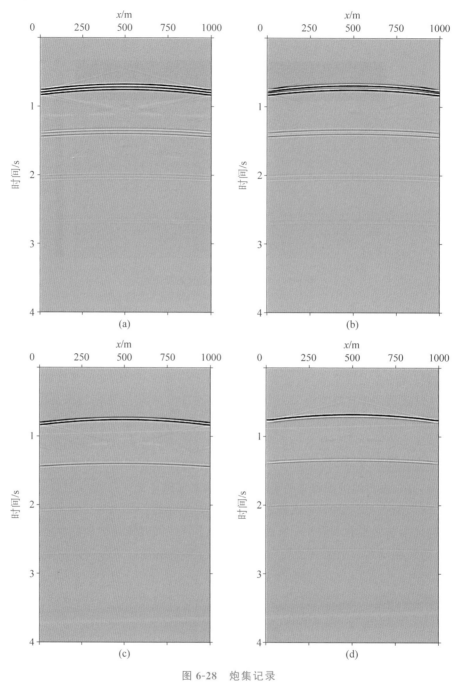

图 6-28　炮集记录

(a) 波场 P；(b) 波场 Q；(c) 波场 PD；(d) 波场 PU

像结果有了较为明显的改善：界面得到正确成像，并且所有串扰噪声干扰均已得到大幅度衰减。此外，与一次波（图 6-30(a)和(b)）相比，多次波的成像结果（图 6-30(c)和(d)）显示出更好的照明效果和更宽的地下覆盖范围，这也是多次波偏移较传统一次波偏移的典型优势。

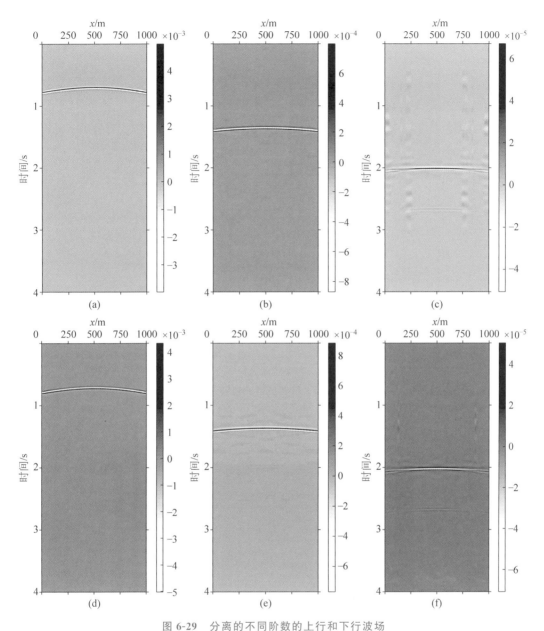

图 6-29 分离的不同阶数的上行和下行波场

（a）一次波波场；（b）一阶上行波场（多次波）；（c）二阶上行波场（多次波）；（d）一阶下行波场（虚震源）；（e）二阶下行波场（虚震源）；（f）三阶下行波场（虚震源）

6.2.5.3 二维三层模型

本实验构建了一个具有弯曲界面的三层模型，该模型的速度模型如图 6-31 所示。模型的大小为 2000 m(z)×1000 m(x)，垂直方向和水平方向的网络间距为 5.0 m。震源是主频为 20 Hz 的雷克子波。记录的时间长度为 4.0 s，采样率为 0.001 s。总共生成 20 个炮集，每炮设置 121 个检波器。震源位于 $x=300\sim700$ m 的位置，炮间距为 20 m；检波器覆盖的范围为 $-300\sim300$ m，检波器间隔为 5.0 m。

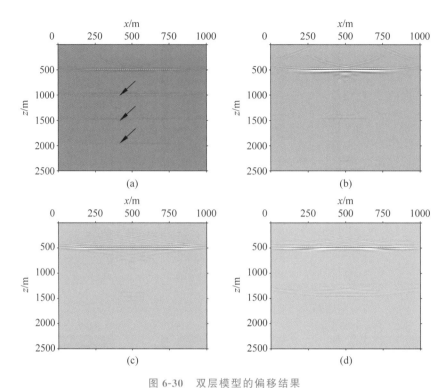

图 6-30　双层模型的偏移结果

（a）没有进行波场分离的全波场；（b）一次波波场；（c）一阶多次波；（d）二阶多次波

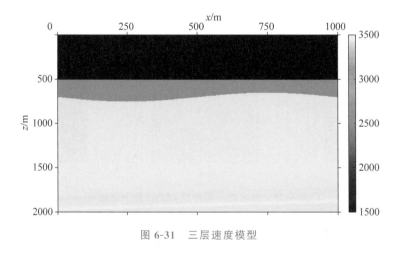

图 6-31　三层速度模型

　　模拟的炮集记录 p 包括一次波和多次波，如图 6-32（a）所示。为了获得高质量的成像结果，本节将炮集记录 p 和 q 首先分离为上行波场和下行波场 p_u、p_d，然后使用广义上/下行波场分离策略，将波场 p_u 进一步分解为一次波和不同阶数的多次波，同时将 p_d 分解为不同阶数的虚震源。分离的一次波、一阶和二阶多次反射波分别显示在图 6-32（b）、（c）和（d）中，而分离的一阶和二阶下行多次波（虚震源）分别显示在图 6-32（e）和（f）中。一次波和一阶多次波（图 6-32（b）和（c））分离较为明显，但是在二阶多次波中（图 6-32（d））一些能量溢出——这是因为二阶多次波的振幅太弱，在这种情况下，振幅仅为 10^{-5}（约为一次波振幅的

1%)。为此,本节仅使用一次波和一阶多次反射波开展偏移成像,其结果分别如图 6-33(c)
和(d)所示。

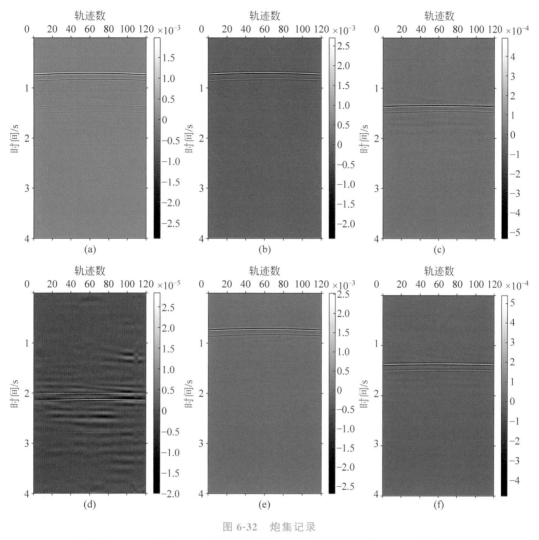

图 6-32　炮集记录

(a) 全波场 p；(b) 一次波；(c) 一阶多次波反射；(d) 二阶多次波反射；(e) 一阶下行多次波；
(f) 二阶下行多次波

为了便于对比分析,计算在吸收边界和未做多次波压制时波场的偏移成像,其结果分
别如图 6-33(a)和(b)所示。比较图 6-33(a)和(b)可以发现,当整个波场(未做多次波压制)
直接用于偏移时,成像结果提供了正确的偏移事件,但也受到严重的串扰噪声影响(图 6-33(b)
中的黑色箭头)。与图 6-33(b)相比,使用本节所提的方法开展广义波场分离之后进行一次
波偏移(图 6-33(c))实现了更清晰的成像,没有串扰噪声干扰。如果将图 6-33(a)与(c)进行
比较,图 6-33(a)中的一次波成像总体上与图 6-33(c)非常相似,这也验证了本数值实验对
多次波压制的成效显著。将图 6-33(a)、(b)和(c)的一次波偏移结果与图 6-33(d)的偏移结
果进行比较,可以很容易地看到,多次波的偏移结果对地下界面提供了更好的照明和更宽
的成像范围。

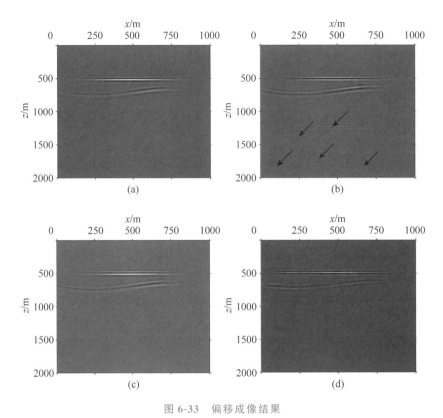

图 6-33　偏移成像结果

(a)（具有吸收边界条件的）一次波；(b)（具有自由表面边界条件的）全波场 P；(c)（由本节所提的方法产生的）一次波；(d) 一阶多次波

6.2.5.4　Sigsbee 2B 模型

本节构建一个更复杂的模型——Sigsbee 2B 模型，以进一步评估和验证使用了广义波场分离方法后的成像质量，以及使用所提的双程波方程波场深度延拓方案同时成像一次波和多次波的效率。准确地层速度模型及其平滑速度模型分别如图 6-34(a) 和(b)所示。准确地层速度模型用于生成炮集数据，而平滑速度模型用于开展偏移成像。模型的尺寸为 27500 ft(z)×45000 ft(x)(1 ft≈0.3048 m)，垂直方向和水平方向的空间间距均为 25 ft。震源函数是主频率为 10 Hz 的雷克子波。地震记录的时间长度为 12 s，采样率为 0.001 s。在本节的数值实验中，总共模拟生成了 195 个炮集记录、每个炮集设置 240 个检波器，检波器设置的范围为−3000～3000 ft，震源和检波器间距分别为 250 ft 和 25 ft。

为了开展对比分析，本节模拟生成了四种类型的炮集记录：一是含有自由表面多次波效应的常规炮集；二是应用吸收边界条件未含有自由表面多次波效的炮集记录；三是利用本节所提的方法产生的一次波炮集记录；四是利用本节所提的方法产生的一阶多次波炮集记录，其单炮记录分别如图 6-35(a)～(d)所示。对于来自海底界面的强烈多次波反射，即使海底界面的水深比较大，但因为一阶多次波的强反射，可以很容易地在图 6-35(a)中观察

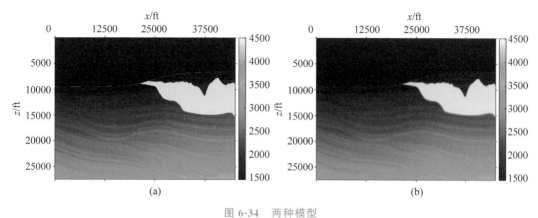

图 6-34 两种模型

（a）原始速度模型；（b）平滑速度模型

到一阶多次波（如黑色箭头标记）。与此相反，可以看到，使用本节提出的方法（图 6-35（c））成功消除了一阶多次波（由于吸收边界的应用，图 6-35（b）中则不存在一阶多次波）。此外，可以发现图 6-35（c）中的炮集与图 6-35（b）中的炮集非常相近，再次验证本节所提的多次波压制方案的有效性和可行性。

对图 6-35 的所有炮集均使用本节所提的基于重构边界条件的双程波深度延拓方案进行成像处理，对应的成像结果分别如图 6-36 所示。比较图 6-36（a）～（c）可以发现，图 6-36（a）中明显出现由于多次波（与图 6-35（a）中黑色箭头标记的事件有关）引起的强成像噪声，而利用本节所提的多次波压制方案在图 6-36（b）和（c）中的成像结果成功消除多次波成像串

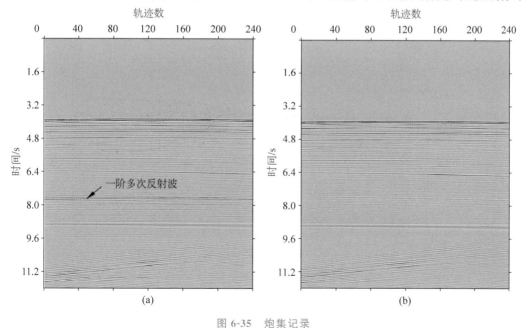

图 6-35 炮集记录

（a）具有自由表面多次波效应的常规炮集；（b）没有自由表面多次波效应但使用了吸收边界条件的炮集；（c）由本节所提的方法产生的一次波炮集；（d）由本节所提的方法产生的一阶多次波炮集

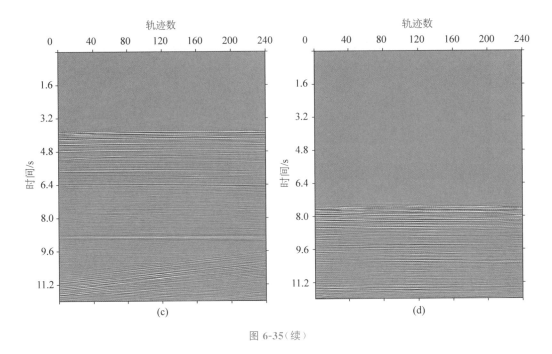

图 6-35（续）

扰噪声。图 6-36(c)所示的一次波的精确成像总体上与图 6-36(b)中应用了吸收边界的成像结果非常类似。此外,本节还计算一阶多次波成像,如图 6-36(d)所示。尽管对于深水模型,多次波成像不会引入明显的照明增强和更广泛的地下覆盖成像,但它仍然可以为地震解释中的一次波成像提供必要补充信息。

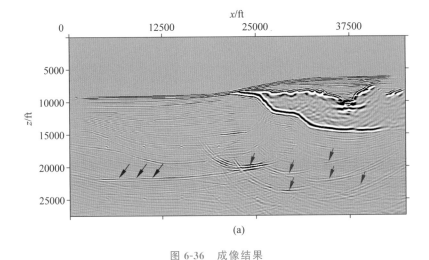

图 6-36　成像结果

(a)具有自由表面多次波假设的模拟炮集；(b)具有吸收边界假设的模拟炮集；(c)本节所提的方法产生的一次波波场；(d)本节所提的方法产生的一阶多次波炮集的偏移结果

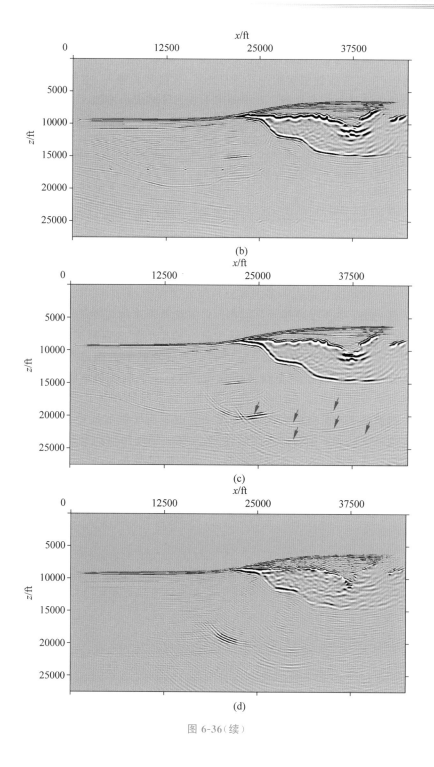

图 6-36（续）

6.2.6　常规一次波成像与一次波和不同阶数多次波同时成像计算时间比较

根据前面的介绍，使用本节所提的方法可以有效地完成一次波和不同阶数的多次波的同时偏移。表 6-1 列出了常规偏移方法与数值实验中讨论的一次波和多次波同时偏移方法的计算成本问题。通过表 6-1 的数据可以看出,由于多次波的 N 倍偏移而导致的计算成本的增加非常有限(在本节的数值实验中小于 4%)。数值实验表明,本节所提的方法有效解决了多次波偏移中常见的两个挑战:串扰噪声干扰和计算成本增加。

表 6-1 常规一次波偏移与本节所提的一次波和多次波偏移同时偏移的计算时间

波 场 类 型	仅一次波	一次波和多次波
双层模型的计算时间	365.8 s	371.3 s
三层模型的计算时间	517.9 s	529.7 s
Sigsbee 2B 模型的计算时间	797.2 s	824.8 s

6.2.7 结论

本节提出了一种新的自由表面多次波分离与成像方法,解决自由表面多次波偏移中涉及的两个挑战性问题:串扰噪声和计算成本。该方法基于重构边界条件的双程波方程深度延拓方案,该方案通过在每个深度延拓步骤中进行简单的加法与减法运算有效地实现上/下行波场分离。本节开发两种新数值算法并将其集成到基于重构边界条件的双程波方程波场深度延拓方案中:①广义上/下行波场分离算法;②一次波和不同阶多次波同时偏移算法。第一种算法有效地将输入的两个边界条件(p,q)(或等效的上/下行波场$(\tilde{p}_u,D)$)分解为相应的一次波和不同阶数的多次波,而无须自由表面反射系数算子;第二种算法以可控方式同时完成一次波和不同阶多次波的成像,并在波场延拓期间共享双程波传播矩阵以增加十分有限的计算成本。在二维双层模型、二维三层模型和 Sigsbee 2B 模型等理论模型开展的数值实验,进一步验证了本节所提的方法的正确性,也证实了该方法在成像质量和效率方面的性能。

参 考 文 献

[1] 李振春.地震叠前成像理论与方法[M].东营：中国石油大学出版社,2011.

[2] MAGINNESS M G. The reconstruction of elastic wave fields from measurements over a transducer array[J]. Journal of Sound and Vibration,1972,20(2)：219-240.

[3] FRENCH W S. Two-dimensional and three-dimensional migration of model-experiment reflection profiles[J]. Geophysics,1974,39(3)：265-277.

[4] FRENCH W S. Computer migration of oblique seismic reflection profiles[J]. Geophysics,1975,40(6)：961-980.

[5] SCHNEIDER W A. Integral formulation for migration in two and three dimensions[J]. Geophysics,1978,43(1)：49-76.

[6] CLAERBOUT J F. Toward a unified theory of reflector mapping[J]. Geophysics,1971,36(3)：467-481.

[7] CLAERBOUT J F,DOHERTY S M. Downward continuation of moveout-corrected seismograms[J]. Geophysics,1972,37(5)：741-768.

[8] STOLT R H. Migration by Fourier transform[J]. Geophysics,1978,43(1)：23-48.

[9] CLAERBOUT J F. Imaging the earth's interior[M]. Oxford：Blackwell Scientific Publications,1985.

[10] 马在田.高阶方程偏移的分裂算法[J].地球物理学报,1983,26(4)：377-388.

[11] 张关泉.利用低阶偏微分方程组的大倾角差分偏移[J].地球物理学报,1986,29(3)：273-282.

[12] 程玖兵,王华忠,马在田.频率-空间域有限差分法叠前深度偏移[J].地球物理学报,2001,44(3)：389-395.

[13] GAZDAG J. Wave equation migration with the phase-shift method[J]. Geophysics,1978,43(7)：1342-1351.

[14] GAZDAG J,SGUAZZERO P. Migration of seismic data by phase shift plus interpolation[J]. Geophysics,1984,49(2)：124-131.

[15] STOFFA P L,FOKKEMA J T,DE LUNA FREIRE R M,et al. Split-step Fourier migration[J]. Geophysics,1990,55(4)：410-421.

[16] RISTOW D,RUHL T. Fourier finite-difference migration[J]. Geophysics,1994,59(12)：1882-1893.

[17] WU R S. Wide-angle elastic wave one-way propagation in heterogeneous media and an elastic wave complex-screen method[J]. Journal of Geophysical Research：Solid Earth,1994,99(B1)：751-766.

[18] HUANG L J,FEHLER M C. Globally optimized fourier finite-difference migration method[M]//SEG Technical Program Expanded Abstracts 2000. Society of Exploration Geophysicists,2000：802-805.

[19] BIONDI B. Stable-wide angle Fourier finite difference downward extrapolation of 3D wavefields[J]. Geophysics,2002,67：872-882.

[20] 崔兴福,张关泉,吴玖丽.三维非均匀介质中真振幅地震偏移算子研究[J].地球物理学报,2004,47(3)：509-513.

[21] 刘定进,印兴耀.基于双平方根方程的保幅地震偏移[J].石油地球物理勘探,2007,42(1)：11-16.

[22] 杨其强,张叔伦.最小二乘傅里叶有限差分偏移[J].地球物理学进展,2008,23(2)：433-437.

[23] 朱遂伟,张金海,姚振兴.基于多参量的模拟退火全局优化傅里叶有限差分算子[J].地球物理学报,2008,51(6)：1844-1850.

[24] 朱遂伟,张金海,姚振兴.高阶优化傅里叶有限差分算子偏移[J].石油地球物理勘探,2009,44(6)：680-684.

[25] 吴如山,金胜汶,谢小碧.广义屏传播算子及其在地震波偏移成像方面的应用[J].石油地球物理勘探,2001,36(6)：655-664.

[26] JIN S,MOSHER C C,WU R S. Offset-domain pseudoscreen prestack depth migration[J]. Geophysics,2002,67(6)：1895-1902.

[27] 陈生昌,曹景忠,马在田.稳定的 Born 近似叠前深度偏移方法[J].石油地球物理勘探,2001,36(3)：291-296.

[28] 陈生昌,曹景忠,马在田.基于 Rytov 近似的叠前深度偏移方法[J].石油地球物理勘探,2001,36(6)：690-697.

[29] 陈生昌,曹景忠,马在田.基于拟线性 Born 近似的叠前深度偏移方法[J].地球物理学报,2001,44(5)：704-710.

[30] 陈生昌,马在田.波动方程的高阶广义屏叠前深度偏移[J].地球物理学报,2006,49(5)：1445-1451.

[31] 吴国忱,梁锴,王华忠.VTI 介质 qP 波广义高阶屏单程传播算子[J].石油地球物理勘探,2007,42(6)：640-650.

[32] 刘定进,杨瑞娟,罗申玥,等.稳定的保幅高阶广义屏地震偏移成像方法研究[J].地球物理学报,2012,55(7)：2402-2411.

[33] KIM B Y,SEOL S J,LEE H Y,et al. Prestack elastic generalized-screen migration for multicomponent data [J]. Journal of Applied Geophysics,2016,126：116-127.

[34] STANTON A,SACCHI M D. Elastic least-squares one-way wave-equation migration [J]. Geophysics,2017,82(4)：S293-S305.

[35] ZHU F,HUANG J,YU H. Least-squares Fourier finite-difference pre-stack depth migration for VTI media[J]. Journal of Geophysics and Engineering,2018,15(2)：421-437.

[36] ALASHLOO S Y M,GHOSH D P. Prestack depth imaging in complex structures using VTI fast marching traveltimes[J]. Exploration Geophysics,2018,49(4)：484-493.

[37] ZHAO H,GELIUS L J,TYGEL M,et al. 3D Prestack Fourier Mixed-Domain（FMD）depth migration for VTI media with large lateral contrasts[J]. Journal of Applied Geophysics,2019,168：118-127.

[38] YOU J,LIU Z,LIU J,et al. One-way propagators based on matrix multiplication in arbitrarily lateral varying media with GPU implementation[J]. Computers & Geosciences,2019,130：32-42.

[39] ZHANG B,WANG H,WANG X. Beam propagation of the 15-degree equation and prestack depth migration in tilted transversely isotropic media using a ray-centred coordinate system[J]. Geophysical Prospecting,2021,69(8/9)：1625-1633.

[40] WHITMORE N D. Iterative depth migration by backward time propagation[C]// 53rd Annual International Meeting,SEG,Expanded Abstracts,1983：382-385.

[41] BAYSAL E,KOSLOFF D D,SHERWOOD J W C. Reverse time migration[J]. Geophysics,1983,48(6)：1514-1524.

[42] MCMECHAN G A. Migration by extrapolation of time-dependent boundary values[J]. Geophysical prospecting,1983,31：413-420.

[43] LOEWENTHAL D,MUFTI I R. Reversed time migration in spatial frequency domain [J]. Geophysics,1983,48(5)：627-635.

[44] LEVIN S A. Principle of reverse-time migration[J]. Geophysics,1984,49(5)：581-583.

[45] WHITMORE N D,LINES L R. Vertical Seismic Profiling Depth Migration of a Salt Dome Flank[J].

Geophysics,1986,51(5):1087-1109.

[46] CHANG W,MCMECHAN G A. Elastic reverse-time migration[J]. Geophysics,1987,52(10):1365-1375.

[47] HILDEBRAND S T. Reverse-time depth migration:Impedance imaging condition[J]. Geophysics,
1987,52(8):1060-1064.

[48] LEVY B C,ESMERSOY C. Variable background Born inversion by wavefield backpropagation[J].
SIAM Journal on Applied Mathematics,1988,48(4):952-972.

[49] TENG Y C,DAI T F. Finite-Element Prestack Reverse-Time Migration for Elastic Waves[J].
Geophysics,1989,54(9):1204-1208.

[50] CHANG W F,MCMECHAN G A. 3D acoustic prestack reverse-time migration[J]. Geophysical
Prospecting,1990,38(7):737-755.

[51] LOEWENTHAL D,HU L Z. Two methods for computing the imaging condition for common-shot
prestack migration[J]. Geophysics,1991,56(3):378-381.

[52] ZHU J,LINES L. Imaging of complex subsurface structures by VSP migration[J]. Geophysics,
1994,30:73-83.

[53] WU W J,LINES L R,LU H X. Analysis of higher-order,finite-difference schemes in 3-D reverse-
time migration[J]. Geophysics,1996,61(3):845-856.

[54] NEMETH T,WU C,SCHUSTER G T. Least-squares migration of incomplete reflection data[J].
Geophysics,1999,64(1):208-221.

[55] CAUSSE E,URSIN B. Viscoacoustic reverse-time migration[J]. Journal of Seismic Exploration,
2000,9(2):165-184.

[56] ALKHALIFAH T. An acoustic wave equation for anisotropic media[J]. Geophysics,2000,65(4):
1239-1250.

[57] SUN R,MCMECHAN G A. Scalar reverse-time depth migration of prestack elastic seismic data[J].
Geophysics,2001,66(5):1519-1527.

[58] 张美根,王妙月.各向异性弹性波有限元叠前逆时偏移[J].地球物理学报,2001,44(5):711-719.

[59] 张会星,宁书年.弹性波动方程叠前逆时偏移[J].中国矿业大学学报,2002,31(5):371-375.

[60] MULDER W A,PLESSIX R E. One-way and two-way wave-equation migration[C]//73rd Annual
International Meeting,SEG,Expanded Abstracts,2003:881-884.

[61] YOON K,SHIN C,SUH S,et al. 3D reverse-time migration using the acoustic wave equation:An
experience with the SEG/EAGE data set[J]. The Leading Edge,2003,22(1):38-41.

[62] GUDDATI M N,HEIDARI A H. Migration with arbitrarily wide-angle wave equations[J].
Geophysics,2005,70(3):S61-S70.

[63] HE B,ZHANG H,ZHANG J. Prestack reverse-time depth migration of arbitrarily wide-angle wave
equations[J]. Acta Seismologica Sinica,2008,21:492-501.

[64] YOON K,MARFURT K J,STARR W. Challenges in reverse-time migration[C]//SEG Technical
Program Expanded Abstracts 2004. Society of Exploration Geophysicists,2004:1057-1060.

[65] YOON K,MARFURT K J. Reverse-time migration using the Poynting vector[J]. Exploration
Geophysics,2006,37(1):102-107.

[66] ZHANG Y,SUN J,GRAY S. Reverse-time migration:amplitude and implementation issues[J].77th
Annual International Meeting,SEG,Expanded Abstracts,2007:2145-2149.

[67] SYMES W W. Reverse time migration with optimal checkpointing[J]. Geophysics,2007,72(5):
SM213-SM221.

[68] 薛东川,王尚旭.波动方程有限元叠前逆时偏移[J].石油地球物理勘探,2008(1):17-21.

[69] GUAN H,LI Z,WANG B,et al. A multi-step approach for efficient reverse-time migration[M]// SEG Technical Program Expanded Abstracts 2008. Society of Exploration Geophysicists,2008: 2341-2345.

[70] LIU F,ZHANG G,MORTON S A,et al. An anti-dispersion wave equation for modeling and reverse-time migration[M]//SEG Technical Program Expanded Abstracts 2008. Society of Exploration Geophysicists,2008: 2277-2281.

[71] WARDS B D,MARGRAVE G F,LAMOUREUX M P. Phase-shift time-stepping for reverse-time migration[M]//SEG Technical Program Expanded Abstracts 2008. Society of Exploration Geophysicists, 2008: 2262-2266.

[72] SOUBARAS R,ZHANG Y. Two-step explicit marching method for reverse time migration[M]// SEG Technical Program Expanded Abstracts 2008. Society of Exploration Geophysicists,2008: 2272-2276.

[73] JONES I F. Pre-processing considerations for reverse time migration[M]//SEG Technical Program Expanded Abstracts 2008. Society of Exploration Geophysicists,2008: 2297-2301.

[74] CHATTOPADHYAY S,MCMECHAN G A. Imaging conditions for prestack reverse-time migration [J]. Geophysics,2008,73(3): S81-S89.

[75] DENG F,MCMECHAN G A. Viscoelastic true-amplitude prestack reverse-time depth migration. Geophysics,2008,73(4): S143-S155.

[76] DUVENECK E,MILCIK P,BAKKER P M,et al. Acoustic VTI wave equations and their application for anisotropic reverse-time migration[M]//SEG technical program expanded abstracts 2008. Society of Exploration Geophysicists,2008: 2186-2190.

[77] DUSSAUD E,SYMES W W,WILLIAMSON P,et al. Computational strategies for reverse-time migration[M]//SEG technical program expanded abstracts 2008. Society of Exploration Geophysicists,2008: 2267-2271.

[78] CLAPP R G. Reverse time migration with random boundaries[C]//79th Annual International Meeting,SEG,Expanded Abstracts,2009: 2809-2813.

[79] COSTA J C,SILVA NETO F A,ALCANTARA M R,et al. Obliquity-correction imaging condition for reverse time migration[J]. Geophysics,2009,74(3): S57-S66.

[80] 陈可洋.标量声波波动方程高阶交错网格有限差分法[J].中国海上油气,2009,21(4): 232-236.

[81] ZHANG Y,ZHANG G Q. One-step extrapolation method for reverse time migration[J]. Geophysics, 2009,74(4): A29-A33.

[82] ZHANG Y,ZHANG P,ZHANG H. Compensating for visco-acoustic effects in reverse-time migration [C]//SEG Technical Program Expanded Abstracts 2010. Society of Exploration Geophysicists,2010: 3160-3164.

[83] FLETCHER R P,NICHOLS D,CAVALCA M. Wavepath-consistent effective Q estimation for Q-compensated reverse-time migration[C]//74th EAGE Conference and Exhibition incorporating EUROPEC 2012. European Association of Geoscientists & Engineers,2012: cp-293-00331.

[84] SUH S,YOON K J,CAI J,et al. Compensating visco-acoustic effects in anisotropic reverse-time migration[C]//SEG International Exposition and Annual Meeting. SEG,2012: 1297-1301.

[85] SUN R,MCMECHAN G A. Nonlinear reverse-time inversion of elastic offset vertical seismic profile data[J]. Geophysics,1988,53(10): 1295-1302.

[86] CHANG W F,MCMECHAN G A. 3-D elastic prestack,reverse-time depth migration[J]. Geophysics, 1994,59(4): 597-609.

[87] YOUN O K,ZHOU H W. Depth imaging with multiples[J]. Geophysics,2001,66(1)：246-255.

[88] MULDER W A，PLESSIX R E. A comparison between one-way and two-way wave-equation migration[J]. Geophysics,2004,69(6)：1491-1504.

[89] YAN J,SAVA P. Isotropic angle-domain elastic reverse-time migration[J]. Geophysics,2008,73(6)：S229-S239.

[90] FLETCHER R P,DU X,FOWLER P J. Stabilizing acoustic reverse-time migration in TTI media[C]//SEG International Exposition and Annual Meeting. SEG,2009：2985-2989.

[91] LIU Y,CHANG X,JIN D,et al. Reverse time migration of multiples for subsalt imaging[J]. Geophysics,2011,76(5)：WB209-WB216.

[92] LIU Y K,HU H,XIE X B,et al. Reverse time migration of internal multiples for subsalt imaging[J]. Geophysics,2015,80(5)：S175-S185.

[93] LIU Y K,LIU X J,OSEN A,et al. Least-squares reverse time migration using controlled-order multiple reflections[J]. Geophysics,2016,81(5)：S347-S357.

[94] QIN Y,MCGARRY R. True-amplitude common-shot acoustic reverse time migration[M]//SEG Technical Program Expanded Abstracts 2013. Society of Exploration Geophysicists,2013：3894-3899.

[95] LIU J C,XIE X B,CHEN B. Reverse-time migration and amplitude correction in the angle-domain based on Poynting vector[J]. Applied Geophysics,2017,14：505-516.

[96] DU X,BANCROFT J C. 2-D scalar wave extrapolator using FE-FD operator for irregular grids[J]. CSEG National Convention,2005：101-104.

[97] KARAZINCIR M H,GERRARD C M. An efficient 3D reverse time prestack depth migration[C]//68th EAGE Conference and Exhibition,2006：261-262.

[98] ETGEN J,O'BRIEN M. Computational methods for large-scale 3D acoustic finite-difference modeling：A tutorial[J]. Geophysics,2006,72(5)：223-230.

[99] 张慧,李振春. 基于双变网格算法的地震波正演模拟[J]. 地球物理学报,2011,54(1)：77-86.

[100] ZHANG H，LI Z C. Seismic wave simulation method based on dual-variable grid[J]. Chinese Journal of Geophysics,2011,54(1)：77-86.

[101] ARAYA-POLO M,RUBIO F,DE LA CRUZ R,et al. 3D seismic imaging through reverse-time migration on homogeneous and heterogeneous multi-core processors[J]. Scientific Programming,2009,17(1/2)：185-198.

[102] FOLTINEK D,EATON D,MAHOVSKY J,et al. Industrial-scale reverse time migration on GPU hardware[M]//SEG Technical Program Expanded Abstracts 2009. Society of Exploration Geophysicists,2009：2789-2793.

[103] SUH S Y,CAI J. Reverse-time migration by fan filtering plus wavefield decomposition[M]//SEG Technical Program Expanded Abstracts 2009. Society of Exploration Geophysicists,2009：2804-2808.

[104] SUH S,WANG B. Expanding domain methods in GPU based TTI reverse time migration[C]//SEG Technical Program Expanded Abstracts,2011,30：3460-3464.

[105] 刘红伟,李博,刘洪,等. 地震叠前逆时偏移高阶有限差分算法及 GPU 实现[J]. 地球物理学报,2010,53(7)：1725-1733.

[106] 匡斌,杜继修,王华忠,等. 基于 GPU 计算平台的三维波动方程叠前深度偏移[J]. 石油地球物理勘探,2011,46(5)：705-709.

[107] KOSLOFF D D,BAYSAL E. Migration with the full acoustic wave equation[J]. Geophysics,1983,

48(6)：677-687.

[108] SANDBERG K，BEYLKIN G. Full-wave-equation depth extrapolation for migration［J］. Geophysics，2009，74(6)：WCA121-WCA128.

[109] WU B Y，WU R S，GAO J H. Preliminary investigation of wavefield depth extrapolation by two-way wave equations[J]. International Journal of Geophysics，2012：1-11.

[110] YOU J C，LI G C，LIU X W，et al. Full-wave-equation depth extrapolation for true amplitude migration based on a dual-sensor seismic acquisition system[J]. Geophysical Journal International，2016，204(3)：1462-1476.

[111] YOU J C，WU R S，LIU X，et al. Two-way wave equation-based depth migration using one-way propagators on a bilayer sensor seismic acquisition system［J］. Geophysics，2018，83（3）：S271-S278.

[112] YOU J C，CAO J X，WANG J. Two-way wave equation prestack depth migration using the matrix decomposition theory[J]. Chinese Journal of Geophysics，2020，63(10)：3838-3848.

[113] YOU J C，CAO J X. Full-wave-equation depth extrapolation for migration using matrix multiplication[J]. Geophysics，2020，85(6)：S395-S403.

[114] SONG S，YOU J，CAO Q，et al. Depth migration based on two-way wave equation to image OBS multiples：A case study in the South Shetland Margin（Antarctica）[J]. Geofluids，2020：1-9.

[115] YOU J，PAN N，LIU W，et al. Efficient wavefield separation by reformulation of two-way wave-equation depth-extrapolation scheme[J]. Geophysics，2022，87(4)：S209-S222.

[116] LI A，LIU X. Two-way wave equation depth migration using one-way propagator extrapolation[J]. Exploration Geophysics，2022，53(4)：386-397.

[117] VIRIEUX J. SH-wave propagation in heterogeneous media：Velocity-stress finite-difference method ［J］. Geophysics，1984，49(11)：1933-1942.

[118] VIRIEUX J. P-SV wave propagation in heterogeneous media：Velocity-stress finite-difference method[J]. Geophysics，1986，51(4)：889-901.

[119] LEVANDER A R. Fourth-order finite-difference P-SV seismograms[J]. Geophysics，1988，53(11)：1425-1436.

[120] YEE K. Numerical solution of initial boundary value problems involving Maxwell's equations in isotropic media[J]. IEEE Transactions on antennas and propagation，1966，14(3)：302-307.

[121] 董良国，马在田，曹景忠，等. 一阶弹性波方程交错网格高阶差分解法[J]. 地球物理学报，2000，43(3)：411-419.

[122] HOLBERG O. Computational aspects of the choice of operator and sampling interval for numerical differentiation in large-scale simulation of wave phenomena[J]. Geophysical Prospecting，1987，35(6)：629-655.

[123] ETGEN J T，O'BRIEN M J. Computational methods for large-scale 3D acoustic finite-difference modeling：A tutorial[J]. Geophysics，2007，72(5)：SM223-SM230.

[124] LIU Y. Globally optimal finite-difference schemes based on least squares[J]. Geophysics，2013，78(4)：T113-T132.

[125] BERENGER J P. A perfectly matched layer for the absorption of electromagnetic waves[J]. Journal of Computational Physics，1994，114(2)：185-200.

[126] KOMATITSCH D，MARTIN R. An unsplit convolutional perfectly matched layer improved at grazing incidence for the seismic wave equation[J]. Geophysics，2007，72(5)：SM155-SM167.

[127] CERJAN C，KOSLOFF D，KOSLOFF R，et al. A nonreflecting boundary condition for discrete

acoustic and elastic wave equations[J]. Geophysics,1985,50(4): 705-708.

[128] 陈可洋. 基于高阶有限差分的波动方程叠前逆时偏移方法[J]. 石油物探,2009,48(5): 475-478.

[129] CLAPP R G. Reverse time migration with random boundaries[C]//79th Annual International Meeting,SEG,Expanded Abstracts,2009: 2809-2813.

[130] FLETCHER R F,FOWLER P,KITCHENSIDE P,et al. Suppressing artifacts in prestack reverse time migration[M]//SEG Technical Program Expanded Abstracts 2005. Society of Exploration Geophysicists,2005: 2049-2051.

[131] KAELIN B,GUITTON A. Imaging condition for reverse time migration[M]//SEG Technical Program Expanded Abstracts 2006. Society of Exploration Geophysicists,2006: 2594-2598.

[132] ZHANG Y,SUN J. Practical issues in reverse time migration: true amplitude gathers, noise removal and harmonic-source encoding[J]. First Break,2009,26: 29-35.

[133] LE ROUSSEAU J H,DE HOOP M V. Modeling and imaging with the scalar generalized-screen algorithms in isotropic media[J]. Geophysics,2001,66(5): 1551-1568.

[134] HIGHAM N J. Stable iterations for the matrix square root[J]. Numerical Algorithms,1997,15: 227-242.

[135] FATAHALIAN K,SUGERMAN J,HANRAHAN P. Understanding the efficiency of GPU algorithms for matrix-matrix multiplication[C]//Proceedings of the ACM SIGGRAPH/ EUROGRAPHICS Conference on Graphics Hardware. 2004: 133-137.

[136] WILT N. The CUDA handbook: A comprehensive guide to GPU programming[M]. New York: Pearson Education,2013.

[137] KELEFOURAS V,KRITIKAKOU A,MPORAS I,et al. A high-performance matrix-matrix multiplication methodology for CPU and GPU architectures[J]. Journal of Supercomputing,2016, 72: 804-844.

[138] FRIGO M,JOHNSON S G. The design and implementation of FFTW3[J]. Proceedings of the IEEE,2005,93(2): 216-231.

[139] FERGUSON R J,MARGRAVE G F. Planned seismic imaging using explicit one-way operators[J]. Geophysics,2005,70(5): 101-109.

[140] MARTIN G S,WILEY R,MARFURT K J. Marmousi 2: An elastic upgrade for Marmousi[J]. The Leading Edge,2006,25(2): 156-166.

[141] ZHANG Y,ZHANG G,BLEISTEIN N. True amplitude wave equation migration arising from true amplitude one-way wave equations[J]. Inverse Problems,2003,19(5): 1113-1138.

[142] ZHANG Y,ZHANG G Q,BLEISTEIN N. Theory of true-amplitude one-way wave equations and true-amplitude common-shot migration[J]. Geophysics,2005,70(4): E1-E10.

[143] WAPENAAR C P A. Representation of the seismic sources in the one-way wave equations[J]. Geophysics,1990,55(6): 786-790.

[144] WAPENAAR C P A,HERRMANN F J. True amplitude migration taking fine layering into account [J]. Geophysics,1996,61(3): 795-803.

[145] CAO J,WU R S. Lateral velocity variation related correction in asymptotic true-amplitude one-way propagators[J]. Geophysical Prospecting,2010,58(2): 235-243.

[146] SCHLEICHER J,COSTA J,NOVAIS A. A comparison of imaging conditions for wave equation shot-profile migration[J]. Geophysics,2008,73(6): S219-S227.

[147] VIVAS F A,PESTANA R C. True-amplitude one-way wave equation migration in the mixed domain[J]. Geophysics,2010,75(5): S199-S209.

[148] GRIMBERGEN J L T, DESSING F J, WAPENAAR K. Modal expansion of one-way operators in laterally varying media[J]. Geophysics, 1998, 63(3): 995-1005.

[149] STRANG G. Linear algebra and its application[M]. 4th ed. Boston: Thomson Learning Inc, 2006.

[150] AMAZONAS D, ALEIXO R, MELO G, et al. Including lateral velocity variations in true-amplitude common-shot wave-equation migration[J]. Geophysics, 2010, 75(5): S175-S186.

[151] KJARTANSSON E. Constant Q-wave propagation and attenuation[J]. Journal of Geophysical Research: Solid Earth, 1979, 84(B9): 4737-4748.

[152] MITTET R, SOLLIE R, HOKSTAD K. Prestack depth migration with compensation for absorption and dispersion[J]. Geophysics, 1995, 60(5): 1485-1494.

[153] WU Y, FU L Y, CHEN G X. Forward modeling and reverse time migration of viscoacoustic media using decoupled fractional Laplacians[J]. Chinese Journal of Geophysics, 2017, 60(4): 1527-1537.

[154] THORBECKE J, WAPENAAR K. On the relation between seismic interferometry and the migration resolution function[J]. Geophysics, 2007, 72(6): T61-T66.

[155] VASCONCELOS I. Source-receiver, reverse-time imaging of dual-source, vector-acoustic seismic data[J]. Geophysics, 2013, 78(2): WA123-WA145.

[156] BIONDI B L. 3D seismic imaging[M]. Houston: Society of Exploration Geophysicists, 2006.

[157] WAPENAAR K, SLOB E, SNIEDER R. Unified Green's function retrieval by cross correlation[J]. Physical Review Letters, 2006, 97(23): 234301.

[158] BÉRENGER J P. A perfectly matched layer for the absorption of electromagnetic waves[J]. Journal of Computational Physics, 1994, 114(2): 185-200.

[159] HASTINGS F D, SCHNEIDER J B, BROSCHAT S L. Application of the perfectly matched layer (PML) absorbing boundary condition to elastic wave propagation[J]. The Journal of the Acoustical Society of America, 1996, 100(5): 3061-3069.

[160] YANG J D, ZHU H J, WANG W L, et al. Isotropic elastic reverse time migration using the phase- and amplitude-corrected vector P- and S-wavefields[J]. Geophysics, 2018, 83(6): S489-S503.

[161] FLETCHER R P, DU X, FOWLER P J. Reverse time migration in tilted transversely isotropic (TTI) media[J]. Geophysics, 2009, 74(6): WCA179-WCA187.

[162] XU S G, LIU Y. Effective modeling and reverse-time migration for novel pure acoustic wave in arbitrary orthorhombic anisotropic media[J]. Journal of Applied Geophysics, 2018, 150: 126-143.

[163] YAN H Y, LIU Y, ZHANG H. Prestack reverse-time migration with a time-space domain adaptive high-order staggered-grid finite-difference method[J]. Exploration Geophysics, 2013, 44(2): 77-86.

[164] YOU J C, LIU X W, WU R S. First-order acoustic wave equation reverse time migration based on the dual-sensor seismic acquisition system[J]. Pure and Applied Geophysics, 2017, 174: 1345-1360.

[165] NGUYEN B D, MCMECHAN G A. Five ways to avoid storing source wavefield snapshots in 2D elastic prestack reverse time migration[J]. Geophysics, 2015, 80(1): S1-S18.

[166] ZHANG W, SHI Y. Imaging conditions for elastic reverse time migration[J]. Geophysics, 2019, 84(2): S95-S111.

[167] NEKLYUDOV D, BORODIN I. Imaging of offset VSP data acquired in complex areas with modified reverse-time migration[J]. Geophysical Prospecting, 2009, 57(3): 379-391.

[168] SHI Y, WANG Y H. Reverse time migration of 3D vertical seismic profile data[J]. Geophysics, 2016, 81(1): S31-S38.

[169] LIU X J, LIU Y K, KHAN M. Fast least-squares reverse time migration of VSP free-surface multiples with dynamic phase-encoding schemes[J]. Geophysics, 2018, 83(4): S321-S332.

[170] GRAVES R W. Simulating seismic wave propagation in 3D elastic media using staggered-grid finite differences[J]. Bulletin of the Seismological Society of America,1996,86(4): 1091-1106.

[171] BARTOLO L D,DORS C,MANSUR W J. A new family of finite-difference schemes to solve the heterogeneous acoustic wave equation[J]. Geophysics,2012,77(5): T187-T199.

[172] DABLAIN M A. The application of high-order differencing to the scalar wave equation [J]. Geophysics,1986,51(1): 54-66.

[173] LIU Y,SEN M K. An implicit staggered-grid finite-difference method for seismic modelling[J]. Geophysical Journal International,2009,179(1): 459-474.

[174] LIU Y,SEN M K. Time-space domain dispersion-relation-based finite-difference method with arbitrary even-order accuracy for the 2D acoustic wave equation[J]. Journal of Computational Physics,2013,232(1): 327-345.

[175] CHEN J B. An average-derivative optimal scheme for frequency-domain scalar wave equation[J]. Geophysics,2012,77(6): T201-T210.

[176] LIU Y. Optimal staggered-grid finite-difference schemes based on least-squares for wave equation modelling[J]. Geophysical Journal International,2014,197(2): 1033-1047.

[177] CAI X H,LIU Y,REN Z M,et al. Three-dimensional acoustic wave equation modeling based on the optimal finite-difference scheme[J]. Applied Geophysics,2015,12(3): 409-420.

[178] REN Z M,LIU Y. Acoustic and elastic modeling by optimal time-space-domain staggered-grid finite-difference schemes[J]. Geophysics,2015,80(1): T17-T40.

[179] LI J S,YANG D H,LIU F Q. An efficient reverse time migration method using local nearly analytic discrete operator[J]. Geophysics,2013,78(1): S15-S23.

[180] CAI X H,LIU Y,REN Z M. Acoustic reverse-time migration using GPU card and POSIX thread based on the adaptive optimal finite-difference scheme and the hybrid absorbing boundary condition [J]. Computers & Geosciences,2018,115: 42-55.

[181] COSTA J C,MEDEIROS W E,SCHIMMEL M,et al. Reverse time migration using phase crosscorrelation[J]. Geophysics,2018,83(4): S345-S354.

[182] LIU Q C. Dip-angle image gather computation using the Poynting vector in elastic reverse time migration and their application for noise suppression[J]. Geophysics,2019,84(3): S159-S169.

[183] KINDELAN M,KAMEL A,SGUAZZERO P. On the construction and efficiency of staggered numerical differentiators for the wave equation[J]. Geophysics,1990,55(1): 107-110.

[184] LIU Y,SEN M K. Scalar wave equation modeling with time-space domain dispersion-relation-based staggered-grid finite-difference schemes[J]. Bulletin of the Seismological Society of America,2011, 101(1): 141-159.

[185] DU Q Z,GUO C F,ZHAO Q,et al. Vector-based elastic reverse time migration based on scalar imaging condition[J]. Geophysics,2017,82(2): S111-S127.

[186] WANG W L,MCMECHAN G A,ZHANG Q S. Comparison of two algorithms for isotropic elastic P and S vector decomposition[J]. Geophysics,2015,80(4): T147-T160.

[187] DELLINGER J,ETGEN J. Wave-field separation in two-dimensional anisotropic media [J]. Geophysics,1990,55(7): 914-919.

[188] ZHANG Q S,MCMECHAN G A. 2D and 3D elastic wavefield vector decomposition in the wavenumber domain for VTI media[J]. Geophysics,2010,75(3): D13-D26.

[189] SUN R,MCMECHAN G A,CHUANG H H. Amplitude balancing in separating P- and S-waves in 2D and 3D elastic seismic data[J]. Geophysics,2011,76(3): S103-S113.

[190] DUAN Y,SAVA P. Scalar imaging condition for elastic reverse time migration[J]. Geophysics, 2015,80(4)：S127-S136.

[191] DU Q Z,ZHU Y T,BA J. Polarity reversal correction for elastic reverse time migration[J]. Geophysics,2012,77(2)：S31-S41.

[192] WANG C L,CHENG J B,ARNTSEN B. Scalar and vector imaging based on wave mode decoupling for elastic reverse time migration in isotropic and transversely isotropic media[J]. Geophysics, 2016,81(5)：S383-S398.

[193] LI Z C,ZHANG H,LIU Q M,et al. Numeric simulation of elastic wavefield separation by staggering grid high-order finite-difference algorithm[J]. Oil Geophysical Prospecting,2007,42(5)： 510-515.

[194] GU B L,LI Z Y,MA X N,et al. Multi-component elastic reverse time migration based on the P- and S-wave separated velocity-stress equations[J]. Journal of Applied Geophysics,2015,112：62-78.

[195] SHI Y,ZHANG W,WANG Y H. Seismic elastic RTM with vector-wavefield decomposition[J]. Journal of Geophysics and Engineering,2019,16(3)：509-524.

[196] ZHOU X Y,CHANG X,WANG Y B,et al. Amplitude-preserving scalar PP and PS imaging condition for elastic reverse time migration based on a wavefield decoupling method[J]. Geophysics,2019,84(3)：S113-S125.

[197] ZHONG Y,GU H M,LIU Y T,et al. Elastic least-squares reverse time migration based on decoupled wave equations[J]. Geophysics,2021,86(6)：S371-S386.

[198] XIAO X,LEANEY W S. Local vertical seismic profiling (VSP) elastic reverse-time migration and migration resolution：Salt-flank imaging with transmitted P-to-S waves[J]. Geophysics,2010, 75(2)：S35-S49.

[199] TANG C,MCMECHAN G A. Multidirectional-vector-based elastic reverse time migration and angle-domain common-image gathers with approximate wavefield decomposition of P- and S-waves [J]. Geophysics,2018,83(1)：S57-S79.

[200] REN Z M,DAI X,BAO Q Z,et al. Time and space dispersion in finite difference and its influence on reverse rime migration and full-waveform inversion[J]. Chinese Journal of Geophysics,2021, 64(11)：4166-4180.

[201] YANG L,YAN H Y,LIU H. Optimal staggered-grid finite-difference schemes based on the minimax approximation method with the Remez algorithm[J]. Geophysics,2017,82(1)：T27-T42.

[202] LIANG W Q,WU X,WANG Y F,et al. A simplified staggered-grid finite-difference scheme and its linear solution for the first-order acoustic wave-equation modeling[J]. Journal of Computational Physics,2018,374：863-872.

[203] REN Z M,LI Z C. Temporal high-order staggered-grid finite-difference schemes for elastic wave propagation[J]. Geophysics,2017,82(5)：T207-T224.

[204] ZHOU H B,ZHANG G Q. Prefactored optimized compact finite-difference schemes for second spatial derivatives[J]. Geophysics,2011,76(5)：WB87-WB95.

[205] XU S G,LIU Y,REN Z M,et al. Time-space-domain temporal high-order staggered-grid finite-difference schemes by combining orthogonality and pyramid stencils for 3D elastic-wave propagation[J]. Geophysics,2019,84(4)：T259-T282.

[206] LIU W,YOU J C,CAO J X,et al. Variable density acoustic RTM of VSP data based on the time-space domain LS-based SFD method[J]. Acta Geophysica,2021,69：1269-1285.

[207] MA D T,ZHU G M. P- and S-wave separated elastic wave equation numerical modeling(in Chinese)

[J]. Oil Geophysical Prospecting,2003,38(5)：482-486．

[208] 李志远,梁光河,谷丙洛.基于散度和旋度纵横波分离方法的改进[J].地球物理学报,2013,56(6)：2012-2022.

[209] 吴潇,刘洋,蔡晓慧.弹性波波场分离方法对比及其在逆时偏移成像中的应用[J].石油地球物理勘探,2018,53(4)：710-721.

[210] 阮伦,程玖兵.VTI介质弹性体波模式解耦高效算法[J].石油地球物理勘探,2019,54(5)：1014-1023.

[211] 周熙焱,常旭,王一博,等.基于纵横波解耦的三维弹性波逆时偏移[J].地球物理学报,2018,61(3)：1038-1052.

[212] 梁展源.非均匀介质弹性参数地震波形反演方法研究[D].青岛：中国石油大学(华东),2020.

[213] REN Z M,LIU Y. A hierarchical elastic full-waveform inversion scheme based on wavefield separation and the multistep-length approach[J]. Geophysics,2016,81(3)：R99-R123.

[214] WU X M,LIANG L M,SHI Y Z,et al. FaultSeg3D：Using synthetic data sets to train an end-to-end convolutional neural network for 3D seismic fault segmentation[J]. Geophysics,2019,84(3)：IM35-IM45.

[215] JING J K,YAN Z,ZHANG Z,et al. Fault detection using a convolutional neural network trained with point-spread function-convolution-based samples[J]. Geophysics,2023,88(1)：IM1-IM14.

[216] WEI Y W,LI Y Y,YANG J Z,et al. Multi-task learning based P/S wave separation and reverse time migration for VSP[C]//SEG International Exposition and Annual Meeting. SEG,2020：D031S058R004.

[217] WANG W L,MA J W. PS decomposition of isotropic elastic wavefields using CNN-learned filters[C]//81st EAGE Conference and Exhibition 2019. European Association of Geoscientists & Engineers,2019,2019(1)：1-5.

[218] WANG W,MCMECHAN G A,MA J. Elastic full-waveform inversion with recurrent neural networks[M]//SEG Technical Program Expanded Abstracts 2020. Society of Exploration Geophysicists,2020：860-864.

[219] 王腾飞,熊一能,程玖兵.多分量地震数据纵横波智能分离[C].2020年中国地球科学联合学术年会,重庆,2020,306-308.

[220] KAUR H,FOMEL S,PHAM N. Elastic wave-mode separation in heterogeneous anisotropic media using deep learning[M]//Seg Technical Program Expanded Abstracts 2019. Society of Exploration Geophysicists,2019：2654-2658.

[221] KAUR H,FOMEL S,PHAM N. A fast algorithm for elastic wave-mode separation using deep learning with generative adversarial networks (GANS)[J]. Journal of Geophysical Research：Solid Earth,2021,126(9)：e2020JB021123.

[222] XIONG Y N,WANG T F,XU W,et al. P-S Separation from multi-component seismic data using deep convolutional neural networks[C]//EAGE 2020 Annual Conference & Exhibition Online. European Association of Geoscientists & Engineers,2020,(1)：1-5.

[223] RADFORD A,METZ L,CHINTALA S. Unsupervised Representation Learning with Deep Convolutional Generative Adversarial Networks[J]. Computer Science,2015,3(1)：10-20.

[224] GOODFELLOW I,POUGET-ABADIE J,MIRZA M,et al. Generative adversarial nets[J]. Advances in Neural Information Processing Systems,2014,27：2672-2680.

[225] ISOLA P,ZHU J Y,ZHOU T H,et al. Image-to-image translation with conditional adversarial networks[C]//Proceedings of the IEEE Conference on Computer Vision and Pattern Recognition.

2017：1125-1134.

[226] ZHANG H,GOODFELLOW I,METAXAS D,et al. Self-attention generative adversarial networks [C]//International Conference on Machine Learning. PMLR,2019：7354-7363.

[227] GULRAJANI I,AHMED F,ARJOVSKY M,et al. Improved Training of Wasserstein GANs[J]. Advances in Neural Information Processing Systems,2017,30：5769-5779.

[228] WANG Z,BOVIK A C,SHEIKH H R,et al. Image quality assessment：from error visibility to structural similarity[J]. IEEE Transactions on Image Processing,2004,13(4)：600-612.

[229] MOLDOVEANU N,COMBEE L,EGAN M,et al. Over/under towed-streamer acquisition：A method to extend seismic bandwidth to both higher and lower frequencies[J]. The Leading Edge, 2007,26(1)：41-58.

[230] AKI K,RICHARDS P G. Quantitative seismology：Theory and methods[M]. San Francisco：Freeman W. H. company,1980.

[231] TESSMER E. Seismic finite-difference modeling with spatially varying time steps[J]. Geophysics, 2000,65(4)：1290-1293.

[232] HUANG C,DONG L G. High-order finite-difference method in seismic wave simulation with variable grids and local time-steps(in Chinese)[J]. Geophysics,2009,52(1)：176-186.

[233] CHEN J B. On the selection of reference velocities for split-step Fourier and generalized-screen migration methods[J]. Geophysics,2010,75(6)：S249-S257.

[234] ZHANG L B,RECTOR J W,HOVERSTEN G M,et al. Split-step complex Pade-Fourier depth migration[J]. Geophysical Journal International,2007,171(3)：1308-1313.

[235] LEE D,MASON I M,JACKSON G M. Split-step Fourier shot-record migration with deconvolution imaging[J]. Geophysics,1991,56(11)：1786-1793.

[236] DE HOOP M V,LE ROUSSEAU J H,WU R S. Generalization of the phase-screen approximation for the scattering of acoustic waves[J]. Wave Motion,2000,31(1)：43-70.

[237] WU R S,WANG Y,GAO J H. Beamlet migration based on local perturbation theory[C]// 70th Annual International Meeting,SEG,Expanded Abstracts,2000：1008-1011.

[238] WU R S,CHEN L. Beamlet migration using Gabor-Daubechies frame propagator[C]//63rd EAGE Conference & Exhibition. European Association of Geoscientists & Engineers,2001：cp-15-00253.

[239] WU R S,WANG Y,LUO M. Beamlet migration using local cosine basis[J]. Geophysics,2008, 73(5)：S207-S217.

[240] 张贤达.矩阵分析及应用[M].2版.北京：清华大学出版社,2015.

[241] FEHLER M,KELIHER P J. SEAM Phase Ⅰ：Challenges of subsalt imaging in tertiary basins, with emphasis on deepwater gulf of Mexico[M]. Houston：Society of Exploration Geophysicists,2011.

[242] HALE D,HILL N R,STEFANI J. Imaging salt with turning seismic waves[J]. Geophysics,1992, 57(11)：1453-1462.

[243] JIA X F,WU R S. Super wide-angle one-way wave propagator and its application in imaging steep salt flanks[J]. Geophysics,2009,74(4)：S75-S83.

[244] GOTO K,VAN DE GEIJN R A. Anatomy of high-performance matrix multiplication[J]. ACM Transactions on Mathematical Software,2008,34(3)：1-25.

[245] 刘喜武,刘洪. 波动方程地震偏移成像方法的现状与进展[J].地球物理学进展,2002,17(4)： 582-591.

[246] 马在田.论反射地震偏移成像[J].勘探地球物理进展,2002,25(3)：1-5.

[247] 李振春.地震偏移成像技术研究现状与发展趋势[J].石油地球物理勘探,2014,49(1):1-21.

[248] 张宇.振幅保真的单程波方程偏移理论[J].地球物理学报,2006,49(5):1410-1430.

[249] 杨仁虎,常旭,刘伊克.叠前逆时偏移影响因素分析[J].地球物理学报,2010,53(8):1902-1913.

[250] 张宇,徐升,张关泉,等.真振幅全倾角单程波方程偏移方法[J].石油物探,2007,46(6):582-587.

[251] ZHANG J,MCMECHAN G A. Turning wave migration by horizontal extrapolation[J]. Geophysics,
1997,62(1):291-297.

[252] XU S Y,JIN S W. Wave equation migration of turning waves[C]//SEG International Exposition
and Annual Meeting. SEG,2006:2328-2332.

[253] ANDERSON D L,ARCHAMBEAU C B. The anelasticity of the earth[J]. Journal of Geophysical
Research,1964,69(10):2071-2084.

[254] MÜLLER T M,GUREVICH B,LEBEDEV M. Seismic wave attenuation and dispersion resulting
from wave-induced flow in porous rocks—A review[J]. Geophysics,2010,75(5):A147-A164.

[255] SAMS M S,NEEP J P,WORTHINGTON M H,et al. The measurement of velocity dispersion and
frequency-dependent intrinsic attenuation in sedimentary rocks [J]. Geophysics, 1997, 62 (5):
1456-1464.

[256] AKI K,RICHARDS P G. Quantitative Seismology[M]. New York:University Science Books,2002.

[257] BATZLE M L, HAN D H, HOFMANN R. Fluid mobility and frequency-dependent seismic
velocity—Direct measurements[J]. Geophysics,2006,71(1):N1-N9.

[258] CAPUTO M. Linear models of dissipation whose Q is almost frequency independent—Ⅱ[J].
Geophysical Journal International,1967,13(5):529-539.

[259] YUAN C,PENG S,ZHANG Z,et al. Seismic wave propagating in Kelvin-Voigt homogeneous visco-
elastic media[J]. Science in China Series D,2006,49:147-153.

[260] FUTTERMAN W I. Dispersive body waves[J]. Journal of Geophysical Research,1962,67(13):
5279-5291.

[261] CARCIONE J M,KOSLOFF D,KOSLOFF R. Wave propagation simulation in a linear viscoelastic
medium[J]. Geophysical Journal International,1988,95(3):597-611.

[262] CARCIONE J M, CAVALLINI F, MAINARDI F, et al. Time-domain modeling of constant-Q
seismic waves using fractional derivatives[J]. Pure and Applied Geophysics,2002,159:1719-1736.

[263] XING G, ZHU T. Modeling frequency-independent Q viscoacoustic wave propagation in heterogeneous
media[J]. Journal of Geophysical Research:Solid Earth,2019,124(11):11568-11584.

[264] HALE D. An inverse Q-filter[J]. Stanford Exploration Project,1981,28(1):289-298.

[265] HARGREAVES N D. Similarity and the inverse Q filter:Some simple algorithms for inverse Q
filtering[J]. Geophysics,1992,57(7):944-947.

[266] WANG Y. Inverse-Q filtered migration[J]. Geophysics,2008,73(1):S1-S6.

[267] ZHANG J F,WAPENAAR K. Wavefield extrapolation and prestack depth migration in anelastic
inhomogeneous media[J]. Geophysical Prospecting,2002,50(6):629-643.

[268] MITTET R. A simple design procedure for depth extrapolation operators that compensate for
absorption and dispersion[J]. Geophysics,2007,72(2):S105-S112.

[269] ZHU T,HARRIS J M. Modeling acoustic wave propagation in heterogeneous attenuating media
using decoupled fractional Laplacians[J]. Geophysics,2014,79(3):T105-T116.

[270] SUN J,ZHU T,FOMEL S. Visco-acoustic modeling and imaging using low-rank approximation
[J]. Geophysics,2015,80(5):A103-A108.

[271] CHEN H,ZHOU H,RAO Y,et al. A matrix-transform numerical solver for fractional Laplacian

viscoacoustic wave equation[J]. Geophysics,2019,84(4): T283-T297.

[272] YANG J,ZHU H. Visco-acoustic reverse time migration using a time-domain complex-valued wave equation visco-acoustic RTM[J]. Geophysics,2018,83(6): S505-S519.

[273] ZHU T,HARRIS J M,BIONDI B. Q-compensated reverse-time migration[J]. Geophysics,2014, 79(3): S77-S87.

[274] WANG Y,ZHOU H,CHEN H,et al. Adaptive stabilization for Q-compensated reverse time migration[J]. Geophysics,2018,83(1): S15-S32.

[275] SUN J,ZHU T. Strategies for stable attenuation compensation in reverse-time migration[J]. Geophysical Prospecting,2018,66(3): 498-511.

[276] WANG N,ZHOU H,CHEN H,et al. A constant fractional-order viscoelastic wave equation and its numerical simulation scheme[J]. Geophysics,2018,83(1): T39-T48.

[277] CHEN H,ZHOU H,RAO Y. An implicit stabilization strategy for Q-compensated reverse time migration[J]. Geophysics,2020,85(3): S169-S183.

[278] YANG J,HUANG J,ZHU H,et al. Viscoacoustic reverse time migration with a robust space-wavenumber domain attenuation compensation operator[J]. Geophysics,2021,86(5): S339-S353.

[279] WANG Y,HARRIS J M,BAI M,et al. An explicit stabilization scheme for Q-compensated reverse time migration[J]. Geophysics,2022,87(3): F25-F40.

[280] LI Q. High Resolution Seismic Data Processing[M]. Beijing: Petroleum Industry Press,1993.

[281] MARÍN-MORENO H,SAHOO S K,BEST A I. Theoretical modeling insights into elastic wave attenuation mechanisms in marine sediments with pore-filling methane hydrate[J]. Journal of Geophysical Research: Solid Earth,2017,122(3): 1835-1847.

[282] PAN H,LI H,CHEN J,et al. Quantification of gas hydrate saturation and morphology based on a generalized effective medium model[J]. Marine and Petroleum Geology,2020,113: 104166.

[283] MATSUSHIMA J. Seismic wave attenuation in methane hydrate-bearing sediments: Vertical seismic profiling data from the Nankai Trough exploratory well,offshore Tokai,central Japan[J]. Journal of Geophysical Research: Solid Earth,2006,111(B10): 1-20.

[284] DEWANGAN P,MANDAL R,JAISWAL P,et al. Estimation of seismic attenuation of gas hydrate bearing sediments from multi-channel seismic data: A case study from Krishna-Godavari offshore basin[J]. Marine and Petroleum Geology,2014,58: 356-367.

[285] PRATT R G,SHIN C,HICK G J. Gauss-Newton and full Newton methods in frequency-space seismic waveform inversion[J]. Geophysical Journal International,1998,133(2): 341-362.

[286] PLESSIX R E. A review of the adjoint-state method for computing the gradient of a functional with geophysical applications[J]. Geophysical Journal International,2006,167(2): 495-503.

[287] VIRIEUX J,OPERTO S. An overview of full-waveform inversion in exploration geophysics[J]. Geophysics,2009,74(6): WCC1-WCC26.

[288] LIU F,ZHANG G,MORTON S A,et al. Reverse-time migration using one-way wavefield imaging condition[C]//77th Annual International Meeting,SEG,Expanded Abstracts,2007: 2170-2174.

[289] WANG Y B,ZHENG Y K,XUE Q F,et al. Reverse time migration with Hilbert transform based full wavefield decomposition[J]. Chinese Journal of Geophysics,2016,59(11): 4200-4211.

[290] CHAURIS H,COCHER E. From migration to inversion velocity analysis[J]. Geophysics,2017, 82(3): S207-S223.

[291] SHEN P,ALBERTIN U. Up-down separation using Hilbert transformed source for causal imaging condition[M]//85th Annual International Meeting,SEG,Expanded Abstracts,2015: 4175-4179.

[292] XUE H,LIU Y. Reverse-time migration using multidirectional wavefield decomposition method[J]. Applied Geophysics,2018,15(2): 222-233.

[293] GUO X,SHI Y,WANG W,et al. Wavefield decomposition in arbitrary direction and an imaging condition based on stratigraphic dip[J]. Geophysics,2020,85(5): S299-S312.

[294] GUO P,MCMECHAN G A. Up/down image separation in elastic reverse time migration[J]. Pure and Applied Geophysics,2020,177(10): 4811-4828.

[295] ZHANG L,LIU Y,JIA W,et al. Suppressing residual low-frequency noise in VSP reverse time migration by combining wavefield decomposition imaging condition with Poynting vector filtering [J]. Exploration Geophysics,2021,52(2): 235-244.

[296] LIU F Q,ZHANG G Q,MORTON S A,et al. An effective imaging condition for reverse-time migration using wavefield decomposition[J]. Geophysics,2011,76(1): S29-S39.

[297] YILMAZ Ö. Seismic data analysis: Processing,inversion,and interpretation of seismic data[M]. Houston: Society of Exploration Geophysicists,2001.

[298] BERKHOUT A J,VERSCHUUR D J. Imaging of multiple reflections[J]. Geophysics,2006, 71(4): SI209-SI220.

[299] WANG Y,ZHENG Y,XUE Q,et al. Reverse time migration of multiples: Reducing migration artifacts using the wavefield decomposition imaging condition [J]. Geophysics,2017,82(4): S307-S314.

[300] LU S,LIU F,CHEMINGUI N,et al. Least-squares full-wavefield migration[J]. The Leading Edge, 2018,37(1): 46-51.

[301] NATH A,VERSCHUUR D J. Imaging with surface-related multiples to overcome large acquisition gaps[J]. Journal of Geophysics and Engineering,2020,17(4): 742-758.

[302] VERSCHUUR D J. Seismic Multiple Removal Techniques: Past,present and future[M]. Revised Edition. Houten: EAGE Publications,2013.

[303] LU S,WHITMORE D N,VALENCIANO A A,et al. Separated-wavefield imaging using primary and multiple energy[J]. The Leading Edge,2015,34(7): 770-778.

[304] MUIJS R,ROBERTSSON J O,HOLLIGER K. Prestack depth migration of primary and surface-related multiple reflections: Part I—Imaging[J]. Geophysics,2007,72(2): S59-S69.

[305] POOLE T L,CURTIS A,ROBERTSSON J O,et al. Deconvolution imaging conditions and cross-talk suppression[J]. Geophysics,2010,75(6): W1-W12.

[306] LU S,WHITMORE N,VALENCIANO A,et al. A practical crosstalk attenuation method for separated wavefield imaging[M]//86th Annual International Meeting,SEG,Expanded Abstracts, 2016: 4235-4239.

[307] BERKHOUT A J. An outlook on the future of seismic imaging,Part II: Full-Wavefield Migration [J]. Geophysical Prospecting,2014,62(5): 931-949.

[308] DAVYDENKO M,VERSCHUUR D J. Full-wavefield migration: using surface and internal multiples in imaging[J]. Geophysical Prospecting,2017,65(1): 7-21.

[309] BEASLEY C J. A new look at marine simultaneous sources[J]. The Leading Edge,2008,27(7): 914-917.

[310] MOORE I,DRAGOSET B,OMMUNDSEN T,et al. Simultaneous source separation using dithered sources[M]//SEG Technical Program Expanded Abstracts 2008. Society of Exploration Geophysicists, 2008: 2806-2810.

[311] BEASLEY C,MOORE I,FLETCHER R,et al. Simultaneous source separation using adaptive

robust linear algebra[C]//78th EAGE Conference and Exhibition 2016. European Association of Geoscientists & Engineers,2016,2016(1)：1-5.

[312] VERSCHUUR D J,BERKHOUT A J. Seismic migration of blended shot records with surface-related multiple scattering[J]. Geophysics,2011,76(1)：A7-A13.

[313] SCHUSTER G T,WANG X,HUANG Y,et al. Theory of multisource crosstalk reduction by phase-encoded statics[J]. Geophysical Journal International,2011,184(3)：1289-1303.

[314] LIU Y,ZHANG Y,ZHENG Y. Reverse time migration of phase-encoded all-order multiples[J]. Geophysics,2022,87(2)：S45-S52.

[315] VERSCHUUR D J,BERKHOUT A J,WAPENAAR C P A. Adaptive surface-related multiple elimination[J]. Geophysics,1992,57(9)：1166-1177.

[316] BERKHOUT A J,VERSCHUUR D J. Estimation of multiple scattering by iterative inversion,Part I：Theoretical considerations[J]. Geophysics,1997,62(5)：1586-1595.

[317] WEGLEIN A B,GASPAROTTO F A,CARVALHO P M,et al. An inverse-scattering series method for attenuating multiples in seismic reflection data[J]. Geophysics,1997,62(6)：1975-1989.

[318] ZIOLKOWSKI A,TAYLOR D B,JOHNSTON R G K. Marine seismic wave field measurement to remove sea surface multiples[J]. Geophysical Prospecting,1999,47(6)：841-870.

[319] MAJDAŃSKI M,KOSTOV C,KRAGH E,et al. Attenuation of free-surface multiples by up/down deconvolution for marine towed-streamer data[J]. Geophysics,2011,76(6)：V129-V138.

[320] HAMPSON G,SZUMSKI G. Down/down deconvolution[C]//90th Annual International Meeting,SEG,Expanded Abstracts,2020：3099-3103.

[321] BERKHOUT A J. Seismic migration：Imaging of acoustic energy by wave field extrapolation,Part A：Theoretical aspects[M]. 2nd ed. Amsterdam：Elsevier,1982.

[322] 秦泽. 海洋地震表面相关多次波压制方法研究[D]. 西安：长安大学,2021.

[323] BUBE K P,LANGAN R T. Hybrid l_1/l_2 minimization with applications to tomography[J]. Geophysics,1997,62(4)：1183-1195.

附　　录

附录 A　黏声介质单程波傅里叶有限差分算子

将方程(3-54)变换回 w-x 域并整理公式得到以下形式：

$$k_z = k_{z_0} + \left(\frac{\omega}{v_\gamma} - \frac{\omega}{c_{\gamma_0}}\right) + \frac{\omega}{v_\gamma}\left\{\frac{b\left(\dfrac{v_\gamma^2}{\omega^2}\dfrac{\partial^2}{\partial x^2}\right)}{1 + a\left(\dfrac{v_\gamma^2}{\omega^2}\dfrac{\partial^2}{\partial x^2}\right)}\right\} - \frac{\omega}{c_{\gamma_0}}\left\{\frac{b\left(\dfrac{c_{\gamma_0}^2}{\omega^2}\dfrac{\partial^2}{\partial x^2}\right)}{1 + a\left(\dfrac{c_{\gamma_0}^2}{\omega^2}\dfrac{\partial^2}{\partial x^2}\right)}\right\}$$

$$= k_{z_0} + \left(\frac{\omega}{v_\gamma} - \frac{\omega}{c_{\gamma_0}}\right) + \frac{b\dfrac{v_\gamma}{\omega}\dfrac{\partial^2}{\partial x^2}}{1 + a\dfrac{v_\gamma^2}{\omega^2}\dfrac{\partial^2}{\partial x^2}} - \frac{b\dfrac{c_{\gamma_0}}{\omega}\dfrac{\partial^2}{\partial x^2}}{1 + a\dfrac{c_{\gamma_0}^2}{\omega^2}\dfrac{\partial^2}{\partial x^2}} \tag{A-1}$$

定义 $A = a\dfrac{\partial^2}{\partial x^2}, B = b\dfrac{\partial^2}{\partial x^2}, V = \dfrac{v_\gamma}{\omega}, C = \dfrac{c_{\gamma_0}}{\omega}$，所以方程(A-1)的最后两项可以简化为

$$\frac{BV}{1 + AV^2} - \frac{BC}{1 + AC^2}$$

$$= \frac{BV(1 + AC^2) - BC(1 + AV^2)}{(1 + AV^2)(1 + AC^2)}$$

$$= \frac{B(V - C) + B(AVC^2 - AV^2C)}{(1 + AV^2)(1 + AC^2)}$$

$$= \frac{B(V - C) + B(AVC^2 - AV^2C)}{1 + AV^2 + AC^2 + A^2V^2C^2} \tag{A-2}$$

将方程(A-2)的最后一行的高阶项忽略，则方程(A-2)改写为

$$\frac{BV}{1 + AV^2} - \frac{BC}{1 + AC^2} \approx \frac{B(V - C)}{1 + A(V^2 + C^2)} \tag{A-3}$$

所以 k_z 的最终形式可以表示为

$$k_z \approx k_{z_0} + \left(\frac{\omega}{v_\gamma} - \frac{\omega}{c_{\gamma_0}}\right) + \frac{b\left(\dfrac{v_\gamma - c_{\gamma_0}}{\omega}\dfrac{\partial^2}{\partial x^2}\right)}{1 + a\left(\dfrac{v_\gamma^2 + c_{\gamma_0}^2}{\omega^2}\dfrac{\partial^2}{\partial x^2}\right)} \tag{A-4}$$

其中，$a = \dfrac{1}{4}, b = \dfrac{1}{2}$。可见，式(A-4)具有与方程(3-55)相同的形式。证明过程见附录 B。

附录 B 平方根算子的近似计算公式

平方根算子的最佳逼近式以及泰勒公式分别表示为

$$\begin{cases} \sqrt{1-\sin^2\theta} \approx 1 - \dfrac{b\sin^2\theta}{1-a\sin^2\theta} \\ \sqrt{1+r} = 1 + \sum\limits_{n=1}^{\infty} \binom{\frac{1}{2}}{n} r^n \approx 1 + \dfrac{1}{2}r - \dfrac{1}{8}r^2 \end{cases} \tag{B-1}$$

而方程(3-55)的最后一项可以用泰勒公式展开为

$$\frac{br^2}{1-ar^2} = br^2 + abr^4\{1 + ar^2 + \cdots\} \approx br^2 + abr^4 \tag{B-2}$$

所以

$$1 - \frac{br^2}{1-ar^2} \approx 1 - br^2 - abr^4 = 1 + \frac{1}{2}r^2 - \frac{1}{8}r^2 \tag{B-3}$$

然后可以得到 $b = \dfrac{1}{2}, ab = -\dfrac{1}{8}$，即 $a = \dfrac{1}{4}, b = \dfrac{1}{2}$。

附录 C 其他三种常规 SFDM 的差分系数的计算公式

不同的 SFDM 具有不同的数值模拟精度。总体而言，基于时空域频散关系的 SFDM 模拟精度高于基于空间域频散关系的 SFDM，基于 LS 方法的 SFDM 模拟精度高于基于 TE 方法的 SFDM。结合不同的频散关系和求解算法，可以提出 4 种不同的 SFDM。除了 4.2 节使用的基于时空域频散关系的 LS-SFDM 外，在附录 C 中简要地介绍了其他 3 种常规 SFDM 的差分系数计算公式。

根据空间域频散关系和 TE 方法，发展了基于空间域频散关系的 TE-SFDM，并利用下式[173]估计其差分系数：

$$c_m = \frac{(-1)^{m+1}}{2m-1} \prod_{1\leqslant n\leqslant M, n\neq m} \left| \frac{(2n-1)^2}{(2m-1)^2 - (2n-1)^2} \right|, \quad m = 1, 2, \cdots, M \tag{C-1}$$

基于时空域频散关系和 TE 方法，提出了基于时空域频散关系的 TE-SFDM，该方法可以在 8 个方向上达到 $2M$ 阶模拟精度，其差分系数可以通过下式[178,184]计算：

$$\begin{bmatrix} 1^0 & 3^0 & \cdots & (2M-1)^0 \\ 1^2 & 3^2 & \cdots & (2M-1)^2 \\ \vdots & \vdots & & \vdots \\ 1^{2M-2} & 3^{2M-2} & \cdots & (2M-1)^{2M-2} \end{bmatrix} \begin{bmatrix} 1c_1 \\ 3c_2 \\ \vdots \\ (2M-1)c_M \end{bmatrix} = \begin{bmatrix} 1 \\ f_2 \\ \vdots \\ f_M \end{bmatrix} \tag{C-2}$$

和

$$f_n = \frac{\left(\sum\limits_{j=1}^{n} \alpha_j \alpha_{n+1-j}\right) r^{2n-2} - \sum\limits_{j=2}^{n-1} [f_j f_{n+1-j} (d_j d_{n+1-j} + e_j e_{n+1-j})]}{2(d_1 d_n + e_1 e_n)}, \quad n = 2, 3, \cdots, M$$

$$\begin{cases} d_n = (\cos\theta)^{2n-1}\alpha_n, & e_n = (\sin\theta)^{2n-1}\alpha_n \\ d_n = (\cos\theta)^{2n-1}\alpha_n, & e_n = (\sin\theta)^{2n-1}\alpha_n \end{cases} \tag{C-3}$$

为了提高大波数范围内的模拟精度,结合空间域频散关系和 LS 方法,提出了基于空间域频散关系的 LS-SFDM,并利用下式计算其差分系数[176]:

$$\sum_{m=2}^{M} \left[\int_0^b \psi_m(\beta)\psi_n(\beta)\mathrm{d}\beta \right] c_m = \int_0^b g(\beta)\psi_n(\beta)\mathrm{d}\beta, \quad n = 2,3,\cdots,M \tag{C-4}$$

$$c_1 = 1 - \sum_{m=2}^{M} (2m-1)c_m \tag{C-5}$$

和

$$\begin{cases} \psi_m(\beta) = 2\{\sin[(m-0.5)\beta] - 2(m-0.5)\sin(0.5\beta)\} \\ g(\beta) = \beta - 2\sin(0.5\beta) \end{cases} \tag{C-6}$$

附录 D　双程波方程波场深度延拓中的快速波场分解

二维情况下常密度频率域声波方程(方程(5-73))的通解形式可以写为

$$\tilde{p}(x,z,\omega) = \tilde{p}_d(x,z_0,\omega)\mathrm{e}^{\mathrm{i}k_z(z-z_0)} + \tilde{p}_u(x,z_0,\omega)\mathrm{e}^{-\mathrm{i}k_z(z-z_0)} \tag{D-1}$$

其中,$\tilde{p}_d(x,z_0,\omega)$ 和 $\tilde{p}_u(x,z_0,\omega)$ 分别为 $z=z_0$ 处上行波场和下行波场。

对方程(D-1)中深度变量求偏导数,则有

$$\tilde{p}_z(x,z,\omega) = \mathrm{i}k_z \left[\tilde{p}_d(x,z_0,\omega)\mathrm{e}^{\mathrm{i}k_z(z-z_0)} - \tilde{p}_u(x,z_0,\omega)\mathrm{e}^{-\mathrm{i}k_z(z-z_0)} \right] \tag{D-2}$$

利用新引入的压力波场 $\tilde{q}(x,z,\omega) = \dfrac{\tilde{p}_z(x,z,\omega)}{\mathrm{i}k_z}$,则方程(D-2)可表示为

$$\tilde{q}(x,z,\omega) = \tilde{p}_d(x,z_0,\omega)\mathrm{e}^{\mathrm{i}k_z(z-z_0)} - \tilde{p}_u(x,z_0,\omega)\mathrm{e}^{-\mathrm{i}k_z(z-z_0)} \tag{D-3}$$

对方程(D-1)和方程(D-3)进行加法和减法运算,则有

$$\tilde{p}(x,z+\Delta z,\omega) + \tilde{q}(x,z+\Delta z,\omega) = 2\tilde{p}_d(x,z,\omega)\mathrm{e}^{\mathrm{i}k_z\Delta z} \tag{D-4}$$

和

$$\tilde{p}(x,z+\Delta z,\omega) - \tilde{q}(x,z+\Delta z,\omega) = 2\tilde{p}_u(x,z,\omega)\mathrm{e}^{-\mathrm{i}k_z\Delta z} \tag{D-5}$$

方程(D-4)和方程(D-5)的含义是:由于新压力波场 $\tilde{q}(x,z,\omega)$ 的引入,在双程波方程波场深度延拓中可通过简单的加法和减法运算实现上行波和下行波分解。

附录 E　最大速度低通滤波器方法

最大速度低通滤波器方法主要是在频率-波数域以延拓深度的最大速度值构建一个低通滤波器。以双程波方程波场深度延拓方法(方程(5-76))为基础,将延拓计算的 $\tilde{p}(x,z,\omega)$ 通过傅里叶变换为 $\tilde{p}(k_x,z,\omega)$,根据构建的最大速度低通滤波器进行隐失波压制,具体执行方程如下:

$$\tilde{p}(k_x, z, \omega) = \begin{cases} \tilde{p}(k_x, z, \omega), & k_x^2 < \left(\dfrac{\omega}{c_{\max}}\right)^2 \\ 0, & k_x^2 \geqslant \left(\dfrac{\omega}{c_{\max}}\right)^2 \end{cases} \tag{E-1}$$

其中，k_x 为水平波数；ω 为角频率；$c_{\max}$ 为延拓深度处的最大速度值。

类似地，利用构建的最大速度低通滤波器作用于波场 $\tilde{q}(x, z, \omega)$，以便实现对隐失波压制，保障双程波方程波场延拓的稳定性。

附录 F　谱投影方法

以二维情况下常密度频率域声波方程为例，常规的双程波方程波场深度延拓方程可以写为

$$\frac{\mathrm{d}}{\mathrm{d}z} \begin{bmatrix} \tilde{p}(x, z+\Delta z, \omega) \\ \tilde{p}_z(x, z+\Delta z, \omega) \end{bmatrix} = \begin{bmatrix} 0 & 1 \\ -L & 0 \end{bmatrix} \begin{bmatrix} \tilde{p}(x, z, \omega) \\ \tilde{p}_z(x, z, \omega) \end{bmatrix} \tag{F-1}$$

其中，$L = \left(\dfrac{\omega}{v(x)}\right)^2 + \dfrac{\partial^2}{\partial x^2}$。

亥姆霍兹算子 L 包含正特征值和负特征值，而负特征值对应的是隐失波的传播。为了对隐失波进行压制，Sandberg 等[108]提出了一种矩阵迭代计算的谱投影方法，其中谱投影算子表示为

$$P = (\boldsymbol{I} - \mathrm{sign}(L))/2 \tag{F-2}$$

式中，$\boldsymbol{I}$ 为单位矩阵。

在谱投影方法压制隐失波的计算中，为了计算矩阵的符号函数 $\mathrm{sign}(L)$，Sandberg 等[108]提出采用矩阵迭代计算的方式，该方法具体执行流程可写为

① 初始化：$S_0 = L / \|L\|_2$；

② 迭代计算：对 $k = 1, 2, \cdots, N$，有 $S_{k+1} = \dfrac{3}{2} S_k - \dfrac{1}{2} S_k^3$；

③ 当满足迭代条件 $\|S_{k+1} - S_k\| \leqslant \varepsilon$ 时，$S_k \to \mathrm{sign}(L)$。其中，ε 为收敛函数，通常设置为 10^{-6}。

附录 G　黏声介质的双程波方程波场深度延拓公式

假设压力波场及其导数波场在采集面（$z = z_0$）上是已知的，频域黏声波方程（方程(5-86)）及其边界条件可以写成

$$\begin{cases} \dfrac{\partial^2}{\partial z^2} \tilde{p}(x, z, \omega) + \tilde{k}_z^2 \tilde{p}(x, z, \omega) = 0 \\ \tilde{p}(x, z = z_0, \omega) = \phi_1 \\ \dfrac{\partial \tilde{p}}{\partial z}(x, z = z_0, \omega) = \phi_2 \end{cases} \tag{G-1}$$

其中，ϕ_1 和 ϕ_2 是已知波场，代表压力波场及其导数波场。

在均匀介质的情况下，方程（G-1）的通解及其导数可以表示为

$$\begin{cases} \tilde{p}(k_x,z,\omega)=C_1\mathrm{e}^{\mathrm{i}k_z z}+C_2\mathrm{e}^{-\mathrm{i}k_z z} \\ \dfrac{\partial \tilde{p}(k_x,z,\omega)}{\partial z}=\mathrm{i}k_z C_1\mathrm{e}^{\mathrm{i}k_z z}-\mathrm{i}k_z C_2\mathrm{e}^{-\mathrm{i}k_z z} \end{cases} \tag{G-2}$$

其中 C_1 和 C_2 是两个待定系数，可使用方程（G-1）提供的两个边界条件获得，即

$$\begin{cases} C_1=\dfrac{1}{2}\left[\tilde{p}(k_x,z_0,\omega)+\dfrac{\tilde{p}_z(k_x,z_0,\omega)}{\mathrm{i}k_z}\right]\mathrm{e}^{-\mathrm{i}k_z z_0} \\ C_2=\dfrac{1}{2}\left[\tilde{p}(k_x,z_0,\omega)-\dfrac{\tilde{p}_z(k_x,z_0,\omega)}{\mathrm{i}k_z}\right]\mathrm{e}^{\mathrm{i}k_z z_0} \end{cases} \tag{G-3}$$

此外，方程（G-2）可以写成

$$\begin{cases} \tilde{p}_z(k_x,z,\omega)=\dfrac{1}{2}\Big\{\left[\mathrm{i}k_z\tilde{p}(k_x,z_0,\omega)+\tilde{p}_z(k_x,z_0,\omega)\right]\mathrm{e}^{\mathrm{i}k_z(z-z_0)}+ \\ \qquad\qquad\left[-\mathrm{i}k_z\tilde{p}(k_x,z_0,\omega)+\tilde{p}_z(k_x,z_0,\omega)\right]\mathrm{e}^{-\mathrm{i}k_z(z-z_0)}\Big\} \\ \tilde{p}(k_x,z,\omega)=\dfrac{1}{2}\Big\{\left[\tilde{p}(k_x,z_0,\omega)+\dfrac{\tilde{p}_z(k_x,z_0,\omega)}{\mathrm{i}k_z}\right]\mathrm{e}^{\mathrm{i}k_z(z-z_0)}+ \\ \qquad\qquad\left[\tilde{p}(k_x,z_0,\omega)-\dfrac{\tilde{p}_z(k_x,z_0,\omega)}{\mathrm{i}k_z}\right]\mathrm{e}^{-\mathrm{i}k_z(z-z_0)}\Big\} \end{cases} \tag{G-4}$$

令 $z-z_0=\Delta z$，利用欧拉公式，方程（G-4）可以进一步简化

$$\begin{cases} \tilde{p}_z(k_x,z_0+\Delta z,\omega)=\tilde{p}(k_x,z_0,\omega)\left[-k_z\sin(k_z\Delta z)\right]+\tilde{p}_z(k_x,z_0,\omega)\cos(k_z\Delta z) \\ \tilde{p}(k_x,z_0+\Delta z,\omega)=\tilde{p}(k_x,z_0,\omega)\cos(k_z\Delta z)+\tilde{p}_z(k_x,z_0,\omega)\dfrac{\sin(k_z\Delta z)}{k_z} \end{cases} \tag{G-5}$$

显然，方程（5-87）是方程（G-5）的矩阵向量表示。

附录 H　黏声介质的波场分解

对于频率-空间域黏性声波方程，其解可以写为

$$\tilde{p}(x,z,\omega)=\tilde{p}_\mathrm{d}(x,z_0,\omega)\mathrm{e}^{\mathrm{i}\tilde{k}_z(z-z_0)}+\tilde{p}_\mathrm{u}(x,z_0,\omega)\mathrm{e}^{-\mathrm{i}\tilde{k}_z(z-z_0)} \tag{H-1}$$

其中，$\tilde{k}_z$ 表示黏声波垂直波数；$\tilde{p}(x,z,\omega)$ 为黏声波压力波场，$\tilde{p}_\mathrm{d}(x,z_0,\omega)$ 和 $\tilde{p}_\mathrm{u}(x,z_0,\omega)$ 分别为深度 $z=z_0$ 处的下行波场和上行波场。

计算压力波场对深度的导数，即可实现

$$\tilde{p}_z(x,z,\omega)=\mathrm{i}\tilde{k}_z\left[\tilde{p}_\mathrm{d}(x,z_0,\omega)\mathrm{e}^{\mathrm{i}\tilde{k}_z(z-z_0)}-\tilde{p}_\mathrm{u}(x,z_0,\omega)\mathrm{e}^{-\mathrm{i}\tilde{k}_z(z-z_0)}\right] \tag{H-2}$$

引入一个新的压力波场 $\tilde{q}(x,z,\omega)=\dfrac{\tilde{p}_z(x,z,\omega)}{\mathrm{i}\tilde{k}_z}$，可以进一步将方程（H-2）表示为

$$\tilde{q}(x,z,\omega)=\tilde{p}_\mathrm{d}(x,z_0,\omega)\mathrm{e}^{\mathrm{i}\tilde{k}_z(z-z_0)}-\tilde{p}_\mathrm{u}(x,z_0,\omega)\mathrm{e}^{-\mathrm{i}\tilde{k}_z(z-z_0)} \tag{H-3}$$

对方程(H-1)和方程(H-3)进行简单的加法和减法运算,可得

$$\tilde{p}(x,z,\omega) + \tilde{q}(x,z,\omega) = 2p_{\mathrm{d}}(x,z_0,\omega)\mathrm{e}^{\mathrm{i}\tilde{k}_z(z-z_0)} \tag{H-4}$$

和

$$\tilde{p}(x,z,\omega) - \tilde{q}(x,z,\omega) = 2p_{\mathrm{u}}(x,z_0,\omega)\mathrm{e}^{-\mathrm{i}\tilde{k}_z(z-z_0)} \tag{H-5}$$

其中,$\mathrm{e}^{\pm\mathrm{i}\tilde{k}_z(z-z_0)}$ 表示单程波传播算子。方程(H-4)和方程(H-5)表示加减运算的结果,可以表示为上行波和下行波的单程波场深度延拓的形式,因此可以将双程波场深度延拓分离为单程波场。

在实现波场分离之后,可以使用常规互相关成像条件来计算成像结果,写为

$$I(x,z) = \sum_{\omega} \tilde{p}_{\mathrm{d}}^{S}(x,z,\omega) \tilde{p}_{\mathrm{u}}^{R}(x,z,\omega)^* \tag{H-6}$$

其中,$I(x,z)$ 为偏移结果;$\tilde{p}_{\mathrm{d}}^{S}(x,z,\omega)$ 和 $\tilde{p}_{\mathrm{u}}^{R}(x,z,\omega)^*$ 分别为震源波场的下行波场和检波点波场的共轭上行波场。

附录 I　黏声垂直波数与衰减/频散效应的关系

为了便于解释,给出一维频率域中黏性声波方程的解为

$$\tilde{p}(\omega,z) = A\mathrm{e}^{\mathrm{i}\tilde{k}_z z} + B\mathrm{e}^{-\mathrm{i}\tilde{k}_z z} \tag{I-1}$$

其中,A、B 分别为系数,可通过边界条件确定。

基于方程(5-85),黏性声波方程的垂直波数可定义为

$$\tilde{k}_z = \frac{\omega}{c}\left(\frac{\omega_0}{\omega}\right)^{\gamma}(\mathrm{i})^{-r} \tag{I-2}$$

根据公式 $\mathrm{i}^{-r} = \cos(\pi r/2) - \mathrm{i}\sin(\pi r/2)$,方程(I-2)变为

$$\tilde{k}_z = \frac{\omega}{c}\left(\frac{\omega_0}{\omega}\right)^{\gamma}\cos(\pi r/2) - \mathrm{i}\frac{\omega}{c}\left(\frac{\omega_0}{\omega}\right)^{\gamma}\sin(\pi r/2) \tag{I-3}$$

基于方程(5-91)和方程(5-92),将方程(I-3)写为

$$\tilde{k}_z = \frac{\omega}{c_p} - \mathrm{i}\alpha\tan(\pi r/2)\frac{\omega}{c_p} \tag{I-4}$$

式中,$\alpha = \tan(\pi r/2)\dfrac{\omega}{c_p}$ 为衰减因子。对于一个复杂的垂直波数,那么有 $k_r = \dfrac{\omega}{c_p}$ 和 $k_I = \alpha$。

将方程(I-4)代入方程(I-1),得到

$$\tilde{p}(\omega,z) = A\mathrm{e}^{k_I z}\mathrm{e}^{\mathrm{i}k_r z} + B\mathrm{e}^{-k_I z}\mathrm{e}^{-\mathrm{i}k_r z} \tag{I-5}$$

注意,方程(I-5)等号右侧第一项和第二项分别代表振幅衰减和相位频散。

附录 J　方程(6-22)的证明:p、q 与 p_{d}、p_{u} 的数学关系

当方程(6-16)(二阶微分方程)以深度延拓形式表示时,压力波场及其偏导数波场的通解在频率-空间可表示为

$$\tilde{p}(x,z,\omega) = \tilde{p}_{\mathrm{d}}(x,z_0,\omega)\mathrm{e}^{\mathrm{i}k_z(z-z_0)} + \tilde{p}_{\mathrm{u}}(x,z_0,\omega)\mathrm{e}^{-\mathrm{i}k_z(z-z_0)} \tag{J-1}$$

$$\tilde{p}_z(x,z,\omega)=\mathrm{i}k_z\left[\tilde{p}_\mathrm{d}(x,z_0,\omega)\mathrm{e}^{\mathrm{i}k_z(z-z_0)}-\tilde{p}_\mathrm{u}(x,z_0,\omega)\mathrm{e}^{-\mathrm{i}k_z(z-z_0)}\right] \tag{J-2}$$

其中,$\tilde{p}(x,z,\omega)$和$\tilde{p}_z(x,z,\omega)$分别为压力及其偏导数的波场;$\tilde{p}_\mathrm{d}(x,z_0,\omega)$和$\tilde{p}_\mathrm{u}(x,z_0,\omega)$分别为边界$z=z_0$处的下行波场和上行波场;$k_z$表示垂直波数。

基于方程(6-19),$\tilde{q}(x,z,\omega)=\tilde{p}_z(x,z,\omega)/\mathrm{i}k_z$,可以将方程(J-2)改写为

$$\tilde{q}(x,z,\omega)=\tilde{p}_\mathrm{d}(x,z_0,\omega)\mathrm{e}^{\mathrm{i}k_z(z-z_0)}-\tilde{p}_\mathrm{u}(x,z_0,\omega)\mathrm{e}^{-\mathrm{i}k_z(z-z_0)} \tag{J-3}$$

为了保证方程(J-1)和方程(J-3)中的自变量与方程(6-21)中的自变量一致,将方程(J-1)和方程(J-3)中的自变量z_0和z分别修改为z和$z+\Delta z$;然后,对方程(J-1)和方程(J-3)进行加法和减法运算,得到

$$\tilde{p}(x,z+\Delta z,\omega)+\tilde{q}(x,z+\Delta z,\omega)=2\tilde{p}_\mathrm{d}(x,z,\omega)\mathrm{e}^{\mathrm{i}k_z\Delta z} \tag{J-4}$$

$$\tilde{p}(x,z+\Delta z,\omega)-\tilde{q}(x,z+\Delta z,\omega)=2\tilde{p}_\mathrm{u}(x,z,\omega)\mathrm{e}^{-\mathrm{i}k_z\Delta z} \tag{J-5}$$

用欧拉方程代替方程(6-20)中的余弦函数和正弦函数,可将方程(6-20)改写为

$$\tilde{p}(x,z+\Delta z,\omega)+\tilde{q}(x,z+\Delta z,\omega)=\left[\tilde{p}(x,z,\omega)+\tilde{q}(x,z,\omega)\right]\mathrm{e}^{\mathrm{i}k_z\Delta z} \tag{J-6}$$

$$\tilde{p}(x,z+\Delta z,\omega)-\tilde{q}(x,z+\Delta z,\omega)=\left[\tilde{p}(x,z,\omega)-\tilde{q}(x,z,\omega)\right]\mathrm{e}^{-\mathrm{i}k_z\Delta z} \tag{J-7}$$

对比方程(J-4)、方程(J-5)、方程(J-6)和方程(J-7),显然,方程(J-4)和方程(J-6)的右边相等,方程(J-5)和方程(J-7)也有相同的关系;因此,可以得出

$$\begin{cases}\tilde{p}_\mathrm{d}(x,z,\omega)=\dfrac{1}{2}\left(\tilde{p}(x,z,\omega)+\tilde{q}(x,z,\omega)\right)\\[2mm]\tilde{p}_\mathrm{u}(x,z,\omega)=\dfrac{1}{2}\left(\tilde{p}(x,z,\omega)-\tilde{q}(x,z,\omega)\right)\end{cases} \tag{J-8}$$

方程(J-8)与方程(6-22)完全相同,即完成了证明。

附录 K　方程(6-24)的证明：v_z 和 q 的关系

压力偏导数$\tilde{p}_z(x,z,t)$和垂直速度分量$\tilde{v}_z(x,z,t)$之间的基本力学方程在声学理论中表示为

$$\tilde{p}_z(x,z,t)=\rho\frac{\partial\tilde{v}_z(x,z,t)}{\partial t} \tag{K-1}$$

其中,ρ是介质的密度;$\partial v_z/\partial t$是垂直速度分量v_z关于时间t的偏导数。

在频率-波数域中方程(K-1)的两边可写为

$$\tilde{p}_z(k_x,z,\omega)=(\mathrm{i}\rho\omega)\tilde{v}_z(k_x,z,\omega) \tag{K-2}$$

基于方程(6-19),即$\tilde{q}(x,z,\omega)=\tilde{p}_z(x,z,\omega)/\mathrm{i}k_z$,并将其在频率—波数域的对应项代入方程(K-2),可得

$$\tilde{q}(k_x,z,\omega)=\left(\frac{\rho\omega}{k_z}\right)\tilde{v}_z(k_x,z,\omega) \tag{K-3}$$

与方程(6-24)完全相同,即完成了证明。

附录 L 方程(6-97)的证明：上行波场的分解

现推导 $\tilde{p}_u$、$\tilde{p}_u^0$ 和 M 之间(使用上/下行波场)的另一种关系方程，其中 $M(M_i, i=1,$ $2, \cdots, N)$ 的每一项表示不同阶数的多次波。

方程(6-91)可改写为

$$\tilde{p}_u^0 = \left(1 - \frac{D'}{1+D'}\right) \cdot \tilde{p}_u \tag{L-1}$$

从方程(L-1)可以推导出如下方程

$$\tilde{p}_u^0 = (1 + G') \cdot \tilde{p}_u \tag{L-2}$$

其中

$$G' = -\frac{D'}{1+D'} \tag{L-3}$$

基于方程(L-2)，$\tilde{p}_u$ 与 $\tilde{p}_u^0$ 和 M 通过序列 G' 相联系，即

$$\begin{aligned}
\tilde{p}_u &= \frac{\tilde{p}_u^0}{1+G'} \\
&= [1 - G' + G'^2 - G'^3 + \cdots + (-1)^N G'^N] \tilde{p}_u^0 \\
&= \tilde{p}_u^0 + [-G' \cdot \tilde{p}_u^0 + G'^2 \cdot \tilde{p}_u^0 - G'^3 \cdot \tilde{p}_u^0 + \cdots + (-1)^N G'^N \cdot \tilde{p}_u^0]
\end{aligned} \tag{L-4}$$

进一步，

$$\begin{aligned}
M &= \tilde{p}_u - \tilde{p}_u^0 \\
&= (-1)^1 G' \cdot \tilde{p}_u^0 + (-1)^2 G'^2 \cdot \tilde{p}_u^0 + (-1)^3 G'^3 \cdot \tilde{p}_u^0 + \cdots + (-1)^N G'^N \cdot \tilde{p}_u^0
\end{aligned} \tag{L-5}$$

按照不同阶多次波表示形式，方程(L-5)通常表示为

$$M = M_1 + M_2 + M_3 + \cdots + M_n \tag{L-6}$$

其中，

$$\begin{cases}
M_1 = -G' \cdot \tilde{p}_u^0, & M_2 = G'^2 \cdot \tilde{p}_u^0, & M_3 = -G'^3 \cdot \tilde{p}_u^0, & \cdots, & M_i = (-1)^N G'^N \cdot \tilde{p}_u^0 \\
M_i = -G' M_{i-1}, & i = 2, 3, \cdots, N
\end{cases} \tag{L-7}$$

虽然方程(6-95)和方程(L-5)都可用于开展多次波预测计算，但方程(6-96)和方程(L-6)中涉及的相关项彼此不相等，即

$$M_i \neq C_i, \quad i = 1, 2, \cdots, N \tag{L-8}$$

但可以证明，M_i 和 $C_i(i=1,2,3,\cdots,N)$ 之间存在简单的算术关系。因为 $C_1, C_2, C_3, \cdots,$ C_i 通常在从 p_u 计算 p_u^0 的过程中得到，所以 M_i 可以通过 C_i 使用相关方程有效的计算。

为了推导两者关系，从方程(L-7)开始：

$$M_1 = -G' \cdot p_u^0, \tag{L-9}$$

并将方程(L-3)和方程(6-91)、方程(L-1)代入方程(L-9)，则有

$$M_1 = \left(\frac{D'}{1+D'}\right) \cdot \left(\frac{p_u}{1+D'}\right) = \frac{D' \cdot p_u}{(1+D')^2} = \frac{C_1}{(1+D')^2} \tag{L-10}$$

通过相同的推导过程,可得

$$M_2 = G'^2 \cdot p_u^0 = \left(\frac{D'}{1+D'}\right)^2 \cdot \left(\frac{p_u}{1+D'}\right) = \frac{D'^2 \cdot p_u}{(1+D')^3} = \frac{-C_2}{(1+D')^3} \tag{L-11}$$

$$M_3 = -G'^3 \cdot p_u^0 = \left(\frac{D'}{1+D'}\right)^3 \cdot \left(\frac{p_u}{1+D'}\right) = \frac{D'^3 \cdot p_u}{(1+D')^4} = \frac{C_3}{(1+D')^4} \tag{L-12}$$

将方程(L-10)中的 D' 按泰勒级数展开,可得

$$M_1 = C_1 \cdot [1 - 2D' + 3D'^2 - 4D'^3 + \cdots] \tag{L-13}$$

使用方程(6-96): $C_2 = -D'C_1$, $C_3 = D'^2 C_1$,并忽略高阶($N > 3$)多次波,方程(L-13)可以被简化为

$$\begin{aligned} M_1 &= C_1 - 2D' \cdot C_1 + 3D'^2 \cdot C_1 - 4D'^3 \cdot C_1 + \cdots \\ &= C_1 + 2C_2 + 3C_3 + o(D'^4) \\ &= C_1 + 2C_2 + 3C_3 \end{aligned} \tag{L-14}$$

使用相同的推导过程展开方程(L-11)和方程(L-12)的 D',可得

$$\begin{aligned} M_2 &= -C_2 \cdot [1 - D' + D'^2 - D'^3 + \cdots] \cdot [1 - 2D' + 3D'^2 - 4D'^3 + \cdots] \\ &= -C_2 \cdot [1 - 3D' + 6D'^2 - 10D'^3 + \cdots] \end{aligned} \tag{L-15}$$

$$\begin{aligned} M_2 &= -C_2 + 3D' \cdot C_2 - 6D'^2 \cdot C_2 + 10D'^3 \cdot C_2 + \cdots \\ &= -C_2 - 3C_3 + o(D'^4) \\ &= -C_2 - 3C_3 \end{aligned} \tag{L-16}$$

$$\begin{aligned} M_3 &= C_3 \cdot [1 - 2D' + 3D'^2 - 4D'^3 + \cdots] \cdot [1 - 2D' + 3D'^2 - 4D'^3 + \cdots] \\ &= C_3 + o(D'^4) \\ &= C_3 \end{aligned} \tag{L-17}$$

方程(L-14),方程(L-16)和方程(L-17)与方程(6-97)完全相同,这就完成了证明。

综上所述,当 $N = 2$ 时,方程(L-14),方程(L-16)和方程(L-17)分别被简化为 $M_1 = C_1 + 2C_2$ 和 $M_2 = -C_2$(当忽略 C_3 时);而当 $N = 1$ 时,上述方程同样可简化为 $M_1 = C_1$(同时忽略 C_2 和 C_3)。对于 $N > 3$ 的情况,使用相同的方式可以证明 M_i 也是关于 C_i 的简单线性组合。

附录 M　方程(6-98)、方程(6-99)和方程(6-100)的证明:下行波场的分解

基于方程(6-88),M_i 和 D_i 之间的关系为

$$M_i = G \cdot D_i, \quad i = 1, 2, \cdots, N \tag{M-1}$$

利用方程(L-10),方程(M-1)($i = 1$)的左侧可以写为

$$M_1 = \frac{D' \cdot p_u}{(1+D')^2} \tag{M-2}$$

基于方程(6-90),方程(M-1)的右端可以表示为

$$G \cdot D_1 = \frac{p_u}{S \cdot (1+D')} \cdot D_1 \tag{M-3}$$

方程(M-2)和方程(M-3)等号的右侧使用方程(6-92)$\left(D'=\dfrac{D}{S}\right)$,可得

$$D_1 = \frac{D}{1+D'} = D - [D' \cdot D - D'^2 \cdot D + D'^3 \cdot D + \cdots + (-1)^{N-1} D'^N \cdot D]$$

(M-4)

对于 $N=3$,方程(M-4)可以近似地表示为

$$D_1 = D - [D \cdot D' - D \cdot D'^2 + D \cdot D'^3 + o(D'^4)]$$
$$= D - [D \cdot D' - D \cdot D'^2 + D \cdot D'^3]$$

(M-5)

利用方程(M-1)和方程(L-13),很容易证明,D_i 与 D_{i-1} $(i=2,3,\cdots,N)$ 之间的关系与 M_i 和 M_{i-1} $(i=2,3,\cdots,N)$ 之间的关系相同,共同比因子为 $-G$,可以表示为

$$\begin{cases} D_2 = -G' \cdot D_1, \quad D_3 = G'^2 \cdot D_1, \quad D_4 = G'^3 \cdot D_1, \quad \cdots, \quad D_N = (-1)^{N-1} G'^{N-1} \cdot D_1 \\ D_i = -G' D_{i-1}, \quad i=2,3,\cdots,N \end{cases}$$

(M-6)

使用方程(M-5)(关于 D_1)和方程(L-6)(关于 $-G'$),可以得到以下有关 D_2,D_3 和 D_4 的方程,分别为

$$D_2 = -G' \cdot D_1 = \left(\frac{D}{1+D'}\right) \cdot \left(\frac{D'}{1+D'}\right) = \frac{D \cdot D'}{(1+D')^2}$$

(M-7)

$$D_3 = -G' \cdot D_2 = \left(\frac{D'}{1+D'}\right) \cdot \left[\frac{D \cdot D'}{(1+D')^2}\right] = \frac{D \cdot D'^2}{(1+D')^3}$$

(M-8)

$$D_4 = -G' \cdot D_3 = \left(\frac{D'}{1+D'}\right) \cdot \left[\frac{D \cdot D'^2}{(1+D')^3}\right] = \frac{D \cdot D'^3}{(1+D')^4}$$

(M-9)

为简单起见,引入以下符号:

$$K_1 = D \cdot D', \quad K_2 = -D \cdot D'^2, \quad K_3 = D \cdot D'^3$$

(M-10)

利用式(M-10),式(M-5)、式(M-7)～式(M-9)可以分别改写为

$$D_1 = D - (K_1 + K_2 + K_3)$$

(M-11)

$$D_2 = \frac{K_1}{(1+D')^2}$$

(M-12)

$$D_3 = -\frac{K_2}{(1+D')^3}$$

(M-13)

$$D_4 = \frac{K_3}{(1+D')^4}$$

(M-14)

可以看出,在方程(M-11)～方程(M-14)中应用类似的算子,可以用方程(L-15)～方程(L-17)以完全相同的方式由 K_1,K_2,K_3 来计算 D_2,D_3,D_4,即

$$D_2 = K_1 + 2K_2 + 3K_3$$

(M-15)

$$D_3 = -K_2 - 3K_3$$

(M-16)

$$D_4 = K_3$$

(M-17)

由于在估计 D_1 的过程中(使用方程(M-10)和方程(M-11))K_1,K_2,K_3 均为已确定的已知值,因此,D_2,D_3,D_4 的计算只需要简单的加法及减法运算。方程(M-11)、方程(M-15)～方程(M-17)与方程(6-98)～方程(6-100)完全相同,这就完成了证明。